普通高等教育"十一五"国家级规划教材

（高职高专教材）

橡胶加工设备与模具

第 二 版

刘希春 刘巨源 主编

化学工业出版社

·北京·

内 容 提 要

本书主要介绍了橡胶加工设备的用途、种类、性能特点、规格、结构、传动、工作原理、性能参数、安全操作与维护保养和橡胶模具的结构组成、种类、设计要求、收缩率与型腔尺寸、结构设计、尺寸标注、模具加工、维修保养和实训操作等内容，详细地介绍了通用设备的工作原理、主要参数、生产能力、基本操作和橡胶压模、注射模的基本设计等方面的知识。

本书作为高职高专橡胶制品专业教材，也可供中职橡胶制品专业使用，或供橡胶制品厂有关专业的工程技术和管理人员参考。

图书在版编目（CIP）数据

橡胶加工设备与模具/刘希春，刘巨源主编. —2版.
北京：化学工业出版社，2013.10（2020.9重印）
普通高等教育"十一五"国家级规划教材
高职高专教材
ISBN 978-7-122-18465-8

Ⅰ.①橡… Ⅱ.①刘…②刘… Ⅲ.①橡胶加工-化工设备-高等学校-教材②橡胶加工-模具-高等学校-教材
Ⅳ.①TQ330.4

中国版本图书馆 CIP 数据核字（2013）第 219608 号

责任编辑：于 卉　　　　　　　　　　　　文字编辑：李 玥
责任校对：宋 夏　　　　　　　　　　　　装帧设计：韩 飞

出版发行：化学工业出版社（北京市东城区青年湖南街 13 号　邮政编码 100011）
印　　装：北京虎彩文化传播有限公司
787mm×1092mm　1/16　印张 23　字数 619 千字　2020 年 9 月北京第 2 版第 2 次印刷

购书咨询：010-64518888　　　　　　　　售后服务：010-64518899
网　　址：http://www.cip.com.cn
凡购买本书，如有缺损质量问题，本社销售中心负责调换。

定　　价：55.00 元

前　言

本书贯彻《国家中长期教育改革和发展规划纲要》，按照教育部《十二五规划纲要》和《高等职业学校专业教学标准》，在广泛汲取近几年高职教育教学研究成果的基础上，根据教育部高职教育的培养目标和人才规格要求，适应"工学结合"教学模式，体现与职业岗位对接、理论知识够用、职业能力适应岗位要求和个人发展要求等，在第一版的基础上，由高职院校与十余家相关知名企业合作编写的，并吸取了第一版使用过程中各院校反馈的宝贵经验。本书第一版被评为国家级"十一五"规划教材。

高分子材料应用专业学生，在学习掌握了机械基础、化工基础和橡胶原材料及基本加工工艺等知识后，学习橡胶加工设备的用途、种类、性能特点、规格、结构、传动、工作原理、性能参数、安全操作与维护保养、基本操作过程、操作维护实训；橡胶模具的结构组成、种类、设计要求、收缩率与型腔尺寸、结构设计、尺寸标注、模具加工、维修保养和操作维护实训等内容。本书详细地介绍了通用设备的工作原理、主要参数、生产能力、基本操作和橡胶压模、压铸模、注射模、轮胎模具的基本设计方法，为使学生具有将来从事生产、管理一线的专业知识、实用技术、职业能力奠定了基础。进一步满足了高等职业教育人才培养"工学结合"教学模式的需要，体现了加强高职学生职业核心能力的精神。

本书的编写力求贯彻以下原则。

① 适应高职教育特点，以"必需、够用"为度，尽量避开繁琐的理论推导和复杂计算，强调实用性。

② 以国内企业橡胶制品生产过程和典型制品加工工艺任务为依托，着重知识与技能相结合、理论与实践相统一，突出实践性与实用性。

③ 内容按典型工艺任务划分，力求较好地适应任务驱动教学、项目教学、案例教学、场景教学等"教、学、做"一体化教学模式。

④ 联系国内当前橡胶加工生产实际，培养学生分析和解决生产一线技术问题的能力。

⑤ 课程内容分量适当，叙述通俗易懂，深入浅出，图文并茂，符合认知规律。

本书由徐州工业职业技术学院刘希春、刘巨源主编。其中绪论、第一章、第三章、第四章、第六章、第九章、第十章由刘希春主笔，中国化工集团化工装备总公司高芳，桂林橡胶机械厂傅任平、雷激，正将自动化设备（江苏）有限公司叶能魁参加编写；第五章、第十二章、第十三章、第十四章由刘巨源主笔，常州市武进协昌机械有限公司杨剑平，广东伊之密精密机械股份有限公司王诗海，青岛元通机械有限公司宁新华参加编写；第二章、第七章、第八章、第十一章由四川化工职业技术学院李光荣主笔，常州市武进协昌机械有限公司杨剑平，大连宝锋机器制造有限公司贾先义，大连和鹏橡胶机械有限公司张鹏，天津赛象科技股份有限公司范宇光，淮南市石油化工机械设备有限公司刘萍参加编写。徐州工业职业技术学院杨印安同志担任主审。

在本书编写及审稿过程中，参考了国家标准、国家职业标准、专业手册和工厂实际生产中的资料，得到了许多单位和教师的大力支持、提供方便及宝贵意见，在此一并表示衷心感谢。

由于时间仓促，编者水平有限，书中不妥之处在所难免，还请读者批评指正。

编者

2013.3

第一版前言

本书是按照教育部对高职高专人才培养指导思想，在广泛吸取近几年高职高专人才培养经验基础上，根据教育部制定的橡胶加工设备与模具编写大纲编写的。

橡胶制品加工专业学生，在学习掌握了机械基础、化工基础和橡胶原材料及基本加工工艺等知识后，学习橡胶加工设备的用途、种类、性能特点、规格、结构、传动、工作原理、性能参数、安全操作与维护保养和橡胶模具的结构组成、种类、设计要求、收缩率与型腔尺寸、结构设计、尺寸标注、模具加工、维修保养和实训操作等内容。本书详细地介绍了通用设备的工作原理、主要参数、生产能力、基本操作和橡胶压模、注射模的基本设计方法，为使学生具有将来从事生产一线的实用技术和管理工作能力奠定了基础。进一步满足了高等职业技术人才培养的需要，体现了加强高职高专学生的综合应用能力的精神。

本书的编写力求贯彻以下原则。

① 紧密结合橡胶制品加工工艺特点，根据工艺要求进行分析。

② 适应高职高专职业教育特点，尽量避开理论推导，强调实用性。

③ 注意理论联系实际，以培养学生分析问题和解决问题的能力。

④ 课程内容分量适当，叙述符合认识规律。

本书由刘巨源、刘希春主编。其中绪论、第五章螺杆挤出机、第十一章鼓式硫化机、第十二章橡胶注射成型机、第十三章橡胶模具设计由徐州工业职业技术学院刘巨源编写；第一章切胶机、第三章密闭式炼胶机、第四章橡胶压延机、第六章胶布裁断机、第八章平板硫化机、第九章轮胎定型硫化机由刘希春编写；第二章开放式炼胶机、第七章轮胎成型机、第十章卧式硫化罐由李光荣编写。杨印安同志担任主审。

在本书编写及审稿过程中，参考了专业手册、国家标准和工厂实际生产中的资料，许多单位及教师曾大力支持、提供方便并提出宝贵意见，在此一并表示衷心感谢。

由于时间仓促，编者水平有限，书中难免存在不妥之处，我们期望在使用过程中能得到各方面的批评指正。

编者

目　录

绪　　论

【学习目标】　绪论部分概括介绍了《橡胶加工设备与模具》课程的性质、任务和内容；橡胶加工设备和模具的特点及作用；设备的发展状况及与制品生产的关系；本课程的学习方法。着重强调了对专业能力的培养要求。要求掌握橡胶加工设备与橡胶制品生产工艺之间的内在关系；正确理解我国橡胶设备的发展水平，了解世界橡胶设备发展的趋势。注重培养学生善于分析问题和解决问题的能力和正确的学习方法。

一、《橡胶加工设备与模具》课程的性质、任务和内容

《橡胶加工设备与模具》是橡胶制品工艺专业的既有一定理论知识又具有较高实践技能要求的一门重要课程。它是以橡胶制品生产工艺设备的使用和橡胶模具的基本设计为研究对象。是学生在具备了机械制图、机械基础和橡胶加工工艺等课程的基础知识之后必修的专业课。

《橡胶加工设备与模具》课程的任务是使学生获得橡胶制品加工过程中所使用的典型加工设备及模具设计的基础知识，基本理论，基本计算和设计、操作等基本技能的训练，为将来从事技术、生产操作和管理工作打下基础。

课程教学的基本要求是掌握主要设备的用途、种类、结构性能、主要参数、工作原理和模具设计方法，对一般设备进行了解，并具有正确选型、使用、安全操作和维护保养设备的技能及模具设计的基本知识；了解主要加工设备的重要零部件的结构、性能及动作原理，弄清设备结构形式、主要参数对产品产量和质量的影响。正确理解模具设计的基本原则。学会进行设备结构与使用性能关系的分析方法，能够进行生产能力的分析计算和模具设计的有关计算；具有查阅并使用设备和模具手册、资料的能力，了解国内外新设备、新技术的发展动向；开发学生智能，使其具有独立思考、运用工程技术观点分析问题和解决问题的能力；初步学会主要设备的操作方法，了解设备安全操作规程和维护保养。

《橡胶加工设备与模具》课程的主要学习内容是橡胶加工工艺过程中所使用的主要加工设备的结构、性能、参数、工作原理、生产能力、设备安全操作及维护保养和模具设计。根据橡胶制品加工工艺特点和要求，分析和解决工程实际问题。本课程强调工程技术观点和实践技能训练，注重理论与实际相结合，重视实际操作技能，培养学生分析、解决问题和实际操作的能力。

橡胶制品工艺加工设备按其功能和应用范围可分为"通用"工艺设备和"专用"工艺设备两大类。通用工艺设备一般包括开放式炼胶机、密闭式炼胶机、橡胶压延机、螺杆挤出机、平板硫化机等，它们是大多数橡胶制品加工企业常用的工艺加工设备。专用工艺设备主要是指专用于某种类型橡胶制品的工艺加工设备，如轮胎成型机、轮胎定型硫化机、鼓式硫化机等。由于橡胶加工设备的种类繁多，故在本课程内容中只能涉及一般橡胶工厂常用的工艺加工设备。

二、橡胶加工设备和模具的特点及作用

橡胶是一种高分子化合物。由于它具有独特的高弹性能，极好的绝缘性，耐磨性、耐酸碱性，不透气性、不透水性，以及良好的疲劳强度等，故它广泛应用于交通运输、工农业生产、国防、医疗卫生及生活用品中。从现代尖端科学到日常生活，都离不开橡胶。因此，橡

胶工业是国民经济中的重要组成部分。

　　橡胶加工设备，这里是指橡胶制品加工所用的机器及设备。它是橡胶工业生产中的重要工具，是橡胶工业的组成部分。它的水平标志着橡胶工业生产的技术水平。它对提高橡胶制品的质量和产量、提高劳动生产率、降低成本和能耗、降低劳动强度、改善劳动环境、加强安全生产等都起着重要的作用。因此，橡胶加工设备的发展，将会改变橡胶工业生产的面貌并促进其发展。

　　由于橡胶是一种具有高弹性的高分子聚合物，要想将其加工成为各种形状的制品，以及在加工过程中将各种配合剂均匀地混入橡胶中就变得非常困难。因此，对橡胶的工艺加工需要提供较大的动力和较多的能量。

　　橡胶制品的生产工艺过程一般包括炼胶、成型、硫化等基本加工过程。而炼胶又分为生胶的塑炼和胶料的混炼。通过塑炼可以降低橡胶的硬度、弹性和黏度，提高塑性，从而使橡胶具有良好的塑性变形能力，为将各种配合剂加入到橡胶中并达到均匀混合的目的打下基础。无论塑炼还是混炼，炼胶设备都需承受很大的载荷，都需要控制炼胶温度。不同制品生产有着不同的成型过程、成型方法，使用不同的成型设备，使得成型设备的种类繁多，且成型设备结构性能对产品的质量和劳动强度及生产效率都有非常大的影响作用。如轮胎生产，轮胎成型工艺及成型机对轮胎的质量、产量和生产效率起着关键的作用。橡胶制品的生产一般需要进行硫化，将胶料模制成一定形状、一定尺寸和较高质量要求的产品，因为成型过程中必须对胶料施加非常大的作用力，同时还需要加热，消耗大量的能量。由于橡胶加工的工艺特点，对橡胶加工设备的零件强度要求较高，因此造成大部分橡胶设备显得比较笨重、粗糙，精度较低（压延机除外），加工设备的自动化水平相对偏低。所需动力较高，如有的橡胶设备的功率达到 3000kW。而有的设备的功率又很低，不足 100W。

　　橡胶模型制品种类非常之多，性能要求也千差万别，其生产方法均采用模制成型硫化。模具是生产模型制品的重要装置和手段，模制的方式不同则模具的结构也不同。一般压模的结构比较简单，但压力较小。而注射模注射压力较大，所以制品的性能、精度较好。

三、设备的发展状况及与制品生产的关系

　　自从 1820 年出现人力的橡胶捏炼机起，橡胶制品生产用的硫化设备（1839 年）、柱塞式胶管挤出机（1856 年）、螺杆挤出机（1879 年）、压延机（1843—1900 年）、密闭式炼胶机（1916 年）等相继出现，逐步完善了橡胶制品生产的主要加工设备。近 40 多年来，随着橡胶工业的发展和新兴工业——塑料工业的促进，橡胶机械得到更迅速的发展。各种新型的高速高效设备（如高速压延机、快速密炼机）、自动连续成型和自动硫化设备（如注射成型硫化机、轮胎定型硫化机、复合胎面挤出机、三色胶鞋围条复合挤出机、抽真空挤出机及微波硫化生产线和抽真空平板硫化机等）不断涌现，以及为提高机械化、自动化水平的自动称量装置，机械化运输装置和一整套性能较完善的、能严格保证半成品精度的辅机等的出现，使橡胶设备的性能更臻完善。目前，橡胶加工设备继续向着高速、高效、高自动化水平和广泛应用新技术方向发展。我国的橡胶机械工业，新中国成立之前还是空白，自新中国成立之后，在党的正确领导下，从无到有，从小到大，目前已发展成为一个工业体系。除能生产一般的橡胶机械外，还能生产较先进的产品，如高速 Z 形四辊压延机、快速密炼机、冷喂料挤出机、复合挤出机组、定型硫化机、定型硫化机组等。但是，与世界先进水平相比，还有一定差距，尤其是自动化水平还比较低，必须进一步努力，以赶超世界先进水平。

　　在人类社会发展的现代进程中，橡胶工业也是一门不可缺少的经济产业。而在橡胶工业发展过程中，橡胶工艺及橡胶机械（或机电）技术的进步和发展起了核心地位的推动作用。橡胶工业的发展过程中，橡胶工业技术及橡胶机械技术构成了橡胶制品的全部技术过程，构成了橡胶及其制品的产业技术体系。它们从人类橡胶工业的起步开始，就十分自然地开始了

相辅相成的互动作用，才逐渐导致当今现代橡胶工业的全面发展。早在 1819 年，苏格兰化学家马金托希发明用煤焦油、松节油溶解天然橡胶制造防水布后，于 1820 年在英国格拉斯哥建立了世界第一家橡胶工厂，从此开始了人类橡胶应用的工业时代。1820 年制成了由人力驱动的单辊式炼胶机，1826 年双辊筒式的开放式炼胶机开始投入生产，拉开了人类橡胶机械生产的序幕。从而使得人类社会橡胶机械的诞生和应用已有近 200 年的历史了。

　　橡胶是一种高弹性的典型材料，其物理性能十分复杂。大多数橡胶的加工成型过程，都有近似熔体的流动和变形过程，而且在橡胶产品的加工过程中，生胶要经过塑炼、混炼、压型（压延、挤出等）、成型、硫化的工艺操作程序，才能成为产品。在现代化工产品中，诸如橡胶、塑料、油漆、纤维、润滑油、陶瓷等一类材料的生产及工程技术的应用，对其材料的复杂力学性质，依据单纯的弹性力学、黏性理论或塑性理论，都不能满足这些材料加工过程的形变要求，于是一种基于对复杂介质力学性质的研究课题——流变学理论便提到了人类新学科研究的议事日程。1929 年，美国成立了"流变学会"，1940 年，英国成立了流变学俱乐部（后改为流变学会）。此外，荷兰、德国、法国、日本等国家也相应成立了流变学会。1948 年召开了国际流变学会，1953 年成立了国际流变协会。从此，一门涉及应用数学、物理学、弹性力学、材料力学、流体力学、地质学、工程学及其他学科的边缘学科——流变学得以产生，并逐渐得到广泛应用。流变学不仅在橡胶、塑料、涂料、印刷、硅酸盐、食品等工业生产中得到广泛应用，还涉及基本建设、机械、运输、水利、化学工业等众多工业部门；涉及许多物质从固体到液体的变化过程。流变学在橡胶工业中，广泛应用于橡胶制品加工成型的研究和应用。如对橡胶的混炼、压延、挤出、注射成型等加工过程。高聚物由于它的大分子链状结构和运动特点，在物理聚集态上呈现出 4 种物理状态：即 1 个结晶态和 3 个非结晶态（玻璃态、高弹态、黏流态）。橡胶在正常使用情况下是高弹态，而在加工成型过程中是黏流态，只有在硫化处理后才基本失去流动性，而变成以高弹性为主的弹性体材料。

　　由于 19 世纪末和 20 世纪初，对橡胶工艺理论原理的探索和认识，特别是流变学理论的研究和应用，使得橡胶工业的发展，无论是在填充剂、硫化促进剂方面，还是在工艺原理方面都发生了深刻变化，对橡胶工业的发展产生了一次质的变化和影响。与此同时，各种橡胶机械也有了很大的进步和发展。当时的橡胶机械不仅名目众多，而且其结构、规格、品种等都已达到一定水平的规格化、精细化、自动化和联动化程度。如有的橡胶机械传动功率达到数百千瓦至数千千瓦，机器质量达到几百吨规模。在橡胶制品生产过程的塑炼、混炼、压延、压出、成型、硫化六个工艺过程中，都有了配套齐全的机械装置。

　　橡胶机械是橡胶工业的基本设备之一。目前生产的开放式炼胶机械达数十种，主要用于生胶的塑炼、胶料的混炼；压片机用于压片、供胶；热炼机主要用于胶料预热和供胶；破碎机用于天然橡胶的破碎等，洗胶机用于除去生胶和废胶中的杂质；粉碎机主要用于废胶块的粉碎；精炼机主要用于除去再生胶中的硬杂质；再生胶混炼机主要用于再生胶的捏炼；烟胶压片机用于烟胶片压片等；绉片压片机主要用于绉片压片工作；实验用炼胶机主要用于各种少量胶料的实验工作等。

　　自 1916 年，世界上诞生第一台密闭式炼胶机后，现代各种规格型号的密炼机已大量涌现。密闭式炼胶机（简称密炼机），是橡胶的塑炼和混炼的主要设备之一。现代密炼机的发展，具有高速、高压和高效能的特点，并分为低速（转子转速为 20r/min）、中速（转速为 30～40r/min）和高速（转速为 60r/min）3 种。近年来还出现转速在 80r/min 以上的高速密炼机械。

　　人类社会发展，任何一项产业技术或生产技术的形成，都是离不开机械技术与工艺技术相结合的技术结构的。机械技术是工艺技术和工艺目的得以达成的技术手段，也是社会生产目的得以实现的最终技术手段，是社会生产实践过程的"骨骼"性技术手段。人类社会的机械技术及设备制造业，在人类社会的发展进程中，将永远是社会生产发展的主导性技术开发及产业群体。随着科学技术的发展，改变的只是它们的作用形式和形态特征，不能改变它们的作用性质，及直接服务于生产目的的技术手段特征。

对于橡胶工业的发展也一样，机械技术及工艺研究决定着橡胶工业的发展速度和发展水平，决定着产品的性能和质量。一般说来，产业和产品工艺研究的周期变化频率较快一些，而机械技术的变化周期较慢一些，它的周期变化决定着机器设备的使用寿命、工作效率和产品质量。正因为机器设备有一个明确使用寿命，才使得它具有一定的运行惯性，从而给人们一个不易变化或也不需要较快变化的直接感受。这也是造成现实社会的许多人们，甚至包括一些科研部门只重视工艺技术的革新变化，而忽视机械技术的进步和发展的主要原因之一。当然，在这当中还有一些机械技术自身的观念和行为滞后等组织管理原因的影响存在。但人们的观念意识是决定行为变化发展的主导性原因。任何物质性产品的生产，首先起源于对现实社会生产实践的客观需求与先代人们遗传经验及相关科学知识的组合，进而形成一种新的观念意识，然后遵照有关科学原理和产品设计程序，把产品设计思想或观念及设计技术方法转化为实际可行的设计施工图纸，再经过产品试制和成品生产过程的转化，最终达到满足市场需要的目的。这也是人类区别于其他任何动物的主要标志之一。马克思在 100 多年前就生动而形象地指出："蜜蜂建筑蜂房的本领使人间的许多建筑师感到惭愧，但是，最蹩脚的建筑师从一开始就比灵巧的蜜蜂高明的地方，是它在用蜂蜡建筑蜂房之前，已在自己的头脑中把它建成了。即已观念地存在着。"这是人类个体，对于动物的骄傲之处，也是人们应重视物质成品生产的技术性投入的先决条件及有利因素。

对于橡胶工业发展来说，不仅正常的橡胶制品生产过程越来越需要机械技术与工艺技术的深入研究及协同发展，现代商品市场的竞争态势也容不得人们再坐等观望及延误时机，而且除人类物质文化生活资料的日益丰富需要橡胶工业的快速发展外，大量堆积如山的废旧橡胶制品，也急需人们去面对和有效处理。这不仅是橡胶资源财富源泉的需要，也是人类生存环境亮化美化的要求，更是一种环境保护行为。在橡胶工业所面临的这种新形势下，橡胶机械技术与工艺技术的协同发展，更是变得日益复杂和必要。要解决橡胶工业的正常发展及废弃橡胶资源的回收利用问题，只有机械技术与工艺技术的协同发展才能达成目的。

四、本课程的学习方法

由于设备与生产工艺的密切关系，所以在学习过程中，应坚持理论联系实际，善于培养分析问题、解决问题的能力。重视技能的锻炼和提高，加强应用能力的教学内容，尽量多地进行现场教学、现场动手操作，真正做到练中学、学中练。

善于进行横向比较，不要把每章内容孤立开来，注意它们的内在联系，如开炼机的使用性能存在一定的缺陷，我们可以从结构的变化对密炼机与开炼机的性能加以区别。

橡胶模具的学习，必须多动手进行实际设计锻炼，在不断的训练之后，必将大幅度提高自身的设计能力。

思考题

1. 阐述橡胶设备和工艺在发展过程中的相互作用。
2. 什么叫通用设备？一般包括哪几种橡胶加工设备？
3. 目前，我国橡胶加工设备技术水平与国际上先进水平还有哪些差距？
4. 谈谈如何学习本课程。

第一章 切 胶 机

【学习目标】 本章概括介绍了切胶机的用途、分类、规格表示、主要技术特征及切胶机的使用与维护保养；重点介绍了切胶机的基本结构及动作原理。要求掌握切胶机的基本结构、动作原理，能正确选用切胶机；学会两种切胶机的安全操作与维护保养的一般知识，具有进行正常操作与维护的初步能力。

第一节 概 述

目前橡胶工厂购进的生胶，一般烟胶片和标准胶每块重 50kg、合成胶每块重 25kg。为了便于称量配料、塑炼和混炼加工，需将大块生胶切割成小块，切胶机是完成这一工作的主要设备。

一、用途、分类

1. 用途

切胶机专供切割生胶之用，即把较大的天然橡胶或合成橡胶块切成便于配料、塑炼和混炼的小块胶。

2. 分类

切胶机有多种类型。按机台布置形式可分为立式和卧式；按切胶刀数多少可分为单刀和多刀；按传动方式可分为机械传动、液压传动和气压传动。

3. 各种类型切胶机的使用特点

多刀切胶机比单刀切胶机的生产能力高，所以多刀切胶机适用于大型工厂，单刀切胶机适用于中、小型工厂。

立式切胶机占地面积比卧式切胶机小，安装、使用方便，而卧式切胶机比立式切胶机更易于组织联动作业线。

单刀机械式切胶机因操作不方便，已很少使用。故本章只介绍立式单刀液压切胶机和卧式十刀液压切胶机。

二、主要技术特征

表 1-1～表 1-3 分别介绍了 XQ-8 和 XQL-9 立式单刀液压切胶机，XQ-100×10A 卧式十刀液压切胶机、机械式切胶机的技术特征。

表 1-1 立式单刀液压切胶机技术特征

性 能 参 数	XQ-8	XQL-9
最大公称切胶总压力/kN	78.4	90
切刀宽度/mm	660	760
切刀行程/mm	680	650(700)
空行程时间/s	10～14	10～11
切胶行程时间/s	14～16	
最大工作压力/MPa	4.5	4.5
YB 叶片泵		
流量/(L/min)	80	80
压力/MPa	6.3	6.3
电机功率/kW	5.5	5.5
外形尺寸/mm	2018×1135×2530	2187×1550×2380
质量/t	1.5	1.5

表 1-2   XQ-100×10A 卧式十刀液压切胶机技术特征

性能参数	数值	性能参数	数值
切胶刀数目/把	10	推胶盘切胶速度/(m/min)	0.66
切胶刀分布形式	辐射状	推胶盘回程速度/(m/min)	2.44
最大公称切胶总压力/kN	980	可切胶块最大长度/mm	860
高压油泵压力/MPa	6	电机功率/kW	22
低压油泵压力/MPa	3	电机转速/(r/min)	970
推胶盘最大行程/mm	1120	切胶能力/(t/h)	5～7
推胶盘往复行程时间/s	110	外形尺寸/mm	3815×1300×2068
推胶盘启动速度/(m/min)	1.33	质量/t	7

表 1-3   机械式切胶机技术特征

性能参数	数值	性能参数	数值
切胶刀宽度/mm	760	电机功率/kW	28
切胶刀最大行程/mm	630	切胶能力/(t/h)	5
每分钟切胶次数/(次/min)	7		

第二节   立式单刀液压切胶机

一、基本结构

立式单刀液压切胶机的结构如图 1-1 所示，这是国内广泛使用的一种立式单刀液压切胶机，它由液压系统、油缸 7、切胶刀 9、机架 3 和 8、生胶辊道 10 等组成。

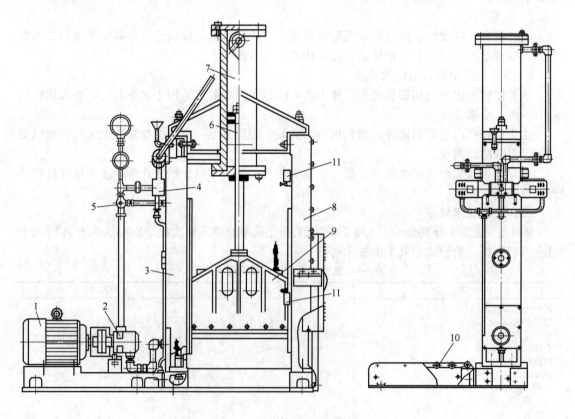

图 1-1   立式单刀液压切胶机

1—电机；2—叶片泵；3—机架（兼作油箱）；4—换向阀；5—溢流阀；6—活塞杆；
7—油缸；8—机架；9—切胶刀；10—生胶辊道；11—限位开关

二、主要部件与工作原理

油缸 7 及机架 3 和 8 用高级铸铁制成。切胶刀 9 厚 12.7mm，用 9CrSi 工具钢制成并经热处理，硬度 HRC60～64。切胶刀下面的底座上浇铸有铅垫，以保护切胶刀刀刃。

切胶时，生胶包放在生胶辊道 10 上，用人工推到切胶刀 9 的下方。切胶刀 9 在活塞杆 6 带动下，沿机架 3 和 8 上的导轨作上下切胶运动。机架 8 上装有上、下两个限位开关 11，控制换向阀 4 改变切胶刀的运动方向。在切胶刀上升触及上限位开关后，换向阀 4 切换方向，切胶刀略下降，稍一离开限位开关，切胶刀随即停止运动。用这种方法保护油缸底盖不因活塞上升到顶端而损坏。当生胶块太硬或切胶刀的运动阻力过大时，溢流阀 5 开启，油返回到油箱。正常工作时，溢流阀调整到 5MPa 开启。

单刀液压切胶机的液压系统比较简单，其液压系统原理如图 1-2 所示，包括叶片泵、溢流阀及换向阀等元件。由于采用了 K 形三位四通换向阀，使得切胶刀停止运动时，油泵输出的油经换向阀回到油箱内。

液压系统利用切胶机机架 3 的内腔作为油箱（见图 1-1），这样可使结构紧凑，但油箱容积小、工作时间太长时，油温上升过高，影响液压系统的正常工作。

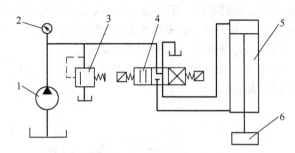

图 1-2 单刀液压切胶机液压系统原理
1—叶片泵；2—压力表；3—溢流阀；
4—换向阀；5—油缸；6—切胶刀

第三节 卧式十刀液压切胶机

卧式十刀液压切胶机是一种生产效率高、生产过程半自动化的切胶机，除了装料之外，全部过程自动完成。它利用油液的压力，把生胶包推向固定的十把辐射状的切胶刀下，将一大块生胶包切成十小块。

一、基本结构

卧式十刀液压切胶机的结构如图 1-3 所示，主要由主机、液压系统、电气控制等部分组成。

由 HT200 铸铁铸成的油缸 9 与油箱 11 组成机箱，与由刀座 4、刀片 5、小刀片 6 等组成的切胶刀用三根机架横梁 3 连成一体。生胶包放在推胶盘 7 与切胶刀之间，在油压作用下，由推胶盘 7 将生胶块挤向切胶刀，切成小块。

推胶盘 7 上装有滑块 13，衬有巴氏合金，以机架横梁 3 作为导轨。刀片 5 及小刀片 6 由 T7 工具钢制造，并经热处理，硬度 HRC58～60。刀片 5 的厚度为 16mm，法向刀刃角 26°。推胶盘 7 的工作行程由行程控制杆 2 上的挡块进行调整。切胶开始时，推胶盘 7 向前运动，生胶包切碎后，行程控制杆上的挡块与限位开关 15 接触，切换换向阀，活塞 8 便返回运动，直到与限位开关 14 接触，油泵停车，完成一个工作周期。限位开关 16 作为保险备用。

二、主要部件与工作原理

卧式十刀液压切胶机的主要工作部件见图 1-4（a），包括机座 6、机架横梁 7、推胶盘 8、切胶刀 9、油缸 4、低压泵 1、双出轴电机 2、高压泵 3。

液压系统是十刀液压切胶机的动力系统，全部安装在机箱的箱盖上。液压系统原理见图 1-4（b）。当双出轴电机 2 启动后，低压泵 1 和高压泵 3 一起工作，压力油经三位四通电磁阀 12 被输送到油缸 4 左边，使推胶盘 8 向右移动。当油缸 4 左边充满压力油后，油压逐渐升高，当压力油超过3MPa，由于单向阀14的作用，高压油不能经单向阀14流向低压回路，而低压油也不能流过单向阀14向油缸4供油，低压油经溢流阀13向油槽10回油。高压泵3则继续给油缸4供油加压，推胶盘8将生胶推至切胶刀9处把生胶切断。这时推胶盘8已到达极限位置，安装在推胶盘8上的触块触动行程开关18，三位四通电磁阀12即自动改变油液通路，油缸4左边压力油经电磁阀12向油槽10回油，而油缸4右边开始进油。由于单向阀14左边压力下降，低压油可以通过，经三位四通电磁阀12给油缸4右边供油，推胶盘8迅速退回左边，到达极限位置时，触块触动行程开关17，双出轴电机2停止转动，高压泵3、低压泵1都停止工作，而三位四通电磁阀12重新恢复到开始工作前的状态。下次切胶则要重新启动开关按钮，使双出轴电机2转动。为了防止过载，高压回路上安装有压力表15和溢流阀16。压力表15用以直接观察油压变动情况，溢流阀16起安全作用。当压力油超过6MPa时，高压油经溢流阀16向油槽10回油。滤油器11的作用是将油液过滤，防止油液中的杂质进入油泵而造成堵塞。

在管路和油缸的顶点，设有排气螺塞或针形阀，以排出油路中的空气，避免出现油缸活塞的爬行现象。

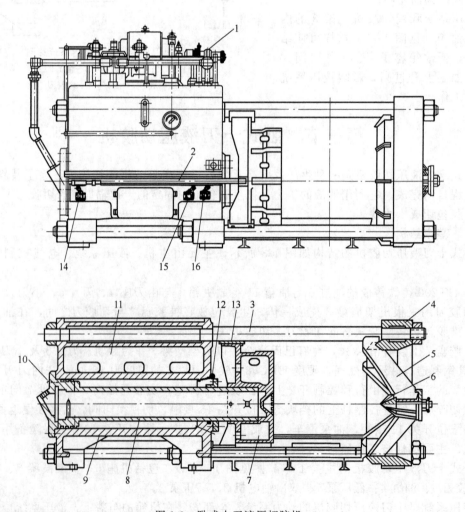

图1-3　卧式十刀液压切胶机

1—液压系统；2—行程控制杆；3—机架横梁；4—刀座；5—刀片；6—小刀片；7—推胶盘；
8—活塞；9—油缸；10,12—放气塞；11—油箱；13—滑块；14～16—限位开关

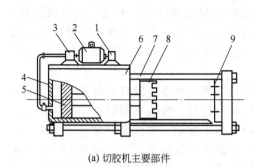

(a) 切胶机主要部件　　　　　　　　(b) 切胶机液压系统原理

图 1-4　卧式十刀液压切胶机主机及液压系统原理

1—低压泵（3MPa）；2—双出轴电机；3—高压泵（6MPa）；4—油缸；5—活塞；6—机座；
7—机架横梁；8—推胶盘；9—切胶刀；10—油槽；11—滤油器；12—三位四通电磁阀（带手动）；
13—溢流阀（3MPa）；14—单向阀；15—压力表；16—溢流阀（6MPa）；17,18—行程开关

第四节　安全操作与维护保养

一、安全操作

（1）操作前认真检查油箱油位、电气限位开关、传动装置及液压系统，保持切胶机完好。

（2）切胶时生胶放好后方可启动，启动后应严防胶块弹出伤人，严禁手脚伸越切胶刀下，拉胶时必须用铁钩。

（3）检查待切胶块中是否夹有各种杂物，以免损伤机器。

（4）检查所切天然橡胶包块是否达到规定工艺温度要求。

（5）禁止连续切胶，禁止切冷、硬生胶和杂物。

（6）设备运转时，严禁在传送带上跨越爬行或躺坐休息。

（7）往刀口槽衬垫时，切刀升高垫好木块，切断电源后方可进行。

（8）停用时，切刀应放下，切断电源，整理场地。

二、维护保养

1. 日常维护保养要点

（1）液压系统工作是否正常，有无异常振动和泄漏，油量是否足够。

（2）切胶刀有无损坏，刀座落刀槽内的软铅应视其使用情况而更换。

（3）每班开车前检查切胶刀上下限位开关，以防失灵。

（4）导轨滑槽每班加注少量润滑脂。

（5）机器每次开机前和停机后应将杂物清理干净。

2. 润滑规则

（1）新机器液压油箱使用抗磨液压油 N32，使用 200h 后应对液压系统进行清洗，并更换新油。正常生产时，每半年清洗换油 1 次。

（2）切实做好液压油过滤，过滤网为 100～120 目。

（3）刀架与两侧导轨槽每班加钙基润滑脂 ZG-3 一次，适量。

三、基本操作过程及要求

1. 单刀立式液压切胶机基本操作过程

（1）手动控制　接通切胶机电源，启动电机，按下向上按钮，使切胶刀向上运动一定高

度，按停止按钮使其停止。将待切胶块放于切胶刀下方底座上，并留有一定切割宽度，按动向下按钮使切胶刀向下运动，切胶结束时，刀架上安装的挡块触动行程开关，电磁阀换向，切胶刀自动返程向上运动，直到刀架上的另一个挡块触动上面的一个行程开关，电磁换向阀阀芯处于中位，切胶刀停止运动。若需继续切胶，重复以上动作。切胶工作结束后，按动停止按钮使电机停止转动，并切断电源。

（2）自动控制　接通切胶机电源，启动电机，将待切胶块放在推胶盘的前方，按下向上按钮，使切胶刀向上运动，同时，推胶盘会推动胶块向前送胶，安装在刀架上方的挡块触动上面的行程开关后，电磁换向阀换向，刀架带动切胶刀向下运动，推胶盘同时停止动作，切胶刀将胶块切割下一定宽度。切胶结束时，刀架上安装的下挡块触动下面行程开关，电磁阀换向，切胶刀自动返程向上运动，推胶盘再推动胶块向前送胶。直到刀架上方的挡块触动上面的行程开关，电磁换向阀换向，使刀架带动切胶刀再次向下运动重复上述动作。若需暂停切胶，只需按动停止按钮即可。切胶工作结束后，按动停止按钮使电机停止转动，并切断电源。

2. 十刀卧式液压切胶机的基本操作过程

按下启动按钮，使电机处于运行状态。若推胶盘处于机座前的原始位置（如不在原始位置应按动向后的按钮使推胶盘回复到原始位置），则将待切胶块置于推胶盘前方。按动向前运行按钮，使推胶盘向前运动，直至将整个胶块切割完毕（一次切成十块），推胶盘在活塞杆带动下自动返回到原始位置停止运动。若需继续切胶，重复以上动作。切胶工作结束后，按动停止按钮使电机停止转动，并切断电源。

四、切胶机现场实训教学方案

切胶机现场实训教学方案见表1-4。

表1-4　切胶机现场实训教学方案

实训教学项目	具体内容	目的要求
切胶机的维护保养	①运转零部件的润滑 ②液压油的更换、油位检查 ③机器运转过程中的观察 ④停机后的处理 ⑤现场卫生 ⑥使用记录	①使学生具有对机台进行润滑操作的能力 ②具有正确的开机和关机能力 ③养成经常观察设备、电机运行状况的习惯 ④随时保持设备和现场的清洁卫生 ⑤及时填写设备使用记录，确保设备处于良好运行状态
切胶操作	①行程开关挡块位置调节 ②胶块的摆放 ③切胶操作安全 ④接取胶块	①具有正确使用操作工具的能力 ②掌握操作切胶机（立式或卧式）切胶的基本技能 ③具有切胶的安全知识

思考题

1. 切胶机的用途是什么？
2. 切胶机分为几类？各有什么特点？
3. 简述单刀立式液压切胶机的基本结构。
4. 简述十刀卧式液压切胶机的基本结构。
5. 简述切胶机主要部件的作用和工作原理。
6. 如何维护保养切胶机？操作切胶机应注意哪些安全问题？

第二章　开放式炼胶机

【学习目标】　本章概括介绍了开炼机的用途、分类、规格表示、主要技术特征及开炼机的使用与维护保养；重点介绍了开炼机的整体结构、主要零部件及其动作原理。要求掌握开炼机的整体结构、传动原理及工作原理、主要零部件的作用、结构及原理；能正确分析各种因素对开炼机横压力、生产能力及功率消耗的影响；学会开炼机安全操作与维护保养的一般知识，具有进行正常操作与维护的初步能力。

第一节　概　　述

开放式炼胶机简称开炼机或炼胶机，它是橡胶制品加工使用最早的一种基本设备之一。早在 1820 年就出现了人力带动的单辊槽式炼胶机，双辊筒开炼机于 1826 年应用在橡胶加工生产中，至今已有近 200 年的历史。我国自行设计和制造的大型开炼机始于 1955 年，近年来，随着橡胶工业技术的不断发展，开炼机的结构和性能有了很大改进。在新式开炼机中，采用硬齿面减速器传动，使传动平稳，噪声降低；采用自动调心滚柱轴承、填充 MC 尼龙轴衬和铜衬作为滚筒轴承，以节约电能，并简化维护保养；调距装置采用手动、电动和液压调距结构，具有过载保护功能，调距方便，液压调距可指示工作横压力值；为了适应炼胶工艺的要求，大规格开炼机采用圆周钻孔滚筒，提高了温控效果。此外，为方便安装，采用橡胶防振垫取代地脚螺栓；在中小规格开炼机上用电气制动，简化了制动装置，提高了制动效果。开炼机的一系列改进，使其在技术上达到了一个新的水平。本章技术资料与图样大部分采用常州市武进协昌机械有限公司生产的开炼机设备。

一、用途与分类

开炼机主要用于橡胶的塑炼、混炼、热炼、压片和供胶，也可用于再生胶生产中的粉碎、捏炼和精炼。此外，它还广泛应用于塑料加工和油漆颜料工业生产中。

开炼机按橡胶加工工艺用途来分类，大致可分为十种，如表 2-1 所示。

表 2-1　开炼机的类型

类型	辊筒表面情况	主要用途
塑（混）炼机	光滑面	生胶塑炼、胶料混炼
压片机	光滑面	压片、供胶
热炼机	光滑面或前辊光滑面后辊沟纹面	胶料预热
破胶机	沟纹面或前辊光滑面后辊沟纹面	破碎天然胶、废胶
洗胶机	沟纹面	除去生胶、废胶或胶料中的杂质
精炼机	腰鼓形	清除再生胶中硬杂物质
再生胶混炼机	光滑面	再生胶的捏炼
精细破胶机	沟纹面	破碎废胶、制造再生胶
生胶压片机	沟纹面或光滑面	天然橡胶的烟片和绉片的制作
实验用炼胶机	光滑面	小量胶料实验

开炼机按其结构形式和传动形式来分类，目前主要有标准型、整体型、闭式集中传动型、准闭式集中传动型、双电机传动型、试验型六种。

二、规格表示和主要技术特征

开炼机的规格用"辊筒工作部分直径×辊筒工作部分长度"来表示，单位为 mm。例如

$\phi550\times1500$，表示前后辊筒工作部分直径均为 550mm，辊筒工作部分长度为 1500mm。

目前国产的开炼机前后辊筒直径相同，并规定了直径和长度的比例关系（长径比），故只用辊筒直径表示规格，同时在直径的数值前面还冠以汉语拼音符号，以表示机台的型号和用途。如 XK-400，X 表示橡胶类，K 表示开炼机，400 表示辊筒工作部分直径为 400mm；又如 X（S）K-400，S 表示塑料类，这种开炼机对于橡胶和塑料都适用。对于一些专门用途的炼胶机，有时还在代号后面再加一符号说明，如 XKP 表示破胶机，XKR 表示热炼机。

国产开炼机的规格系列是：$\phi650mm\times2100mm$、$\phi550mm\times1500mm$、$\phi550mm\times800mm$、$\phi450mm\times1200mm$、$\phi400mm\times1000mm$、$\phi350mm\times900mm$、$\phi160mm\times320mm$、$\phi60mm\times200mm$。

有些国家还用英制表示开炼机规格，如有 16in×46in（1in＝2.54cm）炼胶机，即表示辊筒工作部分直径为 16in，工作部分长度为 46in。

表 2-2 是开炼机的规格和主要技术特征。

表 2-2　开炼机规格和主要技术特征

型号 XK-650	辊筒规格/mm			辊筒速度/(m/min)		最大辊距/mm	速比	电机功率/kW	炼胶容量/(kg/次)	辊筒表面情况		外形尺寸/mm
	前辊	后辊	工作部分长度	前辊	后辊					前辊	后辊	
XK-550	650	650	2100	32	34.6	15	1:1.08	110	135~165	光滑面	光滑面	6260×2580×2300
XKP-560	550	550	1500	27.5	33	15	1:1.2	95	50~65	光滑面	光滑面	5160×2320×1700
	560	510	800	25.6	33.24	12	1:1.43	75	30~50	光滑面	沟纹面	5253×2282×1808
XK-450	450	450	1200	30.4	37.1	15	1:1.227	75	50			5830×2200×1930
XK-400	400	400	1000	19.24	23.6	10	1:1.227	40	20~25	光滑面	光滑面	4660×2400×1680
X（S）K-400	400	400	1000	18.65	23.69	10	1:1.27	40	18~35	光滑面	光滑面	4235×1850×1800
	360	360	900	16.25	20.3	10	1:1.25	30	20~25	光滑面	光滑面	3920×1780×1740
XK-360	160	160	320	19.64	24	6	1:1.22	4.2	1~2	光滑面	光滑面	1050×920×1280
XK-160				2.96			1:1.22					
	60	60	200	2.68	3.62		1:1.35	1.0	0.5	光滑面	光滑面	615×400×920
XK-60				2.42			1:1.5					

第二节　基本结构

一、整体结构与传动系统

（一）整体结构

开炼机的类型很多，但其基本结构是大同小异的。图 2-1～图 2-5 为常州市武进协昌机械有限公司生产的开炼机，它主要是由辊筒、辊筒轴承、机架和横梁、机座、调距与安全装置、调温装置、润滑装置、传动装置、紧急刹车装置及制动器等组成。目前我国制造的开炼机按结构分，有下列六种类型。

1. 标准式开炼机

图 2-1 是目前生产上广泛使用的一种规格为 XK-360 型标准式开炼机的整体结构。其主要工作部分为两个平行安放且相对回转的空心辊筒 1 和 2，每个辊筒的两边轴颈上都装有辊筒轴承 3，辊筒轴承则装在机架 4 上。机架 4 用螺栓固定于机座 6 上，其上部与横梁 5 相连接。前辊轴承可借助于调距装置 7 的作用，在机架 4 上作水平移动，以调节前后辊之间的距离（辊距），控制胶片的厚度。后辊轴承则由螺栓固定于机架 4 上以减少炼胶时后辊轴承的晃动。

后辊筒 2 的一端装有大驱动齿轮 9，电机 10 通过减速机 11、小驱动齿轮 12 将动力传递到大驱动齿轮 9 上，使后辊筒 2 转动，后辊筒 2 另一端装有速比齿轮 13，它与前辊上的速比齿轮啮合，使前后辊筒同时相对回转。

辊筒上方设有挡胶板 19，以防止胶料自辊筒表面落入轴承中。为防止胶料落地，辊筒下方装有盛胶盘 20。

横梁上方装有安全拉杆 17，以便发生事故时，拉动安全拉杆 17，便自动切断电机 10 的电源，通过制动器 18 而紧急刹车。在调距装置内还设有安全装置（如安全垫片），以防止辊筒、机架等重要零部件被损坏。

为了调节炼胶过程中辊筒的温度，通过进水管 14 把水导入辊筒内腔，溢流从辊筒头端的喇叭口 15 进入溢流收集室 16 排出。

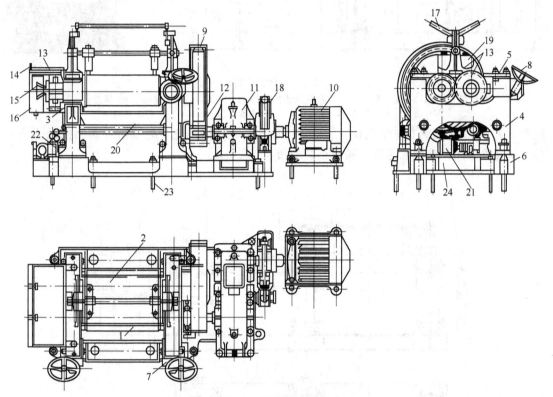

图 2-1　标准式开炼机

1—前辊筒；2—后辊筒；3—辊筒轴承；4—机架；5—横梁；6—机座；7—调距装置；8—手轮；
9—大驱动齿轮；10—电机；11—减速机；12—小驱动齿轮；13—速比齿轮；14—进水管；
15—喇叭口；16—溢流收集室；17—安全拉杆；18—制动器；19—挡胶板；20—盛胶盘；
21—小电机；22—油泵；23—地脚螺栓；24—油箱

辊筒轴承 3 需用循环润滑装置供油，油箱 24 上装有小电机 21、油泵 22，用以向轴承供油，润滑轴承后油又流回油箱过滤重复使用。

机座与基础用地脚螺栓 23 固定。有的机台采用整体机座，取消了地脚螺栓。

2. 整体式开炼机

如图 2-2 所示，这是一台规格为 XK-450 的整体式开炼机，其动力由置于辊筒 4 下方的电机 11 和装在机架 9 内腔的齿轮减速后传到大小驱动齿轮和速比齿轮，带动前后辊筒转动。采用液压调距和液压安全装置及稀油润滑等。特点是结构紧凑，安装方便，占地面积小，重量轻，外形美观。缺点是维护、检修不方便。

3. 准闭式集中传动开炼机

如图 2-3 所示。电机 10 通过弹性联轴器 9 与减速器 8 相连，减速器 8 通过齿形联轴器 7 带动后辊筒转动，并经速比齿轮带动前辊筒转动，两辊筒在一定的速比下工作。其传动方式

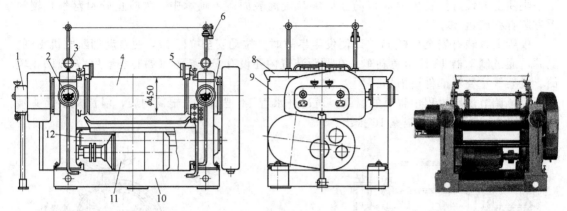

图 2-2　整体式开炼机

1—辊温调节装置；2—调距装置；3—液压调距装置压力表；4—辊筒；5—挡胶板；6—紧急刹车装置；
7—辊筒轴承；8—压盖；9—机架；10—底座；11—电机；12—传动装置

见图 2-7。与 XK 系列开炼机相比，它取消了驱动齿轮，而速比齿轮安装在辊筒的动力输入端，减速器采用硬齿面减速器，噪声小，寿命长。

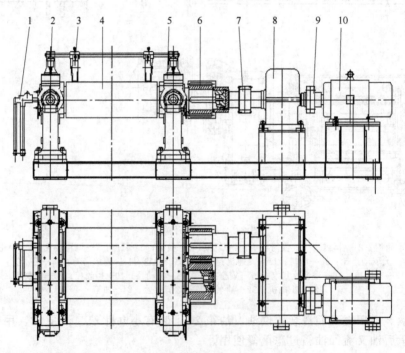

图 2-3　准闭式集中传动开炼机外形

1—辊温调节装置；2—调距装置；3—挡胶板；4—辊筒；5—压盖；6—速比齿轮；
7—齿形联轴器；8—减速器；9—弹性联轴器；10—电机

4. 闭式集中传动开炼机

如图 2-4 所示。电机 7 通过大型闭式齿轮减速器和万向联轴器直接带动前、后辊筒以一定的速比回转。与 XK 系列开炼机相比，它取消了开式传动的驱动齿轮和速比齿轮。传动方式见图 2-7。闭式集中传动的优点是结构紧凑，循环润滑好，传动效率高，噪声小，寿命长，维护方便。缺点是制造成本高，占地面积大。

5. 双电机传动开炼机

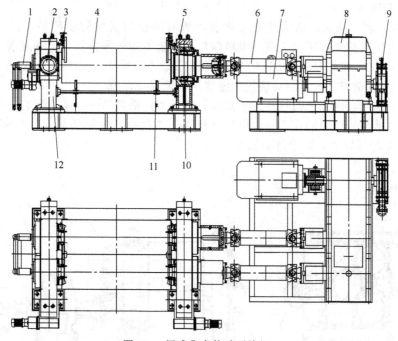

图 2-4　闭式集中传动开炼机

1—辊温调节装置；2—电动调距装置；3—挡胶板；4—辊筒；5—压盖；6—万向联轴器；
7—电机；8—减速器；9—制动联轴器；10—辊筒轴承；11—切刀；12—机架

如图 2-5 所示。双电机传动开炼机为常州市武进协昌机械有限公司专利技术、高新技术产品，达到国际先进水平。两个电机 8 通过大型闭式齿轮减速器 9 中的两组齿轮分别减速后，由两个万向联轴器 7 分别带动前、后辊筒以一定的速比回转。其传动方式见图 2-7。优点是传动效率高，润滑好，寿命长，维护方便，辊距、速率、速比连续可调，适合不同工艺胶料。缺点是制造费时、成本高。

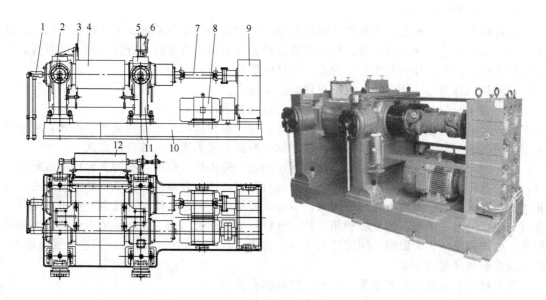

图 2-5　双电机传动开炼机

1—辊温调节装置；2—调距装置；3—挡胶板；4—辊筒；5—压盖；6—干油泵；
7—万向联轴器；8—电机；9—减速器；10—机座；11—机架；12—卷取装置

6. 三辊开炼机

图 2-6 为三辊开炼机，由大连和鹏橡胶机械有限公司研发的新产品，目前国内独家生产，应用于再生胶精炼，所以又称三辊精炼机，多家使用效果良好，节能显著。其结构主要由底座 6、机架 2、主电机 4、减速机 3、上辊筒 9、下辊筒 10、中辊筒 11、速比齿轮 8、调距装置 7、刮胶装置 5、紧急制动装置、温度调节装置等组成。

再生胶精炼机，原都是两辊筒水平安装，每条生产线需 3～4 台，而本三辊精炼机采用三个辊筒立体排布的结构形式。一台设备就相当于两台原二辊精炼机。且投资少、占地小、用人少、节能 20% 以上，适于自动化生产。

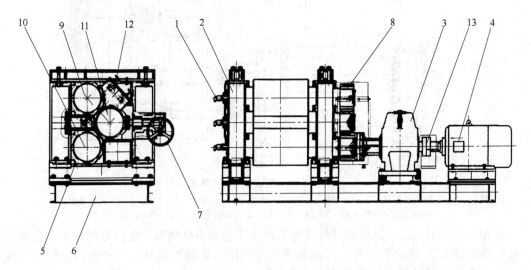

图 2-6　三辊开炼机

1—冷却装置；2—机架；3—减速机；4—主电机；5—刮胶装置；6—底座；7—调距装置；
8—速比齿轮；9—上辊筒；10—下辊筒；11—中辊筒；12—挡胶装置；13—联轴器

（二）传动系统

开炼机的传动系统是开炼机能正常工作必不可少的动力来源系统。主要包括电机、减速器、大小驱动齿轮和速比齿轮等。传动系统选择得好与坏将直接影响开炼机的整体布置、占地面积大小和机器的使用与维护。为此，选择时要给予充分重视。

开炼机的传动形式颇多，一般按下述方法来分类。

按一台电机驱动开炼机的台数可分为单台传动和多台传动。

由一台或二台电机带动一台开炼机工作的，称为单台传动。单台传动的特点是：可使机台带有灵活性，易于控制。目前国内外生产的开炼机大多采用单台传动的方式。

由一台电机带动二台或二台以上（不超过四台）开炼机工作的，称为多台传动或称为联合传动。这种传动形式的特点是：可以减少电机和减速器的数量，使整个机器重量和占地面积减少，降低造价，提高电机功率因数，节省电能消耗。但多台传动的几台开炼机不同时工作时，电机的能力反而不能充分利用；且当电机发生故障时，同一传动系统中全部机器都得停车，生产将受到很大影响，同时检修也不大方便，往往受到厂房面积、工艺布置等限制，故目前多台传动采用不多。

按电机与开炼机的相对位置可分为左传动和右传动。

电机在操作人员左侧的，称为左传动；电机在操作人员右侧的，称为右传动。左右传动不影响开炼机的炼胶性能。

常见的开炼机传动方式如图 2-7 所示。

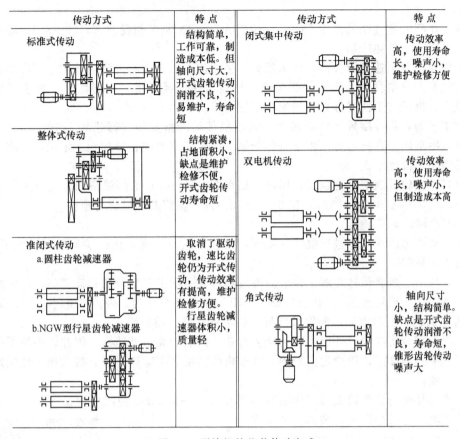

传动方式	特 点	传动方式	特 点
标准式传动	结构简单，工作可靠，制造成本低。但轴向尺寸大，开式齿轮传动润滑不良，不易维护，寿命短	闭式集中传动	传动效率高，使用寿命长，噪声小，维护检修方便
整体式传动	结构紧凑，占地面积小。缺点是维护检修不便，开式齿轮传动寿命短	双电机传动	传动效率高，使用寿命长，噪声小，但制造成本高
准闭式传动 a.圆柱齿轮减速器 b.NGW型行星齿轮减速器	取消了驱动齿轮，速比齿轮仍为开式传动，传动效率有提高，维护检修方便。行星齿轮减速器体积小，质量轻	角式传动	轴向尺寸小，结构简单。缺点是开式齿轮传动润滑不良，寿命短，锥形齿轮传动噪声大

图 2-7 开炼机的几种传动方式

二、主要零部件

(一) 辊筒

辊筒是开炼机最主要的工作零部件。它是直接参与完成炼胶作业的部分，对开炼机的性能影响也是最大的。因此，对辊筒的设计、制造和使用都应十分重视。

1. 材料与技术要求

对开炼机辊筒的基本要求是：具有足够的机械强度和刚度，以保证在正常使用时辊筒不损坏；辊筒的工作表面应具有较高的硬度、耐磨性、耐化学腐蚀性和抗剥落性，以免在切胶时为切胶刀所损伤和被某些配合剂所腐蚀；具有合理的几何形状，尽可能消除局部的应力集中；具有良好的导热性能，以便于对胶料的加热和冷却。

辊筒的材料一般采用冷硬铸铁。它的特点是表面层坚硬，内部韧性好，强度大，耐磨耐腐蚀，导热性能好，制造容易，造价低。试验用小规格开炼机的辊筒也有采用中碳合金钢制造的。

辊筒工作表面的硬度均为不低于 65HS，白口层厚度，视辊筒的规格而定，如 $\phi160mm$，取 3~12mm；$\phi350~400mm$，取 5~20mm；$\phi450mm$，取 5~24mm；$\phi550~650mm$，取 6~25mm。硬度过高或白口层厚度过大，辊筒强度降低；白口层厚度过小，制造上不易控制。其他部分为灰口，硬度均为 37~48°HS。

冷硬铸铁辊筒的物理机械性能如下：灰口部分的抗拉强度为 180~220MPa；灰口部分的抗弯强度为 360~400MPa；灰口部分的抗压强度不低于 1400MPa；灰口部分的弹性模量为 1050MPa；白口部分的弹性模量为 1400MPa；辊筒在对称循环下的弯曲极限强度

为 140MPa。

辊筒工作部分的直径公差为 +0.3~+0.5mm，表面加工粗糙度 $Ra1.6~3.2$。辊筒内孔需经加工，以利于加热冷却。

大连宝锋机器制造有限公司近年采用离心复合浇注工艺生产辊筒，该工艺工作层和芯部是分开浇注的，表层材质为高镍铬钼合金，厚度可控，硬度高，耐磨性好；辊芯部采用球铁，韧性高，机械加工性能好，不易发生断辊。

具体工艺为：将冷型置于离心机上，离心机带动冷型旋转（转速约 1000r/min），将合金铁水注入冷型内，在离心力作用下进行凝固。间隔一定时间，冷却到一定温度，将冷型直立，静态浇注芯部铁水。

辊筒材质：辊筒表层（合金层，厚度一般在 20~30mm）采用镍铬钼合金材质，其中镍 3.8%~4.2%，铬 1.3%~1.5%，钼 0.3%~0.5%；辊筒芯部材质为球铁。

离心复合浇注辊筒特点：

（1）在离心力的作用下进行浇注和凝固，使轧辊组织致密，白口层均匀，杜绝了气孔、砂眼、夹渣等缺陷；

（2）采用离心复合铸造辊筒工作表面硬度相对于一般工艺生产的辊筒要高，可根据用户要求进行生产，一般可达到 75HS±2HS，轧辊工作层组织均匀，硬度变化小，辊筒周身硬度差不超过 2HS，同时辊筒的耐磨性能好，内部韧性好，质量稳定；

（3）离心复合浇注辊筒外层为耐磨合金铸铁，内层为高强度球铁。因此，辊筒不仅耐磨性好，而且中心强度高，很少发生断辊。由于辊筒内层采用球铁材料，机械加工性能好，硬度与韧性兼备；

（4）离心复合铸造辊筒表面工作层的厚度可达 25~30mm，使用寿命长；

（5）轧辊尺寸可根据用户要求生产，最大直径为 930mm，长度可达 6000mm。

图 2-8 为离心复合铸造钻孔式辊筒图片。

2. 结构与各部尺寸

由于开炼机的用途不同，辊筒的工作表面形状也不一样。用于塑炼、混炼、热炼、压片的辊筒均为光滑的；用于破胶、洗胶、粉碎的辊筒多为带沟纹的特殊构形，如图 2-9所示；用于精炼的辊筒为光滑带腰鼓形的（前辊的中高度为 0.15~0.375mm，后辊的中高度为 0.075mm）。

图 2-8　离心复合铸造钻孔式辊筒

辊筒结构有两种，一种为中空结构，如图 2-10 所示。由图可以看出，辊筒大致可以分为三部分：直径为 D 的工作部分称为筒体，这是捏炼胶料的主要工作部分；直径为 d_1 的支持部分称为轴颈，用以使辊筒通过轴承而支持在机架上；直径为 d_4 的连接部分，用以使辊筒和传动装置（如驱动齿轮、速比齿轮或联轴器等）相连接。

另一种为圆周钻孔结构，如图 2-11 所示。这种钻孔辊筒较之中空辊筒具有传热面积大、钻孔距离工作面近、传热效率高、辊筒表面温度均匀等优点。但加工制造复杂、成本高，一般用于大型开炼机上。

辊筒各部尺寸一般都是根据经验资料，结合生产的具体情况，按辊筒工作部分的直径 D 来确定。各部分的尺寸关系见表 2-3。

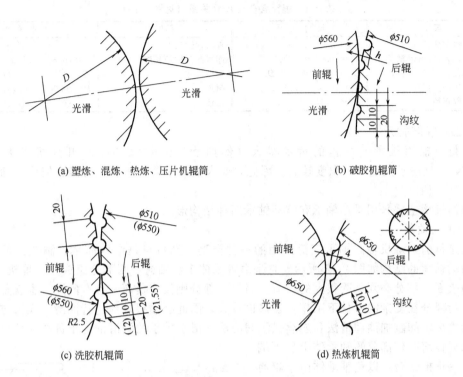

(a) 塑炼、混炼、热炼、压片机辊筒

(b) 破胶机辊筒

(c) 洗胶机辊筒

(d) 热炼机辊筒

图 2-9 辊筒工作表面形状

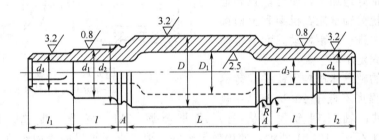

图 2-10 中空辊筒

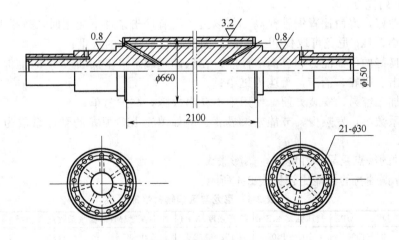

图 2-11 圆周钻孔辊筒

表 2-3　辊筒各部分尺寸关系（见图 2-10）

部位	尺寸关系	部位	尺寸关系
辊筒工作部分长度	$L=(1.3\sim3.2)D$	辊筒轴颈长度	$l=(1.05\sim1.35)d_1$
辊筒轴颈直径(滑动轴承)	$d_1=(0.63\sim0.7)D$	连接部分轴颈长度	$l_1=(0.85\sim1.0)d_1$
辊筒内径	$D_1=(0.55\sim0.62)D$	油沟尺寸	$A=(0.07\sim0.12)D$
辊筒连接部分直径	$d_4=(0.83\sim0.87)d_1$	圆角	$R=(0.06\sim0.08)d_1$
辊筒肩部直径	$d_2=(1.15\sim1.2)d_1$	圆角	$r_1=(0.05\sim0.08)d_1$

（二）辊筒轴承

开炼机辊筒轴承所承担的负荷很大（例如 $\phi650mm\times2100mm$ 开炼机最大负荷达 1960kN），且滑动速度低，温度较高。因此，要求轴承耐磨、承载能力强、使用寿命长、制造及安装方便。

辊筒轴承主要采用滑动轴承和滚动轴承两种结构形式。

1. 滑动轴承

这是目前开炼机辊筒轴承广泛采用的一种类型。其特点是结构简单、制造方便、成本低。滑动轴承的结构如图 2-12 所示。它是由轴承体 1 和轴衬 2 两部分组成。开炼机工作时，轴衬内表面一部分必须承受很大的负荷，而另一部分则没有负荷，且有间隙，也就是说，轴衬受负荷部分在复杂的条件下工作，发热也较大，因此必须很好地进行润滑。润滑方式采用滴油润滑法、间歇加油润滑法和连续强制润滑法。滑动轴承的润滑剂为干黄油或稀机油。

靠近辊筒工作部分的轴承体上、下端加工有一止推凸台，以免轴承体由于辊筒的推力作用而被推出机架，同时轴承体必须按图纸要求很好地加工，使之能正确地安装，可使前辊筒轴承能在机架和上横梁所形成的导框中进行调距移动，而后辊筒轴承在机架上固定不动。

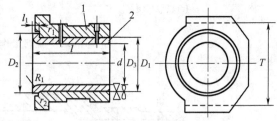

图 2-12　滑动轴承
1—轴承体；2—轴衬

滑动轴承的轴承体材料用铸铁或铸钢制造，其抗拉强度不低于 200MPa，一般用 HT200 铸铁；轴衬用金属（青铜）或非金属（MC 尼龙）制造。青铜材料是 ZCuPb15Sn8 和 ZCuSn10Pb1 两种，使用效果较好。要求青铜轴衬内表面经机械加工后不准有砂眼、气孔及疏松等缺陷，内表面粗糙度不高于 $Ra1.6$。MC 尼龙为新材料，与青铜轴衬比较，具有下列优点：

① 耐磨性好，寿命比青铜轴衬高 1 倍以上，在有冲击条件下使用时，效果尤为显著；

② 密度小，1kg 尼龙可取代 8kg 青铜，大大减轻了零件的重量；

③ 具有良好的储油能力和自润滑性能，在低速重载下可不加油或每星期加一次油；

④ 抗冲击、吸震、消声，无应力集中；

⑤ 机械加工容易，安装方便，使用中不易出故障，维护简单；

⑥ 摩擦系数小，发热少，节能效果显著。例如填充 MC 尼龙的摩擦系数为 0.12，而青铜则为 0.27。

尼龙轴衬的缺点是导热性能差，热膨胀大。

尼龙与青铜轴衬的性能比较见表 2-4 所示。

表 2-4　尼龙与青铜轴衬性能

材料	抗拉强度/MPa	抗压强度/MPa	抗弯强度/MPa	冲击强度/MPa	膨胀系数/($\times10^{-5}$)	密度/(kg/m³)
MC 尼龙	$90\sim100$	$100\sim140$	$152\sim172$	$20\sim63$	8.3	1140
ZCuPb15Sn8	$150\sim200$	100	—	$10\sim14$	1.71	91.00

2. 滚动轴承

近年来，在大型开炼机上采用了双列滚子轴承，如图 2-13 所示。其特点是使用寿命长，摩擦损失小，节能（可减少摩擦耗电量 40%～50%），安装方便，维护容易，润滑油消耗量与一般滑动轴承相比可减少 75%。但造价高，配套困难，使用较少。

（三）调距装置

根据不同炼胶工艺的要求，开炼机在工作时，应经常改变其辊距。因此，在前辊两边的机架上需装有一对调距装置，调距范围一般在 0.1～15mm。辊距不能过大，以免速比齿轮因啮合不良而损坏。

1. 类型与结构

常用的调距装置按动力来源不同，可以分为手动式、电动式、液压传动式。

手动式调距装置的特点是结构简单，工作可靠。但劳动强度大，适用于中、小型规格开炼机。

电动式调距装置的特点是操作方便，工作可靠。缺点是结构复杂，一般为大规格开炼机所普遍采用。

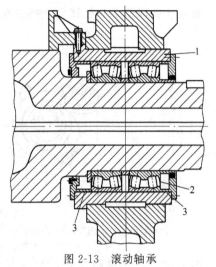

图 2-13 滚动轴承

1—轴承座；2—双列向心球面滚子轴承；3—定距套

液压式调距装置的特点是较电动调距装置简单，操作方便，外形美观。缺点是不易维护，密封要求高，不能自动退回。

因此，目前开炼机多以手动式和电动式为主，部分采用液压传动形式。

（1）手动调距装置 手动调距装置的结构形式颇多，图 2-14 是其中之一。该装置设在机架 1 的前端，并在机架 1 的空腔内装有调距螺母 2，调距螺杆 3 的前端固定有凸形垫块 4，凹形垫块 5 与安全垫片 6 接触，托架 7 上的定位销 8 与辊筒轴承体定位。调距螺杆的前端，通过螺钉 11 用压盖 9 固定在轴承体上，而安全垫片部分被外防护罩 10 包围。这就保证了螺杆往复移动时带动轴承体移位。调距螺杆的另一端通过键 12 与蜗轮 13 相连接。在蜗轮上固定有辊距指示盘 14。蜗轮箱 15 和箱盖 16 组成外壳，将全部传动部分罩在其中。蜗轮是通过蜗杆 17 和手轮 18 转动的（用以微调辊距），油杯 19 用于向传动部位加油。

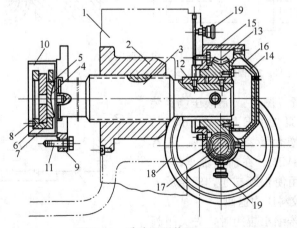

图 2-14 手动调距装置（一）

1—机架；2—调距螺母；3—调距螺杆；4—凸形垫块；5—凹形垫块；6—安全垫片；7—托架；
8—定位销；9—压盖；10—外防护罩；11—螺钉；12—键；13—蜗轮；14—辊距指示盘；
15—蜗轮箱；16—箱盖；17—蜗杆；18—手轮；19—油杯

当调节辊距时，摇动手轮 18，通过蜗杆 17 使蜗轮 13 转动，再带动螺杆 3 转动，当螺杆顺时针转动时，则推动轴承体连同前辊一起向里移动，辊距减少；如增大辊距，则按反向摇动手轮。为了能够微量调节，螺杆连在蜗轮蜗杆传动机构上，转动手轮即带动蜗杆，并通过蜗轮减速后再传到螺杆。老式开炼机没有蜗轮蜗杆机构，直接用一个手柄插到螺杆或花盘上，摇动手柄以带动螺杆转动，操作既费力又不便。

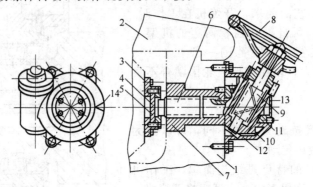

图 2-15　手动调距装置（二）

1—机架；2—上横梁；3—阴模；4—垫片；5—压盖；6—调整螺杆；7—调整螺母；8—手轮；
9—螺杆；10—螺旋齿轮；11—键；12—壳体；13—刻度盘；14—指示标记

图 2-15 是手动调距装置的另一种结构。适用于中、小型开炼机。其结构大体上与图 2-14 相同，但由于手轮位置的变化，用螺旋齿轮传动取代了蜗杆蜗轮传动。

（2）电动调距装置　图 2-16 为电动调距装置。它与手动调距装置一样，也是用蜗杆蜗轮加螺杆、螺母进行调距。不同之处就是用电机代替手轮。电机的出轴通过摆线针轮减速器直接连接蜗杆。电机可做双向转动，完成辊距的变化。此种结构多用于大、中型开炼机上。

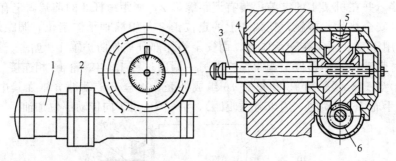

图 2-16　电动调距装置

1—电机；2—摆线针轮减速器；3—螺杆；4—螺母；5—蜗轮；6—蜗杆

（3）液压调距装置　图 2-17 是液压调距装置的原理。单级叶片泵 1（压力为 5～6MPa）通过增压缸 2 使压力增大至 25～38MPa，正常使用可控制到 25～28MPa。在前辊轴承体上，依靠增压缸的顶座作用使辊距减小，辊距放大则是在油泄出后，靠胶料压力退回。

调距过程如下：若缩小辊距时，先关闭阀门 3，切断辊筒轴承润滑油回路，然后开启两个调距阀门 4，压力油进入增压缸 2，使轴承体移动，增压缸内的油压由压力表 5 显示。当

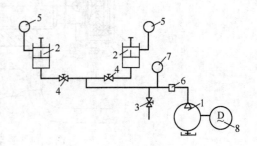

图 2-17　液压调距原理

1—叶片泵；2—增压缸；3,4—阀门；
5,7—压力表；6—安全阀；8—电机

达到要求辊距时，立即关闭阀门4，并迅速打开阀门3，以便保证轴承的润滑；若增大辊距时，打开两个调距阀门4，使系统减压，在胶料压力作用下辊距增大，达到要求后，立即关闭调距阀门4。

增压缸的构造如图2-18所示。

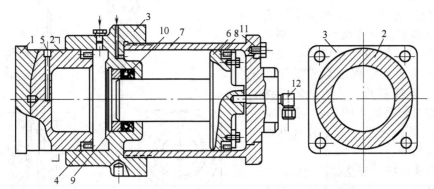

图 2-18　液压调距增压缸

1—顶座；2—活塞筒；3—接座；4,8,10—密封圈；5—加油孔；6—活塞；7—油缸；
9—弹簧挡圈；11—排气螺钉；12—接头

2. 调距螺杆、螺母的材料

调距装置在工作时主要受横压力的水平分力的作用，在设计时考虑到为保持机架与辊筒的安全，一般规定螺母的安全系数 $n=2$，螺杆的安全系数 $n=2.3$。

机械调距的螺杆和螺母，一般均采用梯形或矩形螺纹，螺纹工作扣数不得少于 10 扣，其螺旋升角 α 应小于摩擦角 ρ，即 $\alpha<\rho$，以使其能够可靠工作和反向自锁。螺杆材料常用 45钢，螺母材料常用青铜或铸铁。

（四）安全制动装置

开炼机在使用过程中，由于手工操作多、工作负荷大，一旦操作不当很容易发生人身和设备事故，所以需要设置安全制动装置。

开炼机的安全制动装置包括安全装置和制动装置两个部分。

1. 安全装置

开炼机在操作过程中，由于炼胶的胶料过多、过硬或落下其他金属杂物而发生超负荷时，为了保护开炼机主要零部件不致损坏，因此，在辊筒轴承前端应装有安全装置。

常见的安全装置有两类，即安全垫片和液压安全装置。

（1）安全垫片　其结构可参见图2-14。它主要是由安全垫片6，凹形垫块（一对）5和托架7所组成。调距螺杆3端部顶在安全垫片6上，正常工作时负荷由安全垫片6承受；当负荷超过安全垫片6的强度极限时，安全垫片6即被剪断，此时辊筒向调距螺杆3方向移动，辊距很快增大，横压力急剧下降，从而使辊筒、机架1等重要零部件得到保护。这种装置结构的优点是制造容易，更换方便，成本低。缺点是安全垫片6受载与操作有关，在有冲击负荷作用下，承载能力大大降低，产生早期破坏，更换频繁。

安全垫片的材料多为铸铁，也有用碳素钢制造的。用铸铁制造的垫片，其破坏灵敏性高，但制造质量不易保证；用碳素钢制造的垫片，质地均匀，但破坏灵敏性差，在瞬时强力过大时，会影响机器安全。因而技术条件规定：垫片用 HT150 铸铁铸造后要经机械加工，要求厚度均匀，加工光滑，厚度误差不大于 0.05mm。

（2）液压安全装置　结构如图2-19所示。液压油缸2装在前辊轴承1上，活塞3与调距螺杆4连接。当开炼机发生故障时，油压上升，电接点压力表5上的指示动针与调定最大横压力值的固定针相接触时，开炼机立即停车，辊距增大使负荷降低，从而达到保护开炼机的目的。特点是不用更换零件，操作者可随时观察横压力的变化，便于控制。缺点是不易维护，当出现漏油时即失灵。

2. 制动装置

为了保障开炼机在工作时人身和设备的安全，就必须在开炼机上装有制动装置（即紧急刹车装置）。对制动装置的要求是：控制位置要适合操作人员的使用方便，要保证经常处于正常状态；空运转制动后，前辊筒继续回转不得超过辊筒圆周的 1/4。目前应用较多的制动装置是由安全拉杆和制动器两部分组成。

（1）安全拉杆　安全拉杆应安装在开炼机的横梁上，如图 2-20 所示。其安装高度要方便操作，一般约为 1850mm（以地面算起）。有的机台下部再装上脚踏行程开关，目前各橡胶厂开炼机还加装按钮刹车，以确保安全。

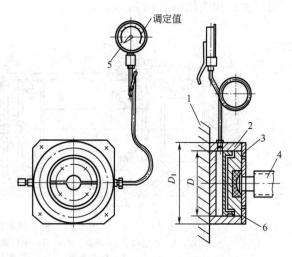

图 2-19　液压安全装置
1—前辊轴承；2—油缸；3—活塞；4—调距螺杆；
5—电接点压力表；6—密封圈

紧急刹车时，拉动拉杆 1 使行程开关 2 动作，切断主电机电源。但电机和开炼机的辊筒还有回转惯性，为了使辊筒立即停止回转，还必须设有制动器。

（2）制动器　制动器一般装在电机和减速器的联轴器上。制动方法常采用电磁控制制动法。近年来，在小型开炼机上也有采用电机能耗制动法的。

电磁控制的制动装置有块式和带式两种。图 2-21 是短行程的块式制动器（又称为电磁抱闸制动器）的结构。两块闸瓦 1 分别以活节方式与支柱 2 相连接，两个支柱与连杆 3、杠杆 4 和推杆 5 相连接，推杆 5 的尾部压紧电磁铁 9 的顶块 7，在正常状态下，电磁线圈 6 不通电（称为通电刹车制动式），电磁铁 9 靠弹簧 8 的推力，保持在虚线位置，此时，两块闸瓦与制动轮脱离。紧急刹车时，拉下安全拉杆，在切断主电机电源的同时，也接通了电磁线圈的电源，电磁铁被吸住（即图中的实线位置），推杆 5、杠杆 4 和连杆 3 同时运动，使两闸瓦抱紧制动轮。因制动轮与电机轴连接，故迫使电机迅速停止转动。

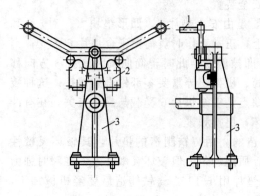

图 2-20　安全拉杆
1—拉杆；2—行程开关；3—支架

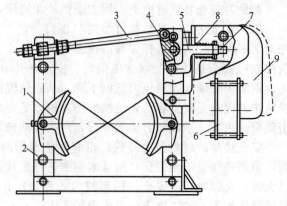

图 2-21　电磁控制的块式制动器
1—闸瓦；2—支柱；3—连杆；4—杠杆；5—推杆；
6—电磁线圈；7—顶块；8—弹簧；9—电磁铁

在老式开炼机上，也有采用断电刹车制动式。但由于电磁线圈长期通电，发热严重，使用寿命短，目前大部分已改为通电制动式。

由于电磁抱闸制动法简单可靠，故在国内外开炼机上得到了广泛采用。

能耗制动的原理是：在停机时先切断三相交流电源，同时通直流电源入定子的绕组，产生与电机转向相反的转矩，从而达到制动目的。制动转矩的大小与直流电源有关。

（五）辊温调节装置

根据炼胶工艺要求，开炼机辊筒表面应保持一定温度，才能保证炼胶效果好、质量高、时间短。例如，天然胶在塑炼时，为了保证良好的机械作用，要求温度应控制在 $50\sim60℃$ 左右，当超过 $70℃$ 以后，塑炼效果将大大下降。在混炼时一般也不超过 $75\sim90℃$，以防止胶料的早期硫化。

由于炼胶时胶料反复通过辊距进行捏炼，这就使橡胶分子互相摩擦，从而引起胶料温度升高。为了保证在工艺要求的温度条件下炼胶，就必须对开炼机的辊筒进行冷却，通过辊筒来降低胶料的温度。但对某些特种合成橡胶或开车前对辊筒的预热，需要用蒸汽对辊筒进行加热，以保证炼胶所需要的温度。因此，从炼胶工艺角度上要求开炼机需安装辊温调节装置。

1. 类型与结构

常用的辊温调节装置有两种：一种是开式辊温调节装置，一种是闭式辊温调节装置。前一种多用于炼胶机上，后一种多用于炼塑机上。

（1）开式辊温调节装置　如图 2-22 所示，冷却水由冷却水进水管 1 上的直径为 $2\sim5mm$ 的小孔喷向辊筒内腔，由一端排水口排出回水。辊筒内腔放有呈星形结构的辊轮 3，工作时随辊筒 4 转动，以防辊筒内腔结垢，影响冷却效果。这种形式调温装置的特点是：结构简单，冷却效果好，水温可随时用手探知或测定，水管堵塞时也易于发现。但冷却水消耗量大。

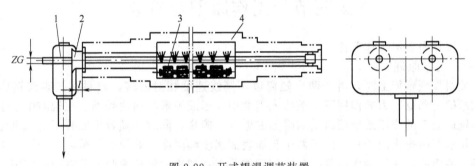

图 2-22　开式辊温调节装置
1—冷却水进水管；2—排水管；3—辊轮；4—辊筒

（2）闭式辊温调节装置　如图 2-23 所示，进出水均需通过冷却接头 2，因此冷却效果差。但结构紧凑，冷却水消耗量少。此调温装置常用于需蒸汽加热的机台上。

图 2-23　闭式辊温调节装置
1—冷却水管；2—冷却接头

钻孔辊筒冷却效果最好，但结构复杂，成本高。大规格热炼机和压片机常用这种方式。

2. 强化辊筒冷却效果的措施

（1）严格控制冷却水的初温。当冷却水的初温为 10～14℃ 时，辊筒冷却效果较好，但像这样低温的水往往需要用地下水或经过制冷才能得到，需要增加相应的设备。通常采用自来水、江河水或厂内水塔的水时，尤其在夏天，应尽可能使用初温低于 25℃ 的水来冷却。否则，冷却效果显著降低，甚至达不到工艺要求。

（2）辊筒内腔尽可能经过机械加工，如果无条件加工，也应该设法将型砂、铸造浮渣清理干净，否则将增加其热阻；同时，辊筒内腔进水管要装喷头，以便提高传热效果。

（3）保持辊筒内腔的清洁，并尽可能使用不含盐类矿物质的冷却水，以免产生沉淀物，影响冷却效果；最好能定期清洗辊筒内腔的污垢，有的开炼机辊筒内腔装有星形结构的辊轮，它随辊筒一起回转，借以清除污垢。

（4）在辊筒结构设计上作进一步改进，如采用钻孔辊筒，冷却效果可大大提高。另外，采用高强度材料制作辊筒，可使辊筒壁厚减小，以获得较高的冷却效果。

3. 冷却水消耗量

各种型号开炼机冷却水消耗量参见表 2-5。

表 2-5 开炼机冷却水消耗量

项目	XK-160	XK-250	XK-360	XK-400	XK-450	XK-560 (L=800)	XK-550	XK-560	XK-650	XK-660
主电机功率/kW	4.2	17	28	40	55	75	95	95	110	115
耗水量/(m³/h)	0.35～0.55	1.36～2.2	2.3～3.6	3.2～2.5	4.4～7	6～9.5	7.5～12	7.5～12	8.7～15	8.7～15

第三节 工作原理与参数

一、工作原理与工作条件

（一）工作原理

当胶料加到辊筒上时，由于两个辊筒以不同线速度相对回转，胶料在被辊筒挤压的同时，在摩擦力和黏附力的作用下，被拉入辊隙中，形成楔形断面的胶条。在辊隙中由于速度梯度和辊筒温度的作用致使胶料受到强烈的碾压、撕裂，同时伴随着橡胶分子链的氧化断裂作用。从辊隙中排出的胶片，由于两个辊筒表面速度和温度的差异而包覆在一个辊筒上，又重新返回两辊间，这样多次往复，完成炼胶作业。在塑炼时促使橡胶分子链由长变短，弹性由高变低；在混炼时促使胶料各组分表面不断更新，达到均匀混合的目的。胶料在辊隙中的受力分布见图 2-24。

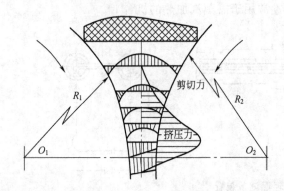

图 2-24 胶料在辊隙中的受力分布情况

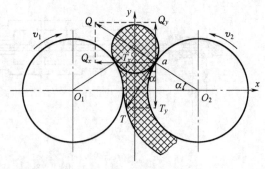

图 2-25 胶料受力分析

（二）工作条件

1. 胶料卷入辊距的条件

在炼胶操作时我们可以看见，当胶料包覆一个辊筒后两辊间还有一定数量的堆积胶，这些积胶不断地被转动的辊筒带入辊隙中去，而新的积胶又不断形成。积胶量的多少对炼胶效果有很大的影响。若积胶过多，胶料便不能及时进入辊隙中，只能原地轻轻抖动，此时，炼胶效果显著降低；若积胶过少不能形成稳定的操作。可见，确定适宜的积胶量是非常必要的。在这里，为了更好地讨论炼胶的操作条件，我们引入一个称为"接触角"的概念。

所谓接触角，即两辊筒断面中心线的水平连线 O_1O_2 与胶料在辊筒上接触点 a 和辊筒断面中心 O_2 连线的夹角，以 α 表示，如图 2-25 所示。胶料能否进入辊隙，取决于胶料与辊筒的摩擦系数和接触角的大小。

从受力分析的角度来看，当两辊筒相对回转时，辊筒对胶料产生径向作用力 Q（正压力）和切向作用力 T（摩擦力），把径向力 Q 分解为 Q_x 和 Q_y；把切向力分解为 T_x 和 T_y。

由图可知，水平分力 Q_x、T_x 用来挤压胶料，称为挤压力；垂直分力 Q_y 力图阻止胶料进入辊距，而垂直分力 T_y 则力图把胶料拉入辊距中。

为了保证胶料能被拉入辊距中，必须使 $T_y > Q_y$。否则胶料只能在辊筒上抖动，不会通过辊距，起不到炼胶作用。

先确定切向力（摩擦力）T：

$$T = Q\mu \tag{2-1}$$

式中　Q——正压力；

　　　μ——胶料与辊筒的摩擦系数。

因 　　　　　　　　　　　　$\mu = \tan\rho$

故 　　　　　　　　　　　　$T = Q\tan\rho \tag{2-2}$

式中　ρ——摩擦角。

则切向分力 T_y 为 　　　　　$T_y = Q\tan\rho\cos\alpha \tag{2-3}$

再确定垂直分力 Q_y，从图形中可知：

$$Q_y = Q\sin\alpha \tag{2-4}$$

为使开炼机能正常操作，必须使 $T_y \geqslant Q_y$，

即 　　　　　　　　　$Q\tan\rho\cos\alpha \geqslant Q\sin\alpha$

　　　　　　　　　　　$\tan\rho \geqslant \tan\alpha$

亦即 　　　　　　　$\rho \geqslant \alpha$　（因 ρ、α 均为锐角）　　　　　$(2-5)$

可见，胶料被拉入辊距的条件是，必须保证接触角 α 小于或等于摩擦角 ρ。

橡胶或胶料与金属辊筒的摩擦角 ρ 与胶料的组分、可塑度、炼胶温度及辊筒表面形状有关。如可塑度越大、炼胶温度越高，摩擦角亦大。在一般条件下，胶料与金属辊筒的摩擦角 $\rho = 38° \sim 42°$，生胶与金属辊筒的摩擦角 $\rho = 38°40'$。因此，在开炼机设计时接触角 $\alpha = 32° \sim 40°$。目前国产开炼机设计多采用 $\alpha = 36° \sim 40°$。

2. 胶料在辊隙间能得到强烈挤压和剪切的条件

在炼胶过程中，将胶料进行切割（割胶）对炼胶过程是十分重要的。根据流体动力学理论的分析，炼胶过程胶料呈流线分布。靠近辊筒处胶料的流线与辊筒回转是平行状态，而在楔形断面开始处，有一个回流区域，形成两个封闭的回流线，当 $v_1 = v_2$ 时，这两个封闭回流线呈对称分布，当 $v_1 > v_2$ 时，两个封闭回流线的中性面移向快速辊筒侧。证明当 $v_1 > v_2$ 时，胶料所受剪切作用较 $v_1 = v_2$ 时要大。所以，大部分开炼机都设计成两辊筒线速度不同（$v_1 \neq v_2$）。但仅辊速不同也不能得到最佳的炼胶效果，这是由于 $v_1 \neq v_2$ 时，楔形胶片仍然存在封闭回流。只有采用切割胶片（或割刀捣胶）的办法，促使胶料沿辊筒轴线移动，才能

不断破坏封闭回流，加速炼胶作用，取得良好的效果。

二、主要参数

（一）辊速、速比与速度梯度

1. 概念

辊速、速比与速度梯度是开炼机的几个重要工作参数，应根据被加工物料的性质、工艺要求、生产安全、机械效率与劳动强度等选取，一般由经验确定。

辊速：指辊筒工作时的线速度，以 v 表示。

速比：指两辊筒线速度之比。一般是指后辊筒的线速度与前辊筒的线速度之比。以 f 表示。

$$f = \frac{v_1}{v_2} \tag{2-6}$$

式中　　v_1——后辊筒线速度，m/min；

　　　　v_2——前辊筒线速度，m/min。

为了操作方便和安全起见，前辊筒线速度一般比后辊筒线速度要小，即 $f>1$。开炼机辊筒的速比，是根据加工胶料的工艺要求来选取的，它是设计开炼机的重要参数之一。不同用途的开炼机，要求的辊筒速比是不相同的，见表 2-6。

表 2-6　开炼机速比范围

用　　途	速　　比	用　　途	速　　比
塑炼	1.15～1.3	破胶	1.30～1.50
混炼	1.08～1.2	再生胶粉碎	1.30～2.54
压片	1.07～1.08	再生胶捏炼	1.30～1.42
热炼	1.20～1.50	精炼	1.80～2.54

速度梯度：由于两辊筒表面的线速度不一致，故胶料在辊距中便产生速度梯度，如图 2-26 所示。与转速较快的后辊筒表面接触的胶料其通过辊距的速度较快，而与前辊筒表面接触的胶料则通过辊距的速度较慢，这样在辊距 e 的范围内就出现速度梯度，其数值大小可按下式计算：

$$v_{梯} = \frac{v_1 - v_2}{e} = \frac{v_2}{e}(f-1)(\text{min}^{-1}) \tag{2-7}$$

2. 速度梯度对炼胶的影响

由式（2-7）可知，速度提高，速比增大，辊距减小，则速度梯度增大，对胶料的剪切变形和机械破坏也就愈大，从而可减少加工时间，提高机械效率。但速度、速比过大时，由于摩擦生热会使胶料温度升高，导致降低生胶塑炼效果，甚至会使混炼胶产生焦烧。为此，对速度梯度有所限制，使之不超过胶料的允许极限温度，同时还需加强冷却。

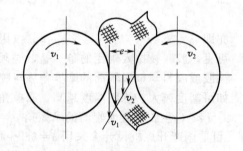

图 2-26　辊距中的速度梯度

开炼机的速度梯度规定如下：塑炼、混炼、热炼和压片的速度梯度为 1500～2000min^{-1}；生产用开炼机的速度梯度应小于 2200min^{-1}；破胶、粉碎和粗碎的速度梯度应小于 7500min^{-1}。

3. 辊距对炼胶的影响

由于速度梯度的值与辊距大小有关，辊距减小，速度梯度增大，炼胶效果好。但当辊距太小时，胶料温度会急剧升高，反而会影响炼胶效果，因此工作辊距不宜太小。

计算速度梯度时用的辊距值见表 2-7，实际操作时可根据工艺要求，在不致产生焦烧的情况下可短时间减小辊距。

表 2-7 计算速度梯度用辊距值

工 艺 方 法	塑炼	混炼	热炼	压片	破胶	粉碎
最小辊距/mm	3	3	3	3	1.5	2

（二）横压力

1. 横压力的概念

横压力是开炼机在炼胶操作过程中，胶料在辊隙间对辊筒产生的径向压力。以 P 表示。它与辊筒对胶料的正压力 Q 大小相等方向相反。它是设计开炼机的重要原始数据之一。

在辊筒接触角范围内，胶料对辊筒产生径向力和切向力，在整个夹持弧上这两个力不是均匀分布的，一般说来它们随着辊筒间隙逐渐减小而增大，如图 2-27 所示。实验研究证明，其最大受力点在辊距稍前处（图 2-27 中 M 点），该点 M 所对应的角 γ 称为临界压力角，一般 $\gamma=3°\sim6°$，视具体条件而变化。在夹持弧上其合力的作用点与水平线的夹角 β 一般在 $5°\sim10°$ 范围内，推荐值为 $10°$。

横压力 P_P 作用在辊筒上，如图 2-28 所示，它可分解为水平分力 P_{Px}，和垂直分力 P_{Py}。

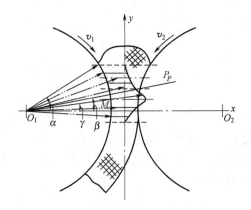

图 2-27 辊筒对胶料的横压力分布

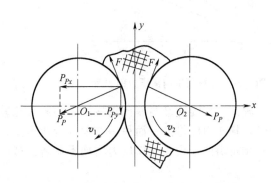

图 2-28 横压力计算

横压力水平分力 P_{Px}：

$$P_{Px} = P_P \cos\beta \qquad (2-8)$$

横压力垂直分力 P_{Py}：

$$P_{Py} = P_P \sin\beta \qquad (2-9)$$

若把辊筒工作部分纵长 1cm 上的横压力称为单位横压力，并以 P 表示，则总横压力 P_P 为：

$$P_P = PL \qquad (2-10)$$

式中　P——单位横压力，N/cm；

　　　L——辊筒工作部分长度，cm。

辊筒上的总横压力，因被辊筒两端的两个轴承承担，这样一个轴承的横压力，则为总横压力的一半。

$$P'_P = \frac{P_P}{2} \qquad (2-11)$$

式中　P'_P——一个轴承上的横压力，N。

在实际炼胶操作过程中，横压力数值是变化的。例如 $\phi550\text{mm}\times1500\text{mm}$ 开炼机塑炼天然胶时，一个轴承上横压力的变化如图 2-29 所示。在炼胶开始的几分钟内横压力达到最大值，过后由于胶温升高而胶料变软，横压力很快下降，当胶料可塑度均匀后，横压力的变化也就不大了。

2. 影响因素

辊筒横压力的大小，主要取决于胶料的性质、加工温度、辊距和辊筒线速度。胶料越硬，横压力越大。如图 2-30 所示。例如硬胶料的混炼与热炼比天然胶塑炼的横压力要大。胶料温度越低，横压力越大。如图 2-31 所示。例如冷破胶比预热 70℃ 后再破胶，横压力大 10%～15%。辊距越小，横压力越大。如图 2-32 所示。

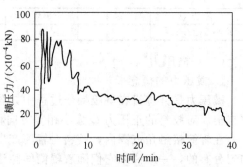

图 2-29　开炼机塑炼天然胶时横压力曲线

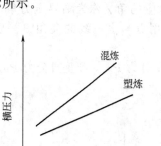

图 2-30　胶料硬度与横压力的关系

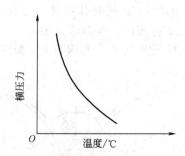

图 2-31　胶料温度与横压力的关系

辊筒工作线速度与速比对横压力的影响比较复杂。一方面，辊速越高，橡胶在短时间内变形，横压力应增加；而另一方面，辊速提高，胶料温度亦升高，使横压力相对下降。二者有互相抵消的作用，故横压力增加不显著。如图 2-33 所示。

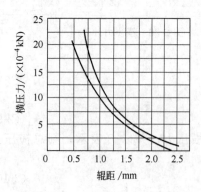

图 2-32　辊距与横压力的关系

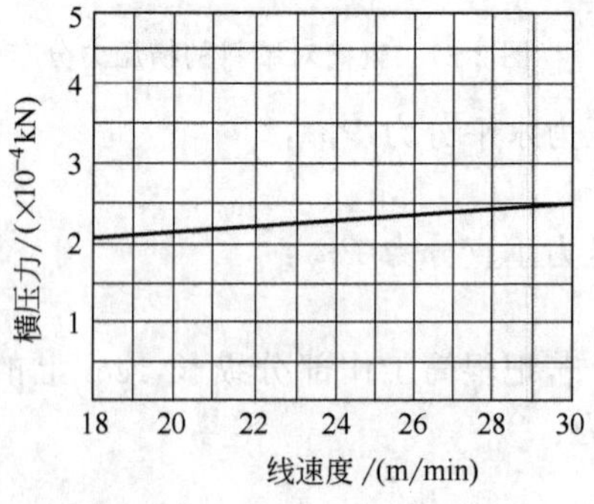

图 2-33　辊速与横压力的关系

（三）容量与生产能力

1. 容量

炼胶容量是指开炼机一次炼胶的数量。

开炼机的容量是否合理不仅影响生产能力，同时影响炼胶的质量。容量过低，不仅生产能力降低，而且在开炼机辊筒上会形成不稳定的操作；若容量过高，胶料只能在两辊筒上原地抖动，而不能进入辊隙中。合理的容量，可根据胶料全部包覆前辊上，并在两辊间积存一定数量的胶料来确定。一般可按下列经验公式计算：

$$q = KDL \tag{2-12}$$

式中 q——一次炼胶容量，dm^3；

  D——辊筒直径，cm；

  L——辊筒工作部分长度，cm；

  K——经验系数，一般取 $K=0.0065\sim0.0085$。

开炼机的一次炼胶容量见表 2-2。

2. 生产能力

生产能力是指单位时间内开炼机的产量，以 Q 表示。

影响开炼机生产能力的因素较多，如一次容胶量、辊筒直径、辊筒长度、辊距、速比、辊速、炼胶温度、炼胶时间和操作方法等。因此，在实际生产中，采用计算与分析对比相结合的方法来确定生产能力。下面介绍两种计算开炼机生产能力的方法。

（1）常用开炼机（间歇操作）生产能力

$$Q = \frac{60q\rho\alpha}{t} \tag{2-13}$$

式中 Q——生产能力，kg/h；

  q——一次容胶量，m^3；

  ρ——胶料的密度，$\rho=0.9\times10^3\sim1.2\times10^3\,kg/m^3$；

  t——一次炼胶时间，min；

  α——设备利用系数，通常取 $0.85\sim0.90$。

（2）连续操作开炼机生产能力

$$Q = 60\pi Dnhb\rho\alpha \tag{2-14}$$

式中 D——辊筒直径，m；

  n——辊筒转速，r/min；

  h——胶片厚度，m；

  b——胶片宽度，m；

  ρ——胶料的密度，$\rho=0.9\times10^3\sim1.2\times10^3\,kg/m^3$；

  α——设备利用系数，通常取 $0.85\sim0.90$。

另外，与密炼机配套的压片机的容量，视密炼机的规格而选择。例如，$\phi650mm\times2100mm$ 压片机的一次加胶量和一次捏炼时间与 140L、20r/min 的密炼机相配。而对于 140L、40r/min 以上的密炼机则需配两台以上这种规格的压片机。

（四）功率消耗与电机选择

1. 功率消耗的变化规律

功率消耗是指开炼机在炼胶过程中电机所消耗的电功率。开炼机加工胶料时，需要消耗大量的电能，这是因为胶料在开炼机辊筒上往复地被碾压，使被加工胶料产生较大的变形，克服这一变形所消耗的能量也就大，所以耗电量较大。

炼胶过程中，电机耗电量是不均匀的。在炼胶开始很短的时间内（约 $2\sim3$min）达到最大值，其值常为工作数分钟后电机负荷的 $2\sim3$ 倍。这是因为炼胶开始时胶料为块状，温度低，弹性与硬度都较高，故必然消耗较大功率，随着炼胶时间的增加，胶料升温变软，可塑度增大，功率消耗下降。如图 2-34 所示。例如，$\phi650mm\times2100mm$ 开炼机进行胎面胶混炼时，功率峰值达 210kW，但其平均值还不足 140kW。

2. 影响因素

影响开炼机功率消耗的因素很多，而且也是比较复杂的。如辊筒直径、线速度、速比、辊距、胶料的性质、一次容胶量、炼胶温度、加工方法等。

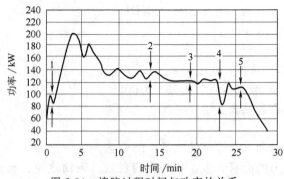

图 2-34 炼胶过程时间与功率的关系

1—加胶时；2—开始加配合剂时；3—配合剂加完时；
4—放大辊距时；5—开始下片时

（1）胶料性质　胶料的硬度越大，功率消耗也越大。冷胶块比预热 70℃ 后破胶功率消耗增加 30%～40%。

（2）工作条件

炼胶温度：温度高，功率消耗降低。但温度也不能太高，否则，会影响炼胶效果或发生焦烧。辊筒线速度：线速度增大，功率消耗也增大。因为单位时间内胶料的过辊次数增加了，即增加了胶料变形次数，这样变形功增大，为克服变形所需要的功率增大，因此功率消耗增大；另一方面，辊速增大时，通过辊距的胶料变形速度也快，消耗动力必然增加。所以，辊速增加，功率消耗也增加，如图 2-35 所示。但在辊速增大的同时，胶料温度升高，会使胶料变软，功率消耗有下降趋势。因此，两者综合作用的结果，当辊速提高后，功率消耗有所上升。

辊筒的速比：速比增大，速度梯度随之增大，克服剪切变形所消耗的动力增大，相应的功率消耗亦增大。

辊距：辊距对功率消耗的影响是复杂的。因为辊距的变化与两个方面有关，一方面辊距增大，变形减少，功率消耗下降；另一方面，辊距增大，开炼机负荷增大，功率消耗增大。对于小规格开炼机前一个因素占主导地位，而对于大规格开炼机后一个因素占主导地位。因此，辊距的变化对功率消耗的影响要具体情况作具体分析。如图 2-36 是 ϕ160mm×320mm 开炼机混炼时，辊距与功率消耗的关系。

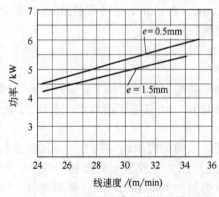

图 2-35　辊筒线速度与功率的关系

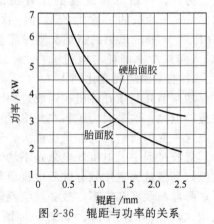

图 2-36　辊距与功率的关系

（3）开炼机规格和生产能力　显而易见，开炼机辊筒直径越大，一次容胶量越多，则功率消耗增大。

3. 电机选择

（1）基本要求　由于开炼机工作时负荷变动较大，又经常需要负载启动，且混炼与压片时粉料配合剂飞扬易引起电机短路，故对开炼机上用的电机应作如下要求：

① 启动转矩要大；

② 具有超负荷特性，要求最大的转矩 M_{max} 与额定转矩 $M_{额定}$ 之比为 2.0～2.5；

③ 能够正反转动；

④ 转速要恒定；

⑤ 制动性能要好；

⑥ 混炼、压片机上的电机应选用封闭式。

（2）电机类型　常用电机为三相异步交流电机。一般选用鼠笼式转子封闭自扇冷式异步电机，也有选用绕线式异步电机的。后者启动性比前者好，但可靠性较差、价格贵；前者结构简单，防尘启动性能虽然不如绕线型异步电机好，但由于开炼机多是空车启动的，故启动性能可以满足开炼机的要求。

近年来，国外开炼机也有采用低速同步电机直接驱动的。其优点是：功率因数高，不需配置减速器。缺点是：电机成本高、体积大，操作与维护不方便，故在国内产品中尚未采用。

第四节　安全操作与维护保养

一、安全操作

（1）开车前必须戴好皮革护手腕，混炼时要戴口罩，禁止腰系绳、带、胶皮等，严禁披衣操作。

（2）开车前必须检查大小齿轮及辊筒间有无杂物。每班首次开车，必须试验紧急刹车是否完好、有效、灵敏、可靠（制动后前辊空车回转不准超过四分之一周），正常停车严禁使用刹车装置。

（3）如两人以上操作，必须相互呼应，当确认无任何危险后，方可开车。有投料运输带必须使用运输带。

（4）调节辊距左右要一致，严禁偏辊操作，以免损伤辊筒和轴承。减小辊距时应注意防止两辊筒因相碰而擦伤辊面。

（5）加料时，先将小块胶料靠大齿轮一侧加入。

（6）操作时要先划（割）刀，后上手拿胶，胶片未划（割）下，不准硬拉硬扯。严禁一手在辊筒上投料，一手在辊筒下接料。

（7）如遇胶料跳动，辊筒不易轧胶时，严禁用手压胶料。

（8）推料时必须半握拳，不准超过辊筒顶端水平线。摸测辊温时手背必须与辊筒转动方向相反。

（9）割刀必须放在安全地方，割胶时必须在辊筒下半部进刀，割刀口不准对着自己身体方向。

（10）打三角包时，禁止带刀操作，打卷子时，胶卷重量不准超过 25kg。拿回料严格按工艺要求。

（11）辊筒运转中发现胶料中或辊筒间有杂物，挡胶板、轴瓦处等有积胶时，必须停车处理。严禁在运转辊筒上方传送物件。运输带积胶或发生故障，必须停机处理。

（12）严禁在设备转动部位和料盘上倚靠、站坐。

（13）炼胶过程中，炼胶工具、杂物不准乱放在机器上，以避免工具掉入机器中损坏机器。机器运行时，如发现积胶在辊缝处停滞不下时，不得用手按塞，用手推胶时，只能用拳头推，以防手轧入辊筒。

（14）刹车或突然停电后，必须将辊缝中的胶料取出后方能开车，严禁带负荷启动。严禁带负荷开车。

（15）严禁机器长时间超载或安全保护装置失灵情况下使用。

（16）工作完毕，切断电源，关闭水、汽阀门。

二、维护保养

（一）设备日常维护保养要点

（1）开车时注意辊距间有无杂物，并使两端辊距均匀一致。

（2）保持各转动部位无异物。

（3）保持紧急制动装置动作灵敏可靠，没有出现紧急情况时不要使用。

（4）保持各润滑部位润滑正常，按规定及时加注润滑剂。

（5）保持水、汽、电仪表和阀门的灵敏可靠。

（6）设备运行中出现异常震动和声音，应立即停车。但若轴瓦发生故障（如烧轴瓦），不准关车，应立即排料，空车加油降温，并联系有关维修人员进行检查处理。

（7）经常检查各部位温度，尼龙辊筒轴瓦不超过 60℃，其他材质辊筒轴瓦温度不超过 40℃，减速机轴承温升不超过 35℃，电机轴承温升不超过 35℃。

（8）各轴承温度不得有骤升现象，发现问题立即停车处理。

（9）维护各紧固螺栓不得松动。

（10）不要在加料超量的条件下操作，以保护机器正常工作。

（11）机器停机后，应关闭好水、风、汽阀门，切断电源，清理机台卫生。

（二）润滑规则

开炼机的润滑规则见表 2-8。

三、基本操作过程及要求

（1）根据生产计划，准备胶料。

（2）检查核实胶料代号和胶料合格卡片。

（3）检查两辊筒间无杂物后，启动开炼机。

（4）试验刹车装置是否完好、有效、灵敏。

表 2-8　开炼机的润滑规则

润滑部位	润滑剂	加油量	加、换油周期
辊筒轴承	干油泵：MoS_2 钙基润滑脂＋20%～30%机械油 N30，对于填充 MC 尼龙轴承，用 4 号 MoS_2 钙基脂，2 号和 3 号 MoS_2 钠基脂，2 号 MoS_2 钙钠基脂以及 2 号和 3 号 MoS_2 合成锂基脂。 稀油泵：饱和汽缸油 HC-11，中负荷工业齿轮油 N680 或机械油 N100	自动加油适量 用油杯加油者加油 3 圈 自动加油适量	适时加油 油杯每班 2～4 次；尼龙轴承新机装配时，在轴颈和轴衬上涂以适量 MoS_2 润滑脂，使用 1 个月后每周加油 1 次； 新机器试车后换油，以后每季加油，1 年清洗换油 1 次
减速器	中极压齿轮油 N320	规定油标	新机器试车后换油，以后每年换油 1 次
速比齿轮	开式齿轮油船号或中负荷工业齿轮油 N680	齿轮浸入油中 40～50mm	3～6 个月换油 1 次
驱动齿轮	开式齿轮油 68 号或中负荷工业齿轮油 N680	大齿轮浸入油中 40～50mm	3～6 个月换油 1 次
传动轴承	中负荷工业齿轮油 N680	油杯适量	每班 1 次
手动调距装置	钠基脂 ZN-2 或钙钠基脂 ZCN-2，或 MoS_2 润滑脂	适量	每季度 1 次
电动调距装置	摆线齿轮减速器用工业齿轮油 50 号 蜗轮用钙基脂 ZC-3	按规定适量	半年换油 1 次 每班 1 次
尼龙棒销万向联轴器	钙基脂 ZC-3 或 MoS_2 润滑脂	适量	每月 1 次

（5）拧紧油杯加润滑油，打开冷却水，根据工艺要求调整辊温和辊距。

（6）靠大齿轮一端投入引胶并包辊、加胶，有标识的胶片最后加入。

（7）加完一车后左右各划刀两次，操作时要先划（割）刀，后上手拿胶，胶片未划（割）下，不准硬拉硬扯。

（8）送胶或下片。

（9）生产结束空转10min后停机，关冷却水，打扫接胶盘和周围卫生。

（10）换胶种时，余胶应清干净。剩余胶料应拖放至指定位置，作好标识。

四、开炼机现场实训教学方案

开炼机现场实训教学方案见表2-9。

表 2-9　开炼机现场实训教学方案

实训教学项目	具体内容	目的要求
开炼机的维护保养	①运转零部件的润滑 ②开机前的准备 ③机器运转过程中的观察 ④停机后的处理 ⑤现场卫生 ⑥使用记录	①使学生具有对机台进行润滑操作的能力 ②具有正确开机和关机的能力 ③养成经常观察设备、电机运行状况的习惯 ④随时保持设备和现场的清洁卫生 ⑤及时填写设备使用记录,确保设备处于良好运行状态
安全制动装置的应用	①安全制动装置的操作 ②安全制动装置的调节	①检查安全制动装置的制动性能 ②掌握安全制动装置的松紧调节方法 ③具有安全操作的意识
炼胶操作	①辊距的调节 ②预热(辊筒温度控制) ③启动机器 ④加料 ⑤下片冷却	①具有正确使用操作工具的能力 ②学会辊距的调节方法 ③掌握辊筒预热的基本技能 ④弄清开动机器前后应该做的工作 ⑤学会正确的加料方法

思考题

1. 开炼机按其用途不同，可分为哪几种类型？

2. 标准式、整体式和双电机传动开炼机各有何特点？

3. 开炼机的整体结构由哪些部件构成？各部件有何作用？

4. 画出六种典型的开炼机传动示意图。

5. 辊筒一般采用什么材料，近些年采用什么材料？

6. 离心铸造辊筒有哪些突出优点？

7. 辊筒轴衬可用哪些材料制成？试比较其优缺点？

8. 简述手动调距装置的工作原理。

9. 有哪两种安全制动装置？为什么通电制动更为合理？

10. 两种辊温调节装置有何区别？

11. 试简述开炼机的工作原理。

12. 试说明开炼机上胶料被卷入辊距的条件。炼胶操作中，为什么要不断切割胶片？

13. 开炼机的速度梯度是怎样产生的？

14. 什么是横压力？它与哪些因素有关？是如何影响的？

15. 如何计算开炼机的生产能力？影响生产能力的因素有哪些？

16. 影响开炼机功率消耗的因素有哪些？如何影响？

17. 对开炼机上电机的选择有何要求？

18. 有一台$\phi450mm \times 1200mm$的热炼机，试计算至少需配多大额定功率的电机才能满足生产要求？

19. 开炼机在使用过程中，应注意些什么安全问题？

20. 如何维护保养开炼机？

第三章 密闭式炼胶机

【学习目标】 本章概括介绍了密炼机的用途、分类、规格表示、主要技术特征及密炼机的使用与维护保养；重点介绍了密炼机的整体结构、主要零部件及其工作原理。要求掌握密炼机的整体结构、传动原理及工作原理、主要零部件的作用、结构、性能要求、材料及原理；能正确分析各种因素对密炼机填充系数、生产能力及功率消耗的影响；学会密炼机安全操作与维护保养的一般知识，具有进行正常操作与维护的初步能力。

第一节 概 述

一、用途与分类

1. 用途

密闭式炼胶机简称密炼机，主要用于天然橡胶及其他高聚物弹性体的塑炼和混炼，也用于塑料、沥青料、油毡料、搪瓷料及各种合成树脂料的混炼。自从 1916 年出现密炼机以来，发展很快，目前有三种断面形式的密炼机，都已系列化，它是橡胶工厂主要炼胶设备之一。20 世纪 70 年代以来，虽然国外在炼胶工艺和设备方面发展较快，但现代橡胶工厂中的炼胶设备仍以密炼机为主。

2. 分类

常用的密闭式炼胶机（以下简称密炼机）有转子相切型和转子啮合型两种类型。国内普遍使用的是转子相切型密炼机，国产的型号有 XM 型和 GK-N 型（引进技术），进口的型号有 F 型、BB 型和 GK-N 型等。啮合型转子密炼机使用较少，国产的型号有 XMY 型和 GK-E 型（引进技术），进口的型号有 K 型和 GK-E 型。

相切型转子的密炼机和啮合型转子的密炼机在结构上的主要区别是转子。相切型转子的横截面呈椭圆形，突棱有两棱和四棱两种，两个转子具有速度差（速比），突棱彼此不相啮合。啮合型转子的横截面呈圆形，两个转子的转速相同，彼此的突棱相啮合。由于转子结构的不同，因此两种密炼机的炼胶原理也有所不同。

（1）按密炼机转子转速不同，可分为慢速密炼机（转子转速在 20r/min 以下）、中速密炼机（转子转速在 30r/min 左右）、快速密炼机（转子转速在 40r/min 以上）。

（2）按密炼机转子断面形状不同，可分为椭圆形转子密炼机、圆筒形转子密炼机、三棱形转子密炼机三种。

（3）按密炼机转子转速可变与否，可分为单速密炼机、双速密炼机（转子具有两个速度）、四速密炼机、变速密炼机等。

3. 使用性能特点

橡胶与炭黑及其他配合剂的混炼，最早是采用开炼机。开炼机不易操作，粉尘飞扬严重，混炼时间长，生产效率低。如采用密炼机，则可大大减轻操作工人劳动强度，改善劳动条件，缩短炼胶周期，提高生产效率。

椭圆形转子密炼机出现较早，且炼胶效果较好，因而得到广泛的应用。本章将重点介绍椭圆形转子密炼机的结构性能，其他形式密炼机只作一般介绍。

二、规格表示和主要技术特征

密炼机的规格一般以混炼室总容积和长转子（主动转子）的转速来表示。同时在总容量前面冠以符号，以表示为何种机台。如 XM-80×40 型，其中 X 表示橡胶类，M 表示密炼机，80 表示混炼室总容量 80L，40 表示长转子转速为 40r/min。又如 XM-270×（20～40）型，它表示混炼室总容量为 270L，双速（20r/min、40r/min）橡胶类密炼机。

如果前面冠以的符号是 X（S）M 时，S 表示塑料类，就说明此密炼机既适用于橡胶，也适用于塑料。表 3-1～表 3-3 为国产和国外椭圆形及圆筒形转子密炼机的技术特征。

表 3-1 国产转子相切型密炼机的主要技术特征

机 器 型 号	XM-50×40 XM-50×40A	XM-50×42	XM-50	XM-80×42	XM-80B
密炼室总容积/L	50	50	50	2棱86,4棱77	75
密炼室工作容积/L	30	30	30	2棱55,4棱50	50
转子转速/(r/min)	40	42	40	41.6	35、48、70
转子速比	1：1.15	1：1.19	1：1.19	1：1.16	1：1.1818
上顶栓单位压力/MPa	0.2,0.265	0.219	0.219	0.36	可调至0.35～0.45
压缩空气压力/MPa	0.6～0.8	0.6～0.8	0.6～0.8	0.6	液压压料油缸
空气消耗量/(m³/h)	15				
冷却水压力/MPa	0.3～0.4	0.3～0.4	0.3～0.4	0.3～0.4	0.3～0.4
冷却水消耗量/(m³/h)	7～10	9	9	25	10、15、20
转子轴承	滚动轴承	滚动轴承	滚动轴承	滚动轴承	滚动轴承
卸料装置形式	摆动式	摆动式	摆动式	摆动式	摆动式
主电机:型号	JRO-TH	Y315S-6	Y315S-6	JRO-TH	JRO-TH
功率/kW	95	75	75	210	130、155、250
电压/V	380	380	380	380	380
转速/(r/min)	590	980	980	750	750、1000、1500
外形尺寸/m	5.9×2.5×3.2	4.1×1.9×3.2	4.2×1.92×3.15	5.97×1.6×4.74	8×3×4.8
总质量/t	11.6	11	11	20	18
备注	钻孔冷却	夹套冷却	夹套冷却	钻孔冷却	

机 器 型 号	XM-80×40 XM-80×40A	XM-110×40 XM-110×(6～60)	XM-160×30A XM-160×(4～40)	XM-270×(20～40)B XM-270×(20～40)C	XM-370×40 XM-370×(6～60)
密炼室总容积/L	80	110	160	2棱270,4棱240	395
密炼室工作容积/L	60	82.5	120	2棱200,4棱180	296
转子转速/(r/min)	40	40.6～60	30.4～40	20/40	40.6～60
转子速比	1：1.15	1：1.15	1：1.16	1：1.16	1：1.15
压砣对物料单位压力/MPa	0.3～0.4	0.35～0.46	0.36～0.49	0.4～0.53	0.3～0.42
压缩空气压力/MPa	0.6～0.8	0.6～0.8	0.6～0.8	0.6～0.8	0.6～0.8
空气消耗量/(m³/h)	30	60	70	160～200	350
冷却水压力/MPa	0.3～0.4	0.3～0.4	0.3～0.4	0.3～0.4	0.25～0.4
冷却水消耗量/(m³/h)	25	27～40	45	主机80、主电机30	110(不含电机)
转子轴承	滚动轴承	滚动轴承	滚动轴承	滚动轴承	滚动轴承
卸料装置形式	摆动式	摆动式	摆动式	摆动式	摆动式
主电机:型号	JRO-TH	Z450-1A	JRO	JRO	Z710-320
功率/kW	210	240、450	355、500	500/1000	1500、2×1100
电压/V	380	380、440	6000、440	6000	6000、660
转速/(r/min)	743	985、1000	740、1000	497/991	590、750
外形尺寸/m	6.97×2.76×4.5	7×2.64×4 6.8×2.64×4	8×3.25×5.18 8×3.1×5.18	9.92×4.32×5.68	9.43×4.46×7.4
总质量(电气除外)/t	21	24	29	45.5	75

表 3-2　国产转子啮合型密炼机的主要技术特征

性能参数	GK-90E	GK-190E	XMY-90
密炼室总容积/L	87	195	90
密炼室工作容积/L	57	127	57.5
一次投料量/kg(填充系数 0.65,密度 1.2kg/L)	68	152	
转子转速/(r/min)	10～60	10～60	0～47
压砣对物料的单位压力/MPa	0.5	0.54	0.1～0.6
压缩空气压力/MPa	0.8	0.8	0.8
压缩空气消耗量/(m³/h)	71	203	160
压料汽缸直径/mm	420	600	450
冷却水压力/MPa	0.3	0.3	0.3
冷却水消耗量/(m³/h)			20
主电机:型号			Z₄-280-32
功率/kW	510	1150	315
转速/(r/min)			0～1500
外形尺寸/m	4.6×2.32×4	5.95×3.4×5.6	6.5×2.1×5.2
质量/t	11	26.5	20

表 3-3　国外几种密炼机的主要技术特征

型号	3D	F160	11D	F270	F370	GK15 UK	GK30 UK	GK50 UK	GK100 UX	GK160 U15	GK230 UK
传动动力/kW											
低强度混炼	175	270	550	600		75	120	165	295	460	625
高强度混炼	660	1000	1800	2000	2250	150	235	330	590	920	1250
转子速度/(r/min)											
低强度混炼	50	40	40	40	最高至 60	33	28	26	23	21	20
高强度混炼	105	80	80	80		66	56	52	46	42	40
转子的圆周线速度/(m/s)											
低强度混炼	0.9		1.2		最高至 2.1			0.6	0.6	0.9	0.7
高强度混炼	1.9		2.3					1.2	1.3	1.7	1.4
转子长度/m	0.61		0.81					0.55	0.70	0.80	0.90
转子直径/m	0.34		0.56		0.68			0.43	0.52	0.60	0.68
转子棱顶与密炼室壁间隙/m	0.005		0.008		0.0095			0.004		0.005	0.007
转子棱宽/m	0.012		0.025								
剪切速率/s⁻¹											
低强度混炼	180		145		最高至 225			150		175	100
高强度混炼	375		290					295		350	195
剪切应力/(kg/cm²)	2.45										
低强度混炼	3.06		2.24		最高至 2.55			2.35		2.45	2.02
高强度混炼			2.75					2.86		2.96	2.45

第二节　基 本 结 构

一、整体结构与传动系统

(一)整体结构

1. 结构组成

密炼机的结构,一般是由混炼室转子部分、加料及压料装置部分,卸料装置部分、传动装置部分,加热冷却及气压、液压、电控系统等部分组成。

2. 结构

图 3-1 为 XM-250×40 型椭圆形转子密炼机的结构图。

混炼室转子部分：主要由上、下机壳 6、4，上、下混炼室 7、5，转子 8 等组成。下机壳 4 用螺栓固定在底座 1 上，上机壳 6 与下机壳 4 用螺栓紧固在一起。上、下机壳内分别固定有上、下混炼室 7 和 5。上、下混炼室带有夹套，可通入冷却水（当用于炼胶时）或通入蒸汽（当用于炼塑料时），进行冷却或加热。转子两端用双列圆锥滚子轴承安装在上、下机壳中，两转子通过安装在其颈部的速比齿轮的带动，在环形的混炼室内作不同转速的相对回转。

为了防止炼胶时粉料及胶料向外溢出，转子两轴端设有反螺纹与自压式端面接触密封装置。密封装置的摩擦端面由润滑系统强制供油润滑。

加料及压料装置部分：由加料斗 10、压料装置 9 及汽缸 14 等组成。安装在混炼室的上机壳 6 上面。加料斗主要由斗形加料口和翻板门 11 所组成，翻板门的开关由汽缸推动。

压料装置主要由压料装置 9 和使压料装置往复运动的汽缸 14 所组成。各种物料从加料口加入后，关闭翻板门，由汽缸 14 操纵压料装置将物料压入混炼室中，并在炼胶过程中给物料以一定的压力来加速炼胶过程。在加料口上方安有吸尘罩，使用单位可在吸尘罩上安置管道和抽风机，以便达到良好的吸尘效果。加料斗的后壁设有方形孔，根据操作需要可将方形孔盖板拿掉，安装辅助加料管道。

卸料装置部分：主要由安装在混炼室下面的卸料装置 3 和卸料装置锁紧装置 2 所组成。卸料装置固定在旋转轴上，而旋转轴由安装在下机壳侧壁上的旋转油缸 17 带动，使卸料装置以摆动形式开闭。

卸料装置锁紧装置 2 主要由一旋转轴和锁紧栓所组成。锁紧栓的摆动由往复式油缸 16 所驱动。在卸料装置上装有热电偶，用于测量胶料在炼胶过程中的温度。

传动装置部分：主要由电机 22、弹性联轴器 21、减速机 20 和齿形联轴器 19 等组成。减速机采用二级行星圆柱齿轮减速机。

加热冷却系统：主要由管道和分配器等组成，以便将冷却水或蒸汽通入混炼室、转子和压料、卸料装置等空腔内循环流动，以控制胶料的温度。

气压系统：主要由汽缸 14、活塞 13、气阀、管道和压缩空气控制站等组成。用于控制压料装置的升降、加压及翻板门的开闭。

液压系统：其基本结构主要由一个双联叶片泵 15、旋转油缸 17、往复式油缸 16、管道和油箱等组成。用于控制卸料装置及卸料装置锁紧装置的开闭。

电控系统：主要由电控箱、操作台和各种电气仪表组成。它是整个机台的操作中心。

此外，为了使各传动部分（如减速机、旋转轴、轴承、密封摩擦面等）减少摩擦，延长使用寿命而设有由油泵、分油器和管道等组成的润滑系统。

（二）传动系统

1. 作用及组成

传动系统是密炼机的主要组成部分之一，它是用来传递动力，使转子克服工作阻力而转动，从而完成炼胶作业。

2. 分类

密炼机的传动方式一般有单独传动和两台联动两种。单独传动方式中，按采用不同的减速机构形式可分为带大驱动齿轮、不带大驱动齿轮及采用双出轴减速机等三种形式；两台联动的传动方式，按电机和密炼机的相对位置可分为左传动、右传动和中间传动三种。

3. 传动方式及特点

（1）单独传动　图 3-2 为带大驱动齿轮的传动，它通过一对驱动齿轮 3 和 4 使转子 8 转动，因转子 8 较长，而且有三个支点，机器的总安装长度较大。这种传动系统比较分散，安装校正较费事，一般在旧式密炼机上多采用。

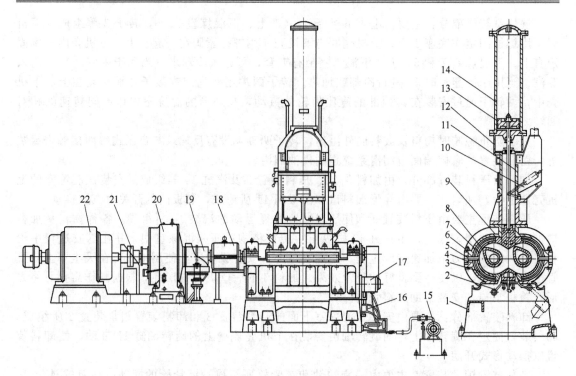

图 3-1　XM-250×40 型椭圆形转子密炼机结构图

1—底座；2—卸料装置锁紧装置；3—卸料装置；4—下机壳；5—下混炼室；6—上机壳；7—上混炼室；
8—转子；9—压料装置；10—加料斗；11—翻板门；12—填料箱；13—活塞；14—汽缸；15—双联叶片泵；
16—往复式油缸；17—旋转油缸；18—速比齿轮；19—齿形联轴器；20—减速机；21—弹性联轴器；22—电机

图 3-3 为不带大驱动齿轮的传动。它取消了一对驱动齿轮，由减速机 2 直接传动速比齿轮 3 和 4，因而结构较紧凑，减少一些零部件，但转子轴承承受的载荷较大，减速机的速比和承载能力也增大，使减速机的结构庞大。因此目前很少采用。

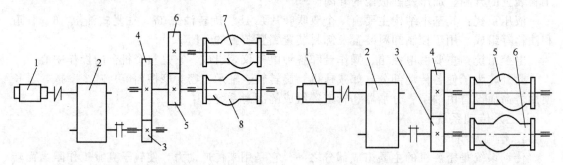

图 3-2　带有大驱动齿轮的传动

1—电机；2—减速器；3—小驱动齿轮；4—大驱动齿轮；
5,6—速比齿轮；7—前转子；8—后转子；

图 3-3　不带大驱动齿轮的传动

1—电机；2—减速机；3,4—速比齿轮；5,6—转子

图 3-4 为行星齿轮减速机传动，它可使减速机的外形尺寸和重量大为减小，从而使整个密炼机结构紧凑，重量减轻。但由于行星齿轮减速机的零件材质要求严格，制造精度要求高，因此目前还很少采用。

图 3-5 为采用双出轴减速机的传动。它把速比齿轮放在减速机中，减速机的两个出轴通过万向联轴器（或齿形联轴器）3 与转子 1、2 连接，这样可以减轻转子轴承的载荷，但减速机显得更为庞大复杂。

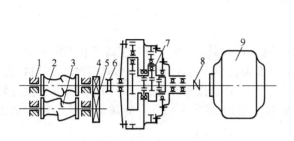 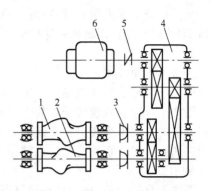

图 3-4 行星齿轮减速机传动

1—滚动轴承；2,3—转子；4,5—速比齿轮；6—齿形联轴器；
7—行星减速机；8—弹性联轴器；9—电机

图 3-5 双出轴减速机传动

1,2—转子；3—万向联轴器；4—减速机；
5—联轴器；6—电机

（2）联动传动 图 3-6 为中间传动方式，电机设在两台密炼机的中间。

图 3-7 为串联传动，是将电机安装在两台密炼机的一侧。另外，密炼机还有左传动和右传动之分。当操作人员面向加料门时，如传动部分在左侧，则叫左传动，在右侧则为右传动。密炼机分左右传动是由于对使用单位根据工艺流程和厂房布置的需要而定的。

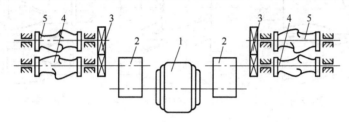

图 3-6 中间传动

1—电机；2—减速机；3—速比齿轮；4,5—转子

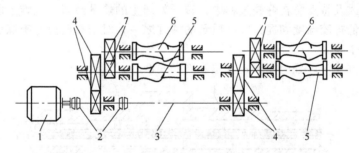

图 3-7 串联传动

1—电机；2—离合器；3—驱动轴；4—驱动齿轮；5,6—转子；7—速比齿轮

二、主要零部件

（一）转子

转子是密炼机的主要工作零件，转子的构造形式及强度对密炼机的工作性能、生产效率、使用寿命和炼胶质量都影响极大。因此在设计制造和使用过程中都要特别注意。

1. 转子的性能及材料选择

在炼胶过程中，转子承受着胶料的摩擦及挤压作用，还有物料的腐蚀作用，这些作用比在开炼机中强烈得多，而且转子构形又比较复杂，故要求转子有足够的强度、刚度、耐磨性、耐化学腐蚀性和良好的传热性。一般对转子的材料，要求其力学性能优于 45 钢的材料。

目前，转子多采用 45 钢铸造，并在突棱处堆焊一层 5～8mm 厚的耐磨硬质合金，其硬度为 HRC55～62，而高速密炼机的其余工作表面应当堆焊或者喷涂 2～3mm 厚的耐磨硬质合金。

2. 结构形式与特点

（1）结构形式　椭圆形转子按其螺旋突棱的数目不同，可分为双棱转子和四棱转子。

图 3-8（a）为双棱转子，其工作部分的横断面是椭圆形，转子表面具有两个方向相反、长度不等的螺旋形突棱。长螺旋段（占转子工作部分长度的 70%～72%）的螺旋突棱与轴线的夹角 $\alpha=30°$，短螺旋段（占转子工作部分长度的 38%～43%）的螺旋突棱与轴线的夹角 $\alpha=45°$。

图 3-8（b）、（c）是两种不同类型的四棱转子。据介绍，四棱转子密炼机与双棱转子密炼机相比，生产能力高，且单位重量胶料的消耗功率低，改善了炼胶质量。

近年研制一种 ZZ2 型转子，同普通四棱转子结构相比，其不同之处 ZZ2 型转子的两条长棱分别起始于转子两侧，短棱则随长棱一道起始于相同的一侧，长棱和短棱的螺旋角在 35°～45°，这种布置方式使转子上的轴向力达到平衡，形成均匀剪切力，因此转子上的推力很小，从而最终使胶料得到均匀一致的混炼效果。

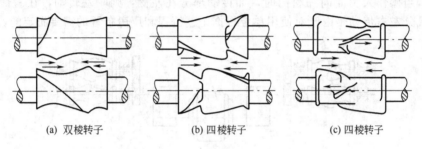

|(a) 双棱转子|(b) 四棱转子|(c) 四棱转子|

图 3-8　转子的类型

转子内部均铸成空腔，以便通入冷却水或蒸汽进行冷却或加热。

（2）冷却方式及特点　在炼胶过程中，转子处产生的热量最多，且难于散出，故转子的冷却好坏，是降低排胶温度和提高胶料质量的关键之一，对于高压快速密炼机来说，转子的冷却就显得更为重要。

转子的冷却方式，可分为喷淋式及螺旋夹套式两种，见图 3-9。

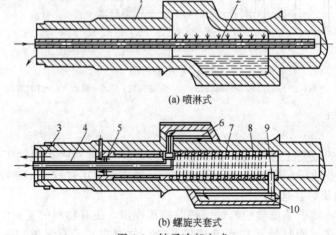

(a) 喷淋式

(b) 螺旋夹套式

图 3-9　转子冷却方式

1,8—转子；2—冷却水管；3,5—挡板；4—进水管；6,10—隔板；7—套筒；9—出水管喷淋式为常用的冷却方式，其结构和开炼机辊筒的冷却方式相同。但因转子形状复杂，且不规则，内腔不能进行加工，内腔表面粗糙，造成传热系数低，冷却效果差。

螺旋夹套式为较新的结构，冷却水由进水管引入，先进入转子突棱的空腔内，然后通过螺旋形套筒流入另一突棱的空腔内，最后从套筒内腔流出。这种冷却方式其冷却面积远比喷淋式大，且冷却水更接近工作面，冷却效果好。

ZZ2 转子为更进一步提高转子的冷却效果，就设计了一种带螺旋槽强制循环冷却的结构。这种结构不但转子内表面能进行机加工，而且简化了对铸造质量与传热系数的要求，并在转子突棱部位顺着旋转方向铸造了冷却水道，可显著提高转子的冷却效果。

（二）混炼室

1. 使用性能要求及材料选择

混炼室也是密炼机的主要工作部件，它和转子一样在炼胶过程中承受着胶料的强烈摩擦、挤压和化学腐蚀等作用。这种作用会对混炼室壁造成严重的磨损。当内壁磨损后，转子和混炼室壁之间的间隙加大，就会直接影响混炼效果，严重者会使机器无法使用。因此，为增强混炼室内壁的耐磨性，在高速密炼机的混炼室内壁需堆焊一层 2～4mm 厚的耐磨硬质合金。

2. 结构形式及特点

混炼室的结构形式是多种多样的，按其结构不同可分为对开组合式、前后组合式、开闭式和倾斜式几种。

图 3-10 所示为对开组合式混炼室，混炼室由上、下两部分组成，分界面在转子轴线位置上，上、下混炼室 3、6 为焊接件，带有通冷却水的夹套，为提高内壁的强度和增大冷却水回流的路线，在夹套中焊有加强筋。上、下混炼室 3、6 是由上、下两个铸钢机壳 2、5 固定的。这种对开组合式混炼室，对制造安装和检修都比较方便。

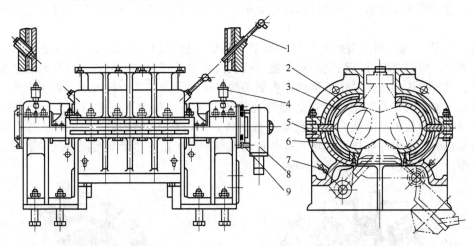

图 3-10　对开组合式混炼室

1—热电偶；2—上机壳；3—上混炼室；4—干油杯；5—下机壳；6—下混炼室；7—油杯；8—冷却水槽；9—压盖

图 3-11 所示为前后组合式混炼室，前后两个正面壁 14、17 是壁厚不超过 30mm 的复杂铸钢件，它有利于混炼室内的热量散出。如果壁厚增大，就会引起散热条件的恶化而使混炼室内温度升高。但为了保证壁的强度，在壳体外部有加强筋 12，并可使混炼室冷却面积增大。加强筋 12 底部有孔，可使冷却水沿混炼室外圆弧面的上方向下流，防止冷却水积存在筋上。

混炼室的侧面壁 1、6 是铸铁件，它通过螺栓和销子与正面壁固定在一起。

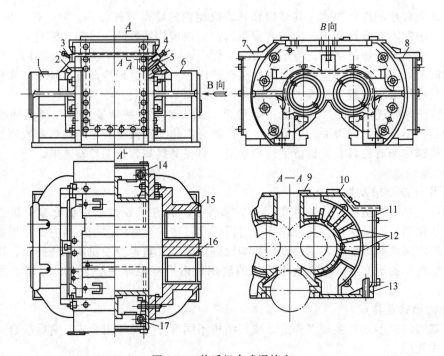

图 3-11　前后组合式混炼室

1,6—侧面壁；2—左托架；3—热电偶；4—加油管；5—右托架；7,8—壳盖；

9—密封压板；10—上盖；11—正面盖；12—加强筋；13—管子；14,17—正面壁；15,16—轴套

　　图 3-12 所示为开闭式混炼室结构，这种结构的前、后混炼室壁可以打开，便于更换物料品种时进行清理和检查。因此结构比较复杂，一般实验室用的小型密炼机才采用此种结构形式。

　　图 3-13 所示为倾斜式混炼室结构。为了满足加工物料的工艺要求，混炼室应具有良好的冷却效果，特别是对高压快速大功率密炼机或需在混炼室内加硫混炼，冷却问题就显得更为重要。因为高压快速大功率等都将产生更多的热量而导致热平衡的困难，如果没有良好的冷却措施来排除大量的热能，控制胶温在允许限度之内，就会直接影响混炼胶的质量。目前，为提高冷却效果，除适当降低冷却水温度外，对混炼室的结构和冷却系统都不断在改进。如考虑尽量增大冷却面积、增大冷却水流速和冷却水通道尽量靠近混炼室内表面，即缩小导热距离，增大热导率来提高冷却效果。

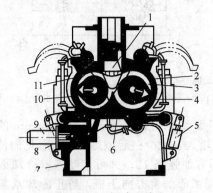

图 3-12　开闭式混炼室

1—上顶栓；2,11—正面壁；3—混炼室；4,10—转子

5,8,9—液压筒；6—下顶栓；7—机座

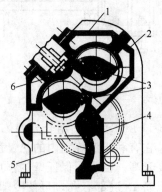

图 3-13　倾斜式混炼室

1—上混炼室；2—下混炼室；3—转子

4—下顶栓；5—机座；6—上顶栓

3.冷却方式及特点

（1）喷淋式　混炼室壁的弧形筋上装有弧形总管 1（见图 3-14），在总管上装有许多支管 2，支管上装有喷嘴 3，冷却水以一定的压力（一般为 0.3MPa）从喷嘴向壁面喷射。这种形式结构简单，冷却效果一般。旧式慢速橡胶类密炼机多采用这种形式。

（2）水浸式　混炼室壁为一盛水容器（如图 3-15 所示），冷却水由孔 1 进入，当冷却水达到一定高度时，即由溢流管 2 流出。

以上两种方式因侧面壁都不进行冷却，故冷却面积较小，水流速慢，因此冷却效果一般。

（3）夹套式　混炼室壁为一夹套，如图 3-16 所示，中间有许多隔板，夹套分两半部分，冷却水由一边进入后在夹套中沿轴线方向循环流动，再由侧壁流至另一边循环后流出。

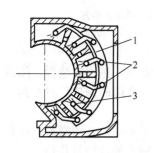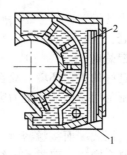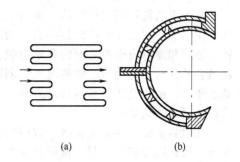

图 3-14　喷淋式冷却　　　　图 3-15　水浸式冷却　　　　图 3-16　夹套式冷却

1—总管；2—支管；3—喷嘴　　1—孔；2—溢流管

图 3-16（a）为流动路线，图 3-16（b）为剖面图。因有中间隔板，且能冷却侧壁，增大了冷却面积和水流速度，故冷却效果比前两种好。

（4）钻孔式　在混炼室壁钻孔，使冷却水沿孔迅速循环流动。此种方式，因孔道截面积较夹套式的小，故水流速度较快，且通水孔与混炼室内壁更为接近，传热快。故冷却效果较前三种好。

按钻孔方式不同又可分为大孔串联式、小孔并联式和小孔串联式三种。

大孔串联式由于是在浇铸时把孔铸出来的，孔道不均匀，且有毛刺余砂等。因孔径大、冷却水流速慢，故对冷却效果改进不大。

对小孔并联式（或称衬壁外周沟槽式，见图 3-17），因冷却水在孔中流动时有走捷径及呆滞现象，故冷却效果仅稍有改进，且在加工上也较困难。

采用小孔串联式（见图 3-18），因冷却水流速大，达 3～4m/s，热导率高，故冷却效果好。

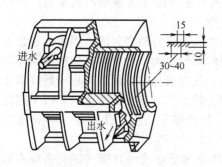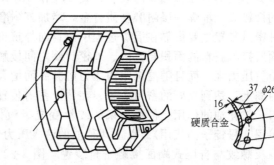

图 3-17　小孔并联式　　　　　　图 3-18　小孔串联式

（5）槽道式　如图 3-19 所示。在混炼室圆柱部分的外表面上加工有平行的槽道 2，冷却水沿槽道高速流动。冷却水由集水管 1 送入和排出。

冷却方式分以上五种，第三种比第一、二种好，第四、五种与第三种相似，但钻孔及槽道的截面比夹套式的小，水流速较快，冷却效果好，制造亦较方便，特别是第四种小孔串联式，因其水流速更快，冷却效果最好，目前被广泛采用。

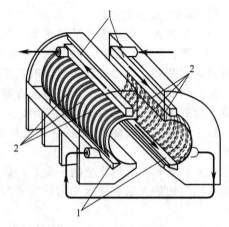

图 3-19　槽道式冷却
1—集水管；2—槽道

（三）密封装置

1. 性能要求及分类

密炼机的混炼室是密闭的，物料的损失比开炼机少得多，对工作环境的污染也大为减轻。但转子轴颈和混炼室侧壁之间的环形空隙在混炼时还是容易漏料的。为防止物料漏出，创造良好的工作环境，故在此处需采用密封装置。特别是近年来，由于高压快速混炼的发展，对密封问题已显得更为突出，各国的制造厂对密封方式都在研究改进之中。

密封装置的结构形式很多，常用的有外压式端面接触密封、内压式端面自动密封、反螺纹与自压式端面接触密封、反螺纹迷宫式复合密封、双重反螺纹填料式复合密封几种。

2. 结构与原理

（1）外压式端面接触密封装置　如图 3-20 所示，该装置主要由转动环 6 和压紧环 3 之间的接触面起密封作用。转动环 6 固定在转子轴颈上，与转子一起转动。压紧环 3 固定在混炼室侧面壁 2 上，由弹簧 8 的作用使压紧环 3 压向转动环 6，使其接触面上产生一定的压力（0.2MPa），以阻止物料的漏出。压力的大小可由弹簧 8 调节。压紧环与转动环相接触的表面经淬火处理，而转动环的相应表面堆焊一层厚 2.5～4.5mm 的耐磨硬质合金，以增加接触面的耐磨性。另外，在两环接触面间还用油泵供给 1～1.5MPa 的润滑油，以减轻接触面间的摩擦。在混炼过程中有少量物料被挤到密封接触面时，即与润滑油相混形成膏状物而流出密封面，如果没有则可能是油孔堵塞，两接触面间发生干摩擦，应停机检修。

这种密封装置适用于低压慢速的密炼机，它具有结构简单，密封可靠，使用寿命长（保持良好的润滑时，可用 2～3 年）的特点，故慢速密炼机多采用此种结构形式。

（2）内压式端面自动密封装置　图 3-21 所示为内压式端面自动密封装置。它是在转子轴颈上固定一套圈 5，并通过压板 8、固定螺钉 9 及调节螺钉 7 把内密封圈 4 与套圈 5 连接起来，使之随转子一起转动。外密封环 2 通过固定螺钉 3 固定在挡板 1 上，而挡板 1 是固定在混炼室侧壁上的。在套圈 5 内装有弹簧 6，用于调节内外密封圈互相接触面的压力。内外密封圈的接触面上堆焊一层耐磨硬质合金，增加其耐磨性。

这种密封装置主要依靠在混炼过程中胶料向外挤出的压力来自动密封的，因为内密封圈的里端面所接触胶料的面积要比内、外密封圈之间接触的面积要大，所以内、外密封圈接触面上的单位压力大，而且随混炼室内压力的升高而增大，使内密封圈在混炼过程中始终紧压在外密封圈上，达到良好的密封效果。在每个密封装置上装有三个软化油注入口和两个润滑油注入口。软化油的作用是使泄出来的胶料变成半流体状的黏性物（软化油是一种特殊的油，也可用 2 号锭子油代用）。以上两种油的注入压力可达 60MPa。

（3）反螺纹与自压式端面接触密封装置　图 3-22 所示为反螺纹与自压式端面接触密封装置。它是由弹簧 7 拉着旋转密封套 3 与固定密封环 4 相接触而形成的。同时从混炼室漏出

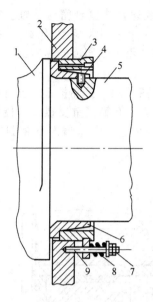

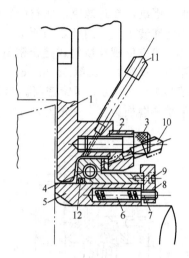

图 3-20 外压式端面接触密封装置

1—转子；2—侧面壁；3—压紧环；4—定位螺钉；
5—轴颈；6—转动环；7—螺母；8—弹簧；9—螺栓

图 3-21 内压式端面自动密封装置

1—挡板；2—外密封圈；3,9—固定螺钉；
4—内密封圈；5—套圈；6—弹簧；
7—调节螺钉；8—压板；
10,11—油管；12—O 形圈

来的物料以一定的压力作用于旋转密封套 3 的端面，使其进一步压紧固定密封环 4，漏出物料的压力愈大，则压得愈紧，因而密封也愈严，旋转密封套 3 与固定密封环 4 的接触面堆焊耐磨硬质合金，而固定密封环 4 用青铜制成。密封面用高压油泵（10MPa）供油润滑。在密封面的前面还安有螺纹轴套 2，螺纹的方向与转子轴颈的旋转方向相反，有将漏出的物料返回到混炼室去的作用。

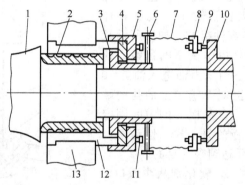

图 3-22 反螺纹与自压式端面接触密封装置

1—转子；2—螺纹轴套；3—旋转密封套；4—固定密封环；5—压套；6,11—螺钉；
7—弹簧；8—弹簧钩；9—螺栓；10—轴套；12—固定套；13—混炼室壁

这种结构的密封性能和寿命都比外压端面密封装置好，尤其适用于混炼室为对开式结构的高压快速密炼机。但其结构比较庞大。

这种密封装置适用于低压慢速的密炼机，它具有结构简单，密封可靠，使用寿命长（保持良好的润滑时，可用 2～3 年）的特点，故慢速密炼机多采用此种结构形式。

目前亦有在此种结构的基础上加以改进的密封装置，即在反螺纹区增设压力注油口，以注入 16MPa 的压力油，把泄漏出来的物料吸附变成黏流态，进一步提高了密封效果。

（4）反螺纹迷宫式复合密封装置　图 3-23 所示为反螺纹迷宫式复合密封装置。它是由两个迷宫圆环组成。钢制的可分圆环 1 用螺钉 2 固定在混炼室侧壁上，环内有 4～5 扣单线锯齿形反螺纹，挤进螺纹的物料随转子的回转又沿螺纹推回。用铸铁制成的迷宫圆环 4 用螺钉 5 固定在转子上，两环之间所形成的迷宫需注油润滑。

（5）双重反螺纹填料式复合密封装置　此密封装置（见图 3-24）是在护板 3 上有两扣成单线锯齿形反螺纹 4，深 3～6mm，宽 8～12mm。转子轴套 2 上有第二重反螺纹。最后是石棉作填料 1，由压盖 5 压紧密封。这种密封装置结构简单，在低、中压情况下密封效果较好，但填料磨损厉害，使用寿命不长。

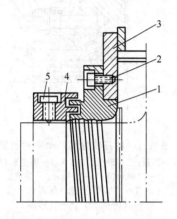

图 3-23　反螺纹迷宫式复合密封装置
1—可分圆环；2,5—螺钉；3—端面圆环；4—迷宫圆环

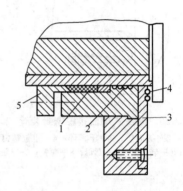

图 3-24　双重反螺纹填料式复合密封装置
1—填料；2—轴套；3—护板；4—反螺纹；5—压盖

（6）液压式转子端面密封装置

① 国产 XM-270×（20～40）型密炼机采用图 3-25 所示液压式转子端面密封装置，在国外称 FYH 型密封装置，它主要由油缸 10、动密封环 7、静密封环 6 和叉板 3 等零件组成。如图所示状态为不工作时的自由状态，由弹簧 2 的预紧力使两个密封零件紧贴在一起。当压力油进入油缸 10 时，迫使活塞杆左移，直至侧面壁 1 上的孔的端面，当液压力继续升高时，以叉板 3 的中间固定点为支点，把压力传到叉板的另一端，使动密封环 7 紧贴在静密封环 6 上而达到密封目的。

润滑油从注入口 A 注入，软化剂从注入口 B 注入。使动、静两个密封环的端面之间得到润滑。软化剂和润滑油用高压柱塞泵供给。液压系统中，溢流阀通过两位两通电磁阀起油泵的卸载作用。

② XM-370×（6～60）型密炼机采用 4 个小油缸直接将动圈 1 压紧在定圈 2 上的直接液压式转子端面密封装置（如图 3-26 所示）。

（7）蝶形弹簧拨叉式转子端面密封装置　XM-50×40、XM-75×40、XM-250×20A 型密炼机采用如图 3-27 所示蝶形弹簧拨叉式转子端面密封装置。

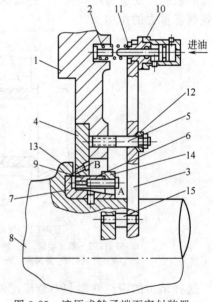

图 3-25　液压式转子端面密封装置
A—润滑油口；B—软化剂口；
1—侧面壁；2—弹簧；3—叉板；4—耐磨板；
5—螺柱；6—静密封环；7—动密封环；8—转子；
9—套；10—油缸；11—螺母；12—球面垫；
13—密封圈；14—连接套；15—销轴

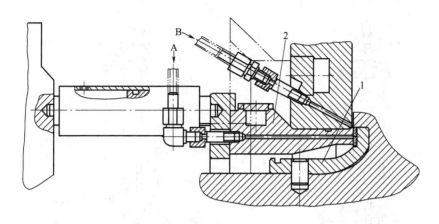

图 3-26　直接液压式转子端面密封装置
A—润滑油；B—软化剂；1—动圈；2—定圈

（四）加料及压料装置

1. 加料装置

密炼机的加料及压料装置，主要是向混炼室中加料，并在炼胶过程中给胶料以一定的压力。

加料及压料装置是安装在混炼室的上部，如图3-28所示，装料斗 1 由两块铸铁侧板和前、后两个门（翻板门 3 和装料斗后门 6）所组成，翻板门 3 位于操作方向，为便于加料时开闭，将它的下端固定在翻板门轴 4 上。固定在装料斗 1 的铸铁侧板外侧的气筒17，其活塞杆18通过连杆与翻板门轴 4 相连接。当活塞杆18在压缩空气操纵下，向左下方移动时，由于连杆的作用使翻板门轴 4 转动，从而使翻板门 3 关闭（如图 3-28 所示位置）。反之则开启。两个缓冲胶垫 5是用于减轻翻板门 3 开启时的撞击震动。

向混炼室加料，可以打开翻板门 3 加入，亦可打开装料斗后门 6 的活页或在左、右侧板上开孔安上管道加入。在装料斗上方设有排尘罩，可以与通风管道相连接，以排除混炼室飞扬出来粉尘，保持环境卫生。

2. 压料装置作用、类型及特点

压料装置作用是使上顶栓升降及对胶料加压。上顶栓的材料，一般为铸铁，并铸成中空形式，以便通冷却水或蒸汽进行冷却或加热（小型密炼机除外）。高压快速密炼机的上顶栓多采用焊接结构，与胶料接触的工作表面堆焊一层耐磨硬质合金。

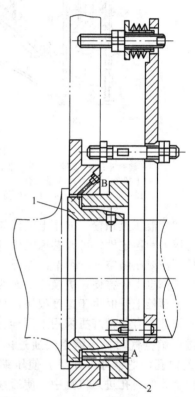

图3-27　蝶形弹簧拨叉式转子端面密封装置
A—润滑油口；B—软化剂口；
1—动圈；2—定圈

（1）气动上顶栓　上顶栓汽缸使用的压缩空气的压力一般为 0.7～1MPa。在一定的压缩空气压力下，上顶栓对胶料施加的压力大小决定于汽缸的内径。内径大则活塞直径大，所产生的总压力就大。慢速密炼机的上顶栓汽缸直径较小，为200mm（有些已改为420mm），对胶料压力为 0.05～0.07MPa，快速密炼机的汽缸直径增大，对胶料压力增至 0.55MPa，上顶栓下降时间也由 10～15s 减至 6s。

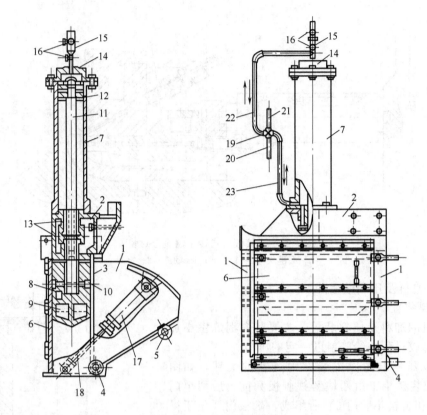

图 3-28　加料及压料装置

1—装料斗；2—填料箱；3—翻板门；4—翻板门轴；5—缓冲胶垫；6—装料斗后门；7—汽缸；
8—上顶栓；9—冷却水循环槽；10—销栓；11,18—活塞杆；12—活塞；13—填料；14—汽缸盖；
15—油壶；16—阀门；17—气筒；19—四通阀；20—输送管；21—排气管；22,23—导气管

　　(2) 液压上顶栓　液压上顶栓与气动上顶栓相比具有较大优势。一是提高了上顶栓对胶料的压力和稳定性，可改善炼胶质量。二是运行速度加快，炼胶时间短，可提高生产效率。三是不需要压缩空气，可节约能源。即使液压油泄漏，也不会漏入喂料斗或密炼室，而且操作和维修也十分方便，更换一个或两个液压缸只需几分钟，还可与气动上顶栓互换。

　　上顶栓上升时由于速度很快，易造成活塞杆顶部撞击汽缸盖，以致使上盖损坏。为防止这一损坏，有些密炼机采用上顶栓上升缓冲装置（见图3-29）。其工作原理是：当管接头1通进压缩空气时，压缩空气通过内套管3、10的内孔，把钢球5压下，使压缩空气通过内套管的内孔进入汽缸中，使活塞向下移动。当内套管3离开外套管2时［见图3-29(b)］，钢球5在弹簧6的作用下重新压住内套管的内孔。同时，压缩空气通过外套管内孔时不受内套管的阻隔，迅速进入汽缸内，使活塞迅速下移。当汽缸下端通进压缩空气时，活塞上升，汽缸上端的压缩空气从外套管2的内孔排出。活塞上升至内套管刚插入外套管的内孔时，排气通道即减小，此时活塞杆8就缓慢上升，起着缓冲作用。

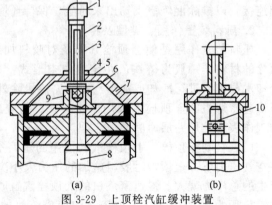

图 3-29　上顶栓汽缸缓冲装置

1—管接头；2—外套管；3,10—内套管；4—连接块；
5—钢球；6—弹簧；7—汽缸盖；8—活塞杆；9—安全销

（五）卸料装置

1. 性能要求及分类

在密炼机工作时，需关闭卸料口，以防止物料漏出。混炼结束时，需打开卸料口，把胶料排出。这种开闭卸料口的装置称为卸料装置。卸料口设在混炼室的下部，卸料装置的结构形式有两类：滑动式和摆动式。

2. 结构及原理

（1）滑动式 滑动式卸料装置又分为汽缸移动式和活塞移动式两种。通常使用汽缸移动式，如图 3-30（a）所示，其主要由下顶栓 4 和汽缸 1 组成。下顶栓 4 是中空的铸钢件或钢板焊接件，可通水冷却。其上端呈三角形，工作表面应淬火处理或堆焊一层耐磨硬质合金。下顶栓 4 用键 3 固定在汽缸 1 的上部，汽缸是铸铁件，两边有翼，翼下有可换导板 2。汽缸 1 安装在密炼机底座相应的导轨上。活塞杆 8 的一端用横梁 9 固定在导轨的端面上。当向汽缸通入压缩空气时，由于活塞 10 固定不动，故使汽缸沿着导轨往复滑动，以打开或关闭卸料口，图 3-30（b）所示为其工作原理图。

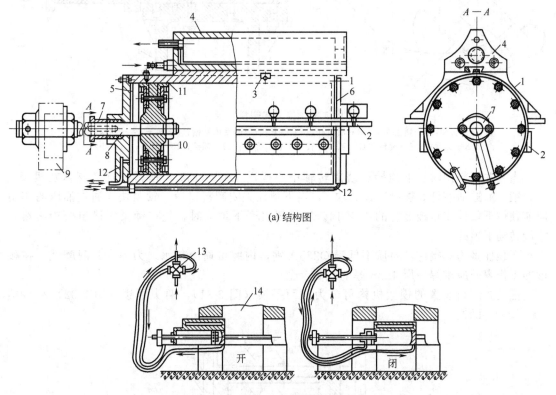

(a) 结构图

(b) 工作原理图

图 3-30 滑动式卸料装置

1—汽缸；2—可换导板；3—键；4—下顶栓；5,6—汽缸盖；7—密封帽；8—活塞杆；
9—横梁；10—活塞；11—密封皮碗；12—空气导管；13—四通阀；14—混炼室

这种卸料装置的结构比较简单，维修方便，但密封性不好（因需避免间隙太小，将下顶栓卡紧，其间隙一般为 0.5mm），也易产生死角积存余胶，影响炼胶质量，而且卸料慢（当压缩空气的压力为 0.6MPa 时，移动时间需 20～35s），因此滑动式卸料装置仅用于慢速密炼机上。

（2）摆动式 随着快速密炼机的出现，混炼时间降到 1.5～3.5min，故对装卸料速度提出了新的要求，用滑动式开关卸料装置的时间太长，故设计了摆动式卸料装置。其开关速度快,可大大缩短卸料时间,一般开闭一次仅需2～3s,且密封性好。其结构如图3-31所示,卸料门7及支座都安装在旋转油缸9的旋转轴10上,由旋转油缸来驱动。

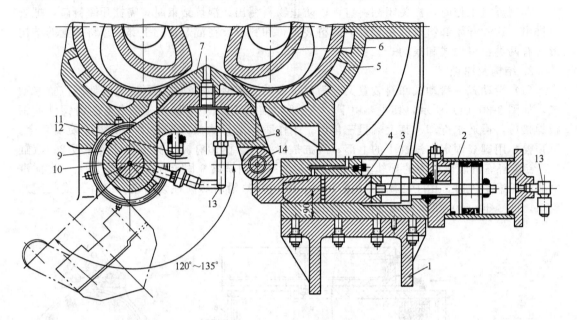

图3-31　摆动式卸料装置

1—机架；2—锁紧油缸；3—活塞杆；4—锁紧块；5—密炼室壁；6—转子；7—卸料门；
8—支承板；9—旋转油缸；10—旋转轴；11—弹簧；12—螺栓；13—管路；14—小辊

当开关卸料门时,下顶栓可绕旋转轴中心摆动120°～135°。锁紧油缸2支承在机架1上,锁紧油缸活塞杆3连接着锁紧块4,当下顶栓关闭卸料口后,锁紧块4通过油压的作用向前顶住下顶栓支承板8上的小辊14。当需要打开下顶栓时,先将锁紧块退出松锁,然后才能转动下顶栓。

下顶栓多为焊接件,材质不低于Q235A钢,内腔可通冷却水。为提高其耐磨性,在弧形的工作表面应堆焊一层4mm厚的硬质合金。

摆动式卸料装置的锁紧机构可分为正面平锁(图3-31),两头平锁(图3-32)和斜锁(图3-33)几种。

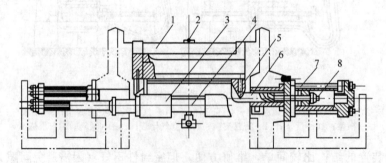

图3-32　摆动式两头平锁机构

1—下顶栓；2—热电偶；3—轴承；4—旋转轴；5—垫块；
6—锁紧块；7—活塞杆；8—锁紧油缸

(六) 转子轴向调整装置

在混炼过程中,转子所受到的轴向力会使转子顺轴线方向发生移动。若转子的轴承是滑动轴承时，其轴向载荷能由轴承承受。为了承受轴向载荷，防止转子发生轴向移动或发生移动后能逆行调整，以保证转子肩部与混炼室两侧面壁间的间隙符合原规定的要求，故采用专门的调整装置，其结构见图3-34。

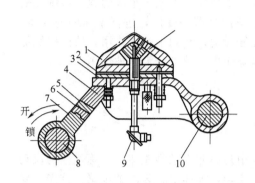

图 3-33　摆动式斜锁机构

1—下顶栓；2—胶垫；3—垫板；4—下顶栓座；
5,6—垫块；7—锁紧栓；8,10—轴；9—热电偶

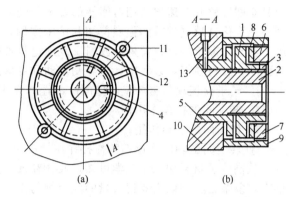

图 3-34　转子轴向调整装置

1—内钢环；2—转子轴颈；3—内钢环凹槽；4,12—键；
5—青铜轴套；6—外钢环；7—外钢环凹槽；8—青铜环；
9—套筒；10—侧面壁；11—螺钉耳孔；13—给油沟

转子轴向调整装置是安装在每个转子轴颈没有齿轮的一端，即在冷却水出口一端的端部。它由两部分组成：一部分是用螺纹拧在转子轴颈 2 上的内钢环 1，另一部分是用螺纹拧在套筒 9 上的外钢环 6。套筒 9 通过螺钉耳孔 11 用螺栓固定于混炼室侧面壁 10 上。内、外钢环 1、6 之间有一青铜环 8，外钢环通过青铜环将内钢环压向转子轴承的青铜轴套 5 上。

每一部分的固定都通过键来实现。即轴颈 2 和内钢环 1 的端面上均有凹槽 [见图 3-34 (a) 所示]，当调整到两者的凹槽相对正时，就可用键 4 固定之。而套筒 9 和外钢环 6 的端面上亦有凹槽，同样可用键 12 固定之。因内、外钢环上均有八条凹槽，故它在轴向上可移动八种不同的位置，因此能将转子向左或向右移动所需的距离，以达到轴向调整的目的。

其调整方法如下：如需要转子向左移动时，则将键 4 和 12 均拔出，将外钢环 6 逆时针旋转而向右松出一些，然后将内钢环 1 逆时针旋转向右松出一定距离（亦即相应于转子需向左移动的距离），接着将键 4 楔入固定好，然后将外钢环顺时针旋转压迫内钢环，即能实现将转子向左推移，最后再将键 12 楔入固定好，此时调整完毕。

如果需要将转子向右移动，则仅需将键 4 拔出，将内钢环按顺时针方向旋转就可将转子向右移动所需的距离，然后再将键 4 楔入固定便可。

转子轴向移动的距离大小，取决于内、外钢环所转动的角度，通常转动一个凹槽时，等于转子轴向移动 0.2mm。

第三节　工作原理与参数

一、工作原理及相关因素

1. 工作原理

图 3-35 是椭圆形转子密炼机工作原理　在混炼室内，生胶的塑炼或混炼胶的混炼过程，比开炼机的塑炼或混炼要复杂得多。将生胶和配合剂加入到密炼室后，密炼室内两个转子以不同的转速相向回转，使被加工物料在转子间隙中、转子与密炼室壁的间隙中、转子与上顶栓和下顶栓的间隙中以及转子的短螺旋突棱段受到不断变化的剪切、撕拉、搅拌、折卷和摩擦等强烈捏炼作用。使胶料产生机械和氧化断链，增加可塑度；或使配合剂分散均匀。从而

达到塑炼或混炼的目的。

2. 混炼过程

炼胶时生胶与配合剂从加料斗加入密炼室后，压料装置对物料进行加压。物料就在由两个具有螺旋棱并有速比的相对回转的转子与密炼室壁、上顶栓、下顶栓组成的捏炼系统内受到不断变化且反复进行的强烈剪切和挤压作用，使胶料产生剪切变形，进行了强烈的捏炼。由于转子有螺旋棱，在捏炼时胶料反复地进行轴向往复运动，起到了搅拌作用，致使捏炼更为强烈。胶料在捏炼过程中，其经受流动和变形的捏炼作用大致可分为四种作用：

① 转子突棱顶与密炼室内壁间隙的捏炼作用；

② 转子间的搅拌作用；

③ 转子间的折卷作用；

④ 转子间的轴向往返切割搅拌作用。

从高分子材料加工流变学可知，胶料在加工过程中是属非牛顿型流体。混炼过程的流动形态较复杂，有的认为要把大量的配合剂与生胶混炼均匀，大体上分为两个步骤：首先，要把这些粒状固体和液体配合剂，在外力作用下，混入到生胶中形成黏结块（称之为简单混合）；其后，再把这些已形成的黏结块进一步分散均匀（也称之为强烈混合）。简单混合主要由剪切变形而定，强烈混合主要是用一定的剪切应力把黏结块压碎并进一步分散，当剪切应力低于压碎黏结块所必需的程度，就难以起到进一步分散效果。实践证明，良好的分散，需要高的剪切应力。

3. 机械作用及产生的原因

密炼机转子的形状不同，其作用情况不同，对椭圆形转子密炼机来说，其炼胶过程中受到上述四个方面的机械作用。下面分析其机械作用效果及产生的原因。

(1) 转子突棱顶与密炼室内壁间隙的捏炼作用　物料加入混炼室后，首先通过两个相对回转的转子之间的间隙，然后由下顶栓棱部将物料分开而进入转子与混炼室壁之间的间隙中，最后两股胶料相会于两转子的上部，并再次进入两个转子间隙中，如此往复进行。由于转子外表面与混炼室内壁间的间隙是变化的，如 XM-50 型密炼机为 4～80mm，XM-140 型密炼机为 2.5～120mm，其最小间隙在转子突棱尖端与混炼室内壁之间。当胶料通过此最小间隙时，便受到强烈的挤压剪切作用（如图 3-35 中 A 部放大）。这种作用与开炼机的作用相似，但它比开炼机的效果要大，因为转动的转子与固定不动的混炼室内壁之间胶料的速度梯度比开炼机大得多，而且转子突棱尖端与混炼室壁的投射角度尖锐。物料是在转子突棱尖端与混炼室壁之间边捏炼边通过，继续受到转子其余表面的类似滚压作用。

(2) 两转子之间的搅拌作用　由于两转子的转速不同（速比不等于 1），因此两个转子突棱的相对位置也是时刻变化着，这使物料在两转子之间的容量也经常变动。又由于转子的椭圆形表面各点与轴心线距离不等，因而具有不同的圆周速度，因此两转子间的间隙及速比不是一个恒定的数值，而是处处不同、时时变化的。速度梯度的最大值和最小值相差达几十倍，结果使胶料受到强烈的剪切和剧烈的搅拌捏合作用。

(3) 两转子间的折卷作用　这种作用指一侧转子前面部分的物料被挤压到对面的密炼室内，经与另一侧转子前面的物料一并捏炼之后，其中一部分胶料又被拉回，这恰似用两台相邻的开炼机连续倒替炼胶时的情况。

(4) 两转子轴向的往返切割作用　密炼机的每个转子都具有两个方向相反、长度不等的螺旋形突棱，如图 3-36 所示，其长螺旋段螺旋夹角 $\alpha = 30°$，短螺旋段螺旋夹角 $\alpha = 45°$，胶料在相对回转的转子作用下，不仅围绕转子作圆周运动，而且由于转子突棱对胶料产生轴向力作用使胶料沿着转子轴向移动，现将两部分作用情况分析如下。

由于转子的转动，转子的螺旋突棱对胶料产生一个垂直的作用力 P（图 3-36），作用力

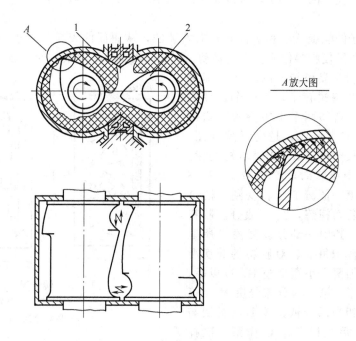

图 3-35　椭圆形转子密炼机工作原理
1—密炼室；2—转子

P 可分解为两个分力，即：

圆周力 P_r 使胶料绕转子轴线转动：

$$P_r = \frac{P}{\cos\alpha} \qquad (3-1)$$

切向力 P_t 使胶料沿转子轴线移动：

$$P_t = P\tan\alpha \qquad (3-2)$$

螺旋突棱以力 P 作用于胶料，胶料同时也以 P 这样大的力反作用于突棱，实际上 P 力可以看作是胶料对转子表面的正压力，所以企图阻止胶料作轴向移动的摩擦力 T 为：

$$T = P\mu = P\tan\varphi \qquad (3-3)$$

式中　μ——胶料对转子表面的摩擦系数；

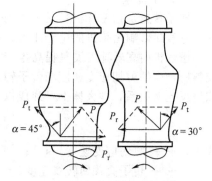

图 3-36　转子的轴向切割作用

　　　　φ——胶料与转子金属表面的摩擦角。

很明显，只有当使胶料沿转子轴线移动的切向力 P_t 大于或等于企图阻止胶料移动的摩擦力 T 时，胶料才能作轴向移动，即 $P_t \geqslant T$，这是使胶料产生轴向移动的必要条件。

因　　　　　　　　　　　　$P_t = P\tan\alpha$

而　　　　　　　　　　　　$T = P\tan\varphi$

故　　　　　　　　　　$P\tan\alpha \geqslant P\tan\varphi$

即　　　　　　　　　　　$\tan\alpha \geqslant \tan\varphi$ $\qquad (3-4)$

必须　　　　　　　　　　　　$\alpha \geqslant \varphi$

从实验得知，胶料与金属表面的摩擦角 $\varphi = 37° \sim 38°$ 得出胶料在转子上的运动情况如下。

在转子长螺旋段，$\alpha = 30°$，所以 $\alpha \leqslant \varphi$，$P_t < T$，因此胶料不会产生轴向移动，仅产生圆周运动，起着送料作用及滚压揉搓作用。

在转子短螺旋段，因 $\alpha=45°$，所以 $\alpha>\varphi$，即 $P_t>T$，因此胶料便产生轴向移动，对胶料进行往返切割。

由于一对转子的螺旋长段和短段是相对安装的，从而促使胶料从转子的一端移到另一端，而另一个转子又使胶料作相反方向移动，因此使胶料来回混杂，受到强烈的混炼。

四突棱转子和二突棱转子的工作原理对比简介如下：四个突棱转子，有两个长突棱和两个小短突棱。增加两个小短突棱能增强搅拌作用，如图 3-37 所示，是转子展开图，图中 A、C 表示长突棱，B、D 表示短突棱。二突棱的两个转子旋转时，胶料沿 1、2、3 三个方向流动，第一股分流胶料受到突棱 A 与混炼室壁间的剪切捏炼，2、3 股分流胶料直接流向突棱 C，其中一部分被突棱 C 所捏炼。可见二突棱转子每一转对胶料的剪切混炼仅一次，但增加两个小短突棱 B、D 以后，捏炼情况就不同了，第一股分流经突棱 A 第一次捏炼后，有相当部分被突棱 B 所折回与 2、3 股分流混合后又经突棱 C 作第二次捏

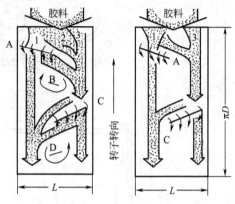

图 3-37　转子展开图
A,C—长突棱；B,D—短突棱；
1～3—胶料分流方向

炼。而且胶料左右来回搅拌的作用也加强了，因而在小短突棱的作用下，对胶料的混炼效果更为显著，缩短了混炼时间。

二、转子转速与速比

1. 转子转速

转子转速是指密炼机长转子每分钟转动的转数。转子转速是密炼机的重要性能指标之一。它直接影响密炼机的生产能力、功率消耗、胶料质量及设备的成本。

密炼机向高转速发展是提高生产效率最有效的办法之一。据资料介绍，在混炼过程中，胶料所产生的剪切应变速度和转子转速呈正比例关系，并与转子突棱顶部与混炼室壁间的间隙呈反比例关系，即大体上可列成以下公式

$$r=\frac{v}{h} \tag{3-5}$$

式中　r——剪切应变速度，s^{-1}；

　　　v——转子突棱回转线速度，m/s；

　　　h——转子突棱顶部与混炼室壁之间的间隙，m。

在某台密炼机上，h 是一个定值，由式 (3-5) 可见，胶料的剪切应变速度将随着转子转速的加快而增大。所以，提高转子转速可以加速胶料的剪切应变，缩短炼胶时间，提高生产率。

它们的关系见表 3-4 及图 3-38。

表 3-4　转子转速与混炼时间及生产能力的关系

转子转速/(r/min)	20	40	60	80
混炼时间比/%	133	100	64	48
生产能力比/%	80			

从图 3-38 可见，转子转速增加，混炼时间缩短，这是因为转子转速增加后，胶料剪切应变增加，被搅拌的胶料表面更新频繁，这就加速了配合剂在胶料中的分散作用；另一方面当转子的转速增加后，胶料受到的机械作用增大，因而能缩短混炼时间。

转子转速的提高，相应也增大了电机的功率，因而对设备的结构提出了更高的要求。特别是热平衡问题难以解决。胶料在混炼时，必须保持胶温在一定限度以下，转子转速过分加快，将使物料温升过高，胶料黏度随之下降，影响剪切效应，将降低胶料的分散度。一般在第一段混炼时，排胶温度控制在150～170℃以下，否则除了会引起分散不良外，还易使胶料内的物料发生化学变质，如凝胶、蒸发以及热裂解等。在最终混炼时，为了防止胶料焦烧，一般排胶温度控制在

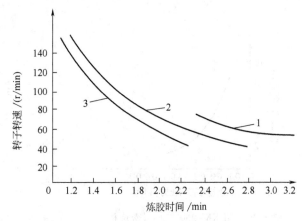

图 3-38　转子转速与混炼时间的关系
上顶栓压力：1—0.225MPa；2—0.422MPa；3—5.98MPa

100～120℃以下，因此为了获得最有效的混炼，应按照不同的胶料品种，选择最适宜的转子转速。一般采用高速 40～60r/min，甚至 80r/min 做一段混炼，中低速 20～40r/min 的做二段加硫混炼用。

近年来，为适应混炼工艺的要求，已大量采用多速或变速密炼机，速度大小可调，并已成为新的发展趋势。

2. 速比

密炼机两转子转速之比称为速比。炼胶时具有一定的速比，使胶料受到强烈的搅拌捏合作用，有利于胶料与粉料的捏合，使之分散均匀，提高炼胶质量。椭圆形转子的速比一般在1.1～1.18，也有个别达到 1.2 的。

三、上顶栓压力

上顶栓对胶料的单位压力是强化混炼或塑炼过程的主要手段，增加上顶栓对胶料的压力，能使混炼室基本上填满胶料，所余留的空隙减少到最低的限度，即可使每份胶料的料重增至最大限量，并可使胶料与机器的各工作部件之间及胶料内部的各种物料之间更加迅速地互相接触和挤压，加速各种粉料混入胶内的过程，从而缩短炼胶时间，显著提高密炼机的功效。它们的关系见表 3-5 和图 3-39、图 3-40。

表 3-5　上顶栓对胶料的压力与混炼时间及生产能力的关系

压力特征	上顶栓对胶料压力/MPa	混炼时间/%	生产能力/%
低压	<0.175	100	100
中压	≤0.245	84	120
高压	0.490	70	143

同时由于物料间的接触面积增大和物料在机器部件表面上的滑动性减少，间接地导致混炼过程中胶料剪切应力增大，从而改善分散效果，提高混炼胶的质量。

上顶栓对胶料的压力范围，一般在 0.1～0.5MPa，如 XHM-140×20 型密炼机上顶栓压力为 0.095～0.12MPa，XM-250×40 型密炼机上顶栓压力为 0.36～0.47MPa。据资料介绍，目前国外通常采用 0.7MPa，最低为 0.2MPa，最高已达到 1MPa。

但上顶栓压力的提高是以胶料填满混炼室为限的，超过此限，既不起作用，混炼时间也不会缩短。随着上顶栓压力的提高，密炼机的功率消耗也随着增加。

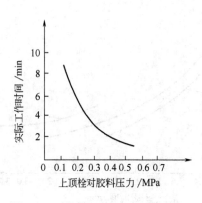

图 3-39 用 XM-250×40 型密炼机
混炼合成橡胶时上顶栓
压力与混炼时间的关系

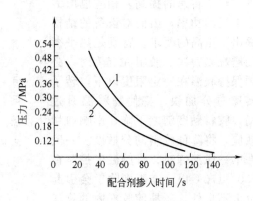

图 3-40 用 XM-250×20 型密炼机混炼时
上顶栓压力与混炼速度的关系
1—胎面胶；2—帘布层胶

目前，提高上顶栓压力的方法，一般采用加大上顶栓汽缸直径和风压。现用的压缩空气的压力是 0.6~0.8MPa，要再提高风压则带来不少困难。因此，用提高风压来提高上顶栓压力是有限度的，对低速密炼机来说，多采用加大汽缸直径的办法，即把原来的 $\phi200mm$ 加大到 $\phi410mm$。亦有试用液压来代替气压的，这样就可以缩小原汽缸的直径。

四、容量与生产能力

（一）容量

1. 概念

密炼机的一次炼胶量称工作容量。而一次炼胶量又是由混炼室总容量与所选择的填充量所确定的，在此引入填充系数的概念。

2. 填充系数

密炼机的工作容量与混炼室总容量之比称填充系数，用 β 表示：

$$\beta = \frac{V}{V_0} \tag{3-6}$$

式中 V_0——混炼室总容量，L；

V——密炼机的工作容量，L；

β——填充系数，$\beta = 0.55 \sim 0.75$。

一次炼胶容量：

$$V = V_0 \beta \tag{3-7}$$

（二）生产能力

1. 计算方法

生产能力计算：

$$G = \frac{60V\gamma\alpha}{t} \tag{3-8}$$

式中 G——密炼机的生产能力，kg/h；

V——一次炼胶容量，L；

γ——胶料密度，kg/L；

t——一次炼胶时间，min；

α——设备利用系数，$\alpha = 0.8 \sim 0.9$。

2. 影响生产能力的因素

填充系数 β 直接影响密炼机工作容量和炼胶质量。因为每一种密炼机有其固定的混炼室总容量 V_0。显然，影响 V 值大小的仅取决于 β 值。当 β 值小时，则生产能力下降，而且因胶料过少，未能受到或少受到上顶栓的压力而导致胶料滑动，不易分散均匀，降低炼胶质量和延长炼胶时间。反之，当 β 值提高时，生产能力随之增大。但由于粉状配合剂疏松，密度小，在混炼开始时，胶料配合剂的容量常常比混炼室总容量要大，只有当配合剂不断捏合渗入橡胶后，容量才逐渐变小。因此，胶料增加过多时，即填充系数 β 值过大时，则会使部分物料停留在上顶栓附近的喉道处，不利于胶料翻转而导致混炼困难，从而引起胶料质量降低。

影响填充系数 β 值大小的因素很多，如设备的结构、转子转速、胶料性质和操作方法等均有影响。如加大上顶栓对胶料的压力，提高转子转速、增加转子突棱与混炼室壁间的间隙等均能提高填充系数 β 值。从工艺操作来看，根据胶料性质正确地选择每种胶料的最大 β 值也是十分重要的。但目前对 β 值仍未有一个确切的选定方法，只是通过试验或采用现有机台类比法来确定。根据以上分析，一般 β 值在 $0.5 \sim 0.8$ 范围内选择或取得更高些。

一次炼胶时间 t 对生产能力的影响也是十分明显的，提高转子转速和上顶栓对胶料的压力都可大大缩短炼胶时间，提高生产能力，但混炼室强度也要相应提高。

五、工作过程功率变化规律与电机选择

1. 工作过程功率变化规律

(1) 功率变化规律　密炼机在炼胶过程中，功率消耗的变化是很大的，不同加料方式能得到不同的功率消耗曲线，图 3-41 是 XHM-250×20 密炼机在某种加料方式之下所测试得到的功率消耗。

图 3-42 是典型功率曲线，从图 3-41 和图 3-42 可见，在炼胶过程中，随着配合剂的加入，在大约 $1.5 \sim 2$ min 的过程中有强烈的捏炼过程，因而出现高峰负荷。当功率增长达到最大限度后，随着胶料温度的升高，配合剂也进一步分散，功率即逐渐下降。不同的工艺条件不但最大功率不同，就是功率消耗曲线也是不同的。对 XM-250×20 型密炼机来说，在整个炼胶过程中，平均功率约为 228kW，但最大功率为 326kW，密炼机所用电机的额定功率为 240kW，其超载系数：

$$K = \frac{K_{max}}{K_{min}} = \frac{326}{240} = 1.36$$

因此，密炼机的整个传动装置是在考虑到过载情况下，以电机的额定功率的 1.5 倍来进行设计计算的。

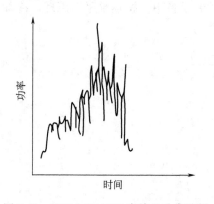

图 3-41　XHM-250×20 密炼机功率消耗

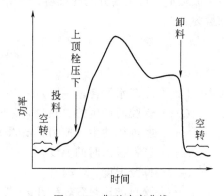

图 3-42　典型功率曲线

(2) 影响因素　密炼机的功率消耗受许多因素的影响，例如胶料性质、混炼温度、投料方式和顺序、上顶栓压力大小、转子转速 (图 3-43) 及密炼机结构等都影响到功率的消耗。

对密炼机功率值的确定，目前尚没有准确的理论计算公式，也没有比较实用的经验公式。因此，对密炼机功率值一般是基于本国现有的密炼机使用情况，并参考国外密炼机的系列标准，用类比推算的方法得出功率值。

由于转子转速和上顶栓对胶料压力的提高，输入的功率也相应加大。据资料介绍，输入功率已由传统的每升工作容量 2～4kW 增至 4～8kW。另外，密炼机的工作容量也在不断增大，大型号密炼机的应用也日益增多，这已成为近几年来的发展趋势。工作容量的增加，也需增加输入功率。据介绍，工作容量增大 100%，则需增加装机功率的 60%。

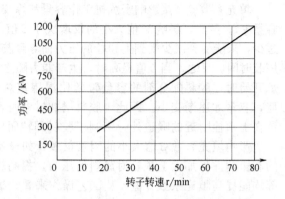

图 3-43　转速与功率的关系

2. 电机的选择

密炼机用电机应满足以下要求：

① 电机应有耐超负荷的性能，这是由于炼胶过程中，峰值负荷与平均功率相差很大，在选择电机时必须考虑其允许的超载系数大于炼胶过程出现峰值负荷时的超载系数；

② 启动转矩要大；

③ 可以正反转；

④ 为防尘，选用封闭电机。

根据上述要求，密炼机常用 JRO 系列、JZS 和 Y 系列电机。

六、介质消耗量

胶料在密炼室内加工时，受到强烈的机械作用，产生大量热量。为保证炼胶质量和一定的排胶温度，对密炼机的有关部位必须进行有效的冷却。通进密炼机的冷却水，最好是软化水或经磁水器处理过的水，以避免热交换中生成水垢，减少热导率，降低冷却效果。

对冷却水进水温度，有的认为要采用制冷水，还有的认为进水温度可为常温，但要适当提高冷却水压力。实际上，要提高冷却效果，不能单纯地降低冷却水进水温度或提高冷却水的压力，更应重视增大设备的冷却面积和改善设备的传热性能。

密炼机在炼胶时，把输入的电机功率，除一部分消耗在各个运动部件的摩擦外，其余均转换成热量，其主要分配在胶料、冷却水及周围介质和设备中。按热量平衡原理，冷却水总耗量为：

$$G = \frac{Q - qC_1(t_1 - t_2)}{C_2(t_4 - t_3)} \tag{3-9}$$

式中　G——冷却水消耗量，kg/h；

　　　Q——炼胶时产生的总热量，J/h；

　　　q——密炼机的生产能力，kg/h；

　　　t_1——胶料投入时的温度，℃；

　　　t_2——排胶温度，℃；

　　　C_1——胶料的比热容，J/(kg·℃)；

　　　C_2——水的比热容，J/(kg·℃)；

　　　t_3——冷却水进水温度，℃；

　　　t_4——冷却水出水温度，℃。

第四节　安全操作与维护保养

一、安全操作

（1）开车前必须检查混炼室转子间有无杂物，上顶栓、下顶栓、翻板门、仪表、信号装置等的完好，方可准备开车。

（2）开车前必须发出信号，听到呼应确认无任何危险时，方可开车。

（3）投料前要先关闭好下顶栓，胶卷逐个放入，严禁一次投料，粉料要轻投轻放，炭黑袋要口朝下逐只向风管投送。

（4）设备运转中严禁往混炼室里探头观看，必须观看时，要用钩子将加料口翻板门钩住，将上顶栓提起并插上安全销，方可探头观看。

（5）操作时发现杂物掉入混炼室或遇故障时，必须停机处理。

（6）如遇突然停车，应先将上顶栓提起插好安全销，将下顶栓打开，切断电源，关闭水、汽阀门。如用人工转动联轴器排料，注意相互配合，严禁带料开车。

（7）上顶栓被胶料挤（卡）住时，必须停车处理；下顶栓漏出的胶料，不准用手拉，要用铁钩取出。

（8）操作时要站在加料口翻板活动区域之外，排料口下部不准站人。

（9）排料、换品种、停车等应与下道工序用信号联系。

（10）停车后插入安全销，关闭翻板门，落下上顶栓，打开下顶栓，关闭风、水、汽阀门，切断电源。

二、维护保养

1. 润滑规则

保证密炼机的正常润滑极为重要，良好的润滑可使机器运转正常并延长设备使用寿命，为此各润滑点润滑油一定要保证到位，同时保证油量、油压和润滑油牌号，油路不得渗漏。

密炼机各润滑部位的润滑规则见表3-6。

2. 生产结束后的维护保养

（1）生产结束后，密炼机需经15～20min空运转后才能停机。空运转时仍需向转子端面密封装置注油润滑。

（2）停机时，卸料门处在打开位置，打开加料门插入安全销，将上顶栓提到上位并插入安全销。开机时按相反程序进行工作。

（3）清除加料口、上顶栓和卸料门上的黏附物，清扫工作场地，除去转子端面密封装置油粉料糊状混合物。

三、基本操作过程及要求

1. 机器启动及注意事项

（1）日常启动

① 开启主机、减速器和主电机等冷却系统的进水和排水阀门。

② 按电气控制系统使用说明要求启动设备。

③ 运行时注意检查润滑油箱的油量、减速器和液压站油箱的油位，确保润滑点润滑和液压工作正常。

④ 注意机器运行情况，工作是否正常，有无异常声响，连接紧固件有无松动。

（2）日常操作注意事项

① 在低温情况下，为防止管路冻坏，需将冷却水从机器各冷却管路内排除，并用压缩空气将冷却水管路喷吹干净。

表 3-6　密炼机润滑部位及润滑剂

部位		XM-50×40 XM-50×40A	XM-80×40 XM-80×40A	XM-110×40 XM-110× (6~60)	XM-160×30A XM-160× (4~40)	XM-270×20×40 XM-270×20×40 A,B,C	XM370× (6~60)	GK-270N	F270 BB270 F-6EPT	XM-75×40 XM-75×35×70 A,B,E	XM-250×20 XM-250×20A
减速器		120号工业齿轮油(SY 1172-775)	120号工业齿轮油(SY1172-775)	工业齿轮油 N150	工业齿轮油 N150	工业齿轮油 N320	工业齿轮油 N320	150号极压齿轮油(Q/SY8051-71)	或150号极压齿轮油(Q/SY8051-71)	工业齿轮油 N150	工业齿轮油 N150
转子端面密封（卸料门导轨）	润滑油	用户自定工艺油									
	软化剂										
转子轴承		80%复合钙基$MoS_2$3号润滑脂与20%机械油HJ-20混合（用于油泵供油）								80%复合钙基$MoS_2$3号润滑脂与20%机械油HJ-20混合（用于油泵供油）	
卸料门门轴		复合钙基润滑脂 ZFG-3 或 ZFG-4（用油杯或直通式压注油杯供油）									
加料门门轴											
齿轮齿条或旋转油缸											
锁紧装置											
齿条导向键											
棒销联轴器											
齿型联轴器											
加料气缸轴销											
压砣											
压料装置活塞杆处密封											
液压系统油箱		20号液压油								机械油 HJ-20	
气控系统		机械油 HJ-20									
压料、卸料活塞塞杆转子轴向调隙装置		—								压注油杯手落气缸油 HG-2 或机械油 HJ-20（滑动轴承）	

② 在投产的第一个星期内，需随时拧紧密炼机各部位的紧固螺栓，以后则每月要拧紧一次。

③ 当上顶栓处在上部位置、卸料门处在关闭位置和转子在转动情况下，方可打开加料门向密炼室投料。

④ 当密炼机在混炼过程中因故临时停车时，在故障排除后，必须将密炼室内胶料排出后方可启动主电机。

⑤ 密炼室的加料量不得超过设计能力，满负荷运转的电流一般不超过额定电流，瞬间过载电流一般为额定电流的 1.2～1.5 倍，过载时间不大于 10s。

⑥ 大型密炼机，加料时投放胶块质量不得超过 20kg，塑炼时生胶块的温度需在 30℃以上。

⑦ 主电机停机后，关闭润滑电机和液压电机，切断电源，再关闭气源和冷却水源。

2. 密炼机操作过程及要求

首先接通电源，使电机进行运转，检查机台的润滑状况、冷却水的供给情况、上顶栓和下顶栓装置及加料装置的动作。待检查正常后，方可进行炼胶作业。以混炼为例：首先将上顶栓升到最高位置，打开加料斗翻板门，依次加入生胶（生胶、塑炼胶或母炼胶、再生胶）→固体软化剂（古马隆、石蜡、硬脂酸等）→小料（活化剂、促进剂、防老剂等）→补强填充剂（炭黑、碳酸钙、陶土等）→液体软化剂（机油、邻苯二甲酸二丁酯、邻苯二甲酸二辛酯等）→硫黄、超速促进剂。

加入生胶后，若生胶量较大可以分批加入，并将上顶栓压下，关闭加料斗的翻板门。若加入固体软化剂、小料时，均需先升起上顶栓并打开翻板门。而加入炭黑则先升起上顶栓，通过加料斗对面的加料口（通过密闭管路与投料结构连接）加入后使上顶栓压下。液体软化剂则通过加料管路加入。上顶栓的位置可以通过机台上方的标志杆进行观察。炼胶结束后，使下顶栓移动（滑动式）或向下摆动（摆动式）将排料口打开卸料，将胶料送到压片机上进行加硫（包括硫黄和超速促进剂等）、压片。下顶栓返回关闭排料口。下片后经加入隔离剂的冷却水槽、冷却架，用鼓风机吹风冷却后下片停放。

基本要求：操作过程中，应保证机台具有良好的润滑条件，控制好炼胶温度，掌握好正确的加料顺序和加料方法，注意炼胶过程中功率消耗的大小和变化规律；另外注意设备各主要部件动作的可靠性。

第五节　其他类型密炼机

除了前面详细介绍的椭圆形转子密炼机外，还有圆筒形转子密炼机和三棱形转子密炼机等类型，下面分别作简单介绍。

一、圆筒形转子密炼机

图 3-44 所示为圆筒形转子密炼机的主要结构情况，它与椭圆形转子密炼机相仿，只是转子形式不同而已。

其转子形状如图 3-45 所示，转子的本体是圆筒形，每个转子有一个大的螺旋突棱和两个小突棱。两个转子的转速相同，一转子的凸出面啮入另一转子的凹陷面中，由于凸面和凹面上各点线速度不同而产生速比，产生摩擦捏炼作用。突棱螺旋推进角大约为 40°～42°。螺旋突棱是使每个转子以相反方向推动胶料而排列的。由螺旋突棱产生的螺旋作用与两转子间辊距处的速比相结合，产生了像开炼机一样的捏炼作用，即由辊距中的速比所造成的分散作用和越过开炼机辊筒表面被切割和打卷而造成的捣胶作用。

据介绍认为，它的捏炼作用主要是在两个转子之间，混炼效果好，混炼室壁不易磨损，转子无左、右窜动现象，机器维修费用低、寿命长。

二、三棱形转子密炼机

三棱形转子密炼机如图 3-46 所示，转子的工作部分横截面为三角形，每个转子的三个凸棱沿工作部分的圆周前进，相遇于转子中部形成约 120°的折角（见图 3-47），凸棱与轴线的夹角为 30°。这种形式的转子由于凸棱的排列及构造左右对称，不能使胶料产生轴向移动，仅靠转子及混炼室间对胶料的剪切挤压作用，故炼胶效率低，目前应用较少。因其炼胶生热较少，主要用于对高温敏感的胶料。

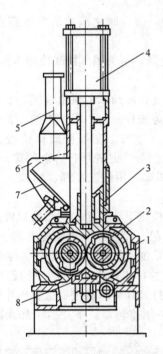

图 3-44　圆筒形转子密炼机

1—混炼室；2—转子；3—上顶栓；
4—气筒；5—排尘罩；6—加料斗；
7—加料门；8—下顶栓

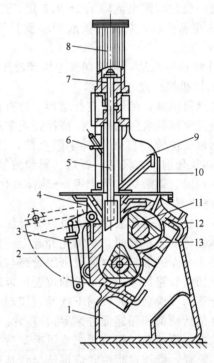

图 3-46　三棱形转子密炼机

1—机架；2—翻转门；3—液压缸；4—上顶栓；5—连杆；
6—定位销；7—活塞；8—汽缸；9—加料斗；10—加料门；
11—转子；12—空腔；13—下混炼室

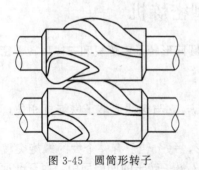

图 3-45　圆筒形转子

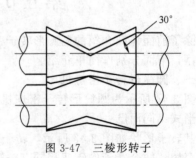

图 3-47　三棱形转子

第六节　密炼机的自动输送、计量、投料系统——上辅机系统

一、炼胶系统的工艺流程

较落后的炼胶方法是采用开炼机或普通慢速、低压密炼机，且采用人工称量和投料。这

样的炼胶方法不但工人劳动强度大，且炼胶周期长，不适应目前橡胶工业迅速发展的需要。现代的炼胶系统是向着采用高压快速密炼机，并配置自动称量、自动投料、自动卸料和连续补充混炼或最终混炼等机械化自动化流水线方向发展，以求缩短炼胶周期，降低劳动强度，提高设备的有效利用率。

现代炼胶系统的工艺流程包括以下几方面：

① 生胶及配合剂的自动称量及自动投料；

② 制造胶料在密炼机中进行混炼；

③ 将炼好的胶料自动卸出，并进一步处理——压片（或造粒）进行冷却。

二、密炼机上辅机系统

密炼机上辅机用作原料的自动输送与称量，可按照设定的配方参数自动称量配方中各种原料的重量并按照设定的次序将原料投入密炼机，以辅助密炼机进行塑炼或混炼作业。

传统上辅机系统包含炭黑自动称量与输送系统、油料自动称量与输送系统、小料自动称量系统、胶料称量系统等。输送方式多为螺旋输送机，少部分采用气力输送。

新型上辅机系统的核心技术进步在于实现了利用空气吸送原料，同时进行高精度计量。

图 3-48 为传统上辅机系统与新型上辅机系统整体配置对比。图 3-49 为新型上辅机系统整体配置。

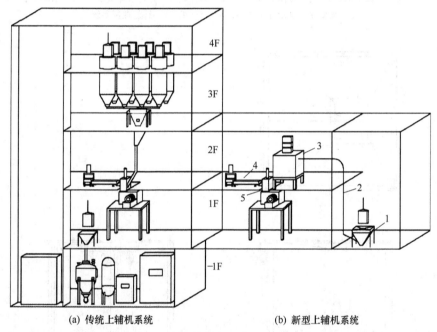

(a) 传统上辅机系统　　　　　　　(b) 新型上辅机系统

图 3-48　传统上辅机系统与新型上辅机系统整体配置对比

1—原料储桶；2—输送管路；3—多种原料配方自动计量磅秤；4—胶料秤；5—密炼机

（一）上辅机系统整体结构、主要部件与工作原理

1. 原料储桶

原料储桶分为两种，一种用于储存粉、粒体原料，另外一种用于储存液体原料。

图 3-50 所示为粉、粒体储桶，每个储桶可以设置 1～6 个吸料插管 4，每个吸料插管通过输送管路连接至一台磅秤，故每个储桶可以同时供应给六台磅秤（即供应给六条生产线），若从 1 条生产线扩展到 6 条生产线既可以充分体现低扩展成本，这是传统螺旋输送称量方式无法达到的。吸料插管上开有一小孔以软管连接一个手动球阀 5，用于调整固定原料输送时空气与原料的混合比。

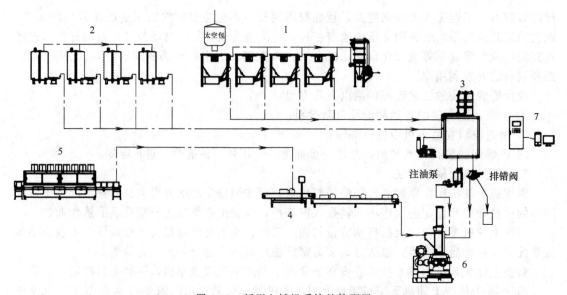

图 3-49　新型上辅机系统整体配置

1—粉、粒体原料储桶；2—液体原料储桶；3—多种原料配方自动计量磅秤；4—胶料秤；

5—微量配方自动计量磅秤；6—密炼机；7—智能控制系统

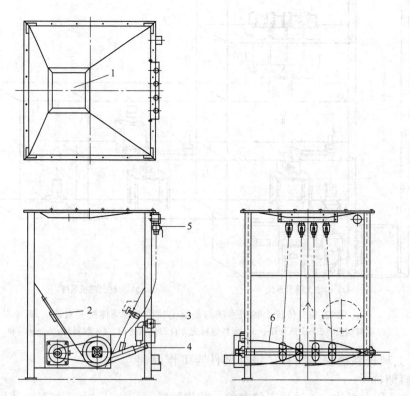

图 3-50　粉、粒体储桶

1—入料口；2—振动电机；3—低料位警示器；4—吸料插管；5—手动球阀；6—架桥破坏器

另外，粉、粒体储桶设有低料位警示器 3，当桶内原料低于安全存量的时候即会报警，此时应该立即向桶内补充原料。振动电机 2 用于破坏桶内原料轻微的架桥，以便于输送。同时桶内设有特制的架桥破坏器 6，工作时会不断翻转以破坏原料架桥利于原料输送。

　　图3-51为原料区集尘机，与粉、粒体储桶相连用于消除入料时的粉尘外扬问题。其工作原理与多种原料配方自动计量磅秤上的集尘机相同，详见本节多种原料配方自动计量磅秤的介绍。

　　图3-52为液体原料储桶，透明玻璃刻度管1可以直接观察到桶内液体原料的剩余量，同时料位计4在侦测到原料低于安全量时会报警。因部分原料要在较高温度下才有较好的流动性，而外界温度因季节或地域不同变化幅度较大，故设有加热棒2对液体原料在输送前进行加热，同时应该做好液体输送管路的保温措施。液体原料以油泵压送至磅秤内的液体磅桶。

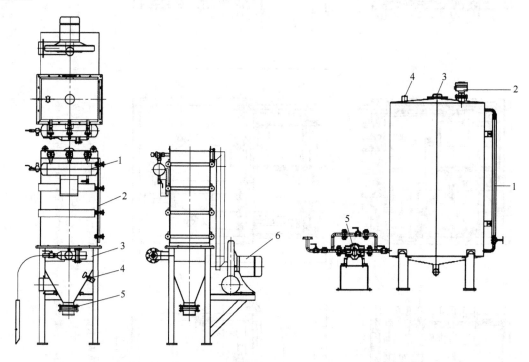

图 3-51　原料区集尘机
1—逆洗装置；2—门盖；3—盛料桶；
4—料位计；5—卸料阀；6—风机

图 3-52　液体原料储桶
1—玻璃刻度管；2—加热棒；3—注油口；
4—料位计；5—油泵

　　表3-7列出了原料储桶的规格参数。

表 3-7　原料储桶的规格

型号	原料物态	容积/m³	长×宽×高/mm	吸料插管数/个
SPBU1m³-X	粉、粒体	1	1330×1330×1655	1～6
SPBU2m³-X	粉、粒体	2	1610×1610×1985	1～6
SOTU1m³	液体	1	974×1219×2032	—
SOTU2m³	液体	2	1500×1709×1749	—

注：表中 X 代表吸料插管数量。

　　2. 多种原料配方自动计量磅秤

　　(1) AWSR13F888DC6 多种原料配方自动计量磅秤　　多种原料配方自动计量磅秤为整个上辅机系统的核心设备，起着以空气输送物料，同时实现配方计量及自动控制的作用。其主要结构包括风机、集尘机、入料阀门管组、磅桶、卸料阀门及控制箱等六部分。

　　图3-53为多种原料配方自动计量磅秤（型号 AWSR13F888DC6）的构造图，原料储桶通过输送管道连接至磅秤的入料阀门管组1，入料阀门管组再与磅桶2相连，磅秤控制系统

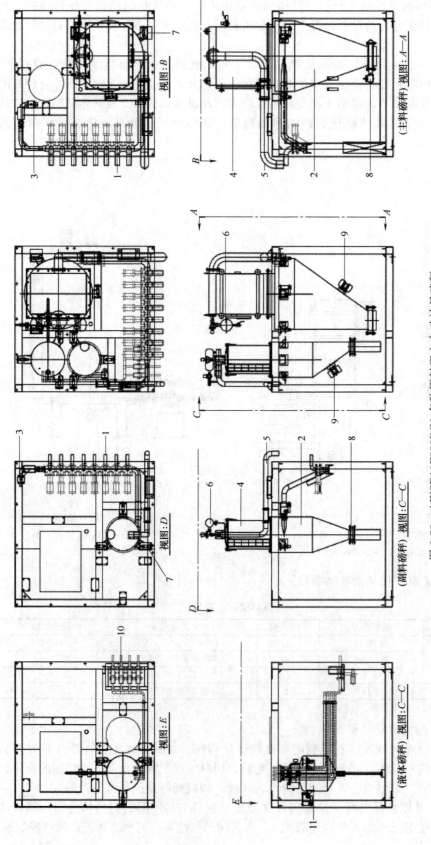

图 3-53　AWSR13F888DC6 多种原料配方自动计量磅秤

1—入料阀阀门管组；2—磅桶；3—清料阀门；4—集尘机；5—风管；6—脉冲逆洗装置；7—荷重元；
8—卸料阀门；9—振动电机；10—液体入料排管；11—液体磅桶

是通过打开或关闭入料阀门管组上气动蝶阀（或气动闸刀阀）来控制某种原料进入磅桶和阻止进入磅桶的。入料阀门管组上设有八个入料阀门，即可以连接八个原料储桶。入料阀门管组一端与磅秤相通，另外一端设有一个清料阀门 3，此清料阀门主要有两个作用，第一是在某种原料计量临近结束开启入料阀门后，使得残留在入料阀门管组内的原料可以完全被吸入磅桶，第二是调整、稳定吸料前磅桶内的压力值。

磅桶与集尘机 4 下部在空间上是完全相通的，风机通过风管 5 与集尘机顶部相连，而集尘机中部设有过滤装置以分离原料与空气。磅秤运行时，风机使得磅桶与集尘机的组合空间内产生负压，从而原料得以从原料桶被吸入磅桶与集尘机的组合空间，进入的原料因有过滤装置的阻碍而掉入磅桶底部，而与原料混合进入的空气则会穿过过滤装置而排出。因小部分粉体原料会吸附在过滤装置的表面，集尘机设有脉冲逆洗装置 6，可以清除过滤装置表面的原料。

磅桶承载于三只荷重元 7 之上，通过荷重元完成质量信号与电信号的转换，从而实现称量的功能。当某种原料计量备妥后，磅秤控制系统会根据密炼机的下料信号自动打开卸料阀门 8，将原料卸料到密炼机，卸料完毕后又会自动关闭阀门并进行第二批次原料的计量。磅桶上设有一只振动电机 9 以辅助卸料，因为原料可能会因为静电、受潮、流动性差等原因而吸附在磅桶内壁，振动电机可以有效清除吸附在内壁的物料，使其完全卸料。

多种原料配方自动计量磅秤含有两个"入料阀门管组-磅桶-集尘机-风机-卸料阀门"的组合，一个是称量范围为 10～200kg 的粉、粒体原料的"主料磅桶组合"，另外一个是称量范围为 1～10kg 的粉、粒体原料的"副料磅桶组合"，其工作原理均一样，只不过各个组件外观及功能参数稍有差异。除此之外，还含有一个"液体入料排管-液体磅桶"，用于液体原料的称量。油泵将液体原料通过液体输送管道经液体入料排管 10 送入液体磅桶 11，液体磅桶 11 同样是承载于三只荷重元 7 之上，从而实现称量功能的，每种原料计量完毕再按密炼机下料信号适时下料，之后再进行下一种原料的计量。

磅秤的主控制箱控制着整个上辅机系统的自动运行，主要是以计算机或人机界面、PLC等来实现信息交换的。磅秤除了全自动运行模式之外，有必要时也可以切换为手动模式，主要用作故障排除及设备调试。可以在此做各种初始化数据参数设置、设定配方组成及重量、选取配方和启动停止运行等操作，设备运行故障记录和称量历史资料等均可以在此查询，以上操作也可以通过工控程序在计算机上来完成。

磅秤的部分组件可以根据实际情况进行增减配置。

以上对多种原料配方自动计量磅秤的最基本结构组成和核心原理做了详细的介绍，一般情况下可以满足实际应用。但在某些特定工艺或者生产方式下，需要根据实际情况在此基础上做一些组件的增减及控制程序的修改，以更符合实用的原则。

例如以上介绍的磅秤可以满足含有 16 种以下粉、粒体原料和 8 种以下液体原料的配方的称量，而在实际应用中若某配方中原料种类数没有这么多，则可以减少入料阀门管组上阀门数量、输送管路和原料桶数量；相反，若是某配方中原料种类数大于此数，也可以增加入料阀门管组上阀门数量、输送管路和原料桶数量，但一台磅秤满足原料种类数上限是粉、粒体 24 种，液体 12 种；再如若是某配方中没有重量范围在 1～10kg 的粉、粒体原料，则可以取消"副料磅桶组合"，若是不需称量液体原料也可以取消液体磅桶组合，实际应用中可以灵活配置。

此外，根据需要还可以在磅秤的卸料阀门与密炼机进料口之间增加一个分向阀（图 3-54），分向阀用作控制原料的流向，作用为：第一，将因操作不当引起的计量错误的原料排出再次利用；第二，特定情况下，一台多种原料配方磅秤可以配合两台密炼机使用，分向阀将原料导向正在运行的密炼机。

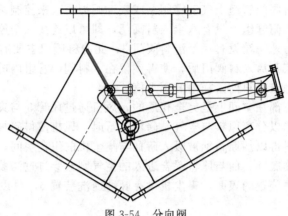

图 3-54　分向阀

有时候混炼工艺要求配方中某几种原料的入料时间间隔很短，间隔时间小于磅秤完成下一种原料称量所需要的最小时间，此时有必要在磅桶下方加设一个中间桶 1（图 3-55），如此磅秤可以提前称量好某种原料再暂存于中间桶 1，接着立即进行下一种原料的称量，待接收到密炼机下料信号后中间桶内的原料卸入密炼机，磅桶内称量好的原料再卸入中间桶 1 暂存，接着磅秤又可以称量下一种原料，如此循环以解决时间上的限制问题。

对于某些流动性比较差的液体原料，在液体磅桶下方增加一个液体中间桶 2（图 3-55），可以对液体中间桶内部加压以便顺畅地将液体原料排入密炼机。

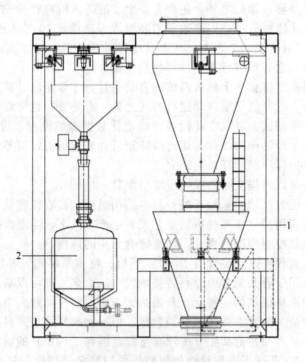

图 3-55　磅秤加设中间桶
1—中间桶；2—液体中间桶

（2）失重连续式磅秤　失重连续式磅秤特为配合连续式密炼机进行生产，将各种不同原料依其配方比例自动连续输送计量并投入连续密炼机或双轴压出机中，达到密炼机或压出机的连续出料功能。其输送计量能力范围为 $1\sim2000kg/h$，计量精度为 1％。内部供料机及磅秤数量可以依照实际需求，在1～6套间任意选择组合，按实际需求定制。

图 3-56 为失重连续式磅秤结构，失重连续式磅秤仍然采用了空气输送原理进行原料输送，原料首先被送入中间桶 2，之后再落入磅桶 5 进行计量，磅桶 5 承载于三只荷重元 4 之上，供料机 6 将计量后的原料持续排出进行生产。

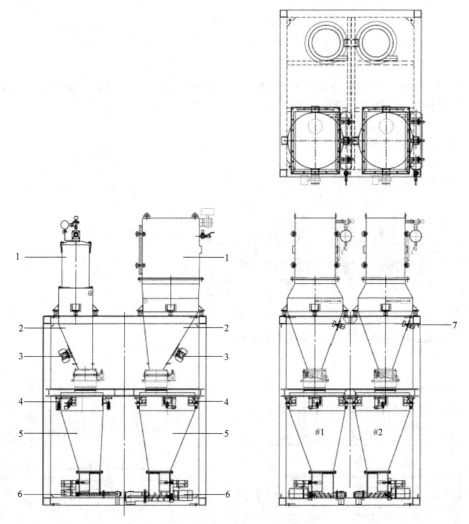

图 3-56 失重连续式磅秤
1—集尘机；2—中间桶；3—振动电机；4—荷重元；5—磅桶；6—供料机；7—料位器

多种原料配方自动计量磅秤计量精度为：

① 粉末、颗粒计量范围在 10～200kg 时，精度为 ±200g 或 ±0.5%；

② 粉末、颗粒计量范围在 1～10kg 时，精度为 ±50g 或 ±0.5%；

③ 液体计量范围在 1～50kg，精度为 ±20g 或 ±0.5%。

3. 胶料秤

胶料秤主要用作称量胶料。图 3-57 为胶料秤，需要由人工将胶料逐渐放至皮带秤 1 上面，直至重量达到设定的称量值，之后将胶料经皮带输送机 2 投入密炼机。

4. 微量配方自动计量磅秤

微量配方自动计量磅秤用于小料自动称量配料，适用于 1kg 以下的粉、粒体原料配方的称量（也适用于称量 1～5kg 之间的粉、粒体原料配方的计量，但需要加大入料拨料桶的

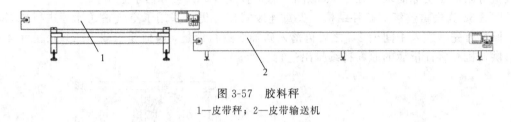

图 3-57　胶料秤
1—皮带秤；2—皮带输送机

容积）。

如图 3-58 所示，微量配方自动计量磅秤主要由入料桶、上下架台、盛料桶、回转输送机、磅秤升降台、供料机等组件构成。

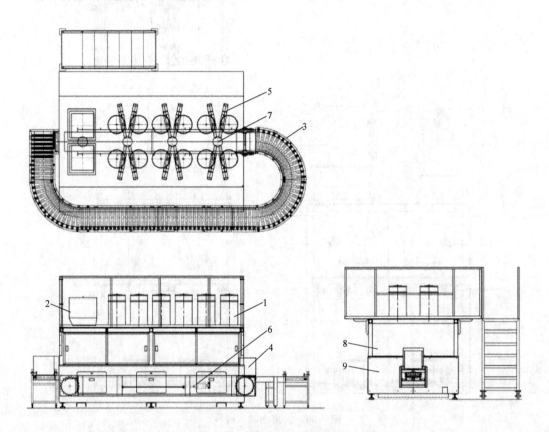

图 3-58　微量配方自动计量磅秤
1—入料桶；2—加大型入料桶；3—回转输送机；4—盛料桶；5—供料机；
6—磅秤升降台；7—荷重元；8—上架台；9—下架台

先将原料存入入料桶 1（或加大型入料桶 2），加料方式可以人工，也可以在入料桶上方加设自动吸料机自动入料。开始计量时，回转输送机 3 将盛料桶 4 推入供料机 5 下方，此时磅秤升降台 6 上升，位于其上方的荷重元 7 将完全承载盛料桶 4；然后供料机 5 开始向盛料桶 4 供料，称得重量达到设定的目标值时，即停止称量，此时磅秤升降台 6 下降使得荷重元 7 与盛料桶 4 分离，回转输送机 3 运转将装有称量好原料的盛料桶 4 推出，并同时推入空的盛料桶 4 开始下一批次的计量。

表 3-8 列出了微量配方自动计量磅秤型号及配置。

表 3-8　微量配方自动计量磅秤型号及配置

型号	外形尺寸/mm	供料机/台	磅数/lb①	计量速度/(min/批)	计量范围及精度
AWS82	2617×1525×1715	8	2	4	①计量范围在 1kg 以下时,精度为 ±2g 或±0.2%;
AWS84	2617×1525×1715	8	4	2	
AWS123	3109×1525×1715	12	3	4	
AWS126	3532×1525×1715	12	6	2	②计量范围在 1～5kg 时,精度为 ±5g 或±0.5%。
AWS164	4024×1525×1715	16	4	4	
AWS168	4447×1525×1715	16	8	2	
AWS205	4685×1525×1715	20	5	4	
AWS2010	5110×1525×1715	20	10	2	

① 1lb＝0.4536kg。

（二）上辅机系统的自动化控制

整个上辅机系统以多种原料配方自动计量磅秤为中心进行工作,磅秤的控制箱是整个系统的控制中心,操作员既可以通过控制箱上的人机界面操控设备也可以利用工控程序在电脑上进行操作。在此可以事先设置好配方、操作权限密码及其他相关参数,设备运行时只需要选择配方、设定批次并下达启动命令即可,其余一系列动作将由程序自动完成,具有较高的自动化控制水平。

（三）中央监控系统

中央监控系统用于在计算机上远程操控上辅机系统,并监视现场生产状况。

1. 中央监控系统架构与基本操作

中央监控系统工作流程如图 3-59 所示,其操作界面分为基本资料维护、派工管理、即时资讯、生产管理报表、原料管理报表等五个大的模块,每个模块下边分有若干小的操作单元,可以根据文字提示进入相关单元进行操作,操作过程比较简单,在此不进行详述。

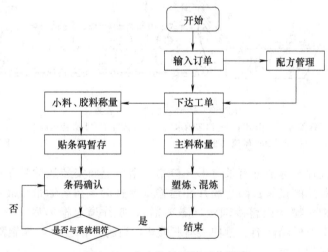

图 3-59　中央监控系统工作流程

2. 中央监控系统功能特征

（1）通过订单来产生工单。在中央监控系统中输入订单信息后,系统的配方管理模块则会自动匹配合适的配方,然后系统会根据产能、交货期等因素进行综合分析处理后产生工单安排生产。

（2）收集反应生产过程的设备运行参数。生产过程中对于温度、转速等参数可以实时查看,并能够通过曲线图展现变化过程及趋势。

（3）自动生成管理所需报表。系统会自动生成详细的制程数据资料,以表格形式输出,如配方表、原料耗用表、生产成本表、产量表、采购需求表等，便于有效地掌控分析生产情况。

（4）另外，系统提供现场的实时监控画面，可以直观地看到现场状况。

（四）上辅机系统的特点

（1）将空气输送与磅秤配方计量相结合，实现了在利用空气吸送原料的同时进行高精度计量。

（2）机械结构简单，系统占用空间小，可以大量节约建筑成本。

（3）原料在仓库分别储存于粉、粒体储桶或液体储桶，不需要人工将原料搬运至第四楼投料至中间储斗，可以降低人力成本。

（4）吸送方式输送原料配合集尘措施，现场无粉尘污染。

（5）采用中央监控系统可以在计算机上远程操控，并监视现场生产状况。

第七节　密炼机的胶片冷却装置——下辅机系统

从密炼机卸下来的胶料，经压片后，一般需经过冷却停放。冷却的目的是降低胶温和涂隔离剂，避免存放时粘在一起和发生自硫。

胶片冷却装置是将从压片机上引下来的胶片连续进行涂隔离剂、冷却吹干和切片等一系列作业的机械操作装置。目前采用的有运输带式吹风冷却装置及挂链式的吹风冷却装置。因后者冷却效果好，且装置较短，故得到普遍采用。下面作简单介绍，其结构如图 3-60 所示，它由浸泡槽、夹持带、挂链和切刀等部分组成。

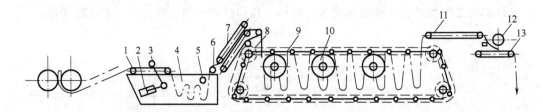

图 3-60　挂链式胶片冷却装置

1—运输带；2—压紧风筒；3—压辊；4—油酸钠水槽；5—托辊；6—下夹持运输带；7—上夹持运输带；
8—链轮；9—挂链；10—轴流式通风机；11—上运输带；12—圆滚切刀；13—下运输带

（1）浸泡槽　胶片浸泡部分有长方形开口槽一个，上面安装运输带 1，以便牵引胶片入槽。为压紧前、后胶片的接头及防止胶片在运输带上打滑，在运输带上装有压辊 3，由压紧风筒 2 加压。油酸钠水槽 4 内盛冷却液（隔离剂），胶片通过槽内后，一方面使胶片冷却，另一方面使胶片涂上一层隔离剂。槽内装有托辊 5，当胶片拉紧时，托辊随着上升控制电位限制器，将夹持运输带停止。

由于胶片离开压片机后，不同胶料有不同的厚度和收缩率，故采用直流电机或无级变速器来调整运输带的速度。

（2）夹持带　夹持运输带由上、下两层组成，上夹持运输带 7 靠下夹持运输带 6 压紧而被传动。胶片由这两条运输带夹持上升，存放在挂链 9 上。

（3）挂链　挂链由电机通过减速机和链轮而驱动，链条节距为 180mm，运行速度约为 1m/min。

挂链 9 一侧安有 $\phi500$ 轴流式通风机 10 三台，向存放在挂链 9 上的胶片吹风，使胶片干燥和冷却。

（4）切刀　由上、下两层运输带 11、13，圆滚切刀 12 和电机减速机构组成。上运输带 11 牵引挂链上来的胶片供圆滚切刀切断，并由下运输带 13 运出叠堆存放。

一、密炼机现场实训教学方案

密炼机现场实训教学方案见表 3-9。

表 3-9　密炼机现场实训教学方案

实训教学项目	具体内容	目 的 要 求
密炼机的维护保养	①运转零部件的润滑 ②开机前的准备 ③机器运转过程中的观察 ④停机后的处理 ⑤现场卫生 ⑥使用记录	①使学生具有对机台进行润滑操作的能力 ②具有正确开机和关机的能力 ③养成经常观察设备及电机运行状况的习惯 ④随时保持设备和现场的清洁卫生 ⑤及时填写设备使用记录，确保设备处于良好运行状态
安全制动装置的应用	①安全制动装置的操作 ②安全制动装置的调节	①检查安全制动装置的制动性能 ②掌握安全制动装置的松紧调节方法 ③具有安全操作的意识
炼胶操作	①预热（转子、密炼室温度控制） ②启动机器 ③加料 ④排料	①具有正确使用操作工具的能力 ②掌握密炼机预热的基本技能 ③弄清密炼机开机前后应该做的工作 ④学会正确的加料方法

二、上辅机现场实训教学方案

上辅机现场实训教学方案见表 3-10。

表 3-10　上辅机现场实训教学方案

实训教学项目	具体内容	目 的 要 求
上辅助机维护保养	①校正磅秤 ②移动磅秤前固定磅桶 ③设备清洁方法 ④集尘机布管更换 ⑤机器运转过程中的观察	①使学生掌握校磅的操作能力 ②掌握移动磅秤的注意事项 ③随时保持设备和现场的清洁卫生 ④掌握更换布管的方法和时机 ⑤养成经常观察设备运行状况的习惯
安全装置	①紧急停止开关操作 ②关闭电源总开关 ③危险部件认知	①掌握紧急开关的操作方法 ②弄清电源总开关的位置 ③具有安全操作的意识
称量操作	①启动磅秤 ②设定配方 ③选择配方 ④设定批次 ⑤启动计量 ⑥手动模式 ⑦系统参数设置 ⑧原料耗用及异常信息查询 ⑨关机	①掌握开机方法 ②掌握设定配方的操作步骤 ③掌握选择配方的步骤 ④弄清设定批次的操作界面 ⑤掌握如何启动计量 ⑥掌握调试及故障排除方法 ⑦掌握密码、日期等参数的设置方法 ⑧学会查询原料耗用及异常信息 ⑨掌握关机要领
中央监控系统	①基本资料输入 ②订单录入 ③查看设备状态 ④查询管理报表	①掌握基本资料维护方法 ②熟悉订单录入方法并进行派工 ③学会查看设备运行状态 ④学会查询管理报表

思考题

1. 密炼机的用途是什么？
2. 密炼机可分为哪几种类型？
3. 椭圆形、圆筒形和三棱形密炼机各有何特点？
4. 密炼机的整体结构由哪些部件构成？各部件有何作用？
5. 提高上顶栓压力为什么可以加快密炼机的炼胶速度？
6. 提高密炼机转子的转速，对炼胶生产能力有什么影响，为什么？
7. 密炼机炼胶过程中功率消耗有什么变化规律？
8. 影响功率消耗的因素有哪些？
9. 密炼室内胶料轴向移动的条件是什么，椭圆形转子密炼机胶料轴向移动发生在转子的哪一段，为什么？
10. 密炼机用电机应满足哪些基本要求？
11. 密炼机的有关部位为什么必须进行有效的冷却，常用的冷却介质是什么，对冷却介质有什么要求？
12. 圆筒形转子密炼机转子结构形式有什么特点？
13. 三棱形转子密炼机转子结构形式有什么特点？
14. 密炼机上辅机的用途是什么？
15. 密炼机上辅机系统包括哪几个部分？

第四章　橡胶压延机

【学习目标】　本章概括介绍了压延机的用途、分类、规格表示、主要技术特征及压延机的使用与维护保养；重点介绍了压延机的整体结构、传动方式、主要零部件及其工作原理。要求掌握压延机的整体结构、传动原理及工作原理、主要零部件的作用、结构、性能要求、材料及原理；能正确分析各种因素对压延机厚度误差、生产能力及功率消耗的影响；学会压延机安全操作与维护保养的一般知识，具有进行正常操作与维护的初步能力。

第一节　概　　述

橡胶压延机及其联动装置组成成套压延联动线，是轮胎及其他橡胶制品生产中的关键设备之一，压延机主机在橡胶机械中属于重型高精度机械，在橡胶制品加工过程中具有极其重要的作用。

1843 年三辊压延机应用于生产中，1880 年四辊压延机制造出来。其后随着橡胶工业的发展，促使压延机不断地更新。尤其近几十年来，由于高分子新材料、新产品、新工艺的发展，各种新型压延机不断地出现，有力地促进了橡胶加工技术的发展。新型压延机的特点是：规格大、辊速快、半成品的精度高、机器的自动化水平高。目前，最大规格已达 $\phi1015mm\times3000mm$；辊筒线速度最快已达 120m/min；压延半成品厚度误差高达 $\pm0.0025mm$；用电子计算机控制可达到全部作业的自动化。

我国橡胶压延机的设计与生产，也有很大发展。早在 1958 年就成功地制造了 $\phi610mm\times1730mm$ 压延机，填补了国产压延机生产的空白，其后各种不同规格与用途的压延机不断地应用于生产中，并已系列化。先后设计和生产了 $\phi700mm\times1800mm$ 四辊 S 形橡胶压延机、$\phi550mm\times1450mm$ 新型三辊压延机和 $\phi550mm\times1730mm$ 四辊 S 形压延机。特别是 20 世纪 80 年代以来，随着我国橡胶工业的发展，国产压延机在结构、控制及工艺流程方面均有很大改进。新一代的压延机及其联动装置具有现代化自动控制、压延精度和生产效率高、节能、工作可靠等特点，其主要性能参数已达到目前国际先进水平。

一、用途与分类

1. 用途

压延机主要用于胶料压片、纺织物挂胶、钢丝帘布挂胶、胶胚压型、胶片贴合、除去胶料中杂质和挂隔离胶片。

2. 分类

（1）按用途分类　压延机按用途可分为压片压延机、擦胶压延机、压片擦胶压延机、贴合压延机、压型压延机、压光压延机和实验用压延机。

（2）按辊筒数目分类　压延机按辊筒数目可分为两辊压延机、三辊压延机、四辊压延机和五辊压延机。

（3）按辊筒排列方式分类　压延机按辊筒排列形式可分为 I 形压延机、Δ 形压延机、L 形压延机、Γ 形压延机、Z 形压延机、S 形压延机。

二、规格表示与主要技术特征

（一）规格

1. 规格表示

压延机规格用辊筒外直径（mm）×辊筒工作面长度（mm）×辊数表示。如 $\phi230\times635\times4$，表示辊筒直径为 230mm，辊筒长度为 635mm 的四辊压延机。因为已规定了压延机辊筒直径和长度的比例关系（即长径比在 2.6～3），所以压延机的规格可以仅用辊筒长度表示，并在前面冠以字母表示为何种类型。

2. 型号表示

以 XY-4S-1800 为例，X 表示橡胶加工类机械，Y 表示压延机，4 表示辊筒数目，S 表示辊筒的排列形式为 S 形，1800 表示辊筒工作部分长度为 1800mm。

（二）主要技术特征

表 4-1 所示为国产几种压延机的主要技术特征。

三、压延工作流程图

由于压延机的工艺用途不同，其工作流程亦各异，图 4-1～图 4-3 所示是各种不同用途压延机的工作流程。其中以三辊、四辊压延机应用最广泛，五辊压延机目前只在 V 带压型和塑料压延方面使用。

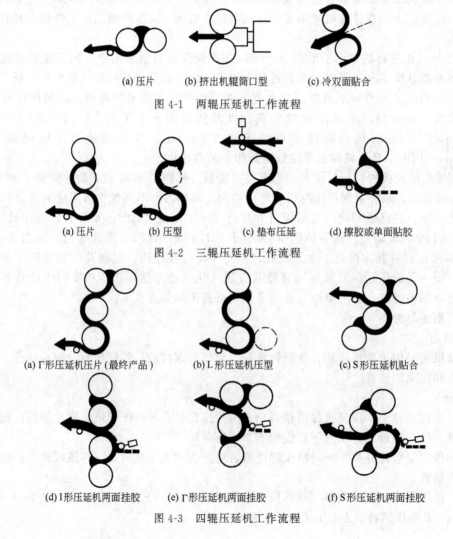

(a) 压片　　　(b) 挤出机辊筒口型　　　(c) 冷双面贴合

图 4-1　两辊压延机工作流程

(a) 压片　　(b) 压型　　(c) 垫布压延　　(d) 擦胶或单面贴胶

图 4-2　三辊压延机工作流程

(a) Γ形压延机压片(最终产品)　　(b) L形压延机压型　　(c) S形压延机贴合

(d) I形压延机两面挂胶　　(e) Γ形压延机两面挂胶　　(f) S形压延机两面挂胶

图 4-3　四辊压延机工作流程

表 4-1 国产橡胶压延机主要技术特征

辊筒规格/mm	辊筒排列形式	辊筒线速度/(m/min)	辊筒速比	驱动功率/kW	制品最小厚度/mm	制品厚度误差/mm	辊面允许最高温度/℃	用途
φ230×630	四辊S形	4~24	1:(1~12)	20	0.08	±0.0075	120	供试验用
	二辊I形	7	1:1	5.5	0.5	±0.02	120	供胶鞋用
	五辊Γ形	7	1:1	5.5	0.5	±0.02	120	供胶鞋用
	三辊L形	9	1:1:1	7.5	0.2	±0.02	120	供力车胎、胶管用
	四辊L形	9	1:1:1:1	10	0.2	±0.02	120	供力车胎、胶管用
	四辊Γ形	2.5~7.5	1:1.5:1.5:1	15	0.5	±0.02	120	供钢丝帘布压延
φ360×1120	三辊△形	7~21	1:1.5:1	40	0.2	±0.02	120	供幅面≤950mm擦胶和贴胶
	四辊Γ形	7~21	1:1:1:1	40	0.2	±0.02	120	供钢丝帘布压延
	四辊Γ形	4~12	1:1.5:1.5:1	40	0.5	±0.02	120	供钢丝帘布压延
φ450×1200	三辊△形	9~27	1:1:1	75	0.2	±0.015	120	供幅面≤1000mm擦胶和贴胶
	三辊I形	9~27	1:1.5:1	75	0.2	±0.015	120	供钢丝帘布压延
φ550×1600	三辊Γ形	5~50	1:1~1:1.5	110	0.2	±0.01	20	供幅面≤1350mm擦胶和贴胶
	四辊S形	5~50	1:1~1:1.5	160	0.2	±0.01	120	供幅面≤1350mm擦胶和贴胶
φ610×1730	三辊I形	5.4~54	1:1:1	125	0.2	±0.02	120	供幅面≤1450mm擦胶和贴胶
	四辊r形	5.4~54	1:1.5:1	160	0.2	±0.02	120	供幅面≤1450mm擦胶和贴胶
φ700×1800	三辊Γ形	6~60	1:(1~1.5)	200	0.2	±0.01	120	供幅面≤1500mm擦贴胶
	四辊S形	6~60	1:(1~1.5)	2×125	0.2	±0.01	120	供幅面≤1500mm擦贴胶

第二节　基本结构

一、整体结构与传动方式

（一）整体结构

1. 结构组成

压延机主要由辊筒、辊筒轴承、机架和机座、调距机构、挠度补偿装置、温度调节装置、控制系统、润滑系统和传动装置所组成。

2. 结构

图 4-4 为 φ450×1200 三辊压延机。在机座 1 上平行安装两个用上横梁 2 相连的机架 3，在机架 3 上装有三对辊筒轴承 4、5、6 及三个辊筒 7、8、9。中辊筒 8 的轴承固定在机架 3 上，上、下辊筒轴承 4 和 6 分别与调整螺杆 10 和 11 相连接。用电机 12 或手轮 13 通过垂直杆 14，蜗杆蜗轮 15 和蜗轮箱 16 完成辊距调整工作，用爪形离合器 17、18 分别控制上、下辊的调整，用爪形离合器 19、20 分别控制左、右端的调整。辊距指示器 21 指示辊距的大小。安全装置 38 用以控制辊距的调整范围及紧急停车。

压延机辊筒的传动是通过电机 22、减速机 23、驱动齿轮 24 驱动中辊筒 8 的，在中辊筒 8 上装有速比齿轮箱 25 用以传动上、下辊筒 7 和 9，速比更换器 26 用以变更速比。

制动器 27 用以制动传动轴以便紧急停车。

加热与冷却装置 28 可根据压延作业的需要向辊筒中供蒸汽或冷却水。

机器的润滑油通过油泵 29 和滤油器 30 与油管及机器各润滑点相通，润滑油循环使用。

扩布装置 33 可使帘布扩张，通过递布板 34 进入辊距，切胶边装置 35 用以切除胶片两边多余的胶条，切胶片装置 36 可把胶片切成一定的宽度。

挡胶板 37 用以控制加胶宽度。

图 4-5 所示为 S 形四辊压延机，它的优点是速度高、精度高、可提高生产能力和产品质量。

辊筒 1 为合金冷硬铸铁，采用钻孔式，用过热水循环方式的自动温度调节机构调节辊筒温度。四个辊筒呈 S 形排列，这样不但使其受力合理，而且操作方便。辊筒轴承 2 由轴承体、轴瓦组成，轴承体为正常结构。调距装置 3 分别装在 1 号、2 号和 4 号辊筒上，3 号辊筒固定。辊筒左、右端的调距可成对同时调节。也可每端单独调节。调距装置是由电机、电磁离合器和行星摆线针轮减速机、蜗轮减速机以及调距螺杆组成。轴交叉装置 4 设在 1 号和 4 号辊上，目的是使辊筒在负载状态下产生的变形得到一定的补偿。辊筒和轴交叉装置的调节是由电机经过行星摆线针轮减速机、蜗轮减速机和调节螺杆来实现的，用液压缸油压来平衡，其调节范围可通过指示器指示。拉回装置 5 装在每个辊筒上，它是由装在机架外侧辊筒轴端的油缸，通过液压系统向油缸内供压力油而产生预负荷力，使辊筒轴颈在工作时紧密地靠在轴承的负荷面上，从而保证压延机精度。刺气泡装置 17 装在 3 号辊筒附近，对包辊胶片刺孔、排除气泡以保证压延质量。四个辊筒用两个电机通过减速机 11 及万向联轴器 10 驱动，调速装置采用可控硅调节、省电、效率高、结构小、维护方便，因此可在不改变流程情况下贴胶、擦胶或压延胶片。装有自动测厚计和温度自动记录测量装置，可自动控制制品厚度和辊筒温度。加料装置 18 可自动加料，安全装置用于紧急停车以保证机械与人身安全。

图 4-6 所示是 XY610×1730 四辊倒 L 形压延机。该机的特点是辊筒 4 呈倒 L 形排列，速比齿轮 9 在辊筒 4 的两侧各装一组；调距装置分别用单独电机传动；电机 1 与减速机 2 输出轴成垂直布置，减少了占地面积，此种机台广泛地应用于轮胎和管带的生产中。

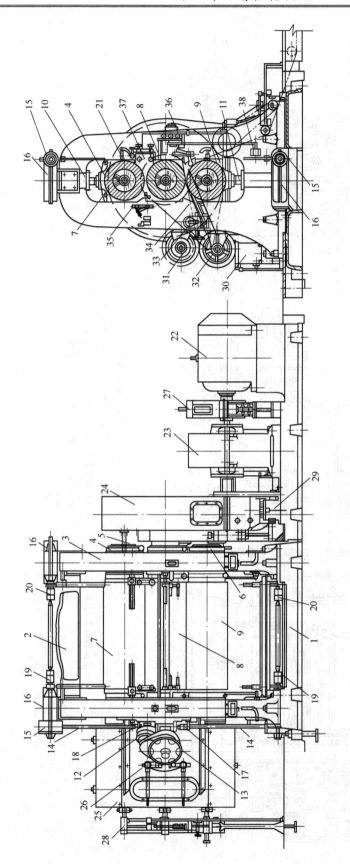

图 4-4　φ450×1200 三辊压延机

1—机座；2—横梁；3—机架；4～6—辊筒；7～9—辊筒轴承；10，11—爪形离合器；12，22—电机；13—手轮；14—垂直杆；15—蜗杆蜗轮；16—蜗轮箱；17～20—调整螺杆；21—辊距指示器；23—减速机；24—驱动齿轮；25—速比齿轮箱；26—速比更换器；27—制动器；28—加热与冷却装置；29—油泵；30—滤油器；31—导开装置；32—卷取装置；33—扩布装置；34—进布板；35—切胶边装置；36—切胶片装置；37—导布装置；38—安全装置

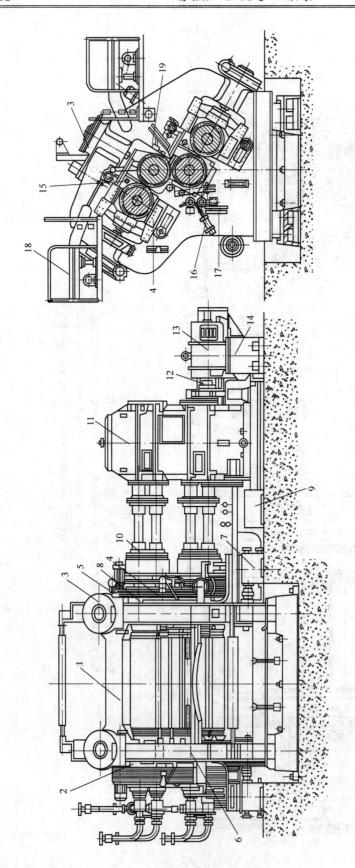

图 4-5　$\phi700 \times 1800$ S 形四辊压延机

1—辊筒；2—辊筒轴承；3—调距装置；4—调距装置；5—拉回装置；6—机架；7—稀油润滑系统；8—干油润滑系统；9—液压系统；
10—万向联轴器；11—减速机；12—减速机润滑系统；13—电机；14—电机底座；15—挡胶板；16—扩布器；
17—刺气泡装置；18—加料装置；19—切边装置

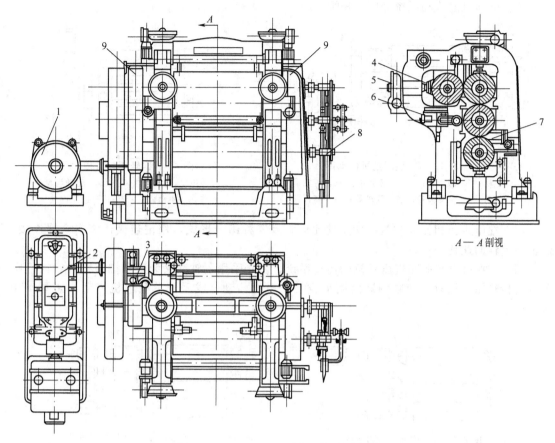

图 4-6　XY610×1730 倒 L 形四辊压延机

1—电机；2—减速机；3—润滑油泵；4—辊筒；5—调距装置；6—帘布压紧装置；
7—挡胶板；8—加热冷却装置；9—速比齿轮

（二）传动方式

1. 作用与要求

压延机在传动要求上具有如下两个特点：①为适应操作上的方便，压延机需变换辊筒的压延速度，即要具有快速、慢速回转，并且能平稳地调整；②为适应不同的压延工艺要求，压延机须能变换辊筒的速比，即速比等于 1 或速比不等于 1 进行压延操作。

2. 组成与分类

为了满足第一个特点要求，一般选用交流整流子电机（小规格压延机采用）或直流变速电机（大规格压延机采用）进行无级变速传动。直流变速电机附有交直流电动发电机组供直流电，现推荐用可控硅整流供直流电。

3. 传动方式及特点

三辊压延机的传动系统如图 4-7 所示。图中具有两套速比齿轮组，使辊筒可在不同的速比下工作，速比齿轮 7、8、9、10 用离合器 12 与辊筒连接，这四个齿轮分组使用以便得到不同的速比。下列为离合器连接的四种情况：

① 离合器与齿轮 7、8 连接，与齿轮 9、10 脱离；

② 离合器与齿轮 7、10 连接，与齿轮 8、9 脱离；

③ 离合器与齿轮 8、9 连接，与齿轮 7、10 脱离；

④ 离合器与齿轮 9、10 连接，与齿轮 7、8 脱离。

四辊压延机的传动系统如图 4-8 所示。

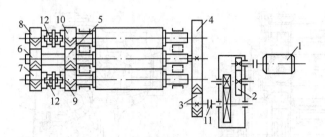

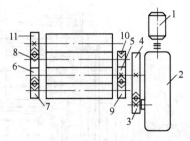

图 4-7　三辊压延机传动图

1—电机；2—减速机；3,4—驱动齿轮；5,6—主动齿轮；

7~10—从动齿轮；11—联轴器；12—离合器

图 4-8　四辊压延机传动图

1—电机；2—减速机；3,4—驱动齿轮；

5,6—主动齿轮；7~11—速比齿轮

与三辊压延机相比同样具有两组速比齿轮及 4 种组合形式，用键连接代替离合器连接。侧辊与上辊的速比一定。

图 4-9 所示为 S 形四辊压延机的传动系统，由于采用了轴交叉装置和拉回装置，需使用独立的齿轮箱，通过万向联轴器由两个或一个电机传动，或采用单独电机传动，如图 4-10 所示。

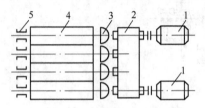

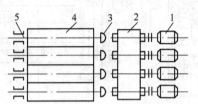

图 4-9　S 形四辊压延机传动图

1—电机；2—变速箱；3—万向联轴器；

4—辊筒；5—轴承

图 4-10　S 形四辊压延机传动图

1—电机；2—变速箱；3—万向联轴器；

4—辊筒；5—轴承

这种传动方式可以使辊筒之间的速比在一定范围内（从等速到高达 1∶3）任意调节，从而可在 S 形四辊压延机上进行擦胶、贴胶、压延胶片以及薄层胶片复合等多种作业，并可按照配方的要求，随意调节，保证压延质量，工作适应性好。

另外，由于将驱动齿轮等均放在独立的减速箱内，这就可以采用小模数斜齿与人字齿轮、圆弧齿轮及行星摆线针轮来传动，采用滚柱轴承，建立润滑机构。但占地面积大、造价高。

二、主要零部件

（一）辊筒

压延机辊筒和炼胶机辊筒相似，但要求更精密，由于压延机用于半成品生产，因此工艺上一般要求辊筒表面粗糙度不高于 $Ra1.6$，并且要求辊筒有足够的刚度，从而减少在横压力作用下的弯曲变形，同时还要求辊筒在加热或冷却时，辊筒温度尽可能达到一致，因而要求对中空辊筒内腔沿整个工作长度镗孔，以保证辊筒厚度一致，避免产生弯曲和表面温度不均匀，从而导致压延制品的厚薄不均。

压延机辊筒材料多采用冷硬铸铁或铸钢。辊筒的结构形式有两种；一种是中空辊筒，一种是钻孔辊筒。

中空辊筒如图 4-11（a）所示，其加热或冷却采用密闭式的加热冷却装置，加热介质一般用蒸汽或过热水，蒸汽或冷却水经分配器 1 进入辊腔内带孔的管 3 中，然后从小孔喷出，对辊筒 2 进行加热或冷却。经交换后的废水或蒸汽从辊腔经分配器排出。

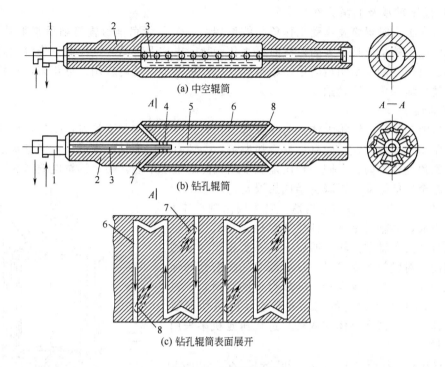

图 4-11　压延机辊筒

1—分配器；2—辊筒；3—小管；4—塞子；5—中心镗孔；6—纵向孔；7,8—倾斜径向孔

　　这种辊筒表面温度分布不均，中部温度比两端温度高，一般相差 7～8℃，造成压延厚度不均匀。因此有在中空辊筒两端附近装设高频交流电磁板加热以减少辊筒表面温度不均匀性，从而达到提高压延质量的目的，但现代压延机一般采用钻孔辊筒代替中空辊筒。

　　钻孔辊筒如图 4-11（b）所示，它在辊筒表面冷硬层内钻有一系列互相平行的纵向孔 6，蒸汽或冷水经分配器 1 进入辊筒 2 的中心镗孔 5，后即沿倾斜径向孔 7 进入周边的纵向孔 6，对辊筒进行加热或冷却，废水从倾斜径向孔 8、中心镗孔 5、小管 3 经分配器 1 排出，图 4-11（c）为钻孔表面展开图。辊筒轴向钻孔的两端用装有石棉橡胶垫的端盖封闭，端盖用双头螺栓及螺母与辊筒端面压紧，双头螺栓固定在辊筒上。也有的厂采用金属堵塞，把轴向钻孔的两端封闭。

　　钻孔辊筒比中空辊筒具有下列优点：传热面积约为中空辊筒的两倍。辊筒传热快，表面温度均匀，且易于调节温度，与同规格中空辊筒比，其工作面与传热面间的距离（厚度）大大减少，热阻力小，因此传热效率高。例如 ϕ610mm 的辊筒，若采用中空辊筒，其壁厚达127～140mm，若采用钻孔辊筒，辊筒表面与钻孔中心的距离为 63.5mm，钻孔直径为25.4mm，辊筒表面与钻孔表面的厚度为 50.8mm。这样，传热介质在辊筒表面接近的位置通过，热介质与辊筒表面间导热非常快，换热效果好，温度分布均匀，且易于调节温度，保证制品质量。

　　钻孔辊筒中央部位与两端的厚度一致（中空辊筒两端的厚度略大）。因而辊筒的工作部分表面温度均匀一致，其两端温差不超过 ±1℃，有利于提高半成品质量。

　　钻孔辊筒在保证辊筒的温度要求条件下，辊筒的断面尺寸可增大（或缩小），且整个工作部分均匀一致，使辊筒的刚性大大提高。因而减轻辊筒弯曲变形，提高产品质量。

　　其缺点是钻孔辊筒的制造技术要求较高，大量生产时需要专用钻孔机床，否则效率太低。

（二）辊筒轴承及润滑系统

压延机在工作时辊筒要承受工作负荷的作用，这个负荷完全由辊筒轴承来承受，可见，辊筒轴承所承受的负荷是很大的，有时可达几十吨，再加上辊筒转速低而工作温度高，工作条件恶劣。由于滑动轴承制造简单，成本低，所以获得了广泛的应用。近年来，在精密压延机上越来越多地采用了滚动轴承。

1. 滑动轴承

压延机滑动轴承的结构大体上与开炼机的相同，但它具有如下特点：①轴承体较小，采用稀油强制润滑与冷却，并配有过滤冷却设备；②轴衬由扇形轴瓦构成，由于轴承所在位置不同，轴瓦角度也不同；③同一台压延机不同辊筒的轴承不能互换；④精度要求高，轴承的间隙需要减至最低限度，以减少半成品误差。

图 4-12 所示为滑动轴承的构造。它主要由轴承体 6 和轴衬 8 组成，而轴衬是轴承的主要部件，它直接与辊筒轴颈接触并支承轴颈旋转，所以它关系到轴承性能的好坏。因此，对轴衬的要求是，具有较高的耐磨性和强度，油孔和油沟的位置要合理，实现合理的润滑，轴衬与轴承体之间不产生相对的转动或移动，散热性能要好。轴承体有组合式和整体式两种，近代压延机多采用整体式结构。

轴衬材料有：ZCuSn10Pb1、ZCuPb15Sn8、ZCuPb10Sn10 等。其中 ZCuSn10Pb1 和 ZCuPb15Sn8 应用最广泛，因为它含有 Cu_3P（磷化亚铜），所以硬度高，耐疲劳性强。油沟的位置应设在轴衬加压区中点前方 $90° \sim 120°$ 范围内，油孔的位置在油沟的偏前方。当压延机无拉回装置时，辊筒空转时在自重作用下位于低位置把油孔堵死。同时，油孔位于轴颈旋转的反面，油即使进去也无法润滑，因此必须开两个油孔，如图 4-13 所示。

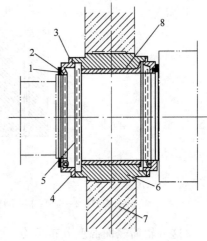

图 4-12 滑动轴承

1—压盖；2—油封；3—外侧半压盖；
4—高压石棉橡胶垫；5—挡油环；
6—轴承体；7—机架；8—轴衬

轴衬在靠近辊筒轴肩一面设计成凸缘，以防止辊筒在受轴向力作用而移动时轴衬从轴承体上挤出去，在轴衬与轴承体间用键或螺钉固定以防止轴衬与轴承体相对转动。取轴衬的内径 D，等于辊筒轴颈 d，轴衬的长度 $1 : (1.1 \sim 1.2)D$，考虑到轴颈与轴承的热膨胀，保证轴承润滑条件的必需间隙以及轴衬内孔的加工误差，轴衬内径 D 的公差分别为：$\phi 230 \times 600$ 压延机 $0.131 \sim 0.221$mm；$\phi 400 \times 1200$ 压延机 $0.24 \sim 0.36$mm；$\phi 550 \times 1600$ 压延机 $0.34 \sim 0.48$mm；$\phi 650 \times 1800$ 压延机 $0.421 \sim 0.571$mm。

轴承体常用铸钢或优质铸铁铸造，铸后应人工时效处理。多用整体式轴承体，其外形有固定式、移动式和自动调心式三种，分别适应固定辊筒，调距辊筒和轴交叉辊筒。

图 4-14 所示为自动调心式轴承，它能通过调距装置相对机架滑槽移动，又能通过轴交叉装置相对机架滑槽某一个方向转动一个 α 角度。这就满足了辊筒轴交叉时轴颈和轴衬相对位置和配合不变的要求。

2. 滚动轴承

在高精度新型压延机上广泛地采用滚动轴承，它的优点是，装轴承的辊筒辊颈为锥形，可提高轴颈的强度，辊颈不会磨损，同时减少了辊筒旋转时产生的偏心问题，摩擦损失小，耐久性好，维护费用少。但制造技术和安装技术要求高，产品成本高。

压延机上多采用能承受径向载荷和轴向载荷的四列圆锥滚动轴承。也有采用圆柱滚动轴承和双向推力球轴承的组合，如图 4-15 所示。

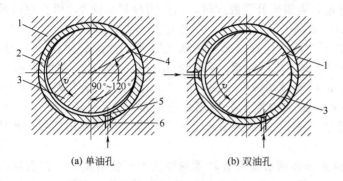

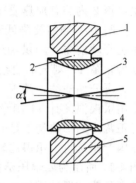

图 4-13 油孔油沟开设方位
1—轴承体；2—轴衬；3—轴颈；
4—加压区中点；5—油沟；
6—油孔面

图 4-14 自动调心式轴承
1—上凹弧面块；2—上凸弧面块；
3—轴承体；4—下凸弧面块；
5—下凹弧块

无论滑动或滚动轴承由于采用强制冷却，会造成辊筒两端温度低于中央部位，这对生产会带来十分不良的影响，所以轴承的温度必须保证适当的高温。视压延工艺要求不同，一般在 60～110℃，并采用适应高温而且不易老化的高级润滑油。一般当油在 100℃ 时，应有 100～150s 的赛式黏度，并加入一定数量的防锈剂和过酸化抑制剂才能使用。

3. 辊筒轴承润滑系统

压延机辊筒轴承的工作特点是：大负荷、低转速、温度较高。在用滑动轴承时，轴承的润滑是在边界摩擦润滑状态。其摩擦功要转化为热量，要及时把热量导出，才能保持正常的润滑和运转。为此，可采用增大润滑油的供应量、增大轴承体的散热能力和提高润滑油的耐热性能来达到。

目前广泛采用的是稀油压力循环润滑，图 4-16 所示为三辊压延机的稀油润滑系统。润滑油经电机带动的齿轮泵 1 从主油箱 2 内将油输送到左右分配器 3 和 4 中，多余的油经安全调节阀 5 流回主油箱 2，分配器 3 和 4 各装三个阀门分别输送到各个辊筒轴承 6 里，回油经左右回油箱 7 和 8 返回主油箱 2 内。

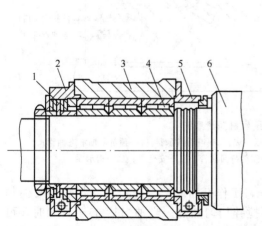

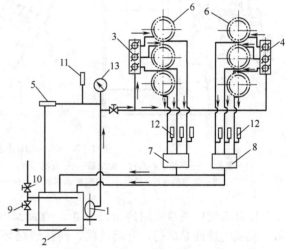

图 4-15 滚柱式轴承
1—推力轴承；2,5—轴承盖；3—承体；
4—滚柱轴承；6—辊筒

图 4-16 三辊压延机润滑系统
1—齿轮泵；2—主油箱；3,4—分配器；5—安全调节阀；
6—辊筒轴承；7,8—回油箱；9—冷却水阀；10—蒸汽阀；
11,12—水银温度计；13—压力表

　　主油箱 2 内装有加热或冷却管道,当需要升高温度时,则关闭冷却水阀 9,而相应打开加热蒸汽阀 10。当需要降低油温时,则关闭蒸汽阀 10,而适量打开冷却水阀 9。

　　主机开动前先关闭供油管路的调节阀,向加热管道内通入蒸汽,待油温达到 30℃时,再开动齿轮泵 1,则全部油经安全调节阀 5 流回油箱。当正常压力达 0.3MPa,温度为 40～50℃时,再开始输油,其压力的高低可通过调节安全阀的螺钉来达到。由压力表 13 指示,其油温用水银温度计 11 测量。各轴承的回油温度分别用水银温度计 12 测量。油温 70～80℃时正常。当回油量不足时,通过行程开关,装在机架上的红色信号灯便发出信号。此种系统在国产压延机上用得比较多。

　　图 4-17 所示为四辊压延机辊筒轴承和预负荷装置轴承的稀油循环润滑系统。左右辊筒轴承和预负荷装置轴承的润滑由装设在机架外侧的单独润滑系统分别供给,润滑油由电机带动的齿轮泵 2 由油箱 1 内抽出,经过滤器 4 由分配器送到各润滑处,压力表 5 用于测量其油压。调节安全阀 11 可以调节轴承的进油压力和进油量。润滑油经进油管 8 进入辊筒轴承,由回油管 9 送回油箱。经进油管 7 进入预负荷装置轴承,由回油管 10 送回油箱。返回的油根据电接点温度计测得的温度来选择对油箱是加热还是冷却。

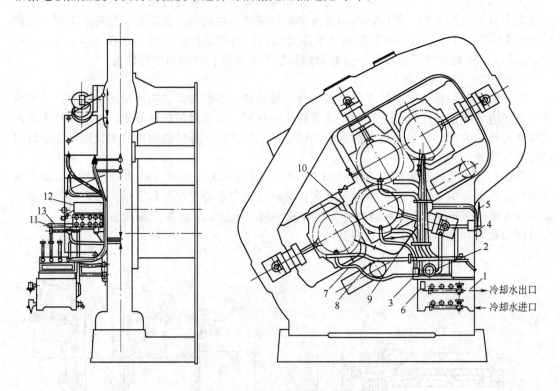

图 4-17　φ700×1800 压延机润滑系统

1—油箱;2—齿轮泵;3,12—分配器;4—过滤器;5—压力表;6—液面指示器;7—预负荷轴承进油管;
8—辊筒轴承进油管;9—辊筒轴承回油管;10—预负荷回油管;11—安全阀;13—指示器

　　循环系统中正常使用的油压为 0.2～0.3MPa,工作开始时,首先由管状加热器对油加温,并关闭进油总阀门,开动电机,使油液循环搅拌均匀加热。当油温达 35～40℃时,可开启进油阀,对辊筒轴承进行正常的润滑,当出现油路堵塞,或油压大于 0.3MPa 时,或回油量比正常减少 0.6～1.5L/min,或回油温度超过正常的 60℃时,润滑系统立即发出电信号,通过喇叭发出警报,此时要采取措施。也可启动保护环节,即通过一段延时运转而停车。

（三）调距装置

调距装置用于调整压延机辊筒的辊距。

常用的调距装置一般可分为整体式和单独式两种。

图 4-18 所示为常用两级蜗杆蜗轮传动整体式调距装置的工作原理。电机 1 和手轮 3 配合操纵。当双向电机 1 转动时，通过齿轮 2、圆锥齿轮 6、传动轴 7 和两对蜗杆蜗轮 13、14 与 9、15 转动调整螺杆 10，调整螺杆 10 与固定在机架上的螺母 11 配合带动辊筒上、下移动，根据电机的转向决定辊筒调距方向。

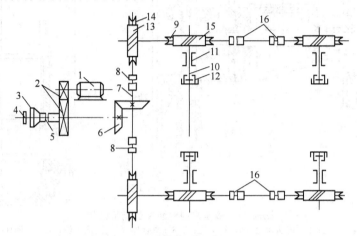

图 4-18　整体式调距装置原理

1—电机；2—传动齿轮；3,4—手轮；5,8,16—离合器；6—圆锥齿轮；7—传动轴；
9,14—蜗轮；10—调整螺杆；11—螺母；12—压盖；13,15—蜗杆

离合器 8 用以单独控制上辊筒或下辊筒，离合器 16 用以分别控制辊筒的左端或右端。

图 4-19 为上述系统的主传动部分及调整部分结构。

大手轮 3、小手轮 4 和离合器 5 分别与圆锥齿轮 6 的轴固定，大传动齿轮 2 套于该轴上。用小手轮 4 控制离合器 5，当离合器与大齿轮 2 脱开后，系统与电机脱离，手轮 3 起作用，可见电机用于大范围调距，手轮用于小范围精确的调距。

调距螺母 11 的安全系数比辊筒和机架的安全系数小些，这样螺母可作为压延机的一个安全装置。

上述调距装置的缺点是操作不够简便，机构比较笨重，多用于老式的设备中。近代新型压延机通常采用单独传动。即每个辊筒（除中辊外）都有一套单独的电机调距装置，并采用两级球面蜗杆或行星齿轮或行星摆线针轮等减速传动，这样可以提高传动效率，减少调距电机功率和减小体积。用时便于实现调距机械化和自动化。

图 4-20 所示是用两级蜗杆蜗轮减速器的单独电机调距装置，可以保证每个轴承单独的动作，也可以协调动作，便于实现调距的机械化与自动化。电机是双向双速的，$\phi 610 \times 1730$ 压延机的快速调距为 5.04mm/min，慢速调距为 2.52mm/min。

（四）轴交叉装置

轴交叉装置的作用是在辊筒两端施加外力，使两平行辊筒产生轴向交叉，从而补偿由于辊筒挠度引起的胶片厚薄不均的误差。

图 4-21 所示为轴交叉装置。电机 1 经过行星摆线针轮减速器 2、蜗杆和蜗轮 3 使固定着调整螺母 5 的轴 4 转动，在螺母 5 内为螺杆 6，并在其上面装有弧面支座 7，支座 7 紧紧压合轴承体弧面块 8。由于轴 4 与螺母 5 转动，螺杆 6 则上、下运动，因而带动轴承 9 及辊筒 10 偏移，使之与另一平行辊筒产生轴向交叉。轴承 9 靠油压缸 11 和柱塞 12 通过压杆 13 来平衡。

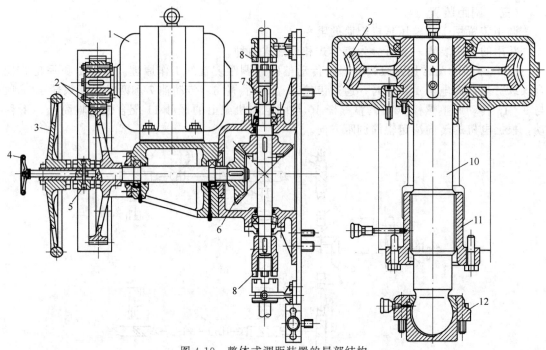

图 4-19　整体式调距装置的局部结构

1—电机；2—传动齿轮；3,4—手轮；5,8—离合器；6—圆锥齿轮；7—传动轴；
9—蜗轮；10—调整螺杆；11—调距螺母；12—压盖

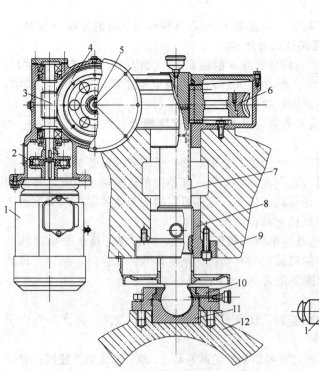

图 4-20　两级蜗杆蜗轮传动的调距装置

1—双向双速电机；2—弹性联轴器；3—蜗杆；4—蜗轮；
5—蜗杆轴；6—蜗轮；7—调距螺杆；8—调距螺母；
9—机架；10—压盖；11—止推轴承；12—辊筒轴承

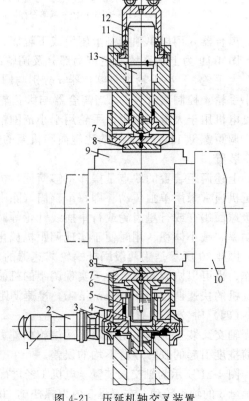

图 4-21　压延机轴交叉装置

1—电机；2—行星摆线针轮减速机；3—蜗轮；4—蜗轮轴；
5—调整螺母；6—螺杆；7—弧面支座；8—弧面块；
9—辊筒轴承；10—辊筒；11—油压缸；12—柱塞；13—压杆

（五）预负荷装置

预负荷装置又称为零间隙装置或拉回装置。无论滚动轴承或滑动轴承，其辊筒轴颈（对滚动轴承来说，轴颈套在内圈上）和轴衬（对于滚动轴承是轴承不动的外圈）之间都有一个间隙。因为辊筒可能产生热膨胀。当压延机负荷工作时，辊距充满胶料，辊颈和轴衬间的间隙在横压力作用下逐渐减到零，因而对胶片厚度无影响［见图 4-22（a）］。但在辊距中的存胶量变化时，作用到辊筒上的横压力 P_1、P_2、P_3 就发生变化，此压力首先引起胶片厚度的改变。因此，在压延机上通常采用预负荷装置，预先对轴承加一负荷［如图 4-22（b）中的位置］，工作时轴承就处在图 4-22（c）位置，以避免由于辊筒负荷变化而影响产品的精度。通常在每个辊筒轴承体的外侧装一个较小的辅助轴承体，用预负荷装置对这个辅助轴承体施以足够的外力（液压力或机械力）以消除间隙，防止辊筒抖动。

图 4-23 所示为单缸拉回式预负荷装置，在机架 1 的外侧固定有油压缸 2 的支撑轴 3，油压缸的活塞 4 通过活塞杆 5 的末端用销轴 6 固定轴承外壳 7，其内紧压滚动轴承 8，轴承两端用半圆形上压盖 9 和下压盖 10 封闭。

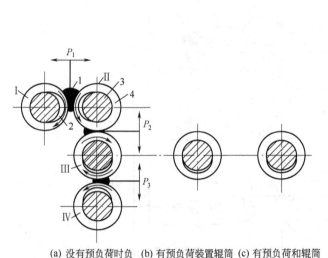

(a) 没有预负荷时负荷辊筒的位置　(b) 有预负荷装置辊筒在无负载时状态　(c) 有预负荷和辊筒有负载时的状态

图 4-22　辊筒轴颈的负荷及其在轴承内的位置

Ⅰ，Ⅱ，Ⅲ，Ⅳ—辊筒；

1—胶料；2—工作负荷时辊筒轴颈和轴衬间的间隙；
3—辊筒轴颈；4—辊筒轴承；P_1，P_2，P_3—横压力

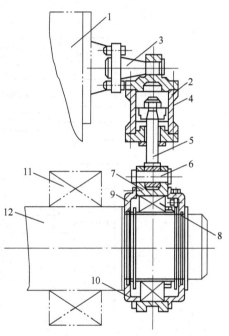

图 4-23　单油压缸预负荷装置

1—机架；2—油压缸；3—支撑轴；4—活塞；
5—活塞杆；6—销轴；7—外壳；8—滚动轴承；
9—上压盖；10—下压盖；11—主轴承；
12—辊筒轴颈

当往油压缸内通以压力油时，活塞及活塞杆带动轴承体及辊筒移动，使辊筒得到预负荷。

预负荷装置在辊筒工作前即应启动，保证辊筒达到预先指定的位置。

（六）调温装置

压延机的辊筒在操作过程中要严格地控制辊温，压延机辊温的变化对半成品质量有很大影响，特别值得注意。压延机加热要求上的特点是：被加工材料仅一次通过辊筒，其线速度很大，所以在加工过程中被物料带走的热量多，被加工材料通过辊筒前后的变形小，所以产

生的变形功小，由变形功转化的热量少，加工过程中辊筒和胶料的温度较高，由机体和物料向周围介质中散失的热量大，所以热损失大。总之，由于压延加工过程产生热量少，物料带走的热量多，加上热损失大，故在加工过程中主要是供热，而不像炼胶机那样冷却辊筒，压延机辊筒的冷却主要是进行辊温的调节。只在极个别的情况下，如压延极薄的胶片，由于其变形产生的热量较大时，要用水冷却辊筒。

对辊筒加热与温度调节的方法，常用的有蒸汽加热与水冷却法和介质循环加热与冷却法。此外，电加热和蒸汽与电加热并用也有采用，但极少。

1. 蒸汽加热与水冷却

多用于中空式辊筒。在辊筒内部插入管子，管子上带有小孔，蒸汽或冷却水从小孔喷出，以加热或冷却辊筒。图4-24所示为蒸汽加热与水冷却的原理。蒸汽或冷却水通过阀门1、旋转接头2进入导管3中，由喷水（汽）小孔喷出在辊筒4的内腔中积存，之后由辊筒内腔经旋转接头排出。排水管路上装有疏水器5以防止加热蒸汽逸出。加热时将阀门6关闭，冷却时则关闭阀门7。

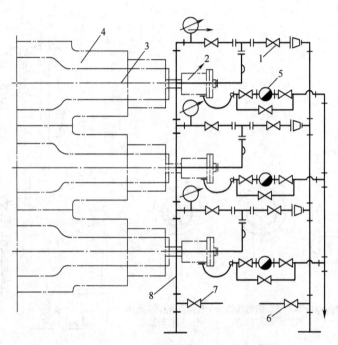

图4-24　蒸汽加热水冷却原理

1—阀门；2—旋转接头；3—导管；4—辊筒；5—疏水器；6—冷水阀；
7—蒸汽阀；8—导管

此种方式结构简单，维修方便，但由于辊筒沿长度方向厚度不均，加上辊壁又厚，故辊筒中央与两端温差大，高达8~10℃，且调节困难，这对高精度压延是不允许的。

2. 介质循环加热与冷却

多用于钻孔式辊筒。用作加热介质的常有过热水和热油，其中最广泛应用的是过热水。图4-25所示为过热水加热与冷却的系统。这个系统主要是由补给泵1、热水泵2、膨胀器3、加热器4、冷却器5、补给管路、冷却管路、回水管路和操纵装置组成。

补给泵为比例式，可以按比例改变流量和工作压力，其作用是把储水缸中纯净的蒸馏水送入膨胀器中。

热水泵为离心式，串联在封闭主管路上，以实现过热水在主管路上的强迫循环，且两个

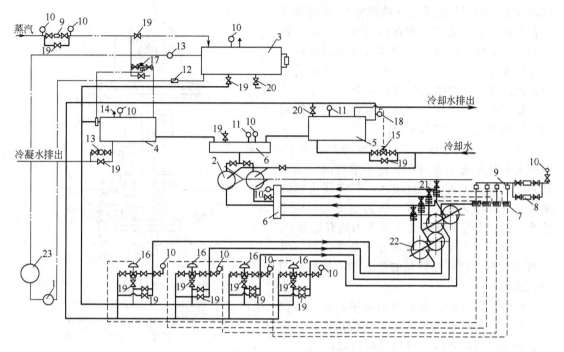

图 4-25　热水循环加热系统

1—补给泵；2—热水泵；3—膨胀器；4—加热器；5—冷却器；6—分配器；7—温度指示调节装置；8—过滤器；
9—减压器；10—压力表；11—温度表；12—止逆阀；13—疏水器；14—安全阀；15—电磁阀；16—三通隔膜阀；
17—调节器；18—电接点温度计；19—截止阀；20—放空阀；21—测温电阻；22—辊筒；23—储水罐

并联，按需要可单独启动或同时启动。

膨胀器为一空心的壳体，其作用相当于中继站，在其中储存一定量的蒸馏水，并有蒸汽直接通入，用于把蒸馏水加热为过热水，同时起保温保压作用。蒸汽的冷凝水可作补给水。膨胀器装有液位继电器，当水位过高或过低时能自动发出信号并控制补给器的启闭。调节液位的目的在于使膨胀器上半部保持具有一定压力的气垫，保证主管路工作压力的稳定。

加热器为列管式，热水从管内通过，水蒸气从管外通过，用自动式调节器控制蒸汽进入量，热水温度在这里得到第一道调节。

冷却器也是列管式，热水从管内通过，冷却水从管外通过。用电接点温度计和电磁阀控制冷却水进入量，热水温度在这里得到第二道调节。

气闭式三通合流调节阀的直线特性是通过测温电阻和温度指示调节装置来改变空气调节管道内的空气压力。当空气压力增大、阀杆向下移动时，从冷却器出来的热水进入隔膜阀的流量就增大，而从加热器出来的过热水进入隔膜阀的流量就减少。当空气压力减小时，阀杆向上，结果就相反，这样热水温度在这里得到了第三道调节，而后才进入辊筒内。

此种方法由于热水通道与辊筒上的胶料距离小，传热面积又较大，所以效率高，温度控制容易，且辊面温度均匀。

（七）扩布装置

常用的扩布装置按其结构可分为弧形（中间具有 70～100mm 的挠度）扩布器、螺旋（表面上刻有自中间向两端延伸的螺纹）扩布器和旋转辊子扩布器三种，在一台设备中可以联合采用。

图 4-26 所示是旋转辊子扩布器的结构和工作状态。两个辊子 3 固定在带手柄 5 的转动

圆盘 4 上，用带拧紧手柄 9 的螺栓 10 将圆盘固定在支架 7 上，支架 7 焊在活板 6 上，此活板可沿双头螺栓 2 转动，并用螺母 8 将其固定在一定位置上。下固定板 1 由支架固定在机架上，此装置在机架两边各安装一个。

辊子的形状稍带圆锥形，以保证帘布扩展均匀及增大边缘的展布能力。

图 4-27 为其工作状态。扩布的方法如下：帘布夹在两对辊子之间，当辊子沿总回转轴转动时，扩布张力角 β 即行增大，帘布张力随之增大，此时若 α 增大，帘布张力也增大，由于这个原因，帘布扩展能力及伸张力均有增加。

此种扩布器安装位置最好在两个地方，即帘布还没有受到剧烈伸张的地方和离压延辊筒最近的地方。

此种扩布器的优点是结构简单，操作方便又可靠。此种扩布器提高了帘布使用面积，消除了帘布中间的伸张，帘布密度均匀。

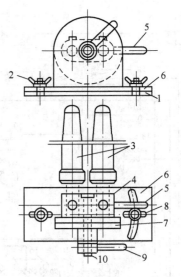

图 4-26　旋转辊子扩布器
1—下固定板；2—双头螺栓；3—辊子；
4—转动圆盘；5—手柄；6—上活板；
7—支架；8—螺母；9—手柄；10—螺栓

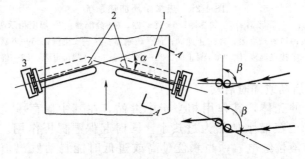

图 4-27　旋转辊子扩布器工作状态
1—帘布；2—辊子；3—固定板及活动板

（八）自动测厚装置

自动测厚装置用以连续正确地测定压延胶片（或胶布）的厚度。这对产品的质量是十分重要的。

按测量方法和原理不同，测厚装置可分为机械接触式、电感应式、气动式和放射线同位素式测厚装置。放射线同位素测厚装置又分透过式和反射式两种。下面主要介绍放射线同位素式。

放射线同位素测厚装置一般采用 β 射线，β 射线的产生是用人造的放射线同位素，主要有铊 204、锶 90 和铈 137 三种。

β 射线具有穿透橡胶、塑料和纺织物的能力，其穿透量与被照射的材料厚度成反比，当厚度一定时，穿透量也一定，当厚度变化时，用穿透量的大小测定其厚度。图 4-28 所示是穿透式 β 射线测厚装置的原理，当 β 射线穿透胶片进入电离室后，便产生电离电流，β 射线穿透量与胶片厚度成反比，这样电离电流亦发生变化，在标准厚度时可测得一个电位差，若实际电位差与标准电位差有差别，通过放大器放大，用偏差指示器指示并记录。

目前国外正在研制将 β 射线测厚装置与压延机的辊距调整装置用电力联动在一起，自动控制胶片的厚度，进一步实现自动化。

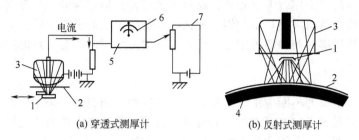

图 4-28 β射线测厚原理

1—放射体；2—橡胶片；3—电离室；4—压延辊筒；5—放大器；6—偏差指示器；7—稳定电流装置

第三节 主 要 参 数

一、辊速与速比

（一）辊速

压延机辊筒的线速度与速比直接影响到工艺的用途、产量和质量，并取决于生产的机械化、自动化水平。

1. 概念

辊筒的线速度是指固定轴承内的辊筒的外圆周线速度，以 "m/min" 表示。

2. 限制因素

由于压延工艺操作上的要求，辊筒的线速度是可变化的。在压延机工作开始时，辊筒回转的线速度应当稍慢，而决定压延机的生产能力的工作速度则应尽可能大。因为辊筒速度与生产能力成正比，与功率成反比。

压延机辊筒的线速度应满足下列条件：辊筒线速度应能广泛平稳地调整，在压延工艺可能的条件下，压延线速度尽可能用高值。一般根据压延工艺要求及压延机组的机械化与自动化水平以确定压延机辊筒线速度。如采用四辊压延机进行纺织物帘布双面贴胶，一般线速度在 60m/min 以下，有的高达 114m/min 的。用于钢丝帘布挂胶，其辊筒线速度选用 30～40m/min；用于细布擦胶，其辊筒线速度为 25m/min 以下；用于帆布擦胶，其辊筒线速度为 30m/min 以上。

3. 调速方法

小规格压延机一般采用交流整流子电机，大规格压延机采用直流变速电机进行无级调速。供直流变速电机的直流电现在多用可控硅整流。

（二）速比

1. 对工艺性能的影响

辊筒速比与压延工艺方法、工艺材料（布料和胶料）、辊筒速度和操作方法等有关。如贴胶与擦胶对速比的要求就不同，贴胶作业速比为 1：1，对擦胶作业必须使速比不等于 1 才能使胶料擦入纤维中。国内外压延机用于擦胶作业的辊筒速比一般为 1：（1.2～1.5），有的高达 1：1.75，最常使用的为 1：1.5。

擦胶时纺织物是以慢速辊筒的回转速度运动，而胶料包在快速辊上。因此，两辊筒速度差越小，压延机的生产能力越高。但其极限速比为 1：（1.3～1.4），低于这个值，纺织物擦胶不好或根本擦不上。

在万能压延机中，辊筒的速比力求小些，只有热炼与擦胶时才需要大速比。在某些情况下生产胶片的压延机是带有速比的，其速比为 1：1.1 或 1：1.2。在辊筒线速度比较低的情况下压延硬质胶料时，采用较大的辊筒速比对工艺质量是很有利的；相反在辊筒线速度高的情况下，压延软质胶料时采用较小的辊筒速比，也是对工艺质量有利的。

为了补充热炼以提高胶料的可塑度，要求加料的两个辊筒具有一定的速比，其速比一般为 1∶(1.1～1.4)。

2. 改变速比方法

随着新工艺新材料的不断应用，尤其是压延速度的不断提高，采用使辊筒速比固定在某一数值上是远远满足不了工艺要求的。只有采用能够无级改变辊筒速比的压延机，才能完全适应生产工艺的需要。现采用调速电机单独传动，如图 4-10 所示。

这种传动方式可以使辊筒之间的速比在从等速到高达 1∶3 的范围内任意调节，从而可在压延机上进行擦胶、贴胶、压延胶片以及薄层胶片复合等多种作业，并可按照配方的要求，随意调节，保证压延质量，工作适应性好。

二、超前与生产能力

（一）超前

1. 概念

在我们研究生产能力以前，这里提出一种现象，即胶料通过辊距时，胶料的速度大于辊筒速度，这种现象称为超前现象。

2. 产生的原因

在压延过程中，我们认为胶料除几何形状变化外，其体积不变，因此在辊距内，变形的胶料厚度缩小，但实际宽度并不改变，只是使其长度剧烈增大，即速度增大，则离开辊距后，胶料的厚度便要增大；用公式表示如下：

$$ebv_e = hbv \tag{4-1}$$

式中　e——辊距，m；

　　　b——胶片宽度，m；

　　　h——辊筒非辊距处胶片厚度；m，

　　　v_e——胶片于辊距中运动速度即压延速度，m/min；

　　　v——胶片在辊筒非辊距处的运动速度即辊筒速度，m/min。

把式 (4-1) 简化得：

$$\frac{h}{e} = \frac{v_e}{v} = \rho \tag{4-2}$$

式中　ρ——超前系数。

下面根据压延过程进一步分析 ρ 值。

胶料的压延过程如图 4-29 所示。当胶料在 ab 截面区域内，胶料的宽度增加与厚度减少是成比例的，当达到 cd 截面后宽度便不再增加，因此在这个区域内胶片的运动速度低于辊筒的线速度，称之为胶料对辊筒的滞后，$abcd$ 区域称为滞后区。当胶料超过 cd 截面，在 $cdfg$（fg 的距离等于辊距 e）区域时，胶料的平均速度与两辊间距离成反比，从流体力学的观点分析：当胶料厚度减少后，其速度必然要增大，即胶料运动速度大于辊筒的线速度 v，称之为胶料对辊筒的超前，$cdfg$ 区域称为超前区。超前区和滞后区的交界面

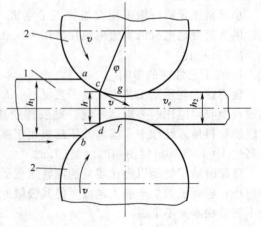

图 4-29　压延过程
1—胶片；2—压延机辊筒

称之为临界面，其临界面厚度为 h。当胶料通过辊距 e 时，胶料运动速度 v_e 达到最大值，此时超前系数也达最大值，胶料不同 ρ 值也不同，一般取 $\rho = 1.1$。

3. 意义

我们研究超前的作用是：①压延机被加工材料仅一次通过辊距，它的生产能力是按材料的线速度计算的，因此必须了解物料的实际速度；②压延半成品的厚度影响产品质量，因此必须了解辊距与压延半成品厚度的关系；③为了正确地选择压延联动装置。

（二）生产能力

1. 计算方法

压延机的生产能力，按半成品重量或长度计算，无论哪一种计算方法必须确定压延半成品的线速度，取得速度的方法有二：①按测得的压延半成品实际速度取平均值；②按辊筒的直径和转速计算，即按下式计算：

$$v = \pi D n \tag{4-3}$$

式中　v——辊筒线速度，m/min；

$\quad D$——辊筒直径，m；

$\quad n$——辊筒转速，r/min。

当辊筒有速比时，以慢速辊筒为计算依据。

压延机的生产能力计算如下。

（1）按压延半成品长度计算

$$Q = 60 v \rho \alpha \tag{4-4}$$

式中　Q——压延机的生产能力，m/h；

$\quad v$——辊筒的线速度，m/min；

$\quad \rho$——材料超前系数，一般取 1.1；

$\quad \alpha$——压延机使用系数，按生产条件及工作组织定，取 $\alpha = 0.7 \sim 0.9$。

（2）按压延半成品重量计算

$$Q = 60 v h b \gamma \rho \alpha \tag{4-5}$$

$$\text{或 } Q = 60 \pi D n h b \gamma \rho \alpha \tag{4-6}$$

式中　Q——压延机生产能力，kg/h；

$\quad v$——辊筒线速度，m/min；

$\quad h$——半成品厚度，m；

$\quad b$——半成品宽度，m；

$\quad \gamma$——半成品密度，kg/m³；

$\quad \rho$——超前系数，一般取 1.1；

$\quad \alpha$——压延机使用系数，取 $0.7 \sim 0.9$；

$\quad D$——辊筒直径，m；

$\quad n$——辊筒转速，r/min。

2. 影响因素

三、压延制品厚度误差分析

（一）产生原因

从压延机两辊筒压延出来的胶片（或胶布）总要产生厚薄不均的误差，即中部厚两边薄。产生此种误差的原因主要是由于辊筒的挠度引起的。所谓挠度是指在压延过程中，由于横压力的作用，使辊筒产生弹性弯曲，其弹性弯曲方向与横压力方向一致，弹性弯曲后其横截面形心的线位移称为挠度。

辊筒的挠度是在横压力作用下产生的，因此挠度值大小与横压力有关。在一定的横压力

作用下，辊筒的挠度值大小又与辊筒的材料及直径有关。为了减小辊筒的挠度，总是希望辊

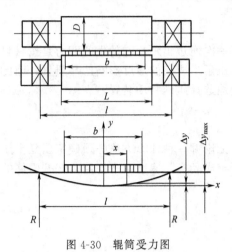

图 4-30　辊筒受力图

筒的直径愈大愈好，亦即希望辊筒长径比愈小愈好。辊筒工作部分的长度与辊筒直径之比称长径比，一般采用 2.7～2.8，目前长径比有减少的趋势。不管长径比如何小，在横压力的作用下，挠度总是要产生的。有挠度，则压延胶片中央和边缘必然有厚度差。因此必须对辊筒中部的挠度和边缘的挠度差进行研究，才能正确合理地解决胶片的厚度误差。

若把作用在辊筒上负荷视为沿辊筒工作面均匀分布，那么其受力情况相当于均布载荷作用下的简支梁。其挠度差为弯矩和剪力产生的挠度差之和，最大挠度差在 $L/2$ 处（即辊筒中央部位。如图 4-30 所示，y_{max} 为最大挠度值，因此压延胶片时，其中部厚度必然最大。

其挠度曲线公式表示如下：

$$\Delta y = qx^2 \left[\frac{3b(2l-b)-2x^2}{48EJ} + \frac{\alpha}{2FG} \right] \tag{4-7}$$

式中　Δy——辊筒任一点处的总挠度差，mm；

　　　q——单位横压力，N/mm；

　　　b——加工胶片宽度，mm；

　　　l——两支撑轴承间的距离，mm；

　　　E——辊筒材料的弹性系数，MPa^2；

　　　J——辊筒的惯性矩，mm^4；

　　　G——辊筒材料的剪切弹性系数，MPa^2；

　　　F——辊筒的横断面积，mm^2；

　　　α——计算系数，即中央部位的剪切应力与平均应力之比。

（二）厚度误差补偿方法

在压延过程中由于辊筒的挠度引起胶片（或胶布）厚薄不均。因此为了获得厚度均匀的胶片，必须对挠度采取补偿的方法。目前采用的方法有三种：①用辊筒凹凸系数补偿；②用辊筒交叉补偿；③用辊筒反弯曲补偿。

1. 凹凸系数法

凹凸系数法即把辊筒筒身加工成凸形面或凹形面，其形式如图 4-31 所示。辊筒工作部分中央直径 D_1，减去边缘直径 D 的一半称为凹凸系数，又称中高度，以 K 表示，$K = \frac{D_1-D}{2}$。

凹凸系数的大小，取决于辊筒的挠度，根据辊筒的规格、构造、转速、辊温、排列方式、压延制品的厚薄及加工物料的可塑性等因素决定。

辊筒呈凸形时，凹凸系数为正值；辊筒呈凹形时，凹凸系数为负值。

由于压延胶片和贴合胶片时横压力不一样，故辊筒凹凸系数可相应取为正值或负值，如图 4-32 所示。胶料先经过上、中辊间其横压力大，然后再从中、下辊筒间压出，其横压力相对较小，因此上辊为凸形，中辊为圆柱形或略呈凸形，下辊为凹形，凹形的绝对值小于凸形的绝对值。

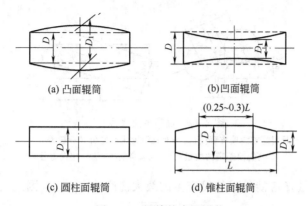

(a) 凸面辊筒　　　　(b)凹面辊筒

(c) 圆柱面辊筒　　　　(d) 锥柱面辊筒

图 4-31　辊筒的表面形状

辊筒表面凹凸系数加工曲线近似于抛物线。如图 4-33 所示，其曲线方程为：

$$y = \frac{4K}{L^2}\left(x - \frac{l}{2}\right)^2 - \frac{Kl^2}{L^2} \tag{4-8}$$

经过计算及图示，抛物线的最大弯度为 K_S，凹凸系数值为 K：

$$K_S = \frac{Kl^2}{L^2} \tag{4-9}$$

为了补偿挠度，应使：

$$y_{max} = K$$

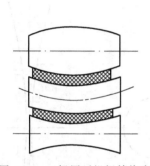

图 4-32　三辊压延机辊筒挠度

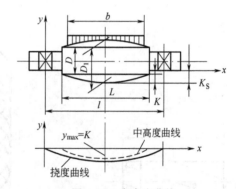

图 4-33　中高度曲线

凹凸系数法是一种老的补偿方法，其优点是可根据辊筒挠度曲线来磨削辊筒的曲线，对某一台压延机，其辊筒的凹凸系数是一个常数。这对在特定条件下工作的压延机来说，会得到较好的补偿。但是由于物料品种的改变，或压延胶料的配方、压延厚度、宽度、压延速度、温度等的改变，均导致横压力的变化，因而导致辊筒挠度的变化，而辊筒的凹凸系数只按某一特定值来设计，所以不能补偿由于各种情况所引起的辊筒挠度变化，对制品精度无法保证。

2. 辊筒轴线交叉法

所谓辊筒轴线交叉，就是采用轴交叉装置使一个辊筒的轴线相对于另一辊筒的轴线偏转一个极小角度，因而形成两个相邻辊筒表面间距离的改变，即从辊筒中央向辊筒两端逐渐扩大，最小辊距在中央，最大辊距在两端，用以补偿辊筒的挠度。其工作原理如图 4-34 所示。

经过计算得两辊距增量 δ 与偏离程度 C_0 的关系如下：

$$C_0 = \sqrt{2D\delta} \tag{4-10}$$

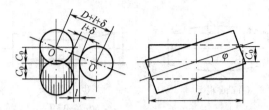

图 4-34 辊筒轴交叉原理

C_0—两辊筒轴线偏离程度；φ—两辊筒轴线偏离角（一般为 $1°\sim3°$）；

δ—两辊筒距离的增量；l—两辊筒距离；D—辊筒直径

两辊距的最大增量 d 应能补偿辊筒产生的最大挠度差 Δy_{max}，因此式（4-10）可写成：

$$C_0 = \sqrt{2D\Delta y_{max}} \tag{4-11}$$

此式说明可根据最大挠度差 Δy_{max} 确定辊筒端偏离量 C_0。

为了正确地补偿辊筒挠度，以便得到厚薄均匀的压延胶片，下面再介绍两辊筒轴线交叉后所成的补偿曲线。参见图 4-35。

计算后得辊筒交叉后形成的补偿曲线方程式如下：

$$\frac{\left(y+\dfrac{D}{2}\right)}{D^2} - \frac{4x^2 C_0{}^2}{D^2 l^2} = 1 \tag{4-12}$$

从式（4-12）可知，两辊筒轴线交叉后，相邻两辊面间形成的曲线为双曲线，如图 4-36 所示。

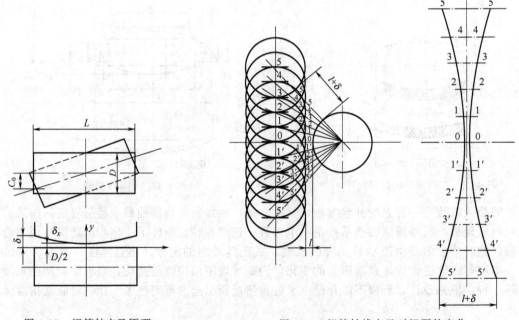

图 4-35 辊筒轴交叉原理   图 4-36 辊筒轴线交叉时辊距的变化

用辊筒轴线交叉法补偿压延制品厚度的误差也是有缺点的。因为在辊筒轴交叉时，压延胶片会向一端移动，它要承受垂直方向上的剪切应力，为防止胶片跑偏需要用一个专门的定心机构。另外，从式（4-7）看出，由横压力产生的挠度曲线是包含 x^4 和 x^2 项的一条曲线，而由辊筒轴交叉法所形成的补偿曲线是双曲线，如式（4-12）所示，因此对挠度不能完全补偿。

（1）装设位置　轴交叉装置装设的位置和方向取决于压延机的用途与辊筒的排列与数目，如图 4-37 所示。

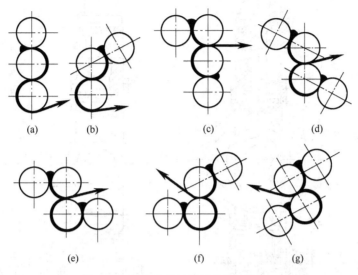

图 4-37　辊筒轴交叉装置位置和方向

常用的三辊压延机轴交叉装置一般设在喂料辊上，但也有设在下辊筒上的，四辊压延机一般用于贴胶作业，故多设在 1 号、4 号辊筒上。

（2）结构形式　轴交叉装置的结构形式很多。常用的有液压式、楔块式和弹簧式。

① 液压式轴交叉装置　如图 4-38 所示，带有弧形接块 8 的轴承体，装在弧面支座 7 上，上部接块与压杆 11 相连，下部接块与丝杠 6 相连。使用时电机 1 经过行星摆线针轮减速器 2、蜗杆 3 和蜗轮 4 及装在蜗轮轴内的螺母 5 转动，从而使丝杆 6 带动轴承体移动，装在一个辊筒两端的两个轴交叉装置作相反的移动来实现轴交叉。油缸柱塞 10 起着帮助轴承体移动和定位作用，防止在切线力作用下辊筒位移。辊筒轴线交叉时，轴承轴衬和辊筒轴颈要保证正常的接触。此种装置结构简单，动作可靠，定位压力可根据需要调节，但需要附设一套液压装置。

正确的使用轴交叉装置，需要使辊筒左右两端辊距相同且交叉值相等，否则将引起胶片的厚度误差。另外，左右两端的电机尽量同步工作，尤其是在负荷下不允许只对一端进行调节，否则将引起辊颈部分的损伤。为了防止调节过量引起机械损伤，设有行程限位开关，以停止电机转动。

② 楔块式轴交叉装置　楔块式轴交叉装置分为双楔块式和单楔块式两种。双楔块式轴交叉装置如图 4-39 所示。在辊筒两端的轴承体上、下面均装有接块 9。电机输出轴装有小齿轮 1，在其上啮合两个相对转动的大齿轮 2。大齿轮的输出轴装有蜗杆 3，它与蜗轮 4 啮合，蜗轮 4 轴内孔用螺纹与带有楔块 6 的调整螺杆 5 相配合，当电机转动时，上部螺杆 5 和下部螺杆作相反方向移动。轴承体 7 用螺钉与垫块 8 和凹型接块 9 固定，当楔块 6 移动时，轴承体便上下移动。

若上部楔块向右（下部楔块同时向左）移动，轴承体则向上移动，若楔块运动力向相反，轴承体则向下移动，其移动大小用指示针 10 示出其读数。

此种结构的特点是动作可靠，不须加外力便可定位，但传动系统较复杂，楔块的磨损较大，应保证滑动楔面和螺杆良好的润滑。双楔面式轴交叉装置，考虑到辊筒轴承的热膨胀，移动面的间隙及制造误差等因素，上楔块与轴承体之间间隙较大，通常处于不接触状态，可

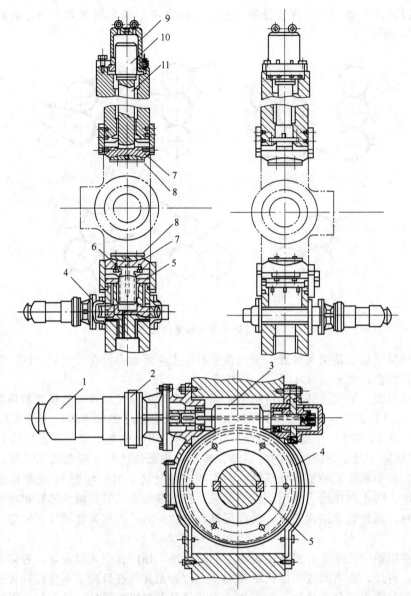

图 4-38　液压式轴交叉装置

1—电机；2—行星摆线针轮减速器；3—蜗杆；4—蜗轮；5—螺母；
6—丝杠；7—支座；8—接块；9—油压筒；10—柱塞；11—压杆

见主要起作用的是下楔块。

　　③ 弹簧式轴交叉装置　弹簧式轴交叉装置与液压式轴交叉装置的作用原理大体相同。只是用碟形弹簧的作用力代替液压缸的作用力。此种结构除具有液压式优点外，还省去一套液压装置，但弹簧力的调节不如液压式方便。

　　3. 辊筒反弯曲法

　　所谓反弯曲就是在辊筒外侧采用预负荷装置加一外力 F，使辊筒产生弯曲，其弯曲方向与辊筒的挠度方向相反，这样便起到补偿挠度的作用。如图 4-40 所示。

　　图 4-41 为辊筒反弯曲时受力情况，其挠度差曲线方程式为：

$$\Delta y_x = \frac{Fcx^2}{2EJ} \tag{4-13}$$

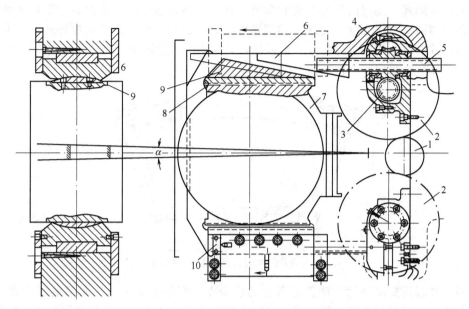

图 4-39　楔块式轴交叉装置

1—电机小齿轮；2—大齿轮；3—蜗杆；4—蜗轮；5—螺杆；6—楔块；
7—轴承体；8—垫块；9—接块；10—指示针

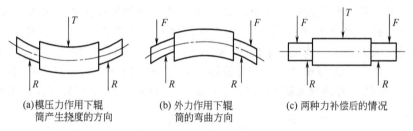

(a)模压力作用下辊　　　(b) 外力作用下辊　　　(c) 两种力补偿后的情况
　　筒产生挠度的方向　　　　　筒的弯曲方向

图 4-40　辊筒反弯曲补偿

T—横压力；F—反弯曲外力；R—轴承支反力

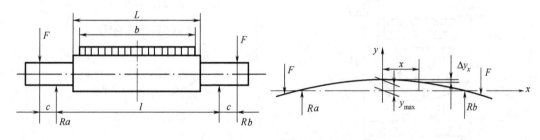

图 4-41　反弯曲图

反弯曲法与轴线交叉法相似，由于它的曲线是一条抛物线，如式（4-12）所示，因此不能完全补偿挠度。采用反弯曲法来补偿辊筒的挠度比中高度法和轴线交叉法较优异，但这种方法的反弯曲力与横压力方向一致，这就增加了轴承的负荷，因此反弯曲力不能过大，亦即由它补偿的挠度不能过大。所以此法较少单独采用，多与轴交叉联合使用。单独采用只用作辊筒拉回以消除辊颈与轴承间隙对制品厚度的影响和防止出现碰辊现象。

（1）安装位置　反弯曲装置一般装设在辊筒的两端。

（2）结构形式　反弯曲装置有两个作用。第一能部分地补偿辊筒在负荷下产生的挠度，第二能使辊颈固定在工作位置实现"零间隙"。图 4-42 所示为液压传动拉杆式反弯曲装置，它的结构比较简单，和预负荷装置非常近似，只是它的辅助轴承之间的距离大，且双作用的液压缸内油压高。用调节拉杆的拉力来改变辊筒的弯曲。

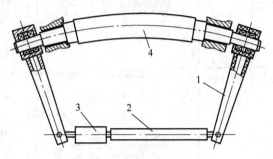

图 4-42　拉杆式反弯曲装置

1—长臂；2—拉杆；3—油缸；4—辊筒

上述三种辊筒挠度补偿方法都各有它的优缺点，都不能完全解决制品的厚度误差。因此，近代新型压延机的挠度补偿，多数是将上述方法综合使用，一种是将凹凸系数法与辊筒轴线交叉法综合使用。例如，用磨削较小的凹凸系数值来补偿一部分挠度，余下的再用轴交叉法补偿。

当用凹凸系数法和轴交叉法去补偿辊筒的挠度时，仍会产生挠度曲线与补偿曲线的差异，因而仍会引起胶片厚度误差，如图 4-43 所示。若一个辊筒中央处的最大挠度为 y_{max} 时，一对辊筒中央处的最大挠度即为 $2y_{max}$，若两辊筒之一的中高度最大值为 K_S，另一辊为平辊，为补偿辊筒最大挠度，其交叉量应为 $2y_{max}-K_S$，补偿后胶片的误差如图 4-43 所示。

另一种是将反弯曲法与轴交叉法综合使用，如图 4-44 所示。图 4-44（a）为反弯曲法补偿结果，图 4-44（b）为轴交叉法补偿结果，图 4-44（c）为两种方法综合使用所产生的胶片厚度误差。

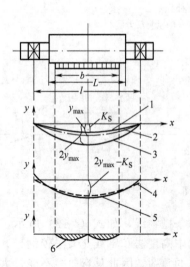

图 4-43　轴交叉及中高度对挠度补偿的结果

1—中高度曲线；2——个辊筒的挠度曲线；3—一对辊筒的
挠度曲线；4—挠度曲线与中高度曲线之差；
5—适合的交叉曲线；6—补偿后胶片的厚度误差

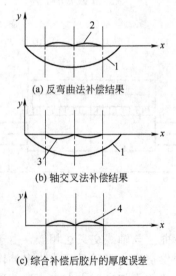

图 4-44　反弯曲法与轴交叉
法对挠度补偿的结果

1——对辊筒的挠度曲线；2—辊筒反弯曲补偿结果；
3—轴交叉补偿结果；4—补偿后胶片厚度误差

综上所述，虽然采取综合补偿措施，但仍不能获得厚度绝对一致的胶片，当压延胶片厚度要求较高时，这种误差是否容许，必须经过检查和验算。

另外，上述计算只是单从挠度上考虑问题，但在实际生产中，辊温（特别是中空辊筒）总是中央高、两端低，等于由温度产生辊筒的中高度。这些问题应结合实际加以考虑。

第四节 安全操作与维护保养

一、安全操作

（1）塞帘（帆）布接头时，应先发出信号，通知出料，然后再塞，主机前后操作人员要密切配合，塞料不准戴手套，打慢挡车速。

（2）帘布压延时严禁任何人在张力辊筒间随便走动。

（3）送料用拳头推，不准用手指，防止手指轧进。

（4）胶料堆积在挡胶板两旁时，应用铁钩钩出。在下辊添加胶料时，应用专门工具顶，严禁用手。

（5）测量帘布厚度时，手应离开托辊 60cm，防止手卷进。

二、维护保养

1. 使用保养

（1）检查所有电气联络信号及安全装置，应灵敏可靠。

（2）检查各润滑部位，发现不足及时添加。

（3）根据环境温度将液压、润滑油调整到要求温度。

（4）启动压延机主机之前，应先启动润滑系统和液压系统，确认其压力、温度和流量正常后方可启动。

（5）检查压延机辊距有无杂物，并保持合适辊距。

（6）检查传动部位有无杂物，安全防护装置是否牢固。

（7）检查各部位螺栓有无松动。

（8）压延机工作结束后应将轴交叉装置调至"零"位，放大辊距，然后取下胶料，当辊温降至 60℃ 以下时，方可停机。

（9）全机组停机后，关闭各阀门和动力源，每周末班后将冷却系统中水放掉，清除机器表面滞留的油污及杂物等。

（10）做好机台周围清扫工作。

2. 润滑规则

机器的润滑规则见表 4-2。

3. 安全运行注意事项

（1）系统在机器未开动前，油泵先运转 10min。停机后应继续运转 10min，使润滑油全部回流油箱。

（2）注意压延机辊筒轴承回油温度，如超过 80℃ 或发现温度有剧增现象，应立即停车检查原因。

（3）辊筒加温必须在低速运转中缓慢进行，升温速度在 100℃ 以下时为 0.5℃/min，（30℃/h），100℃ 以上时为 0.25℃/min（15℃/h）。

（4）压延机辊筒温度在 70℃ 以上时，不允许停机，需将辊面温度缓慢降至 60℃ 以下方可停机。

（5）使用调距装置时，尽可能两端轴承同时移动。若两端辊距相差较大时，应将小端放大到与另一端相同后再一起调节。

表 4-2　机器的润滑规则

主要润滑部位			规定油品		代用油品		加油定量标准	加油或换油周期
			名称	牌号	名称	牌号		
压延机主机	辊筒轴承	滑动	汽缸油	冬:HG-24 夏:HG-38			加至规定油标中位	加油:每月1次; 清洗换油; 3~6个月1次
		滚动	工业齿轮油	N320				
			光亮油	150BS				
	预负荷轴承 轴交叉轴承 预弯曲轴承		工业齿轮油	N320			加至规定油标中位	加油:每月1次; 清洗换油; 3~6个月1次
	主减速器 蜗轮减速器		工业齿轮油	N220			加至规定油标中位	加油:半年1次; 换油:1年1次
	调距蜗杆、蜗轮 调距螺杆、螺母 轴交叉螺杆、螺母 轴交叉楔块滑动面		锂基脂	ZL-1	钙钠基脂	ZG-2	加满注油器或油杯	每天注油1次; 每周加油1次
	驱动、速比齿轮		开式齿轮油	68号	工业齿轮油	N680	齿轮能均匀带油	每季加油1次
	万向联轴器		钠基脂	ZN-2	钙钠基脂	ZG-2	适量	加油; 每月两次
联动装置	干燥辊筒轴承		锂基脂 二硫化钼润滑脂	ZL-2 2# 二硫化钼润滑脂	钠基脂	ZN-2	加满轴承空间的2/3	每周加油1次; 半年加油1次
	冷却辊筒轴承		钙基脂	ZG-2	钙钠基脂	ZGN-2		
	张力辊筒轴承		钠基脂	ZN-2	锂基脂	ZL-1		
	导辊轴承		钠基脂	ZN-2				
	减速器		工业齿轮油	Z220			加至规定油标	1年加油1次
	开式传动齿轮		锂基脂	ZL-1	锂基脂	ZL-2		1月加油1次
	滚动丝杆、丝母链传动		机械油	N68	机械油	N100	适量	每班1次
定中心液压站			透平油	22号			加至规定油标	1年加油1次

（6）调节 1mm 以下辊距时，应保持辊距有料，以免碰辊，损伤辊筒。

（7）机器运转中发生故障时，应立即拉动紧急停车装置，切断电源停止运转。

（8）机器工作完毕后，应立即放大辊距，清除余料，降低辊筒线速度，缓慢降温至60℃后再停机。设有辊温控制者，其降温速度为：在 100℃ 以上时，不大于 0.5℃/min；降至 100℃ 以下时，则不大于 1℃/min。

（9）停车前，对于设有轴交叉装置的压延机，辊筒转为低速运转后，需将辊筒轴交叉装置退回到零位。

（10）在使用辊筒轴交叉时，不要进行单独一端调距，以免损坏机器。

三、基本操作过程及要求

压延胶帘布所用的帘子布一般为纺织物或钢丝帘子布，而纺织物帘子布又分为细布、化纤纺织帘布、帆布等。不同的帘子布压延时所需的速比有很大差别，一般细布、化纤纺织帘布压延多采用贴胶工艺，其速比为1；压延帆布、钢丝帘布速比应大于1。

速比的调节方法：①三辊压延机一般采用离合器调节，改变速比齿轮的组合形式，以得到不同大小的速比；②四辊压延机一般采用拔键的方法以改变速比齿轮的配合形式，从而得到不同的速比。另外，还可以通过调节变速电机的转速以达到改变速比的目的。

压延机压延速度的调节方法：主要通过改变调速电机的转速的方式进行压延速度的调节。

　　压延温度的控制，可以采用温度自动控制系统，根据压延工艺要求调节辊筒的辊温。小型压延机采用人工调节的方法调节辊温。

　　压延半成品的厚度测量与调节，一般有自动测厚和手动测厚两种方法。自动测厚装置与计算机连接，将所测厚度数值反馈到计算机，经计算机计算处理后，向调距装置及挠度补偿装置分别发出指令，使它们按照要求进行调控，以改变辊距的大小或厚度误差补偿量，实现动态调控。手动测厚仪主要用于压延速度较慢的帘布压延生产，应采用多点测量，尽量缩短测量间隔的时间，及时发现问题及时进行。测量厚度应取在胶布冷却后的位置。

　　此外，还要注意以下几点。

　　① 启动压延机主机时应从低速开始，逐渐提高至正常工作速度。

　　② 对压延机辊筒加热或冷却时，应在运转中逐渐升温或降温。

　　③ 加料前，必须将辊筒加热至工艺规定的温度，所加胶料也必须达到工艺规定的胶料。

　　④ 调距换向时，需待调距电机停转后，方可反向启动。调小辊距（小于1mm）时，辊距间一定要有胶料，以免碰辊。

　　⑤ 辊筒在轴交叉位置时，如需调距，应两端同步进行，以免辊筒偏斜受损。

　　⑥ 经常观察轴承油温、各仪器仪表的指示是否正常，设备有无异常声响、振动和气味。

　　⑦ 经常排放气动系统空气过滤器中的积水和杂物。

第五节　压延作业联动线

　　压延作业联动线是由压延过程中各联动装置组成，它是压延机完成压片、压型、贴合和纺织物（或钢丝）挂胶等工艺作业的重要组成部分。

　　压延联动装置由各个独立单元组成，工艺用途不同，组成单元也不同。各个单元设备多由各自的直流电机拖动，通过电控方法使各单元设备稳定同步。

　　当前，在帘布压延联动装置上，为提高压延半成品的质量，有的在从干燥辊出来的位置上装湿度检查仪表，它可连续指示帘布的湿度。为缩短帘布接头换卷的操作时间，有的采用大卷帘布，一般每卷布长达1000m左右，有的高达4800m。有的设有自动卸走挂胶帘布卷的装置。供胶多采用大规格的开放式炼胶机或冷喂料橡胶挤出机、传递式混炼机，并采用工业电视方法检查供胶情况。为导出胶布的空气或水分，还装有排气线架，停放时排除空气或水分。

　　随着钢丝轮胎和子午线轮胎的发展，钢丝压延机及其联动装置发展也很快。钢丝帘布一般采用无纬压延法。有的把压延好的冷胶片贴在无纬钢丝帘布上，运动速度约为15～20m/min，称为冷胶压延法。下面介绍用于纺织物帘布压延的 $\phi700\times1800$ 四辊压延联动装置和用于钢丝帘布压延的 $\phi610\times1730$ 四辊压延联动装置。

一、纺织物帘布压延联动装置

（一）用途与分类

　　根据不同的工艺过程与生产特点，常见的有三辊压延联动装置与四辊压延联动装置。

　　三辊压延联动装置主要用于完成帘、帆布的擦胶、贴胶及压胶片等。通过改变不同的工艺流程，能满足不同的要求，灵活性较大，可一机多用。一般为断续生产，适用于橡胶制品厂和小型轮胎厂。也有采用两台三辊压延机组成的联动装置，供大型轮胎厂及橡胶制品厂完成帘、帆布一次两面贴胶或一擦一贴等连续作业。

　　我国生产的三辊压延联动装置的规格较多，常用的有 $\phi550\times1700$ 三辊压延联动装置（图4-45）、$\phi610\times1730$ 三辊压延联动装置（图4-46）。

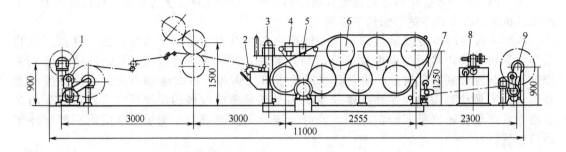

图 4-45　φ550×1700 三辊压延联动装置

1—前导开卷取装置；2—刺孔装置；3—张力架；4—测厚仪；5—测长器；6—冷却装置；

7—定中心装置；8—定中心液压调节机构；9—后卷取装置

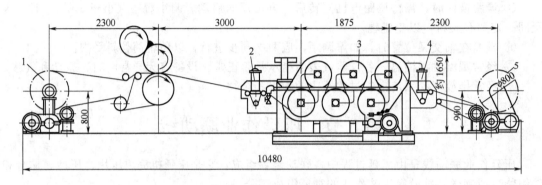

图 4-46　φ610×1730 三辊压延联动装置

1—前导开卷取装置；2,4—张力调节装置；3—冷却装置；5—后卷取装置

四辊压延联动装置主要用于帘布一次两面贴胶的连续化生产，专用性较强，生产效率高，也可完成帆布擦胶、胶片贴合、压胶片等工艺操作，适用于大、中型轮胎厂。小规格的四辊（L 形）压延联动装置主要用于胶料压型压片，结构较为简单。

我国生产的四辊压延联动装置常用的有 φ610×1730Γ 形四辊压延联动装置（图 4-47）、φ700×1800S 形四辊压延联动装置（图 4-48）。

图 4-48 为 φ700×1800 S 形四辊压延联动装置。该装置主要是用于帘布的双面贴胶，也可以进行帆布的擦胶以及压延胶片、胶板等。其主要组成设备为：导开装置、接头硫化机、小牵引机、储布装置、四辊牵引机、十二辊干燥机、张力架、定中心装置、冷却机、穿透式测厚装置、裁断装置、卷取装置。

需要贴胶或擦胶的帘布或其他纺织物放在导开装置上，由小牵引机牵引，通过接头硫化机与储布装置到干燥机烘干，烘干后送入四辊压延机上进行贴胶或擦胶，然后进入冷却机冷却定型，再送入卷取机自动卷取，卷取到一定大小直径的胶布卷，可由裁断装置进行自动裁断。

（二）联动装置工作过程简介

帘、帆布三辊压延联动装置有不同流程、规格与结构，由于断续作业，其联动装置中一般不设干燥装置，而由前导开卷取装置、冷却机、后卷取装置等组成。前导开卷取装置可完成帘布导开及胶布卷取作业，卷取张力由速度差而获得，并由力矩电机本身特性而维持。挂胶时，干燥后的帘、帆布，放置在压延机的导开架上，经压延机第一面贴胶（或擦胶）后，由前导开卷取装置卷取，在进行第二面贴胶（或擦胶）时，前导开卷取装置则作导开使用，

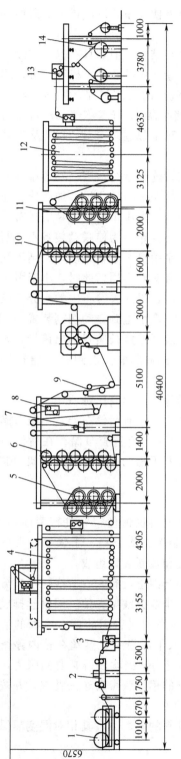

图 4-47 φ610×1730Γ形四辊压延联动装置

1—双工位导开装置；2—接头硫化机；3—前牵引机；4—前储布器；5—干燥牵引装置；6—干燥装置；7—张力调节装置；8—定中心装置；9—扩宽装置；10—冷却装置；11—冷却牵引机；12—后储布器；13—后牵引机；14—双工位卷取装置

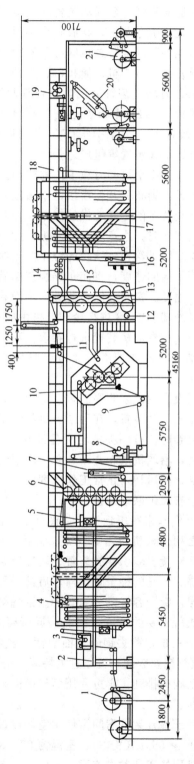

图 4-48 φ700×1800 S形四辊压延联动装置

1—双工位导开装置；2—接头平板硫化机；3—前牵引机；4—前储布器；5—定中心装置；6—干燥装置；7—过张力保护装置；8—大张力区定中心装置；9—扩幅辊；10—三指扩边器；11—测厚装置；12—打印辊；13—冷却装置；14—断纬装置；15—刺孔辊；16—排线架；17—后储布器；18—工作台；19—后牵引机；20—自动切割装置；21—双工位卷取装置

力矩电机处在逆转状态，它对卷取轴产生一阻力矩，从而使胶布导开时保持一定张力，两面贴胶（或擦胶）完成后，经冷却机冷却，由后卷取装置卷取。在运行中，各单机之间速度必须保持协调。为适应三辊压延联动装置断续生产的特点以及方便穿布，冷却机一般采用卧式结构，并装有尼龙带引布装置，将胶布头穿引过冷却机。

帘、帆布四辊压延联动装置也有各种不同的流程、规格与结构，但都具有保证连续压延作业所需要的导开架、接头机、储布器、干燥机、冷却机、卷取机等各种单机和装置，现以 $\phi700 \times 1800$ 四辊压延联动装置为例，简介其两面一次贴胶流程的工作过程，见图 4-48。它由双工位导开装置 1、接头平板硫化机 2、前牵引机 3、前储布器 4、干燥装置 6、过张力保护装置 7、冷却装置 13、后牵引机 19、自动切割装置 20、双工位卷取装置 21 以及测厚装置、定中心装置、定长装置等组成。

双工位导开装置 1 上可同时放置两卷帘布。为使联动装置连续运行，当一卷帘布导开完后，将其布尾与另一卷布头互相搭接，中间放一条胶片，由接头平板硫化机 2 加压硫化连接成一体，使导开装置 1 能不断地供给帘布。导开装置 1 上的帘布由小牵引机 3 牵引送布，当平板硫化接头机工作时，小牵引机 3 停机，此时导开装置 1 不供布。为使联动装置不中断运行，由储布器 4 继续供给预先储存的帘布。当接头完毕，小牵引机 3 重新开动，以高于联动装置全线速度若干倍的速度，将储布器快速储满，以备下次接头时再用，此时，小牵引机再转入正常的工作速度。帘布经储布器进入干燥装置 6 进行干燥，以除去帘布中的水分。胶布出压延机后，经冷却装置 13 进行冷却，再由冷却后牵引机 19 牵引送到自动切割装置 20 上，由运输带送向双工位卷取机装置进行卷取。当卷布到一定长度后，定长装置给出信号，人工或自动地由切割刀将胶布切断，此时卷取机不停，断头由运输带很快送到另一卷轴进行卷取。

联动装置还设有同位素测厚装置、定中心装置及扩器等，以提高压延质量。

有的四辊压延联动装置，在后牵引机与切割运输装置之间，设有后储布架，当胶布满卷停机切断进行换卷时，有一夹持辊夹住胶布，防止胶布后退而不断将胶布储存在后储布架中。切割完毕后，卷取机重新开动，并以高于装置全线速度若干倍的速度将后储布架中储存的胶布快速卷空，然后转入正常工作速度。

二、钢丝帘布压延联动装置

$\phi610 \times 1730$ 钢丝帘布压延机组如图 4-49 所示。该机组主要供钢丝帘布进行两面贴胶，以便连续生产之用。该机组由导开架、排线分线架、清洗装置、吹干箱、干燥箱、夹持装置、分线辊整经装置、牵引冷卸装置、两环储布器、卷取机和裁断装置组成。

工作时将绕满钢丝的锭子置于前、后锭子导开架上，导开架上设有 660 个线锭座，分成四排，每排五层，锭子容线量为 4000m。钢丝被引出后通过排线分线架，使五层钢丝排成两层，宽度收缩成所需的宽度，密度接近所要求的密度，然后通过密闭的盛有汽油的清洗槽，浸洗时间 4～16s，除去钢丝表面油污，经吹干箱后进入干燥箱中，钢丝在箱内停留时间 20～80s，预热钢丝表面，再经过夹持辊、分线辊、整经辊，使钢丝获得必要的张力，并按所需的密度精确的排列，再进入压延机两面贴胶。贴好胶的钢丝胶帘布送去卷取，并按要求长度进行裁断。

在放钢丝锭子导开架的房间需使用空调以保证钢丝与胶料的附着力，其相对湿度需保持在 45%（冬季）至 55%（夏季），室温为 27～30℃。

三、压延机现场实训教学方案

压延机现场实训教学方案见表 4-3。

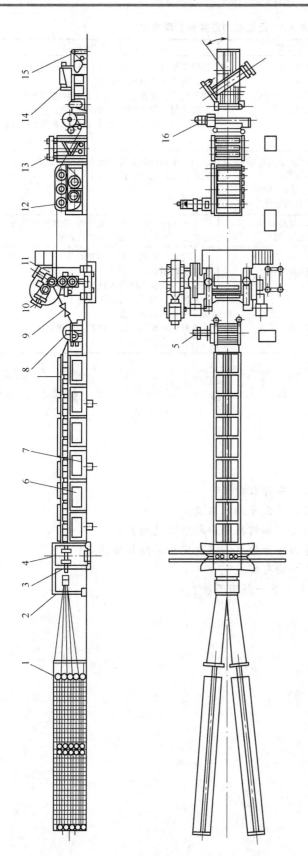

图 4-49　φ610×1730 压延机联动装置

1—导开装置；2—排线分线架；3—托辊；4—清洗浸浆装置；5—电气部分；6—吹干箱；7—干燥箱；8—夹持装置；9—分线辊；10—整经装置；11—压延机；12—牵引冷却装置；13—二环储布器；14—裁断装置；15—运输装置；16—卷取装置

表 4-3　压延机现场实训教学方案

实训教学项目	具体内容	目 的 要 求
压延机的维护保养	①运转零部件的润滑 ②开机前的准备 ③机器运转过程中的观察 ④停机后的处理 ⑤现场卫生 ⑥使用记录	①使学生具有对机台进行润滑操作的能力 ②具有正确开机和关机的能力 ③养成经常观察设备、电机运行状况的习惯 ④随时保持设备和现场的清洁卫生 ⑤及时填写设备使用记录,确保设备处于良好运行状态
压延机的辊速、变换速比调节	①辊速有级变速(变速箱)操作 ②变换速比齿轮操作 ③变换速比(变速箱)操作 ④变换速比无级调速操作	①使学生具有改变辊筒转速的操作能力 ②掌握变换速比的操作方法
辊温的调节	①蒸汽阀、冷水阀的调节 ②自动调温系统的调节	①使学生具有正确调节蒸汽阀、冷水阀的能力 ②初步具有调节自动调温系统的能力
压延胶片操作	①辊距的调节 ②预热(辊筒温度控制) ③启动机器 ④加料 ⑤接取、牵引 ⑥半成品尺寸测量、测重 ⑦安全操作	①具有正确使用操作工具的能力 ②学会辊距的调节方法 ③掌握辊筒预热的基本技能 ④弄清开动机器前后应该做的工作 ⑤学会正确的加料方法 ⑥具有单独制作压延胶片的基本能力 ⑦具有安全操作意识

思考题

1. 压延机的用途是什么?
2. 压延机如何分类?
3. 简述压延机的基本结构。
4. 对压延机的传动要求有哪些?
5. 压延机的主要零部件有哪些,各有什么作用?
6. 什么是压延过程中的超前现象,什么是超前系数?
7. 压延误差产生的主要原因有哪些,如何减小和补偿压延误差?
8. 凹凸系数法、轴交叉法和反弯曲法为什么都不能完全补偿压延误差?
9. 压延机辊筒加热与温度调节的方法有哪些?
10. 帘布压延联动装置的主要组成设备一般有哪些?

第五章 螺杆挤出机

【学习目标】 本章概括介绍了挤出机的用途、分类、规格表示、主要技术特征及挤出机的使用与维护保养；重点介绍了挤出机的整体结构、主要零部件及其工作原理。要求掌握挤出机的整体结构、传动系统及工作原理、主要零部件的作用及结构特点；能正确分析各种因素对挤出机挤出压力、生产能力及功率消耗的影响和合理选用挤出机；学会挤出机安全操作与维护保养的一般知识，具有进行正常操作与维护的初步能力。

第一节 概 述

一、用途和分类

（一）用途

螺杆挤出机简称挤出机（又名压出机），它是橡胶制品、塑料制品加工过程中主要设备之一，具有较广泛的用途。

1. 用于橡胶制品（半成品）的挤出

其主要工艺用途如表 5-1 所示。

表 5-1 橡胶螺杆挤出机的主要工艺用途

种类	主要工艺用途	种类	主要工艺用途
压型挤出机	各种断面形状的半成品压型挤出	电缆挤出机	电线、电缆表面包覆橡胶
滤胶挤出机	用于除去胶料中的杂质	钢丝挤出机	轮胎胎圈钢丝表面包覆橡胶
塑炼挤出机	生胶的连续塑炼	排料挤出机	供密炼机配套用
混炼挤出机	胶料的连续混炼	供胶挤出机	为高速压延机供胶
造粒挤出机	生胶及胶料的造粒	复合胎面挤出机	复合胎面的压出
脱硫挤出机	再生胶的脱硫	复合围条挤出机	胶鞋三色围条压出
压干挤出机	除去再生胶的水分	排气挤出机	排混入胶料中空气、水分和低分子挥发物
压片挤出机	胶料的压片		

2. 用于塑料制品的挤出

主要用于生产塑料管材、棒材、板材、薄膜、单丝、电线、电缆、异型材以及中空制品等，投资少，见效快。此外，挤出机还可以用来对塑料进行混合、塑化、脱水、造粒和喂料等工序或半成品加工。

（二）分类

1. 按物料品种分类

可以分为橡胶螺杆挤出机和塑料螺杆挤出机两种。

2. 按工艺用途分类

每种用途可分为一种类型。

3. 按喂料方式分类

橡胶螺杆挤出机按喂料方式的不同可分为热喂料挤出机和冷喂料挤出机。

4. 按螺杆数目分类

按螺杆数目的不同，可分为单螺杆挤出机、双螺杆挤出机、多螺杆挤出机。

（三）使用特点

螺杆挤出机具有生产能力高，可进行连续生产，产品质地均匀密致，规格尺寸准确，更换产品种类与规格容易，同一机台可适用于多种工艺用途。还具有结构简单、制造容易、操作方便、价格便宜等优点。

我国设计和制造挤出机已有五十余年的历史，近年来，由于橡胶工业新材料、新工艺、新技术的不断出现，各种新型螺杆挤出机层出不穷。国产压型挤出机和滤胶挤出机的生产已成系列，大型螺杆塑炼机、再生胶脱硫机（塑化机）、复合胎面挤出机、三色围条复合螺杆挤出机、螺杆连续混炼机、抽真空挤出机及其微波硫化生产线已应用于生产中，更新形式的螺杆挤出机正在研制中。随着橡胶工业的发展，具有结构简单、性能先进、适用性广、制造容易的各种橡胶挤出机，将会得到更大发展。挤出机的研制方向是：大型、多能、高效节能和自动化。

本章重点叙述橡胶加工生产中广泛应用的热喂料和冷喂料单螺杆压型挤出机，对其他类型挤出机仅作简要介绍。本章主要技术资料和图例大部分采用常州市武进协昌机械有限公司生产的挤出机。

二、规格表示与技术特征

1. 规格表示

挤出机的规格是以螺杆的外直径 D 来表示的，其单位为 mm（英制单位为 in）。国际上用于工业生产挤出机规格为 $\phi60mm$、$\phi90mm$、$\phi120mm$、$\phi150mm$、$\phi200mm$、$\phi250mm$、$\phi300mm$，用于滤胶挤出机规格为 $\phi150mm$、$\phi200mm$、$\phi250mm$、$\phi300mm$、$\phi400mm$。用于实验室挤出机规格为 $\phi30mm$、$\phi40mm$、$\phi45mm$。

国产挤出机的规格为 $\phi30mm$、$\phi45mm$、$\phi60mm$、$\phi65mm$、$\phi85mm$、$\phi90mm$、$\phi115mm$、$\phi120mm$、$\phi150mm$、$\phi200mm$、$\phi250mm$、$\phi300mm$ 等。

2. 型号表示

螺杆挤出机型号是用螺杆的外直径并在外直径前冠以符号来表示的。如：XJ-150，其表示螺杆外直径为 150mm 的橡胶挤出机；XJW-150，其表示螺杆外直径为 150mm 的冷喂料橡胶挤出机。

挤出机的技术特征见表 5-2、表 5-3。

表 5-2　冷喂料挤出机技术特征

型号	螺杆最高转速 /(r/min)	螺杆长径比 (L/D)	主电机最大功率 /kW	最大生产能力 /(kg/h)	型号	螺杆最高转速 /(r/min)	螺杆长径比 (L/D)	主电机最大功率 /kW	最大生产能力 /(kg/h)
XJW-40	70	8、10、12	10	60	XJW-150	50	12、16、18	200	1000
XJW-60	65	8、10、12	22	110	XJW-200	40	12、16、18	320	1500
XJ-90	60	10、12	55	300	XJW-250	30	18、20	550	3000
XJ-120	55	12、14、16	100	600	XJW-300	25	18、20	700	4000

表 5-3　热喂料挤出机技术特征

型号	螺杆最高转速 /(r/min)	螺杆长径比 (L/D)	主电机最大功率 /kW	最大生产能力 /(kg/h)	型号	螺杆最高转速 /(r/min)	螺杆长径比 (L/D)	主电机最大功率 /kW	最大生产能力 /(kg/h)
XJ-30	100	4～6	3	12	XJ-250	60	4～6	100	3600
XJ-40	90	4～6	5.5	20	XJ-300	45	4～6	130	4570
XJ-65	81	4～6	10	65	XJL-120	40	4～6	20	170
XJ-85	81	4～6	20	220	XJL-150	40	4～6	40	400
XJ-115	81	4～6	40	530	XJL-200	40	4～6	55	800
XJ-150	81	4～6	55	1050	XJL-250	40	4～6	95	1600
XJ-200	60	4～6	75	1600					

第二节 基 本 结 构

一、整体结构与传动方式

（一）整体结构

1. 结构组成

挤出机主要由挤压系统（包括机头）、传动系统、调温系统及电气控制系统等组成，其中以挤压系统为主。图 5-1 为 φ150mm 螺杆挤出机结构。

由图 5-1 可见，挤压系统由机头 1、机筒 3（或称机身）和螺杆 5 组成。挤压系统的作用是输送、挤压、塑化胶料，并获得所需形状的半成品。传动部分由减速机 9、联轴器 16 和电机 13 组成，传动部分是用以传递动力使螺杆转动，以完成挤压操作。加热冷却部分由管路 15、18、21 和分配器 12 组成，它是用于控制生产中的温度，保证挤出产品的质量。电气控制系统由电气仪表和元件等组成，用以控制电机的运行情况及工艺操作条件。此外，还有润滑部分、温度测量及控制部分等。由图 5-1 可见，机头 1 用螺栓固定在机筒 3 的前端，而机筒的后端与减速机 9 相连，支柱 19 用以支撑机筒，减速机 9 安装在机座 17 上，电机 13 通过联轴器 16 与减速机 9 相连。挤出机的主要工作部件是螺杆 5 和机筒 3，螺杆由三个轴承支撑而空悬在机筒内，其尾部与装有大齿轮 10 的空心轴相连，通过减速机中的传动齿轮，由电机带动旋转。机筒的后部开有加料口，并装有喂料辊，可进行强制喂料。

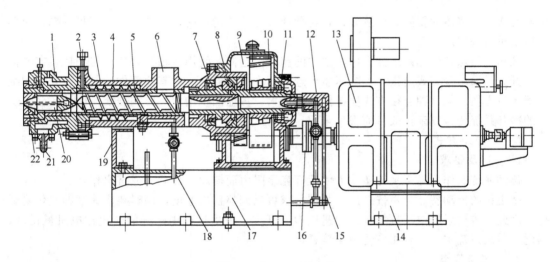

图 5-1 φ150mm 挤出机

1—机头；2—热电偶；3—机筒；4—衬套；5—螺杆；6—喂料口；7,8,11—轴承；9—减速机；10—大齿轮；
12—分配器；13—电机；14—电机座；15,18,21—管路；16—联轴器；17—机座；19—支柱；20—芯型；22—口型

为了使机筒和机头加热（或冷却），设有水汽衬套（或夹套），经过分配器使蒸汽（或冷水）送入水汽套内。为了使螺杆进行冷却（或加热），可沿螺杆尾部导管通入冷却水（或蒸汽）。

图 5-2 为 φ150mm 冷喂料挤出机，它在挤出时可直接供以常温下的胶料，这样胶料在挤出前不必预热，去掉了热炼工艺，节省了设备、劳动力及占地面积，同时也避免了热炼时胶料受热不均而带来挤出质量的波动等，因此近年来发展很快。

2. 结构形式

螺杆挤出机的结构分为整体式和分开式两种形式。图 5-1 和图 5-2 为螺杆与减速器的输

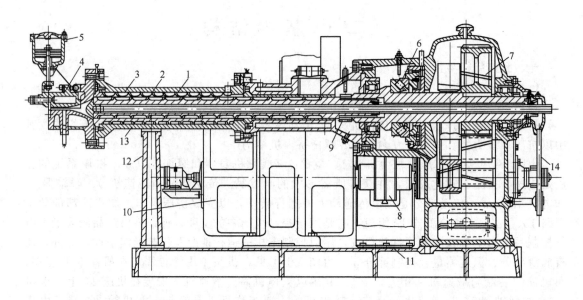

图 5-2　φ150mm 冷喂料挤出机

1—螺杆；2—衬套；3—机身；4—机头；5—风筒；6—推力轴承；7—减速机；8—联轴器；9—旁压辊传动齿轮；
10—电机；11—机座；12—机架；13—冷却水管；14—回水管

出轴制成一个整体的整体式连接方式，这种连接方式结构紧凑，外形美观，密封可靠，为多数挤出机所采用。

减速器与螺杆塑化系统分为两个独立的部件，它们之间用联轴器相连，这种连接方式称为分开式。采用分开式连接，其减速器可选用标准减速器，因此其他部件的制造、安装和维修就比较方便。但这种连接方式使机器结构庞大，占地面积增大，影响美观，此外还会使螺杆的冷却系统变得复杂，故目前很少采用。

（二）传动方式

1. 作用及要求

传动系统的作用是用来传递动力使螺杆克服阻力而转动，最后完成挤出作业。

挤出机的传动特点是：按挤出工艺的要求可以调整挤出速度，同时要求速度的变化要平稳，因此，传动系统中需有相应的调速机构。其次，挤出过程中螺杆的转速比电机慢得多，因此，传动系统中必须有相应的减速装置。

2. 组成与分类

挤出机的传动装置主要有电机、减速机和变速机所组成。但三者不可截然分开，有时电机本身（直流电机、交流整流子电机等）就可以调速。如采用机械变速，一般将变速机构与减速机装在一起。挤出机的传动方式颇多，基本有以下几种：

① 感应电机机械有级变速常采用笼式感应电机通过机械装置来实现变速，多用于中小规格的挤出机中。

② 交流整流子电机无级变速交流整流子电机调速范围为 1∶3，运行性能较稳定，速度较精确，无需其他启动控制设备，使用安全可靠。

③ 直流电机无级变速。直流电机能在较大的范围内无级变速，启动性能平稳，也是挤出机采用较多的传动方式。

④ 电磁调速异步交流电机（或称交流滑差式电机）无级变速其特点是能实现无级变速，且在高速范围内保证一定的额定输出扭矩，具有较硬的机械特性，但低速时效率低。

3. 传动方式及特点

图 5-3～图 5-5 为挤出机的几种传动图。在图 5-3 中，电机放在箱体内，此形式占地面积小，外形美观。但安装检修不方便、电机散热性差，适用于小规格机台。

如图 5-4 所示，电机放在箱体后部，此形式为立式减速机，结构紧凑，但检修不便，电机占地面积大。

如图 5-5 所示，电机放在箱体侧后，适用于卧式混合减速机，其结构不紧凑，但安装维修方便。

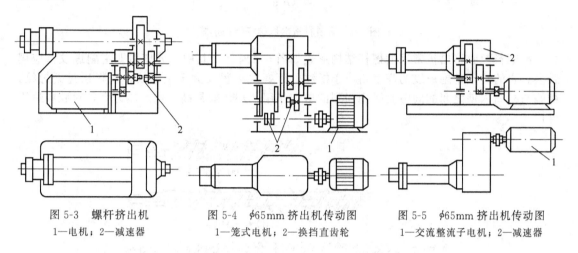

图 5-3　螺杆挤出机　　　　　　图 5-4　φ65mm 挤出机传动图　　　　图 5-5　φ65mm 挤出机传动图
1—电机；2—减速器　　　　　1—笼式电机；2—换挡直齿轮　　　　1—交流整流子电机；2—减速器

二、主要零部件

（一）螺杆

1. 性能要求

螺杆是挤出机的主要工作部件。它在工作中产生足够的压力使胶料克服流动阻力而被挤出，同时使胶料塑化、混合、压缩，从而获得密致均匀的半成品。

螺杆的材料应具有足够的强度和刚度、高温工作不变形，有较高的耐化学腐蚀性、良好的耐磨性，螺杆还应具有良好的导热性。

2. 材料选择

一般优先选用 38CrMoAlA，也可用 40Cr、45 钢等来制作螺杆。38CrMoAlA 常采用调质处理后再进行表面氮化处理，使螺杆表面产生压应力，可使疲劳极限提高 25％左右。

3. 螺杆的分类

（1）按螺纹头数分　有单头、双头、三头和复合螺纹螺杆。双头螺纹螺杆多用于压型挤出，单头螺纹螺杆多用于滤胶，复合螺纹螺杆多用于塑炼等。

（2）按螺纹方向分　有左旋和右旋两种，橡胶挤出机多用右旋螺纹螺杆。

（3）按螺杆外形分　有圆柱形、圆锥形、圆柱圆锥复合形螺杆。圆柱形螺杆多用于压型和滤胶，圆锥形螺杆多用于压片、造粒，复合形螺杆多用于塑炼。

（4）按螺纹的结构或胶料流动形式分　有普通型或层流型（如等距等深、等深变距或等距变深型等）、主副螺纹型或分离型、销钉型或分流型、挡板型或屏障型螺杆等。

热喂料挤出机常用的螺杆结构形式多为普通型，如图 5-6 所示。等距等深型螺杆挤出机挤出半成品致密性差，多用于滤胶机上。等距不等深螺杆能使胶料均匀压实，胶料受剪切应力大，发热量大。当螺纹的压缩比过大时，对螺杆喂料段的机械强度有明显的影响。等深不等距型螺杆不影响螺杆的机械强度，胶料塑化均匀，但加工困难。双螺纹比单螺纹生产能力大，比单螺纹螺纹升角大，胶料流动阻力小，双螺纹在螺杆头端有两个螺纹面，对挤出半制品加压均匀，螺距由大至小，易于吃料并保证半成品紧密。

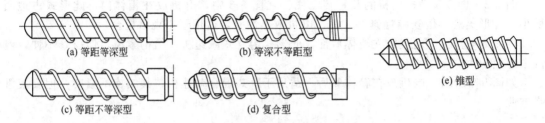

图 5-6　热喂料挤出机螺杆结构形式

　　冷喂料橡胶挤出机常用的螺杆结构形式如图 5-7 所示，其中以分离型即主副螺纹型应用最多。它的特点是副螺纹的高度略小于螺纹，而螺纹导程又大于主螺纹，胶料通过副螺纹，螺峰与机筒内壁之间的间隙时受到强烈的剪切作用，塑化效果高，生产能力大，对胶料适用性广。

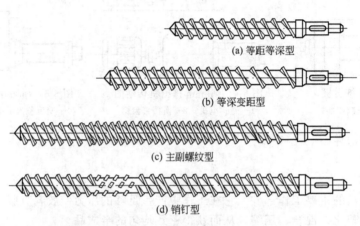

(a) 等距等深型

(b) 等深变距型

(c) 主副螺纹型

(d) 销钉型

图 5-7　冷喂料橡胶挤出机螺杆的结构形式

　　主副螺纹螺杆的结构形式见图 5-8。

　　图 5-8（a）为一段主副螺纹螺杆，这种螺杆是在塑化段中的主螺纹槽内设置一段副螺纹。由于副螺纹只允许胶料通过窄缝向前输送，胶料不断受到强烈剪切，能有效地消除普通螺槽中胶料的"死区"。从而，增强了胶料的塑化和混炼效果。主副螺纹螺杆有如下特点：可减小逆流流量，强化正流流量；塑化效果好，可加深螺槽深度，提高输送能力；挤出稳定性好，可提高转速。由于这些特点，使生产能力比普通螺杆高。在主副螺纹螺杆中，主螺纹与副螺纹的螺距是变化的，而且开始接口与终了接口均是封闭的，因此加工比较困难。

　　图 5-8（b）为两段主副螺纹螺杆，这种螺杆是在塑化段中的主螺纹槽内设置两段副螺纹。其特点与一段主副螺纹螺杆相似，但塑化段效果比一段主副螺纹螺杆好。

　　图 5-8（c）为收敛式主副螺纹螺杆，这种螺杆是在普通收敛螺杆上的塑化段设置副螺纹，结合了主副螺纹和收敛螺杆的特点。在半成品质量和螺杆的强度、刚度方面都有它的优点，但加工比较困难。

　　图 5-8（d）为反几何压缩比主副螺纹螺杆，这种螺杆的特点是喂料口处螺槽的容积比挤出段末圈螺槽的容积小，螺杆的底径分成三段并逐渐减小，与一般螺杆相反，挤出段螺槽最深。这种螺杆为了弥补其压缩比，在喂料段机筒设置了较深的反螺纹槽，使其喂料口上螺槽的总容积大于挤出段末圈的容积，以便实现正常压缩的目的。这种螺杆综合了上述主副螺纹螺杆的特点，使其对胶料的塑化效果、生产能力以及螺杆的强度、刚度都具有一定的

优势。

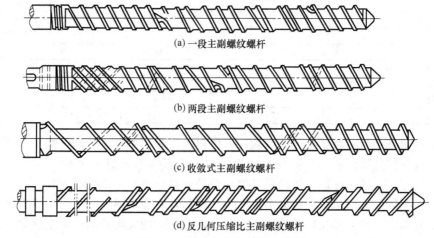

(a) 一段主副螺纹螺杆

(b) 两段主副螺纹螺杆

(c) 收敛式主副螺纹螺杆

(d) 反几何压缩比主副螺纹螺杆

图 5-8 主副螺纹螺杆的结构形式

销钉型螺杆结构形式见图 5-9，其中也以分流型即主副螺纹型销钉螺杆应用最多。分流型螺杆将料流经分流元件不断细分成单元体，而细分的单元体又重新组成新的单元体。这种分流操作的多次循环，将得到混炼质量高、温度均匀的半成品。

分流型螺杆主要有杆体销钉螺杆和机筒销钉螺杆两种类型。杆体销钉螺杆是在普通螺杆适当位置上设置销钉。其主要结构形式有：将销钉直接安装在普通螺杆的螺槽上；将螺纹按周向切成沟槽再装上一排或若干排销钉；在塑化段某一位置去掉其中一条螺纹并按一定规律装上一组销钉 [图 5-9（a）]。前两种形式的销钉螺杆虽能提高塑化和混炼效果，但对生产能力影响太大，一般很少采用。第三种形式由于销钉不影响料流的通流截面积，使阻力大大减少，它既能提高胶料的塑化和混炼效果，也能提高生产能力，螺杆结构简单，自洁性能好并易于加工。

杆体销钉螺杆缺点是由于在螺槽中设置了销钉，其对胶料在螺槽的流动产生了阻碍作用，使杆体销钉螺杆在提高生产能力方面受到限制。机筒销钉螺杆能比较好地克服这一问题，其结构是在机筒上设置若干排销钉，同时在相应的螺杆位置切出与杆体底径相切的沟槽，销钉直插沟槽的一定深度。当螺杆转动时一方面由销钉作顺流方向的分流；另一方面由销钉作周向搅拌，由此获得质量优良的半成品。表 5-4 为机筒销钉螺杆参数。

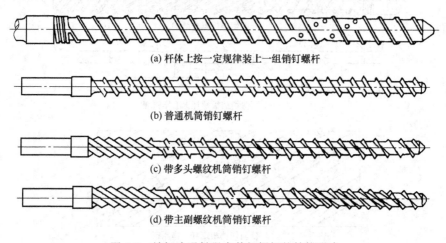

(a) 杆体上按一定规律装上一组销钉螺杆

(b) 普通机筒销钉螺杆

(c) 带多头螺纹机筒销钉螺杆

(d) 带主副螺纹机筒销钉螺杆

图 5-9 销钉冷喂料强力剪切螺杆的结构形式

表 5-4　机筒销钉螺杆参数

螺杆直径/mm	50	65	75	90	120	150	200	250
销钉排数/排	4～8	4～8	4～8	4～8	8～10	8～12	8～16	8～16
销钉个数/(个/排)	6	6	6	6	6	8	8	10
排距/mm	0.8D							
销钉直径 d/mm	5～12							
销钉插入深度 h/mm	$H-(1\sim2.5)$							
轴向切槽深度 b/mm	$d+(4\sim6)$							
螺杆长径比	12	12	14	14	16	16	18	20

　　机筒销钉螺杆主要有普通机筒销钉螺杆、喂料段带多头螺纹机筒销钉螺杆和带主副螺纹螺杆。普通机筒销钉螺杆如图 5-9 (b) 所示，它的螺纹与普通螺杆螺纹一样，但在整个压缩段设置了销钉。这种螺杆适合于门尼黏度较低的胶料挤出，一般用在 $ML^{100℃}_{1+4}$ 为 30～50 的胶料中；带多头螺纹机筒销钉螺杆如图 5-9 (c) 所示，它在喂料段的螺纹是四头螺纹，而且具有较大的升角。这种螺杆比较适合于 $ML^{100℃}_{1+4}$ 在 30～80 的胶料挤出；带主副螺纹机筒销钉螺杆如图 5-9 (d) 所示，它的结构比较复杂，喂料段是四头螺纹，压缩段前半段为机筒销钉段，后半段为主副螺纹段。这种螺杆既有销钉分流搅拌作用，又有主副螺纹强力剪切作用，能适合门尼黏度高且范围大的胶料挤出，胶料 $ML^{100℃}_{1+4}$ 一般在 30～120。

　　图 5-10 为剪切分流复合型螺杆，它对胶料除具强力剪切作用外，还有分流混合作用，由于螺杆同时具有分流和剪切作用，所以能得到高质量的混炼胶料。剪切分流复合型螺杆主要有高剪切挡板螺杆和低剪切挡板螺杆两种类型。

　　高剪切挡板螺杆如图 5-10 (a) 所示的塑化段是一多头螺纹螺杆，并在螺纹之间设置了横向挡板与纵向挡板，同时由横向挡板与纵向挡板组成了分流点。其工作原理见图 5-10 (c)，当从加料段输送来的胶料通过分流点时，一方面为分流点所分流，实现组分原来的单元体和各组分的单元体重新组合成新的单元体，在多个分流点的作用下，使胶料得到了很好的混合；另一方面，这些胶料在分流过程中同时被强制通过横向挡板、纵向挡板与机筒形成的窄缝而受到强力剪切，使胶料得到很好的塑化。因而，挡板螺杆能够得到混炼质量高的胶

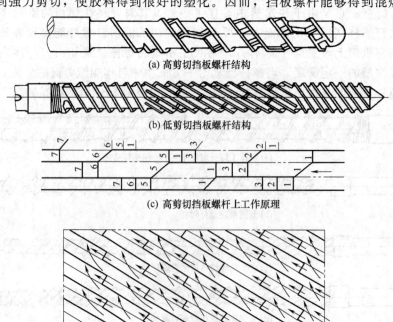

(a) 高剪切挡板螺杆结构

(b) 低剪切挡板螺杆结构

(c) 高剪切挡板螺杆上工作原理

(d) 低剪切挡板螺杆工作原理

图 5-10　剪切分流复合型螺杆结构与工作原理

料，从而提高半成品质量。但对这种螺杆的自洁性要引起充分重视。

低剪切挡板螺杆工作原理与高剪切挡板螺杆基本相同。但它结构比较简单，混炼段是头大升角的等距螺纹，没有附加挡板和纵向挡板，只有横向挡板。在每条螺纹中有高低相同的节段，每段的交点与横向挡板的二端相连，构成分流节点，其结构见图 5-10（b）。低剪切挡板螺杆混炼段的工作原理见图 5-10（d）。从喂料段输送来的胶料分成八部分进入混炼段的始端螺槽，胶料一方面经节点分流成两部分：一部分继续在同一螺槽往前输送，并与相邻的下一螺槽进行混合；另一部分进入相邻的上一螺槽并与此槽的胶料重新混合。如此多次分流与混合，使胶料得到充分的混炼。另一方面，胶料在分流的同时，被强制越过横向挡板和低棱节段，使胶料得到充分的机械剪切。因而，低剪切挡板螺杆既能获得充分的混合作用，又能获得充分的剪切作用，从而获得高质量的混炼胶料。

图 5-11 为传递型螺杆，它主要有普通传递型螺杆和空穴传递型螺杆两种，传递型螺杆的特点是要求机筒有相应的结构配合，在工作过程中实现胶料从螺杆逐渐传递到机筒，又从机筒逐渐传递到螺杆。在这个过程中不断改变料流的方向而获得剪切和混合作用，由此获得高质量的胶料。

普通传递型螺杆的特点是螺杆和机筒都有螺纹，且螺纹方向相反，螺杆上的螺槽是由深到浅变化的，而机筒是由浅到深，再由深到浅变化，整个螺杆和机筒一般有 2～4 个这样的变化区段。普通传递型螺杆工作原理见图 5-11（a）、（b）。当螺杆转动时，螺杆槽内的胶料沿螺槽向前输送，由于螺杆螺槽由深逐渐变浅而被连续地挤压到机筒的螺槽内，直至全部胶料被挤压到机筒的螺槽内，然后进入下一个传递周期。胶料的传递运动恰恰相反，其沿机筒螺槽向前输送的同时被逐渐挤压到螺杆的螺槽中。胶料经如此反复传递，一方面获得充分的剪切，另一方面获得充分的混合，从而获得混炼质量高的胶料。

空穴型传递螺杆结构见图 5-11（c）、（d）、（e）。它也和普通传递型螺杆一样需要与特殊形状的机筒配合。其不同之处是螺杆不是螺纹槽，机筒也不带螺纹槽，而是由许多按一定规律排列的半球形空穴组成。这种螺杆在挤压过程中，胶料可以从螺杆上的空穴转移到机筒上的空穴，也可以从机筒上的空穴转移到螺杆上的空穴。在这过程中，当胶料在一个空穴里时，它经历了一次纯剪切作用，而胶料传递到下一个空穴时就被切割并转过 90°，因此，起到了类似于开炼机切割和折卷胶料的作用，从而实现对胶料的塑化和混合。

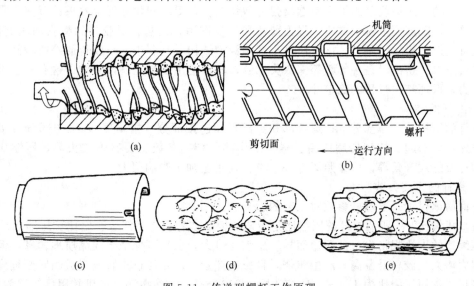

图 5-11　传递型螺杆工作原理

（a）、（b）普通传递型螺杆工作原理；（c）、（d）、（e）空穴传递型螺杆工作原理

图 5-12 冷喂料排气挤出机螺杆，适用于盐浴、微波、沸腾床、热风及远红外线装置硫化橡胶非模制品的新型硫化加工装置，具有生产率高、制品硫化质量好、需要人员少、节能和易于实现连续化、自动化生产等优点，已得到广泛应用。由于这些装置都是在常压或低压下连续进行橡胶制品的硫化，若制品胶料中含水分和低分子挥发物等易汽化物及气体，则易生成气泡而影响制品的质量，因此，胶料在通过机头挤出成型以前，必须进行排气。排气挤出机螺杆按排气口的数目可分两阶、三阶和四阶排气螺杆。按胶料在塑化段螺槽中的流动状态可分普通型冷排螺杆和强力剪切型冷排螺杆。

图 5-12 （a） 为普通型冷排螺杆，它的喂料段是一等距等深的深槽双头螺纹，可提高吃料能力和输送能力。压缩段是具有一定压缩比的等距不等深螺纹，其使胶料未进入节流段前就逐渐建立起压力，以便使胶料获得塑化、混合和提高胶料的温度。节流段是浅槽等距等深双头螺纹，由于螺槽很浅且具有较长的等深等距双螺纹，因此，可以形成较高的压力，也可使胶料获得高剪切和稳定的输送过程，同时进一步提高了胶料的温度，这为提高排气效果提供了条件。排气段是一等距离深的深槽双头螺纹结构，它的螺槽截面积比节流段截面积大得多，因而使从节流段来的胶料压力突然降低，体积突然膨胀，促使胶料中的水分及挥发物汽化；同时由于其截面积大，输送速度降低，停留时间加长，也有利于排气效率的提高。挤出段是一等距等深双头螺纹结构，其螺槽比节流段深，这样既可获得胶料的稳定挤出，也可以提高输送能力。

(a) 普通型冷排螺杆

(b) 强力剪切型冷排螺杆

图 5-12　冷喂料挤出排气螺杆

图 5-12 （b） 为强力剪切型冷排螺杆，其结构虽然较复杂，但工作原理与普通型基本相同。喂料段采用大升角浅槽四头螺纹，有利于提高吃料能力和吃料频率，达到稳定挤出和适应性强的目的；压缩段采用了主副螺纹强力剪切结构，提高塑化和混合效果；节流段采用偏心截面结构，既起到节流、增压、强力剪切和计量作用，又起到对胶料的膨胀和压缩作用，为强化排气效果提供了条件。排气段是小螺距深槽结构，有利于延长胶料的停留时间，从而提高排气效果。挤出段是一等距等深双头螺纹，其螺槽深度与压缩段一致，这有利于重新建立起压力，保证挤出过程的稳定性。

4. 螺杆的结构

螺杆的结构分工作部分（指螺纹部和头部）和连接部分（指尾部），工作部分直接完成挤出作业，尾部起支持和传动作用。螺杆工作部分结构参数主要有螺纹头数，压缩比、导程、槽深及螺纹升角等，可参照图 5-13，它们对工艺加工影响很大。

5. 螺杆的主要参数

下面简单讨论一下螺杆参数对工艺的影响。

（1）压缩比 f　所谓螺杆的压缩比是指螺纹槽最初容积与最终容积之比称压缩比。

压缩比的大小视挤出机的用途而异。压缩比过大，虽然可保证半成品质地紧密，但挤出过程阻力增大，胶料升温高易产生焦烧，且影响产量，压缩比过小影响半成品紧密程度。热喂料挤出机常用压缩比为 1.3～1.4，有时可达 1.6～1.7；冷喂料挤出机常用压缩比为 1.7～1.8，有时可达 1.9～2.0。

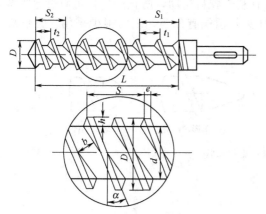

图 5-13　螺杆几何尺寸

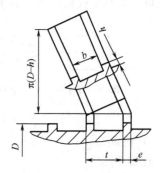

图 5-14　螺杆供胶容积计算图

压缩比可按下式近似地计算

$$f=\frac{V_s}{V_m}=\frac{(t_s-e)(D-h_s)h_s}{(t_m-e)(D-h_m)h_m} \tag{5-1}$$

对变距等深螺杆，即 $h_s=h_m$，式（5-1）可写为：

$$f=\frac{t_s-e}{t_m-e} \tag{5-2}$$

对等距变深螺杆，即 $t_s=t_m$，式（5-1）可写为：

$$f=\frac{(D-h_s)h_s}{(D-h_m)h_m} \tag{5-3}$$

式中　　V_s，V_m——螺杆初始和末端螺纹槽容积，cm^3；

　　　　h_s，h_m——螺杆初始和末端螺纹槽深，cm^3；

　　　　t_s，t_m——螺杆初始和末端螺纹螺距，cm；

　　　　　　e——螺杆螺纹峰宽，cm；

　　　　　　D——螺杆螺纹外径，cm。

（2）螺纹导程 S 与升角 α　同一螺纹连续转一圈相应点间的距离称螺纹导程。当螺纹直径确定后，螺纹导程 S 不但决定了升角 α，而且影响螺纹槽的容积，图 5-14 所示它们的关系为：

$$S=\pi D\tan\alpha \tag{5-4}$$

$$F=h(S-ie)$$

$$=(\pi D\tan\alpha-ie) \tag{5-5}$$

式中　　F——螺纹槽纵截面积；

　　　　i——螺纹头数。

其他符号见图 5-13。由式（5-4）和式（5-5）可见：当 S 增大时，加料口也增大，此时吃料方便，产量高。但过大可能造成塑化不均，影响半成品质量，且螺杆加工也困难；当 S 减小时，此时轴向压力大，胶料在机筒内停留时间增长，塑化均匀，半成品质量好，但螺纹容积小，产量下降。

螺纹升角 α 一般为 $12°\sim35°$，螺纹导程 S 为 $(0.6\sim1.5)D$。

（3）螺纹槽深度 h　螺纹槽深度减少时，胶料速度梯度增大，有利于胶料的剪切塑化，但胶料升温高，产量小，增大 h 可提高产量，但过大时产量增加并不显著，且影响螺杆的强度。一般 $h=(0.18\sim0.25)D$ 螺杆直径大时系数取大值。

（4）螺杆头部形状　螺杆头部形状选择应有利于胶料流动，防止产生死角而引起胶料焦烧。图 5-15 为螺杆头部的结构形状。平头螺杆头其顶端有死角，现已很少采用，锥形螺杆头无死角，有利于胶料流动，且不易焦烧。

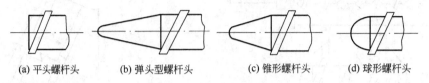

(a) 平头螺杆头　　　(b) 弹头型螺杆头　　　(c) 锥形螺杆头　　　(d) 球形螺杆头

图 5-15　螺杆头部形状

（二）机筒

1. 性能要求

机筒也是挤出机的主要工作部件。它在工作中和螺杆相配合，使胶料受到机筒内壁及转动螺杆的相互作用，以保证胶料在压力下移动和捏炼，通常它还起热交换作用，因此机筒的结构形式与加热、冷却的方式有关。

机筒应有足够强度，能保证胶料的捏合与塑化，能满足加热冷却的要求。机筒一般由三部分组成：衬套、水套和机身。衬套在工作时受到胶料的摩擦、挤压和腐蚀作用以及高温的作用。

2. 结构类型

按径向结构可分为整体式及组合式两种。常用机筒为组合式。组合式机筒由衬套、水套和机身组成。

按轴向结构可分为整体式及分段式两种。分段式多用于机筒长度较大或为了方便加工的场合。

3. 结构及特点

图 5-16 为不同类型的机筒结构。

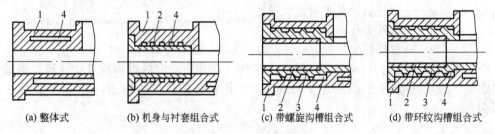

(a) 整体式　　　(b) 机身与衬套组合式　　　(c) 带螺旋沟槽组合式　　　(d) 带环纹沟槽组合式

图 5-16　机筒的结构类型

1—机身；2—衬套；3—水套；4—蒸汽或冷却水通道

图 5-16（a）所示的结构是一般旧式挤出机中通常采用的，即整体式结构。它是在机筒上铸成空腔，以通入蒸汽或冷却水进行加热和冷却。其主要缺点是冷却水在空腔中易走捷径，冷却面积小，冷却效率低。图 5-16（b）是将机筒内腔铸成螺旋槽，促使冷却水沿螺旋槽流动，依次对衬套表面进行冷却。其冷却效果较好，但冷却面积小，密封性不好，易漏水。

图 5-16（c）、（d）是目前挤出机中广泛采用的形式，是将一外圆制成螺旋槽或环形槽的冷却水套装入机身内腔中，冷却水沿槽依次进行冷却。由于其具有"散热片"形状，散热面大，能带走大量热量，冷却效果较好，且密封性也较好。

机筒衬套的性能应不低于螺杆，因此多采用 38CrMoAlA、40Cr 等高强度、硬度大、耐磨、耐腐蚀的材料。水套和机身常采用铸铁或铸钢等材料。

4. 喂料口

喂料口的结构与尺寸对喂料影响很大，而喂料情况往往影响挤出产量。目前，对于条状胶料的喂料口与机筒内壁成切线连接，并有楔形间隙，如图 5-17（a）所示。

在喂料口侧壁螺杆的一旁加一压辊构成旁压辊喂料，如图 5-17（b）所示。此种结构供胶均匀，无堆料现象，半成品质地密致，能提高生产能力，但功率消耗增加 10%。在采用旁压辊时，应特别注意胶料粘辊问题，因粘辊胶料挤向旁压辊轴承引起轴承损坏，有采用在旁压辊下部装刮刀以刮去粘在辊上的胶料，或轴承前面装反螺纹防胶套以防胶料进入轴承。其他加料装置如图 5-18、图 5-19 所示。

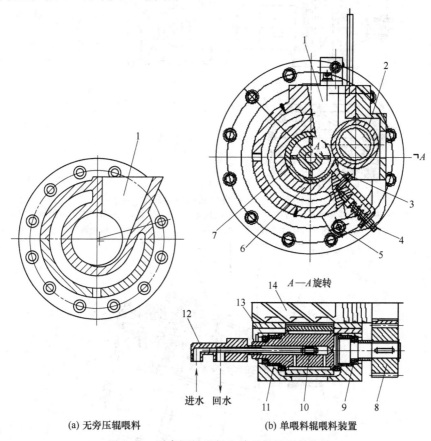

(a) 无旁压辊喂料　　　　　　　　(b) 单喂料辊喂料装置

图 5-17　无旁压辊喂料和单喂料辊喂料装置

1—喂料口；2—喂料辊；3—刮胶刀；4—调整螺栓；5—铰链轴；6—机筒；7—衬套；8—齿轮；9—圆锥滚子轴承；10—橡胶隔圈；11—返胶螺纹沟槽；12—旋转接头；13—深沟球轴承；14—螺杆

5. 与机头连接方式

机筒与机头之间常采取法兰、螺纹和错齿锁环、夹环式（图 5-20）等连接方式。一般多采取法兰连接；错齿锁环连接用于经常拆卸机头的场合，如滤胶机机头。规格较小的塑料螺杆挤出机常采取螺纹连接。

（三）机头

1. 作用及要求

机头是胶料在挤出过程中最后一道关口，对不同的挤出工艺（如压型、滤胶、混炼、造粒等）其作用与结构也不相同。对压型挤出机的机头来讲，其主要作用是：使胶料由螺旋运动变为直线运动，使机筒内的胶料在挤出前产生必要的挤出压力，以保证挤出半成品密实，使胶料进一步塑化均匀，使挤出半成品成型。

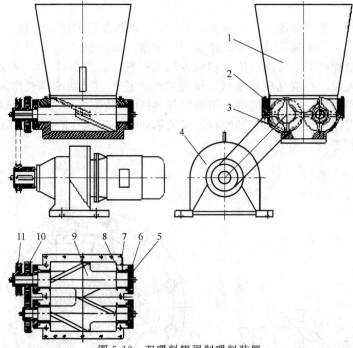

图 5-18　双喂料辊强制喂料装置

1—料斗；2—料斗座；3—下料筒体；4—减速电机；5—压盖；6—单向推力球轴承；
7—无油轴承；8—密封圈；9—喂料螺杆；10—传动齿轮；11—链轮

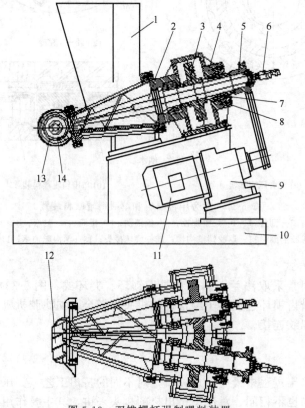

图 5-19　双锥螺杆强制喂料装置

1—料斗；2—锥螺杆；3—传动锥齿轮；4—锥齿轮箱体；5—链轮；6—旋转接头；7—调心滚子轴承；
8—圆锥滚子轴承；9—减速器；10—底座；11—电机；12—螺杆；13—机筒；14—衬套

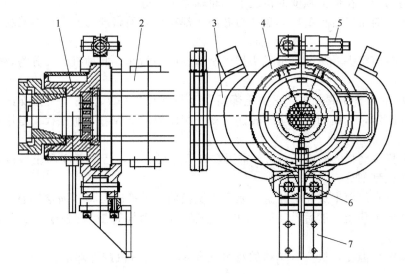

图 5-20　快速式机头连接装置

1—机头；2—挤出段机筒；3—机头铰链；4—夹环；5—锁紧螺栓；6—夹环铰链；7—夹环支架

2. 机头的类型

压型机头由于挤出半成品的形状和要求不同，而具有各种可更换的机头与口型。按机头的结构分：有芯型机头和无芯型机头。按与螺杆的相对位置分：有直向机头、直角机头和斜角机头。按机头用途不同分：有内胎机头、胎面机头、电缆机头等。按机头内胶料压力大小分；有低压机头（<4.0MPa）、中压机头（4.0~10MPa）、高压机头（>10MPa）。

3. 机头的结构

（1）内胎挤出机头　用以制造各种空心制品，如胶管、内胎等。此种结构的机头又分为可调整口型和可调整芯型两种，如图 5-21 所示。这种机头是由机头壳体 1、口型 6、芯型 4 及口型架 5 等组成。其压型部件为芯型 4 和口型 6。口型 6 是用止推螺纹固定在口型架 5 内，芯型 4 固定在芯盘 3 上。芯盘 3 是由口型架 5 固定在机头壳体 1 的环槽内，芯盘 3 有单轮辐

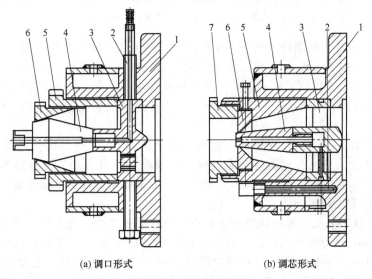

(a) 调口形式　　　　　　　　　　　　(b) 调芯形式

图 5-21　内胎挤出机头

1—机头壳体；2—喷粉管（测温孔）；3—芯盘；4—芯型；5—口型架；6—口型；7—压盖

的和多轮辐的两种，在保证强度的情况下，轮辐愈少愈好。

为了防止胶筒挤出后粘壁，芯盘 3 与芯型 4 都有喷射隔离剂的孔道，由喷粉管 2 通入隔离剂。

（2）胎面挤出机头　胎面挤出机头用以制造轮胎的胎面。此种机头又分为整体式和复合式两种。

图 5-22 所示为整体式机头。它由上部机头 2 与下部机头 7 组成，压型板安装在机头前端，用楔子 3 固定，气筒的杆与楔子相连，楔子用压板 4 支撑着，而压板 4 是用螺栓固定在机头上的。

为了避免机头磨损，安有活板 6，它用螺钉固定在机头，活板厚度和压型板 5 相同，并一起组成总的成型部分。

压型板 5 具有胎面半成品的轮廓，是可以更换的。更换时可将压缩空气通入气筒 1 的下部，使楔子 3 向上移动，然后沿支架 11 中的销轴 10 转动气筒 1，使楔子 3 引开，这样就可以卸下压型板 5。

为了控制机头温度，机头有单独的汽水夹套 8，以通蒸汽或冷却水。

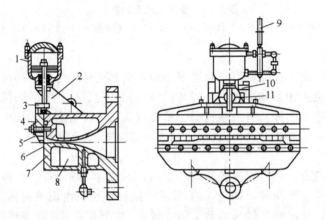

图 5-22　整体式胎面挤出机头
1—气筒；2—上部机头；3—楔子；4—压板；5—压型板；6—活板；7—下部机头；
8—夹套；9—压力表；10—销轴；11—支架

图 5-23 所示为复合胎面挤出机头，是指两台或多台以上的挤出机使用一个公共的机头。

（3）电线、电缆挤出机头　此机头用以制造电线电缆绝缘层、轮胎钢丝圈及胶管包胶等。近年来随着社会的加速发展，对其产品质量要求越来越高，机头采用抽真空技术，增加胶料吸附性，促使胶料与电缆芯的紧密贴合，从而提高产品质量。其结构一般有两种形式，如图 5-24 所示。

直角机头［图 5-24（a）］的螺杆与胶料挤出方向呈 90°，斜角机头［图 5-24（b）］呈 60°，其角度愈大阻力愈大。这类机头靠近螺杆一面胶料压力大，易使芯型偏移，使用时必须适当调整。而其相对应的一面胶料压力很小，易形成死角，胶料不易流动，应设辅助流胶孔以助流动，并避免焦烧。

（4）滤胶机挤出机头　滤胶机机头上装有滤网板及过滤网，滤网板用于支撑滤网，滤网板孔径为 6～12mm，为锥形孔，向胶料流动过来的方向扩张。滤网板上的小孔总面积约占滤网板面积的 40%～50%。孔板的直径为螺杆直径的 1.65～1.8 倍。过滤网一般采用钢丝网，其孔目按工艺要求而定，一般采用三层，一层粗网，一层中网，一层细网，粗网和中网起支撑细网的作用。老式滤胶机头无自动切割装置，操作起来烦琐，目前市场大量使用新式

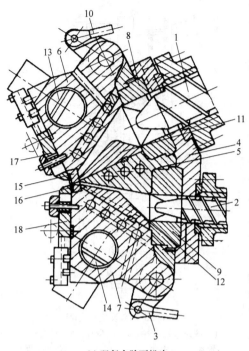
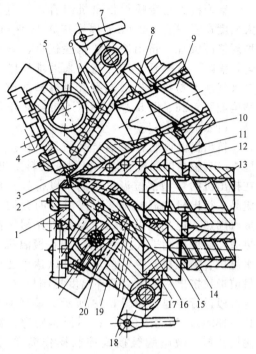

(a) 双复合胎面机头

1,2—螺杆；3,10—油缸活塞杆；4—法兰；
5—中机头壳；6—机头壳；7—下机头壳；
8,9—导向衬套；11,12—流道块；
13,14—楔块；15—预口型板；16—口型板；
17,18—楔板

(b) 三复合胎面机头

1,4—挡板；2—口型；3—预口型板；5,20—
楔块；6—上机头壳；7,18—液压缸活塞杆；
8,15,17—导向衬套；9,13,14—螺杆；
10,16—流道块；11—中机头壳；12—法兰；
19—下机头壳

图 5-23　复合胎面挤出机头

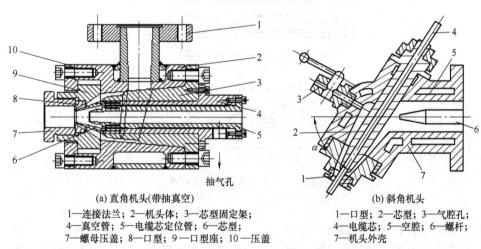

(a) 直角机头(带抽真空)

1—连接法兰；2—机头体；3—芯型固定架；
4—真空管；5—电缆芯定位管；6—芯型；
7—螺母压盖；8—口型；9—口型座；10—压盖

(b) 斜角机头

1—口型；2—芯型；3—气腔孔；
4—电缆芯；5—空腔；6—螺杆；
7—机头外壳

图 5-24　电线、电缆覆胶挤出机头

滤胶机带自动切割机头，其结构如图5-25所示。

（5）其他片材新型挤出机头　用于制造各类胶片制品，近年来，胶片机头的结构有很大发展，主要改进有：①机头采用液压缸闭锁机开启，便于清理机头内的胶料；②机头内的流道口型可以按挤出半成品的要求进行调整，使得流道曲线能覆盖符合挤出半成品的要求，保证半成品的尺寸精确。

　　新型机头与冷喂料挤出机组合，可直接挤出大幅度宽度一般在 2.5m，厚度在 0.4～8mm 的各种规格薄胶片。挤出制品塑化性优良、其密度均匀，消除了由压延生产工艺带来因堆积胶料中所带来气泡不易排除造成制品气密性差的弊端，其结构如图 5-26、图 5-27 所示（不带自动开合）。

　　（四）温控系统

　　挤出机温度直接影响产品质量，在挤出段和机头应有较高的温度要求，以保证胶料挤出流动，在挤出机的口型部位温度最高，以得到光滑的半成品。挤出机的温控很多，按温控的介质可分为蒸汽加热和电加热两种，下面简单介绍一种电加热循环温度控制机（模温机），现在模温机一般分水温机、油温机，控制的温度可以达到 ±0.1℃。目前橡胶挤出机常用水循环温度控制机（电加热）各区段进行控温，如图 5-28 所示。最高使用温度40～180℃，精确 ±0.1℃；不锈钢管路，减少管阴极锈垢；微电脑触摸式控制操作简单；出水、回水温度显示；开机自动排气；故障显示；维修不用专业人员。提高产品的成型效率，提高产品的外观，抑制产品的缺陷，加快生产进度，降低能耗，节约能源。

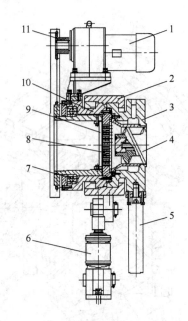

图 5-25　滤胶机头结构

1—减速电机；2—转动错齿环；3—机头机；
4—螺杆；5—支架；6—液压缸；7—深沟球轴承；
8—网板；9—切刀；10—固定齿环；11—链轮

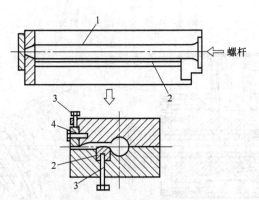

图 5-26　直通式挤出压片机头

1—流道；2—阻尼块；3—调整螺栓；4—口型

　　模温机的结构和工作原理具体如下。

　　（1）模温机结构　冷却水→冷却水入口→加热器→热媒循环泵→阀门→模具→阀门→加热器。

　　（2）工作原理　①利用冷却水压力将系统充满水；②利用循环泵将热媒送至模具并保持循环；③当温度过低时，利用加热器将热媒加热至所需温度；④当温度超过设定温度时，将电磁阀打开将热水排出，同时冷却水入口补充冷水，保持系统温度的稳定。

　　（3）控制范围　机头、螺杆、挤出段机筒和塑化段机筒。表 5-5 为橡胶挤出特性一般所需温度汇总。

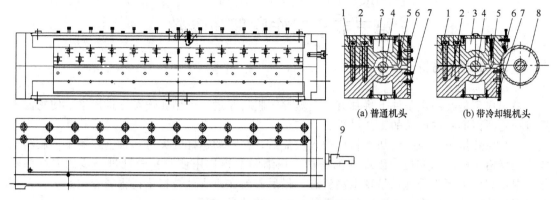

图 5-27 直角式挤出压片机头

1—上机头；2—下机头；3—机头温控隔板；4—芯棒；5—阻尼块；
6—上口型板；7—下口型板；8—冷却导向辊；9—旋转接头

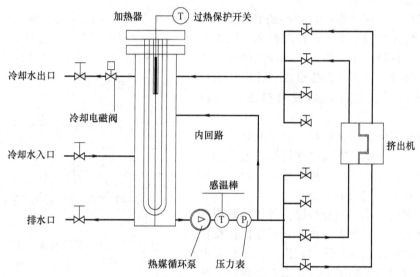

图 5-28 水循环温度控制机系统循环图

表 5-5 橡胶挤出特性一般所需温度汇总

序号	胶料名称	机筒温度	机头温度	口型温度	螺杆温度	备 注
1	天然橡胶	50～60℃	80～85℃	90～95℃	20～25℃	
2	丁苯橡胶	40～50℃	70～80℃	90～100℃	20～25℃	
3	顺丁橡胶	30～40℃	40～50℃	90～100℃	20～25℃	
4	异戊橡胶	50～60℃	80～85℃	90～95℃	20～25℃	
5	氯丁橡胶	20～35℃	60～70℃	<70℃	20～25℃	
6	丁腈橡胶	30～40℃	65～80℃	80～90℃	20～25℃	胶硬度中等时口型温度可达120℃
7	丁基橡胶	30～40℃	60～90℃	90～120℃	20～25℃	
8	三元乙丙胶	60～70℃	80～130℃	90～140℃	20～25℃	
9	硅橡胶	20～35℃	30～50℃	<65℃	20～25℃	
10	氟橡胶	30～40℃	40～50℃	70～80℃	20～25℃	
11	氯磺化聚乙烯	60℃	80～85℃	90～120℃	20～25℃	
12	混炼型聚氨酯	40～50℃	65℃	70℃	20～25℃	

第三节　工作原理与参数

一、工作原理与挤出理论

1. 工作原理

挤出成型是在一定条件下将具有一定塑性的胶料通过一个型孔连续压送出来，使它成为具有一定断面形状的产品的工艺过程。

（1）橡胶挤出　当胶料从加料口进入机筒后，在转动螺杆的夹带和推挤作用下，胶料被搓成团状沿螺槽滚动前进，因螺杆的剪切、压缩和搅拌作用使胶料受到进一步的混炼和塑化，温度和压力逐步升高，呈现出黏流态，最后胶料在机头处被挤压得很紧密，并于一定压力和温度连续通过口型，从而获得所需的一定形状的半成品。

（2）塑料挤出　塑料沿螺杆前移过程中其塑化作用主要靠外部加热，而橡胶由于机械作用及热作用的结果。

2. 螺杆挤出三段论

物料沿螺杆前移过程中，胶料的黏度和塑性等均发生了一定的变化，成为一种黏性流体，其流动情况比较复杂。根据胶料在挤出中的变化，一般将螺杆工作部分按其作用不同大体上可分为喂料段、压缩段、挤出段三部分。各段工作特点（参照图5-29）如下。

（1）喂料段　又称固体输送段。此段从喂料口起至胶料熔融开始止。热喂料挤出机此段很短。

从喂料口供给的条状胶料，由于旋转螺杆的推挤作用，胶料在螺杆螺纹槽和机筛内壁之间形成相对运动，并在喂料口处连续形成一定大小的胶团，这些胶团边转动边前进。

（2）压缩段　又称相迁移段。此段从胶料开始熔融起至全部胶料产生流动止。压缩段接受由喂料段送进的胶团，将其压实、进一步软化，并将胶料中夹带的空气向喂料段排出，胶料进入压

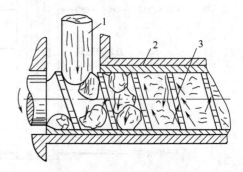

图 5-29　胶料的挤出过程
1—胶料；2—机筒；3—螺杆

缩段后，胶团被逐渐匝缩，密度增高，进而胶团互相黏在一起，在螺杆和机筒的作用下胶料被剪切和搅拌，使胶料进一步塑化。胶料从部分熔融至全部熔融直至充满整个螺纹槽，逐渐形成流动状态。

（3）挤出段　又称计量段。把压缩段送来的胶料进一步加压搅拌，此时螺纹槽中已形成完全流动状态的胶料。由于螺杆的转动促使胶料的流动，并以一定的容量和压力从机头流道均匀挤出。

一般把胶料在挤出段的流动视为顺流、倒流、漏流和环流的综合流动，见图5-30、图5-31。

顺流是由于螺杆转动促使胶料沿着螺纹槽向机头方向的流动，它促使胶料挤出。

如在螺杆螺纹槽中只有这一种流动，那么它的速度分布近似直线［见图5-30（a）］。顺流对挤出产量有利，倒流是由于机头对胶料的阻力而引起的，也称压力倒流或逆流，它与顺流的方向相反。压力朝机头方向增加，胶料则顺着压力梯度沿螺杆通道而产生倒流。其速度分布如图5-30（b）所示。倒流引起挤出产量减少。

顺流和倒流的代数和即为净流，见图5-30（c）。

漏流是在螺杆螺峰与机筒内壁间缝隙，由于机头阻力作用下引起的，它与顺流方向相

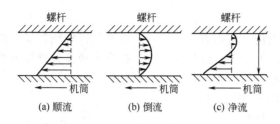

(a) 顺流　　　(b) 倒流　　　(c) 净流

图 5-30　顺流、倒流与净流

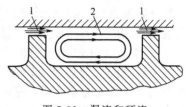

图 5-31　漏流和环流
1—漏流；2—环流

反，见图 5-31。它引起挤出产量减少。

环流是由于螺杆旋转时产生的推挤作用引起的流动，它与顺流呈垂直方向，促使胶料混合，如图 5-31 所示，对产量无影响。

胶料在螺杆螺纹槽中的实际流动是上述四种运动的综合，即胶料是以螺旋形轨迹在螺纹槽中向前流动的，如图 5-32 所示。

上面讨论了胶料在螺杆螺纹槽的流动情况。但是挤出机是在安装了机头的情况下工作的，因此，我们还必须了解胶料在机头中的流动情况，才能较全面地掌握胶料在整个挤出过程中的流动状态。

胶料在螺杆螺纹槽中的流动是呈螺旋状前进的，但从螺杆头端出来进入机头流道时，料流形状发生了急骤的变化，即由旋转运动变为直线运动，而且由于胶料具有一定的黏性，其流动速度在流道中心要比靠近机头内壁处快得多，其速度分布呈抛物线状，如图 5-33 所示。

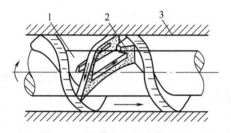

图 5-32　螺纹槽内胶料的运动
1—螺杆；2—胶料；3—机筒

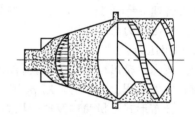

图 5-33　胶料在挤出机头内的流动

二、螺杆直径与长径比

1. 螺杆直径

（1）表示方式　螺杆直径指螺杆工作部分外径，挤出机的规格就是用它来表示的。

（2）螺杆直径与挤出产量和挤出半成品截面尺寸成正比。螺杆直径 D 与挤出半成品宽度 b 的关系：当 $b>300mm$ 时，$b=(3\sim4)D$；当 $b<300mm$ 时，$b=(3.5\sim5)D$。

另外还需要考虑制品断面大小与螺杆横截面积的关系：缩小比＝制品断面积/螺杆外圆截面积＝$1/4\sim1/8$。

2. 长径比

螺杆工作部分长度与直径之比（L/D）称为长径比。长径比大有利于胶料塑化、混合，有利于提高挤出压力，促使制品密致及产量的提高。但过大的长径比会增加胶留时间，由于升温过高易引起胶料焦烧。另外长径比大功率增加，螺杆制造也困难。

热喂料挤出机螺杆长径比一般为 4～6，也有资料介绍最大为 8，最小为 3。冷喂料挤出机螺杆长径比较大，一般为 8～16，更大的达到 20。

三、螺杆转速

1. 对挤出的影响

螺杆转速直接影响挤出机的产量、功率消耗、挤出半成品质量，以及机器的结构等。随着转速的增加产量上升，但转速过高后量增加不大，且胶料易焦烧，挤出半成品易产生海绵状。图 5-34 所示为 φ65mm 挤出机转速与产量关系。

随着转速的增加功率消耗也增加，但达到一定转速后功率增加的速率下降，这是由于转速增加时，胶料在机器内的摩擦力减小而引起的。

随着转速增加，胶料运动的速度梯度增大，这对胶料的剪切、搅拌有利，故塑化效果好。与此同时胶料发热量大，易产生焦烧，需要采取有效的冷却措施才能保证操作条件。

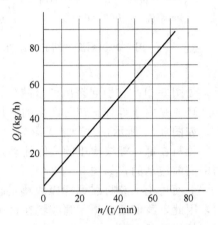

图 5-34　螺杆转速与产量的关系

2. 转速的确定

螺杆转速过高时，会使进料困难，甚至加不进料。加不进料时的螺杆转速称为螺杆的临界转速 n_c，它可以根据胶料被螺杆带动旋转时所产生的离心力与其重力相等的条件来确定。

$$n_c = \frac{424}{\sqrt{D}} \qquad (5-6)$$

式中　D——螺杆直径，cm。

螺杆转速 $n = (0.1 \sim 0.7) n_c$，n_c 的数值远大于目前挤出机的实际转速。

四、挤出压力与轴向力

1. 挤出压力

(1) 概念　挤出压力是由于胶料的流动、机头和口型的阻力以及螺槽容积的缩小而引起的对胶料单位面积上的压力，用 p_j 表示，其单位为 MPa。

(2) 分布形式　机筒内胶料的压力分布由喂料口开始逐渐升高，到螺杆头端附近出现最大值，在机头出口处又降为零。图 5-35 所示为挤出压力分布情况。挤出压力的最大值可称为机头压力。

(3) 影响因素　影响挤出压力的因素很多。当口型截面、螺杆与机筒的间隙、螺纹升角以及螺杆直径减小时，挤出压力增高，当胶料愈硬、螺杆转速大时，挤出压力也增高。

据资料介绍，各种规格压型挤出机螺杆末端压力为 5.0～15MPa，一般为 10～12MPa，当机截面较小，胶料较硬时可达 13MPa。

2. 挤出轴向力

挤出轴向力是由机头内螺杆末端胶料对螺杆的轴向反压力和螺杆转动推动胶料运动时，胶料与螺杆、机筒间的摩擦分力（轴向分力）的总和。即：

$$P = P_1 + P_2 \qquad (5-7)$$

式中　P——轴向力，kN；

　　　P_1——胶料对螺杆的反压力，kN；

　　　P_2——胶料对螺杆与机筒的轴向摩擦分力，kN。

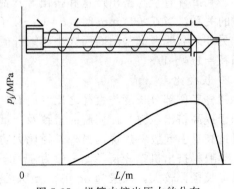

图 5-35　机筒内挤出压力的分布

五、生产能力

产量的高低标志着挤出机性能的好坏，单位以 kg/h 表示。

（一）计算方法

由于影响产量的因素很多，目前还不能完全从理论上进行计算，在生产中常用实测法和经验公式进行粗略计算。

下面介绍产量的几种计算方法。

1. 按经验公式计算

国产橡胶挤出机系列中推荐按下述经验公式进行计算：

$$Q=\beta D^3 n\alpha \tag{5-8}$$

式中　β——计算系数，由实测产量分析确定；对压型挤出机，$\beta=0.00384$；对滤胶挤出机，$\beta=0.00256$；

D——螺杆直径，cm；

n——螺杆转速，r/min；

α——设备利用系数。

2. 实测法

按挤出半成品的线速度计算，此法系实测法。即在生产中先测得挤出半成品的线速度及纵长 1m 的质量，再按下式计算生产能力。

$$Q=60Vg \tag{5-9}$$

式中　V——挤出半成品的线速度，m/min；

g——挤出半成品纵长 1m 的质量。

表 5-6 列出了挤出各种半成品的线速度的推荐值。

表 5-6　挤出半成品的线速度

半成品种类	挤出线速度/(m/min)	半成品种类	挤出线速度/(m/min)
高级胶管和内胎	6.8	汽车内胎	6～18
汽车垫带	13.5～20	运输带覆盖胶	10～20
实心轮胎	2.5～6	胎面胶	12～24.5

3. 简化黏性流体输送理论

胶料在机筒内流动过程中，其温度逐渐升高，胶料被进一步软化，其黏度亦逐渐变小。因此，其流动过程是相当复杂的，为使问题的讨论简化，对胶料流动过程做如下假设。

（1）把螺杆螺纹与机筒分别展开成两个平面，令螺纹平面为静止的，机筒平面为运动舶，其速度为 $v=\pi Dn$ 的运动，如图 5-36 所示。

（2）处于黏流态的胶料是在等温下工作的，胶料的黏度不变。

（3）不考虑螺纹槽侧壁的影响。因螺纹宽度远远大于槽深，胶料流动主要由槽宽所影响。

基于黏性流体流动理论，利用流体力学的基本公式进行推导、整理，简化得到计算方程式为：

$$Q=An-(B+C)\frac{\Delta p}{\mu} \tag{5-10}$$

式中　$A=\dfrac{\pi^2 D^2 h\sin\alpha\cos\alpha}{2}$；

$B=\dfrac{\pi D h^3 \sin^2\alpha}{12L}$；

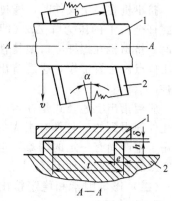

图 5-36　螺纹的展开

1—机筒；2—螺杆

$$C = \frac{\pi^2 D^2 \delta \tan\alpha\varepsilon}{12eL}。$$

D——螺杆直径，m；

n——螺杆转速，r/s；

h——螺纹槽深度，m；

α——螺纹升角，(°)；

L——螺杆工作部分长度，m；

δ——螺杆与机筒间隙，m；

ε——螺杆偏心距系数（一般 $\varepsilon=1.2$）；

e——螺纹槽轴向宽度，m；

Δp——胶料沿螺杆全长压力降，Pa；

μ——胶料的黏度，N·s/m²。

由式（5-10）可见，挤出产量 Q 与螺杆结构尺寸（即系数 A、B、C）、螺杆转速 n、胶料压力 Δp 以及胶料黏度有关。对螺杆结构一定的挤出机，其产量是随螺杆的转速 n 及胶料黏度 μ 的增加而增加，随胶料压力 Δp 的增加而下降。

由式（5-10）还可看出，当螺杆确定后，系数 A、B、C 就是常数。且在稳定操作时，可以认为温度、螺杆转速基本不变，因此胶料黏度也不变，这样产量 Q 与胶料压力成直线关系，同时，得到相互平行的直线。由此特性线很易看出，当机头全部打开时，产量最大；当机头全部关闭时，压力最大。

由上可知，挤出产量与压力降 Δp 有关。而压力降不仅取决于螺杆几何参数及胶料性质，它还与机头口型的特性有直接关系。

根据流体力学层流流动公式，还可以导出通过机头口型的产量：

$$Q = \frac{K\Delta p}{\mu} \tag{5-11}$$

式中　K——机头的形状系数（取决于机头的形状和大小）；

　　　Δp——胶料通过机头的压力降，Pa；

　　　μ——胶料黏度，N·s/m²。

由式（5-11）可知，对某一定形状的机头，K 为定值。在等温挤出时 μ 也为定值，这样，通过机头的产量与胶料压力亦成直线关系，且此直线通过原点，称为机头口型特性线。它表明当机头口型不变时，产量 Q 与压力 Δp 成正比变化。显然，$\Delta p=0$ 时，$Q=0$。图5-37中表示在不同螺杆直径 D 及不同转速 n 下得到的机头特性线及螺杆特性线。

挤出机在稳定操作时，通过机头口型的产量也就是挤出机的产量，机头的压力降 Δp 就是螺杆全长上的压力降 Δp（即机头内胶料压力）。此时，挤出机在螺杆与口型特性线的交点（亦称稳定工作点）位置工作，这是挤出机正常工作的必要条件。

应当指出上述公式是在若干假设条件下又经过简化处理得到的，它具有很大的近似性，把它直接应用于生产尚有一定的困难，但它可帮助我们分析研究影响产量的各种因素。

（二）影响因素和稳定挤出的基本方法

1. 影响因素

影响挤出机产量的因素很多，如螺杆的直径与

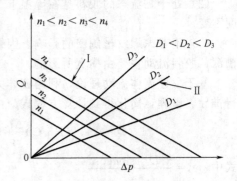

图 5-37　螺杆-机头特性曲线

Ⅰ—螺杆特性曲线；Ⅱ—机头特性曲线

长径比、螺杆的转速、挤出压力、螺杆几何形状、机头及口型结构、胶料性质及半成品的形状、供料方式及挤出半成品牵引方式、挤出机各部温度分布等，它们对产量都有很大的影响。

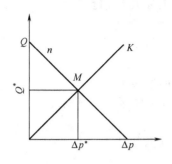

图 5-38　挤出稳定工作点

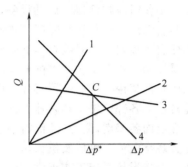

图 5-39　螺槽深度的合理选择

1,2—不同参数的机头特性曲线；
3,4—不同槽深的螺杆特性曲线

2. 实现稳定挤出的基本方法

（1）在螺杆转速调节范围内调节转速，以改变挤出产量，如图 5-38 所示；

（2）保持喂料的均匀稳定性；

（3）适当控制挤出过程中螺杆、机筒、机头和口型的温度；

（4）正确开设溢胶孔；

（5）合理设置牵引速度。

实现挤出机快速稳定的挤出，实际上就是通过上述方法，使之在稳定工作点上进行挤出（图 5-39），并合理地选配螺杆和机头，即深槽螺杆匹配低阻力机头，浅槽螺杆匹配高阻力机头，既能增加挤出产量又能提高质量。

第四节　安全操作与维护保养

一、安全操作

（1）检查机头是否完全吻合紧固，清除喂料口杂物。

（2）机器各部分要按工艺要求加热至规定的温度后方可加料，机头加热时，要压牢蒸汽管，防止蒸汽烫伤。

（3）操作人员使用割刀或电刀必须注意安全。

（4）工作时手指不准伸入喂料口，必须用专用工具加料。

（5）喂料口掉入杂物时，必须停车取出。

（6）装机头要小心，两人操作要配合好，防止脱落砸伤。

（7）在胎面和其他胶料传送中，发现传送带被胶料挤住时，严禁用手拉，应停车处理。

二、维护保养

（一）设备日常维护保养要点

1. 开机前的检查

（1）检查机筒衬套内腔、机头内有无余胶和杂物。

（2）检查喂料口内有无杂物。

（3）检查机头组装是否合适、牢固。

（4）检查联系信号和安全装置是否灵敏好用。

（5）机器工作时，按工艺要求对机筒、机头和螺杆进行缓慢预热至要求温度。

（6）检查润滑系统工作是否正常。

2. 运行时的维护保养

（1）机器工作时应在低速不启动设备，逐渐调至正常工作速度。

（2）机器启动后，空载运行时间不得超过1min，禁止反转。

（3）螺杆启动投料后，对喂料辊和喂料机筒通水冷却。

（4）不得投用不符合工艺要求的胶料。

（5）工作时严禁用手或其他器具伸入喂料口内帮助送料。

（6）经常检查各部位轴承和减速器的温度以及有无异常振动和声响。

（7）按规定向各润滑部位加注润滑油。

（8）注意观察电流、电压及机头压力变化情况和电机温度。

（9）注意保持温控系统工作正常。

3. 停机后的维护保养

（1）切断电源、关闭水、汽阀门，冬季需将机筒、机头、螺杆、连接管路及温控装置的水放掉吹净或做特殊保温防冻处理。

（2）根据工艺规定，清除机头和机筒内的余胶。

（3）盖好喂料口盖板。

（4）做好交接班工作。

（二）润滑规则

挤出机的润滑规则见表5-7。

表5-7　挤出机的润滑规则

润滑部位	规定润滑剂	代用润滑剂	加油量	加油或换油周期
主减速器	工业齿轮油220		按规定油量	首次两周至1个月，正常6个月，最长不超过12个月
减速器输入端轴承（非自润滑）				每月检查加油1～2次，3个月换油1次
螺杆径向轴承（固定式结构）				
螺杆径向轴承（浮动式结构）	钙基润滑脂ZG-5	钙钠基润滑脂ZGN-2	适量	每班1次
螺杆推力轴承				
喂料辊轴承				
旋转接头轴承				
液压系统	抗磨液压油N32		按规定	6个月换油1次
电机轴承	钙基润滑脂ZG-5	钙钠基润滑脂ZGN-2	适量	每月加油1～2次，3个月换油1次

三、基本操作要求

1. 热炼和供胶要求

目前，除冷喂料挤出机外，经混炼和冷却停放的胶料都必须进行充分的热炼预热。所用胶料的温度和可塑度应能满足胶种和工艺要求。保持胶料温度和可塑度的均匀性与稳定性同样重要。返回胶的掺用率最好不要超过30%，并且掺和要均匀。

挤出机的供胶方法对挤出半成品的质量、产量和生产效率都有影响。大规模连续生产的挤出机，所需胶料量较大，应采用皮带运输机供胶。胶条的宽度应略小于喂料口的宽度，其厚度应根据胶料需要量来定。热炼和供胶的设备一般为开炼机，挤出机喂料口有的加有喂料辊，这对提高挤出机的吃料能力和均匀性有好处。另外，还有将胶条卷成一卷后，再通过喂料辊向挤出机喂料；小型挤出机则采用人工喂料，将胶条切成一定长度放在存放架上，按先后顺序进行喂料。

2. 挤出过程中温度的控制要求

目前，一般将挤出过程中温度采取分段控制调节的方法，即控制机身的温度从喂料段、塑化段、挤出段到机头部分逐渐升高，口型的温度稍微降低；由于螺杆处于胶料包围之中，因此，对螺杆的温度控制更是十分重要。行之有效的办法是：螺杆、机身、机头的温度分别进行控制。

3. 螺杆转速的控制要求

根据制品端面形状、断面尺寸和胶料挤出性能，适当调节螺杆转速，确保其挤出半成品的稳定挤出和良好的表面质量及较高的产量。其调速方法一般有：变速电机的无级调速、变速箱的机械有级调速。

4. 挤出半成品牵引速度的控制要求

牵引方式和牵引速度快慢，对于半成品的稳定挤出、断面形状和断面尺寸的大小均有着非常大的影响。根据要求，牵引速度应能自动进行调节。

5. 口型的调节要求

断面为环行（或空心）的半成品，根据其对厚度和直径（或周长）的要求，可以通过观察断面形状、测量断面尺寸、操作人员凭手感经验等，以确定调节方法。

第五节　其他类型挤出机

一、滤胶挤出机

滤胶挤出机简称滤胶机，主要用于清除胶料或再生胶内的机械杂质和粒度较大的胶块。滤胶机与压型挤出机的主要区别在于机头的构造和螺杆的螺纹。

滤胶机的构造见图 5-40 所示，其技术特征见表 5-8。

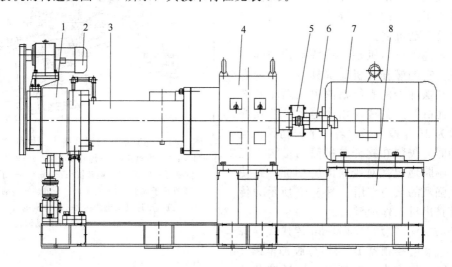

图 5-40　滤胶挤出机

1—切割机头；2—切断装置；3—机身；4—减速器；5—联轴器；6—旋转接头；7—电机；8—机架

表 5-8　滤胶机技术特征

螺杆直径 /mm	螺杆转速 /(r/min)	生产能力 /(kg/h)	主电机功率 /kW	螺杆直径 /mm	螺杆转速 /(r/min)	生产能力 /(kg/h)	主电机功率 /kW
150	49	400	37	250	40	1600	110
200	49	800	75	300	31	2500	160

滤胶机的螺杆一般多为双头等距、等深的螺纹（也有单头螺纹的），其长径比较热喂料挤出机稍大（$L/D=5\sim6$），以提高胶料塑性，便于滤出。

滤胶机的机头带有过滤网和切断机构，以清除杂质和切断胶条。

二、双螺杆挤出压片机（排料挤出机）

双螺杆挤出压片机用于排送快速密炼机卸下来的胶料。其优点是生产能力大，能在短时间内把卸下来的胶料处理完毕，可使胶料制造过程连续化。其结构形式较多，根据生产工艺要求，可装设造粒和压片机头，将胶料直接制成粒状或片状。但此结构对挤出功率消耗大，产量低，且胶料温度较高。较新的结构是由一台双锥螺杆挤出机与一台可前后移动的两辊压延机（或两辊压片机）组成排料压片机组。胶料被双锥螺杆挤出机挤入压延机（或压片机）上进行压片。这种方法能起降温作用，容易清除机头内的胶料，便于更换配方，并可减少功率消耗、提高产量，但占地面积较大。其结构形式见图5-41。

三、混炼挤出机

1. 传递式混炼挤出机

传递式混炼挤出机又称剪切式混炼挤出机，主要用于胶料的补充混炼，又可用于挤出胎面和给压延机供胶。

传递式混炼挤出机是一种特殊构型的螺杆挤出机。它的螺杆和机筒都具有特殊的螺纹沟槽，在螺杆上的螺纹槽深由大渐小乃至无沟槽，而机筒上的槽深由小至大、互相配合，一般为2～4段，形成若干个剪切区。当螺杆转动时，胶料在螺杆与机筒的槽沟内互相交替，不断地更换对胶料的剪切面，致使胶料产生强烈的剪切作用。图5-42所示为传递式混炼挤出机工作示意。

图5-43所示为$\phi380/450$mm传递式混炼机结构。气动的推顶器18将混炼胶加至螺杆8的喂料段，此段为双圆筒形。螺杆转动把胶料送至混炼段9，这里螺杆螺槽深度渐小，机身螺槽深度渐大，胶料在螺杆与机身螺纹间运动，受到强烈的剪切作用。最后胶料经挤出段13并进入机头17。

$\phi380/450$mm传递式混炼机可与250L、80r/min密炼机配合使用，完成连续混炼作业。表5-9为传递式混炼机的技术特征。

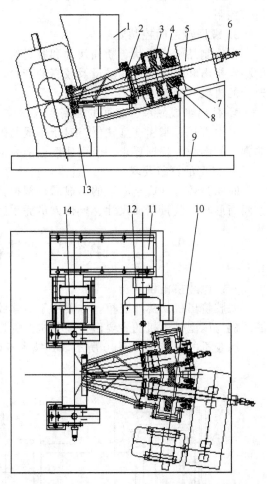

图 5-41 XJY 系列双螺杆挤出压片机简化图

1—料斗；2—锥螺杆；3—传动锥齿轮；4—锥齿轮箱体；
5—锥螺杆减速器；6—旋转接头；7—调心滚子轴承；
8—圆锥滚子轴承；9—底座；10—锥螺杆传动电机；
11—压片机减速器；12—压片机电机；
13—压片机；14—压片机传动齿轮

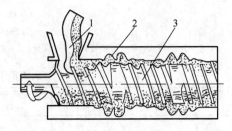

图 5-42 传递式混炼挤出机工作示意

1—胶料；2—机筒；3—螺杆

表 5-9　传递式混炼机技术特征

规格/ mm	螺杆转速/ (r/min)	最大产量/ (kg/h)	电机功率		规格/ mm	螺杆转速/ (r/min)	最大产量/ (kg/h)	电机功率	
			热喂料	冷喂料				热喂料	冷喂料
50	31	205	14	22	250	31	5100	370	550
82	3l	550	45	55	300	26	6309	450	590
115	31	1050	75	110	380	25	9100	600	700
150	31	1870	150	190	530	24	19000	1100	1500
200	21	3300	220	300					

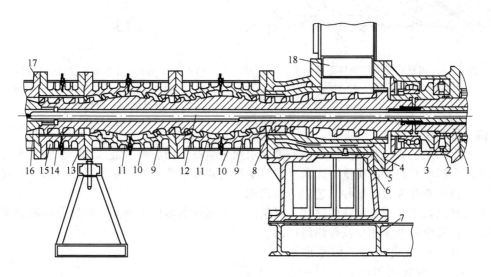

图 5-43　φ380/450mm 传递式混炼机

1—传动轴；2—轴承座；3—径向止推轴承；4—喂料段外壳；5—衬套；6—冷却腔；7—机架；
8—螺杆；9—混炼段；10,14—夹套；11—水腔；12—螺杆冷却水管；13—挤出段外壳；
15—夹套腔；16—末段；17—机头；18—推顶器

2. 挡板式混炼挤出机

挡板式混炼挤出机主要用于快速大容量密炼机的排料，做补充混炼，也可以用于挤出胎面及最终混炼。

挡板式混炼挤出机主要工作部分是一个带有横向挡板和纵向挡板的多头螺杆，如图5-44、图5-45所示。胶料在挤出过程中多次被螺纹和挡板进行分割、汇合、剪切、搅拌，完成混合作用。横向挡板垂直于相邻的两个螺纹面，它阻挡胶料的流动，对胶料产生较大的剪切作用。连接两个螺纹的挡板称纵向挡板，它使胶料产生分流作用，使胶料不断分割、混合。纵向与横向挡板的连接点即为分流点。在挤出过程中胶料各质点运动的行程不同，但它们经过纵向和横向挡板数却是相同的。因此所受的机械剪切、混合作用是相同的，故混炼的质量均匀。另一方面，剪切作用最大发生在靠近机筒壁处，传热效果好，胶料升温不大、操作稳定。表5-10为挡板式混炼挤出机技术特征。

表 5-10　挡板式混炼挤出机技术特征

螺杆直径/ mm	螺杆转速/ (r/min)	最大传动功率/ kW	最大生产能力/ (kg/h)	螺杆直径/ mm	螺杆转速/ (r/min)	最大传动功率/ kW	最大生产能力/ (kg/h)
250	32	200	2200	500	16	550	8500
300	27	280	3000	600	14	900	15000
400	20	400	5500				

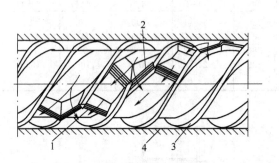

图 5-44　挡板式混炼挤出机工作原理
1—横向挡板；2—纵向挡板；3—螺纹；4—机筒

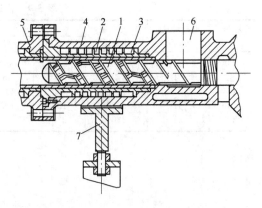

图 5-45　φ90mm 挡板式混炼挤出机机身
1—螺杆；2—衬套；3—水套；4—机身；
5—机头；6—加料口；7—支柱

四、排气挤出机

由于生产的发展，对橡胶制品的质量要求愈来愈高，而胶料中混入的挥发物及水分等如不排除就会影响到制品的质量，尤其对常压下进行连续硫化的制品更为重要。因此排气挤出机和真空挤出机等为适应这种工艺要求而出现。

排气挤出机主要用于胶料的除气，以生产常压硫化的非模型制品、内胎及纯胶管等气密性制品，以及电线电缆的包胶等绝缘产品。

单螺杆排气挤出机的工作原理如图 5-46 所示。胶料经加料段、第一计量段、排气段和第二计量段后挤出。胶料在加料段其压力逐渐提高，进入第一计量段后减压，在排气段开始螺纹槽的截面积突然扩大，胶料前进速度减慢，此时，胶料不能完全充满螺纹槽，胶料中的气体或挥发组分在外部减压系统的作用下，从排气孔中排除气体，第二计量段把胶料压实后通过机头而挤出。

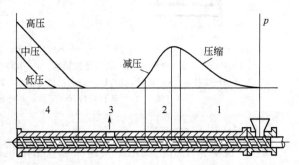

图 5-46　排气式挤出机工作原理
1—加料段；2—第一计量段；3—排气段；4—第二计量段

为保证机器正常操作，必须保证第一计量段和第二计量段的产量相同。

当第一计量段产量大时，胶料要从排气孔中溢出，若第一计量段产量小时，挤出半成品密致性差，产量波动大。为保证两计量段产量相等，必须严格控制胶料的压力，而压力的大小取决于螺纹的螺距与槽深。

图 5-47 所示为 φ90mm 排气挤出机。

五、螺杆塑炼挤出机

螺杆塑炼机主要用于天然橡胶塑炼，具有连续生产、生产能力大、电能消耗少、占地面积小等优点，在大型橡胶厂中得到较多的应用。塑炼每公斤胶的耗电量，用螺杆塑炼机为 0.15～0.25kW/h，用开炼机为 0.426kW/h，用快速密炼机为 0.77kW/h。螺杆塑炼机工作时，螺杆对生胶进行强烈剪切，使生胶温度迅速上升，因此它的加工过程是机械塑炼和热塑炼的双重作用。用螺杆塑炼机塑炼生胶，可塑度不易控制，通常需要用开炼机作补充塑炼，并使塑炼胶迅速冷却，以免高温氧化。塑炼时产生大量挥发性气体，有害健康，应注意

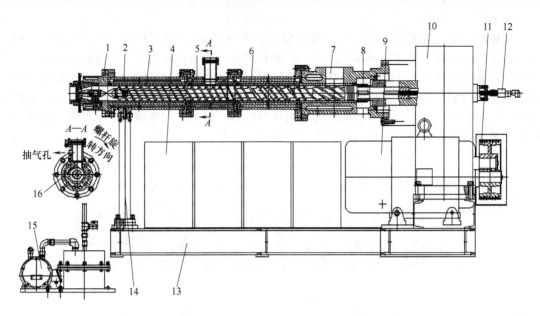

图 5-47　φ90mm 排气挤出机

1—机头；2—挤出段机筒；3—螺杆；4—水循环温度控制机；5—抽气段机筒；6—塑化段机筒；

7—喂料口；8—旁压辊传动齿轮；9—电机；10—减速器；11—皮带轮；12—旋转接头；

13—底座；14—支架；15—真空泵；16—挡料块

通风。

图 5-48 为螺杆塑炼机的结构简图。它主要由螺杆 3、机筒 4、机头 2、加料装置 5、机座 8 和传动装置 6、电机 7 组成。

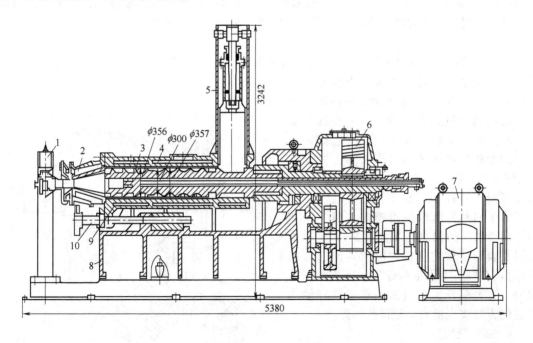

图 5-48　螺杆塑炼机

1—支架；2—机头；3—螺杆；4—机筒；5—加料装置；6—传动装置；7—电机；

8—机座；9—衬套；10—调节螺杆

1. 螺杆

塑炼螺杆由三段不同导程、不同螺纹断面的双头螺纹组成（图 5-49），第一段（加料段）的螺纹断面为不等深的不等腰梯形，其外径稍大，内径呈圆锥形。由于根茎较粗，可以承受加料装置的冲压，并能提高螺杆的强度和刚度。第二段（塑炼段）为等深变距的三角形螺纹，主要起塑炼作用。其长度占螺杆工作长度的 45%～55%。该段机筒的衬套内孔有锯齿状的环形沟槽，对生胶的剪切提高塑炼效果的作用。第三段（输送段）为等深变距的不等腰梯形螺纹，主要起输送作用。螺杆中空，可通水冷却。

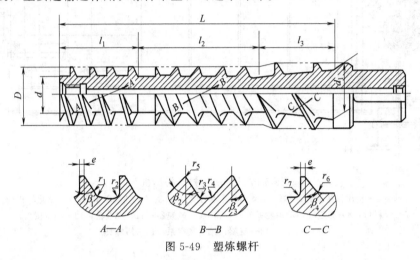

图 5-49　塑炼螺杆

2. 机筒

机筒由机身和衬套组成。在塑炼段，机筒的衬套内孔有锯齿状螺旋沟槽。在机身中部（塑炼段与输送段衔接处）开有方口，装有两把翻胶刀插入螺杆的螺纹底部，对生胶进行搅拌翻动，以提高塑炼效果。机身设有调温、测温、显示温度的装置。

3. 机头

机头主要由机头套 2 和芯轴 1 组成，如图 5-50 所示。机头与机筒由法兰连接，锥形芯轴与螺杆由螺纹连接。机头套内腔和锥形芯轴表面分别带有不同螺旋角的沟槽。当生胶由输送段进入机头后，进一步进行塑炼，然后在机头套与芯轴之间的缝隙挤出，挤出的管状胶坯由装在机头前部上方的切刀割开，成胶片状排出。然后进行冷却。机头夹套内可通水冷却。

为了调整塑炼胶的可塑度，可用调节螺杆调节机筒的轴向位置（图 5-48），以改善机头套与芯轴之间的间隙（即出胶口的间隙），在机座上固定有标尺，以指示间隙数值。有的螺杆塑炼机采用移动螺杆轴向位置的方法改变机头出胶口的间隙。

4. 加料装置

在加料斗处设置气动推料器，用汽缸推动活塞强制胶料进入加料口，在压力作用下胶料被螺杆输送到机筒内。

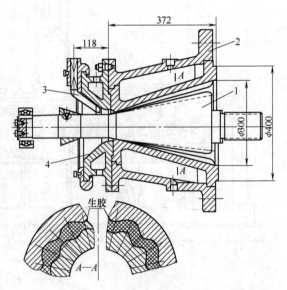

图 5-50　螺杆塑炼机机头
1—芯轴；2—机头套；3—切刀；4—挡胶盘

5. 传动装置

传动装置包括电机和减速器。电机采用绕线型异步电机，减速器为独立的传动系统，对齿轮采用强制润滑，减速器输出轴与螺杆的连接为浮动连接，输出轴的输出端装有滚子止推轴承，以克服螺杆巨大的轴向推力。

六、再生胶螺杆塑化挤出机

目前我国再生胶行业开始提倡无污染生产工艺，主要在再生胶配方和设备上改进实现。混合再生剂的废旧胶粉常温常压连续生产的新工艺是利用力化学原理，采用我国自行研发的特殊结构的新型螺杆塑化挤出机（塑化机）提供的机械隔氧、剪切与化学助剂的共同作用，将废旧胶粉解聚还原。螺杆塑化挤出机主要由电机、减速器、双螺杆、多段机筒、加热控温系统组成。它的特点是整个工艺在一定温度下完成，加热方式高效节能，多点控温工艺条件稳定，工艺过程没有废气、废水排放，对人力和设备的安全提供了保障。工艺流程短，可以连续生产。

螺杆塑化挤出机可配上自动化生产线，由螺杆塑化挤出机、上料机、出料冷却机、电控系统、自动化混料系统等组成。

第六节　挤出联动线

一、胎面挤出联动线

胎面挤出联动线用于轮胎胎面胶的双层挤出。其挤出部分多采用两台挤出机上、下排列或前、后排列，将胎面胶分层挤出（胎冠胶与胎侧胶）然后贴合，胎侧胶可置于胎冠胶的F部或置于两侧。

胎面胶挤出联动线可以完成下列各项工作：①连续检查胎面胶每米长的重量；②自动打印（规格、特征等标记）；③胎面胶收缩及冷却；④自动定长和切断；⑤每条胎面胶的称量检查；⑥取走胎面等。有些联动线还设有胎面胶磨毛、涂胶浆及烘干设备。

图5-51所示为常用的胎面胶双层挤出联动线。该联动线主要有过桥部分3、接取运输装置4、带式自动秤5、自动秤运输装置6、冷却装置7、刷毛装置8、裁断装置9、链式运输装置10、滚道秤11、胎面取出装置12、电气装置等部分组成。

过桥部分3主要是接取从挤出机1挤出的胎冠胶，并输送至接取运输装置4上，在接取运输装置上使胎冠胶与从挤出机2挤出的胎侧胶进行压合与打印，然后输送到自动秤运输装置6上称检每米长胎面胶的重量。再进入冷却装置7进行冷却定型。冷却定型后的胎面胶表面上附着水珠，在第二个冷却水槽末端被经净化的压缩空气吹走，后进入刷毛装置8，在胎面胶下表面刷毛，刷毛后的胎面胶输送到裁断装置9按规定长度切割，裁断后的胎面胶经链式运输装置10吹干并快速运送到滚道秤11上最后称检，最后由胎面胶取出装置12取出胎面胶，这就是本联动线的整个工序。

过桥部分用以接取胎冠胶并送至接取运输装置4上。此部分由运输带、传动辊、钢架、传动装置、撕边装置等部分组成。挤出之胎冠胶引向运输带，调节直流电机的转速以使运输带与前后相连部分的线速度协调一致。撕边装置是撕掉胎面胶两边之边皮。

接取运输装置用以接取从过桥部分3输送过来的胎冠胶，并在其上与胎侧胶压合及打印，然后输送至带式自动秤5的运输装置上。接取运输装置如图5-52所示，主要有机架1、运输带2、传动辊3、定心装置6、片式胎面压滚7及其托辊8、胎侧压滚9和打印装置10等组成。定心装置6用以引导胎冠胶运行方向，胎冠胶与胎侧胶经片式胎面压滚7进行压合，压合力为0.55MPa。胎侧压滚9对胎冠胶侧面斜坡进行第二次压合。压合后的胎面胶经打印装置10打上规定印记，以示胎面胶规格型号。运输带2采用耐热无接头胶带，其传

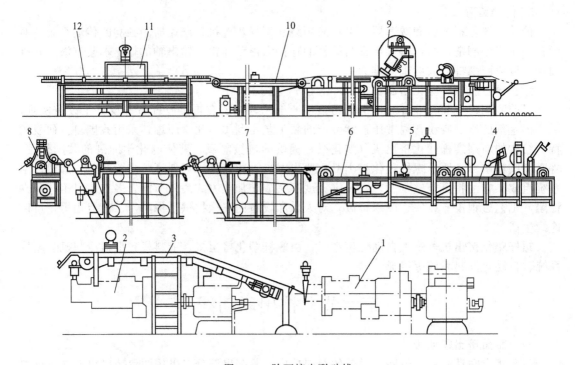

图 5-51　胎面挤出联动线

1,2—挤出机；3—过桥部分；4—接取运输装置；5—带式自动秤；
6—自动秤运输装置；7—冷却装置；8—刷毛装置；9—裁断装置；
10—链式运输装置；11—滚道秤；12—胎面胶取出装置

动由自动秤运输装置带动。

　　带式自动秤用以连续检查每米长胎面胶的重量误差。它是杠杆式称量机构。秤盘以一个滚子的形式置于跨度为 2m 的托辊中间，在秤滚上受到 1m 长的运输带和胎面胶的重量。

　　1m 长运输带的实际重量用调整装置平衡掉，1m 长胎面胶标准重量用砝码平衡掉。指示器则直接指示出不断通过的胎面胶每米长的实际重量与标准重量的误差值。

　　冷却装置用以冷却及收缩胎面，胎面胶经称检后输送到两节水槽内进行冷却定型。胎面胶运行方向与冷却水流方向相逆，调节直流电机转速，可使二节水槽之间以及第一节水槽与自动秤运输装置之间（调节第一节水槽的直流电机）的线速度得到协调一致，以适应工艺要求。

　　冷却定型后的胎面胶通过吹片管道吹走表面上附着的水珠。然后进入刷毛装置。

　　刷毛装置在冷却后已经吹干的胎面胶的下表面中间部分刷毛，以便于贴合成型。它由输送辊、刷毛滚、压辊、机架和滚道组成。刷毛滚是由片状的带有细钢丝组成的滚子，由电机带动。输送辊做成一个带槽的辊筒。

　　经过刷毛的胎面胶送至自动定长裁断装置上，按规定长度进行裁断。其结构如图 5-53 所示。

　　此装置主要由传动运输装置 1、2，调速装置 3，定长装置 4，裁断装置 5 等部分组成。

　　调速装置包括臂杆 6 及链轮 7，臂杆 6 与链轮连接并可上、下摆动。

　　定长装置 4 由伸缩盘 12、配换齿轮 13、凸块圆盘 14 和限位开关 15 等组成。伸缩盘 12 压在胎面胶中央并跟随转动，其直径可在 150～180mm 范围内调节。伸缩盘经配换齿轮 13 带动凸块圆盘 14，凸块圆盘上的凸块可触及限位开关 15。

　　裁断装置有刀架 16，其上装有电机 17 及圆盘裁刀 18，裁刀 18 由电机直接带动旋转。

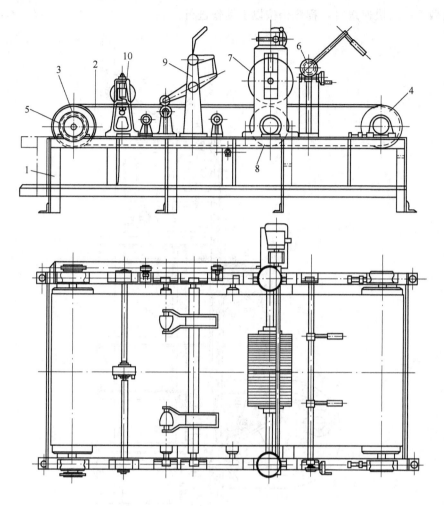

图 5-52　接取运输装置

1—机架；2—运输带；3—传动辊；4—导辊；5—链轮；6—定心装置；
7—片式胎面压滚；8—托辊；9—胎侧压滚；10—打印装置

刀架与螺杆 19 连接，通过链轮 20 由电机 21 带动，因此刀架及其上的电机 17、裁刀 18 可作轴向移动。

经冷却和刷毛后的胎面胶输送到运输带 8 时，运输带开始是在快速下运行，这时刷毛装置与裁断装置之间所积累的胶片逐渐减少，使调速装置 3 的臂杆 6 向上摆动，通过链轮 7 旋转拖动直流电机的发电机磁场变阻器，使运输带 8 的速度逐渐降低，直至与冷却、刷毛装置的速度同步。当胎面胶输送到适当长度时，定长装置 4 的凸块圆盘 14 碰上第一个限位开关，这时快速输送停止，运输带转入爬行速度以克服由于快速引启的惯性，当定长装置的凸块圆盘 14 碰上第二个限位开关时，运输带 8 立即停止输送，这时胎面胶的长度正是某种规格所要求的长度，其长度与伸缩盘 12 的直径有关，并靠配换齿轮 13 和调整凸块位置来实现。而从冷却、刷毛装置处仍继续不断地送来胶片，就储存在刷毛装置与裁断装置之间的滚道上，同时调速装置的臂杆 6 往下摆动，调节磁场变阻器，为运输带下次快速运行准备条件。当运输带停止运动时，同时启动裁刀电机 17 和刀架电机 21，裁刀高速旋转，刀架在丝杆带动下做纵向移动，开始裁断胶片。裁断完毕，刀架移动到机架另一端时，便压下机架端部的限位开关，裁刀电机停止旋转，刀架停止移动，裁断动作完成，同时启动运输带直流电机，运输带又开始做下一次快速送料，程序仍按以上动作进行。

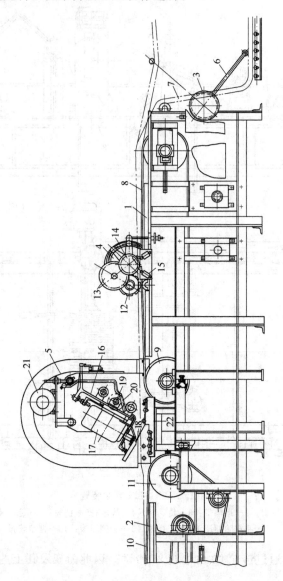

图 5-53　胎面自动定长裁断装置

1,2—传动运输装置；3—调速装置；4—定长装置；5—裁断装置；6—臂杆；7,20—链轮；8,10—运输带；
9,11—传动辊筒；12—伸缩盘；13—配换齿轮；14—凸块圆盘；15—限位开关；16—刀架；
17,21—电机；18—圆盘裁刀；19—螺杆；22—滚道

　　传动装置采用直流电机传动与调节。利用调节其拖动直流电机用的发电机磁场变阻器，
改变直流电机的转速，使运输带的速度与前面相连部分间的线速度协调一致。

　　链式运输装置运输链的速度比裁断装置运输带的速度快，所以已经裁断的胎面胶在运输
链上被拉开一定的距离，这就便于称量，同时也有利于胎面胶自动移上秤台。

　　滚道秤用以检查每条切割后的胎面胶的重量，它是一杠杆式台秤，秤盘由许多轻型长滚
子所组成。胎面胶由链式运输装置输送到秤盘上，秤盘重量可由秤内重锤平衡，胎面胶标定
重量可由秤内砝码平衡，指示器上反应的重量即为胎面胶的实际重量和标定重量的误差值。

　　胎面取出装置用以取出称量后的胎面，其结构如图 5-54 所示。

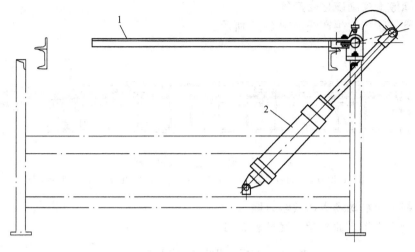

图 5-54 胎面取出装置

1—拨杆；2—风筒

此装置由一排拨杆 1、风筒 2 组成。胎面胶经称检后，搬动四通阀使风筒 2 进气，则拉动拨杆 1 使胎面胶从秤盘上向侧翻落在胎面储存架上。

二、内胎挤出联动线

内胎挤出联动线可以完成下列工作：①内胎单位长度的重量检查；②打印标记；③穿孔；④装气门嘴；⑤涂隔离剂；⑥自动定长切断；⑦检查每条内胎的重量等。这种联动线如图 5-55 所示。

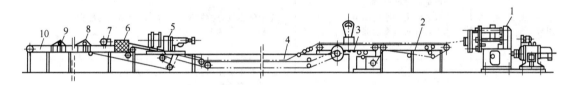

图 5-55 内胎挤出联动线

1—螺杆挤出机；2—接取运输装置；3—自动秤运输装置；4—冷却水槽；5—主传动装置；
6—分配装置；7—打印机；8—穿孔机；9—自动切刀；10—运输装置

三、橡胶电缆、胶管连续硫化简化生产线

橡胶电缆、胶管连续硫化简化生产线如图 5-56 所示。

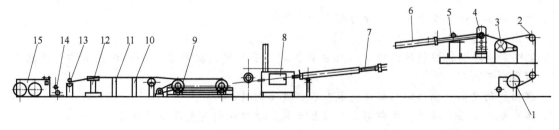

图 5-56 橡胶电缆、胶管连续硫化简化生产线

1—放线架；2—导向轮；3—胀力轮；4—挤出机；5—前密封装置；6—硫化烘道；
7—后密封装置；8—回转箱；9—牵引装置；10—计量机；11—印字机；
12—工频火花机；13—压轮；14—收卷导向轮；15—收排线装置

四、硅橡胶管连续硫化生产线

硅橡胶管连续硫化生产线如图 5-57 所示。

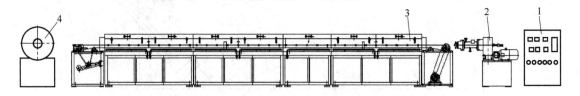

图 5-57 硅橡胶管连续硫化生产线

1—电器柜；2—热喂料挤出机；3—热风硫化设备（微波硫化设备）；4—收卷装置

五、螺杆挤出机现场实训教学方案

螺杆挤出机现场实训教学方案见表 5-11。

表 5-11 螺杆挤出机现场实训教学方案

实训教学项目	具 体 内 容	目 的 要 求
挤出机的维护保养	①运转零部件的润滑 ②开机前的准备 ③机器运转过程中的观察 ④停机后的处理 ⑤现场卫生 ⑥使用记录	①使学生具有对机台进行润滑操作的能力 ②具有正确开机和关机的能力 ③养成经常观察设备、电机运行状况的习惯 ④随时保持设备和现场的清洁卫生 ⑤及时填写设备使用记录,确保设备处于良好运行状态
挤出机的调速	①有级变速(变速箱)操作 ②无级调速操作	使学生具有单独进行改变螺杆转速操作的能力
机头口型的调节	①机头温度的调节 ②有芯机头口型的调节 ③无芯机头口型的调节 ④整体式口型的调节	①使学生具有控制调节机头、口型温度的能力 ②初步具有调节口型的能力
胶料挤出操作	①安装口型 ②预热(挤出温度控制) ③启动机器 ④加料 ⑤接取、牵引 ⑥半成品尺寸测量或称重	①具有正确使用操作工具的能力 ②学会安装机头口型方法 ③掌握机筒、螺杆、机头的预热的基本技能 ④弄清开动机器前后应该做的工作 ⑤学会正确的加料方法 ⑥能够单独调节牵引装置 ⑦学会半成品的测量和称重方法

思考题

1. 螺杆挤出机的分类方法,可分为哪几种类型?

2. 挤出机有哪些突出性能特点?

3. 热喂料和冷喂料橡胶挤出机有哪些主要区别? 塑料挤出机与橡胶挤出机在结构、性能上有什么不同?

4. 挤出机的整体结构由哪些部件构成? 各部件有何作用?

5. 挤出机的传动系统有哪几种形式? 试指出其传动电机的种类及性能特点。

6. 螺杆应满足哪些性能要求?

7. 螺杆一般采用的材料有哪几种? 各有何特性?

8. 螺杆具有哪些类型? 各有什么特性? 并指出其应用场合。

9. 说出挤出机机筒的结构类型和特点,指出机筒各零件的作用及常用材料。

10. 螺杆与传动装置采取的连接方式及特点？机筒与机头的连接方式及应用场合？

11. 说出机头的作用和结构类型。

12. 分析说明螺杆的几何参数压缩比、螺纹导程（螺纹升角）和螺槽深度对挤出产品的质量、产量、功率及螺杆加工性能影响。

13. 挤出机的性能参数螺杆直径与长径比、螺杆转速对挤出产品的质量、产量、功率及螺杆加工性能影响。

14. 螺杆挤出机是怎样进行挤出工作的？螺杆三段论是怎样划分螺杆的三个工作段的？

15. 画出并分析螺杆和机头的挤出特性曲线，指出什么叫稳定工作点？如何选配机头与螺杆？

16. 如何实现螺杆挤出机的稳定挤出？

17. 什么叫挤出压力？分析其影响因素。

18. 如何计算挤出机的生产能力？

19. 对挤出机上电机的选择有何要求？

20. 如何合理地选用挤出机？

21. 操作挤出机应注意什么问题？如何操作挤出机？

22. 如何维护保养挤出机？

第六章 胶布裁断机

【学习目标】 本章概括介绍了胶布裁断机的用途、分类、规格表示、主要技术特征及胶布裁断机的使用与维护保养；重点介绍了胶布裁断机的整体结构、主要零部件及动作原理。要求掌握胶布裁断机的整体结构及动作原理、主要零部件的作用、结构；学会胶布裁断机安全操作与维护保养的一般知识，具有进行正常操作与维护的初步能力。

第一节 概　　述

一、用途与分类

胶布裁断机简称裁布机，其用途是将挂胶后的纤维帘布、帆布、细布及钢丝帘布等准确地裁制成一定的宽度和角度，以供成型使用，是胶布后期加工的重要设备。橡胶制品不同，使用的挂胶帘帆布的宽度、角度和精度也不同，手工难以准确快速实现，因此必须使用裁断机才能准确地进行裁断。

胶布裁断机的用途不同其种类也不同，其用途和种类如表 6-1 所示。

表 6-1　裁布机种类及主要应用范围

机器名称	裁布范围		应用举例
	宽度/mm	角度①/(°)	
卧式裁布机	200～1200	90～45	轮胎、胶管
立式裁布机	50～1000	90～45	轮胎、摩托车胎、力车胎、胶管
窄条布裁布机	最大 500	固定不变 45 或按需要	力车胎、V 带
综合裁布机及纵裁机	斜裁布最大宽度 720，纵裁布按需要	斜裁 45，纵裁 0	V 带、小型胶管、轮胎包布、钢丝帘布包边胶片
钢丝帘布裁布机			钢丝胎体帘布及带束层帘布

①即裁布角，又称裁断角，按我国习惯系指帘布经线的垂直线与裁断线的夹角。美、英、法、日各国系指经线与裁断线的夹角，与我国不同。本章的"裁布角"与国内习惯不同，与国际标准统一。

本章只介绍纤维帘布、帆布及细布裁断机。应用最广泛的为卧式与立式裁断机。

由于工艺需要，一般对裁断机有如下要求：

① 能准确地按照要求的角度和宽度裁断；

② 易于调整胶布条的角度和宽度；

③ 便于装卸胶布卷；

④ 具有较高的生产能力。

二、规格表示与主要技术特征

1. 规格表示

卧式裁断机的规格以运输装置的长短表示，单位为 m，如 8m、10m、12m。

2. 技术特征

立式裁断机与卧式裁断机的技术特征如表 6-2、表 6-3 所示。

表 6-2　立式裁断机主要技术特征

名　称	技 术 特 征	
裁断装置	裁断布料最大宽度/mm	1500
	裁断角度范围/(°)	0～45
	一次最大送布长度/mm	1000
	裁断次数/(次/min)	20、29、38
	裁刀行程/mm	2560
	外形尺寸(长×宽×高)/mm	3575×1730×3420
导开调整装置	送布速度/(m/min)	21
	最大储布量/mm	2600
	滑辊行程/mm	1300
	外形尺寸(长×宽×高)/mm	2800×1340×2310
导开装置	容许胶卷最大规格(直径×长度)/mm	1000×1500
	卷布辊规格(直径×长度)/mm	120×1600
	外形尺寸(长×宽×高)/mm	2300×750×1300

表 6-3　卧式裁断机的主要技术特征

机 器 规 格			8m	10m	12m
每分钟裁布次数/(次/min)			最大 20		
裁布角度/(°)			90～45		
裁布宽度/mm			200～1200		
胶布卷最大尺寸/mm		直径	950		
		宽度	1500		
导开装置转速/(r/min)		垫布卷		快速	203.5
				慢速	81.4
			倒布速度		81.4
送布装置输送带速度/(m/min)			高速 60、40、20，低速 5		
裁刀小车行程/mm			2250		
裁刀小车最大线速/(m/min)			102.5		
裁刀转速/(r/min)			4985		
定长方式			人工或光电自动		
电机	导开装置	功率/kW	3.5		
		转速/(r/min)	900		
	送布装置	功率/kW	1.5(直流)		
		转速/(r/min)	1000		
	走刀装置	功率/kW	0.6		
		转速/(r/min)	1380		
	裁刀	功率/kW	0.37		
外形尺寸/mm			10335×4360×2200	12335×4360×2200	14335×4360×2200
质量/t			4.5		

第二节　立式裁断机

立式裁断机裁断胶条尺寸的准确度比卧式裁断机低，但是由于立式裁断机的生产能力比较大，因此亦获得广泛的使用，尤其是用以裁断宽度窄的胶布条。

一、基本结构

立式裁断机的基本结构如图 6-1 所示。主要由导开装置Ⅰ、导开调整装置Ⅱ和裁断装置Ⅲ三个部分组成。

导开装置Ⅰ用以导出胶布，经过导开调整装置Ⅱ送至裁断装置Ⅲ进行裁断。

整个立式裁断机的传动主要由两部分传动装置带动。传动装置 11 用以带动导开装置；传动机构 15 用以带动制动轮 5。

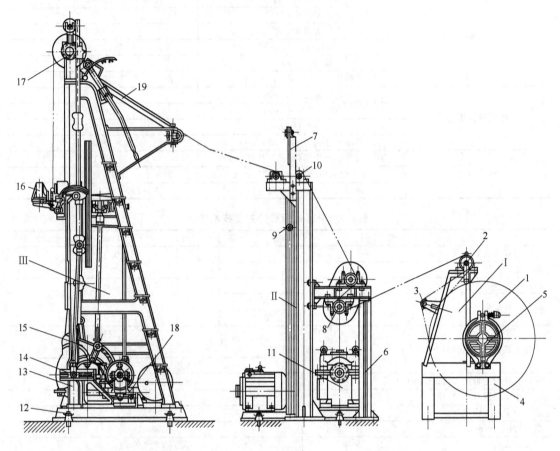

图 6-1　立式裁断机

Ⅰ—导开装置；Ⅱ—导开调整装置；Ⅲ—裁断装置；1—胶布卷布辊；2—垫布卷布辊；3—分离辊；4,6—机架；
5—制动轮；7—横梁；8—导开辊；9—滑辊；10—扩布辊；11—传动装置；12—底座；13—铸铁机架；
14—送布偏心连杆；15—传动机构；16—裁断机构；17—送布筒机构；18—刹车机构；19—接布板

二、主要零部件及动作原理

（一）导开装置

如图 6-1 所示，导开装置系由两型钢焊接的三角形机架构成的。机架两端的轴承上装有两组支轴器，分别放置胶布卷布辊 1 及垫布卷布辊 2，为使胶布料与垫布更好地隔离，机架上设有分离辊 3。

导开装置机架一侧附有带左右摩擦瓦的制动轮 5，它可以克服胶布辊自身转动惯量，制动轮 5，它可以克服胶布辊自身转动惯量，制动轮上的翼形螺母可以调整导开之胶布的张紧程度。

导开辊 8 为主动辊，由传动装置 11 带动。

（二）导开调整装置

导开调整装置位于导开装置与裁断装置之间，如图 6-1 所示。主要由机架 6、横梁 7、导开辊 8、扩布辊 10 及滑辊 9 组成。

滑辊 9 可上、下浮动以调整送布量。胶布从导开装置引出，由导开辊 8 带动绕过扩布辊 10、滑辊 9 后送入裁断装置。

（三）裁断装置

裁断装置是立式裁断机的主要机构，用以完成送布、夹紧及裁断三个动作。整个装置由安装在底座 12 上的两个三角形铸铁机架 13 及长方形中心架支承，由送布筒机构 17、裁断机构 16 及传动机构 15 组成。

1. 送布筒机构

送布筒的作用就是将由导开调整装置来的布料，按照裁断宽度的需要，单向、定量、有序地向裁断机构 16 输送布料。其结构如图 6-2 所示。

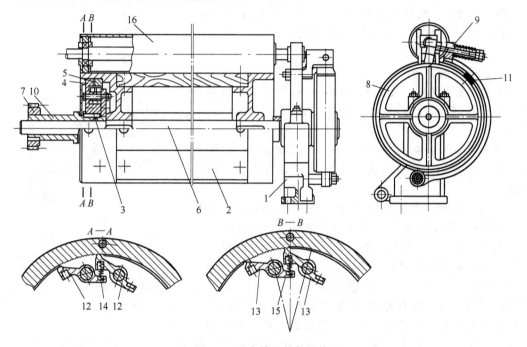

图 6-2　送布筒及棘轮机构

1—轴承；2—送布筒；3—棘轮；4，5—棘轮齿圈；6—轴；7—齿轮；8—摩擦轮；9—摩擦套；
10—套轴；11—刹车带；12，13—棘爪；14，15—弹簧；16—压辊

此机构主要由送布筒、棘轮机构及传动机构组成。

送布筒 2 为空心圆筒，与轴 6 用键连接，并安装于轴承 1 上，通过齿轮 7 使之做单向间歇回转。圆筒表面为木质外包一层带刺的薄铁皮，或为外表面滚花的金属圆筒，以防止胶布在辊筒表面上滑动。压辊 16 对胶布起夹持作用。

棘轮机构位于送布筒的一端，它可使送布筒实现单向间歇回转运动。齿轮 7 通过套轴 10 与棘轮 3 连接，由齿条带动作正、反方向回转。棘轮 3 固定有两排棘爪 12、13，两排棘轮齿圈 4、5 与送布筒 2 固定。工作时，齿轮通过棘爪、棘轮推动送布筒 2 单向间歇转动。每排棘轮齿圈有 130 个齿，相互错开半个齿距拼装起来，相当于工作齿数为 260 个，工作棘爪每排有 7 个，两排为 14 个，因而可以提高送布精度。在送布筒另一侧安有摩擦轮 8，通过摩擦套 9、弹簧及石棉刹车带 11 制动，以克服送布筒逆时针转动时（送布）的惯性，减少对送布精度的影响。

传动机构用以带动齿轮 7 做正、反方向回转，其传动情况如图 6-3 所示。电机 11 通过齿轮使偏心连杆机构的偏心曲柄 8 做回转运动，借连杆 9、联轴器 6 使上端齿条 4 沿固定于机架上的导向装置 5 做垂直方向往返运动，从而带动与运布筒同轴的齿轮 7 做正、反方向转动。当齿条向上运动时，推动齿轮做逆时针方向旋转，使送布筒向裁断机构送布；当齿条向

下运动时，虽然带动了齿轮做反方向转动，但因送布筒的同端内部装设有一套棘轮制动装置（见图 6-2），送布筒因而静止不动，则胶布不会发生逆行，实现了胶布的单向间歇输送。

旁压辊 3 能够增加胶布与送布辊筒的接触包角。

裁断时送布辊筒转动弧度的大小决定了每次送布量（裁断宽度）的多少，所以说改变送布筒转动弧度即可调节裁断胶布的宽度。如果我们摇动转换手柄，通过改变偏心连杆末端的滑块在偏心曲柄 8 槽铁中的位置（即改变偏心程度），就改变了齿条上、下往返运动行程，因此就变动了送布辊筒的转动弧度，这样就调节了胶布每次输送量的多少。

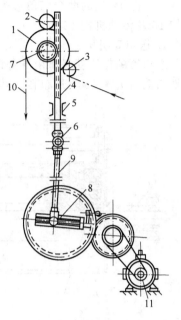

图 6-3　送布筒传动机构
1—送布筒；2—上压辊；3—旁压辊；
4—齿条；5—导向装置；6—联轴器；
7—齿轮；8—偏心曲柄；9—连杆；
10—胶布；11—电机

2. 裁断机构

由送布辊筒来的一定量的胶布，由裁断机构进行裁断。此机构能将胶布夹紧、裁断。其结构如图 6-4 所示。

裁断机构由上横梁 2、压布板 1、撬布板 3、刀架 13、裁刀滑块 4 及专门的机械传动装置等若干构件所组成。

刀架 13 以螺丝固定在机架和中心架上，刀架 13 的上端面开有一燕尾导槽，导槽内装有带着裁刀的滑块 4，滑块上的拉板 11 的两端与牵引绳轮 7 上的钢丝绳端头相接，在牵引绳轮作用下，裁刀滑块 4 可沿燕尾槽往返滑动。在拉板上制有一专门的斜向导槽（图 6-5），它控制着裁刀的进刀（裁断胶布）、退刀的动作，因此当裁刀滑块 4 沿刀架内燕尾槽向右上方移动时，裁刀向外伸出并将胶布裁断，与此同时当裁刀头刚刚外伸即将开始剪裁时，压布板 1 即将胶布紧压于刀架一方，撬布板也同时向上微抬一小行程，以保证裁断时裁刀的伸出。而当牵引绳轮 7 反向转动时，滑块沿导槽下行，裁刀头退回，压布板与刀架分离，撬布板复位以顺利地使胶布移动，此时即为裁刀空行程的供布过程。

撬布板、压布板、裁刀的这一系列协调有序的动作，是由大牵引绳轮后面的一套专门的传动机械装置（后面讲述）来带动的。齿条长轴 9 在偏心凸轮推杆 14 及两小支板 8 推动下可做水平方向移动。因此其头端的齿条便驱使扇形齿轮 12 摆动，而扇形齿轮又通过与其同轴的且分别与撬布板和压布板相连的牵引支架 15、16，使之做必要的协调性压布、撬布动作，如图 6-4 所示。

3. 传动机构

裁断装置所有机构的运动大致包括以下三个方面：

① 送布筒裁断机构方面的供布运动及复位动作；

② 压布板的夹紧、放松，撬布板的导布及反向复位；

③ 裁刀滑架的裁断行程及空车复位行程。

这三个独立的相互关联的运动，实际上是统一地受一个机械传动装置所控制的，如图 6-6 所示。电机经 V 带及齿轮减速机减速（可做三种变速）驱动大齿轮 1 及主轴 2 转动，完成下述动作：

① 主轴一端的送布偏心曲柄连杆机构 3 动作，通过齿轮 5、齿条 4 推动送布辊筒 6 使其完成送布动作；

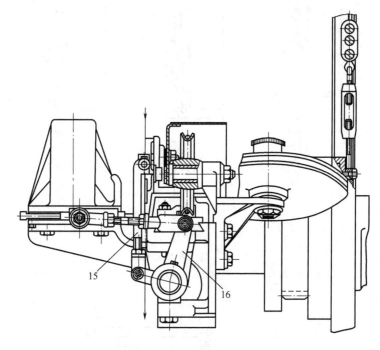

(a) 外形图

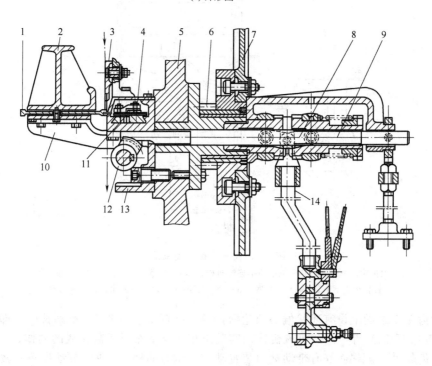

(b) 剖面图

图 6-4　裁断机构

1—压布板；2—上横梁；3—撬布板；4—裁刀滑块；5—中心架；6—齿轮；
7—牵引绳轮；8—支板；9—齿条长轴；10—挂架；11—拉板；12—扇形齿轮；
13—刀架；14—偏心凸轮推杆；15—撬布板牵引支架；16—压布板牵引支架

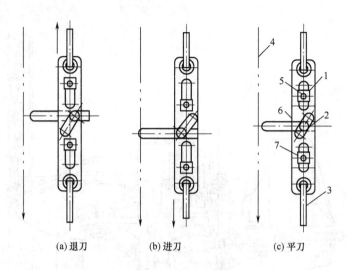

图 6-5　带刀滑块动作图

1—拉板；2—裁刀；3—牵引钢绳；4—胶布；5,7—连接钉；6—固刀钉

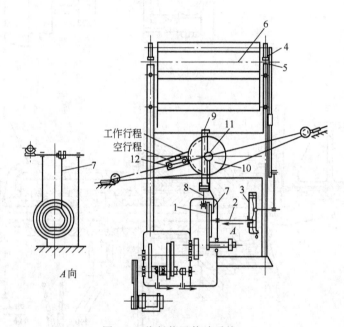

图 6-6　裁断装置传动系统

1—大齿轮；2—主轴；3—偏心曲柄连杆机构；4,9—齿条；5—齿轮；6—送布辊筒；
7—杠杆梢子活节；8—偏心曲柄；10—大牵引绳轮；11—小齿轮；12—裁刀滑块

② 大齿轮 1 端面上设有环状偏心凸轮槽，通过杠杆梢子活节 7。推动长杆（即图 6-4 中的偏心凸轮推杆 14）等一系列机械机构，实现压布板与撬布板所需完成的动作；

③ 大齿轮另一侧端面安有带动裁刀装置动作的偏心曲柄 8，曲柄带动齿条 9 做上、下往返运动，齿条再推动与大牵引绳轮 10 同轴的小齿轮 11，致使绳轮左、右旋转，牵引着裁刀滑块 12 做裁断胶布的运动（牵引角度为 240°31′）。

新改进的立式裁断机的基本结构与技术性能大致与旧立式裁断机相同，但针对上述立式裁断机结构复杂庞大，安装维修不便，做了一些改进。如将原来分散布局的导开装置和裁断机三者连为一体，大大地缩减了占地面积，显得更为紧凑；原来为三角架样式的裁断机主机架改为呈长方形平台样式的焊接结构，既便利了操作与机器的维修，又增强了机台的稳定性；新改进的立式裁断机又取消了大绳轮，其传动系统如图6-7所示。

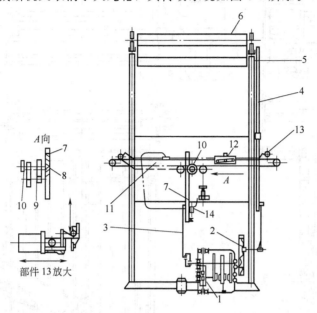

图6-7　新型立式裁断机传动系统

1—减速机；2,3—偏心曲柄连杆；4,7—齿条；5,8—齿轮；6—送布筒；
9—增速机构；10—链轮；11—链条；12—裁刀滑架；13—小风筒；14—转向阀

减速机1输出轴两端分别与两偏心曲柄连杆2、3相连，两曲柄方向互成180°，右偏心曲轴连杆2驱动齿条4、齿轮5带动送布筒6送布。左偏心曲柄连杆3则驱动齿条7、齿轮8，通过增速机构9及链轮10、链条11牵引裁刀滑架12往复运动。胶布的夹紧、撬起则由两小风筒13的活塞直接带动其动作。裁断齿条上的销钉随齿条上、下运动时拨动转向阀14，以操纵压布、撬布机构，使之与送布裁断协调动作。

第三节　卧式裁断机

卧式裁断机裁断精确度高，并有利于实现生产过程连续化、自动化。这对于工艺过程要求严格的轮胎生产显得特别重要。因此卧式裁断机比立式裁断机应用更为普遍。

卧式裁断机的特点是裁断平台（运输装置）水平放置，胶布沿着前进方向间歇运行，按一定的角度和宽度被往返运动的裁刀滑架上的裁刀所裁断。

一、基本结构

卧式裁断机的基本结构如图6-8所示。主要由导开装置Ⅰ、导开调整装置Ⅱ、裁断装置Ⅲ、光电定长器Ⅳ、运输装置Ⅴ等几部分组成。

一般来说，裁断前根据工艺要求，通过角度调整装置13先把带裁刀滑架8的横梁7调整至所需角度再进行裁断。

裁断机工作时，将胶布卷1置于导开装置的轴2上，然后分开垫布与胶布，垫布通过辊3绕在辊4上，胶布则通过辊4到导开调整装置Ⅱ上。然后胶布依次通过几个导辊6及扩布辊至带式运输装置Ⅴ上，与运输带一起向前移动，由光电定长器Ⅳ定长，使胶布到达规定裁断宽度，这时运输带停止运行，带着高速运转圆盘裁刀滑架8沿横梁7往复运动，对胶布裁断。

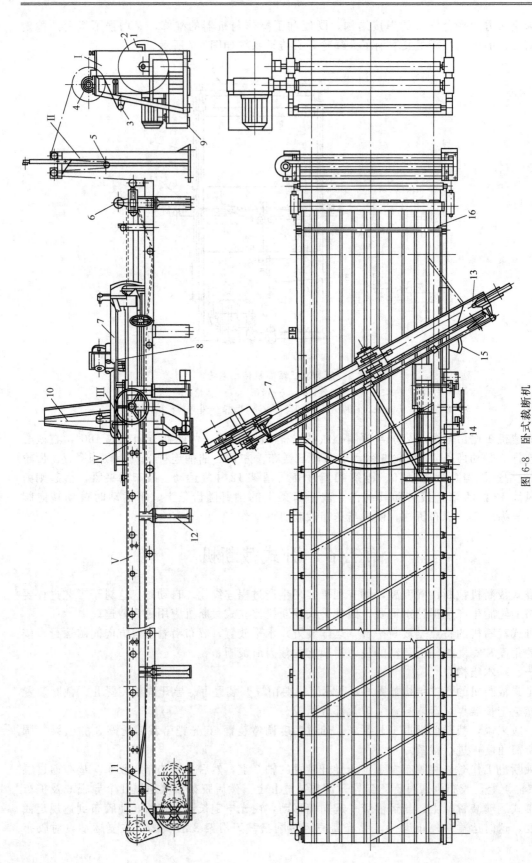

图 6-8　卧式裁断机

I—导开装置；II—导开调整装置；III—裁断装置；IV—光电定长器；V—带式运输装置；1—胶布卷；2—轴；3,4—辊；5—调整辊；6—导布辊；7—横梁；8—裁刀滑架；9—导开传动装置；10—裁断传动装置；11—运输带传动装置；12—机架；13—运输带调整装置；14—宽度调整装置；15—角度标尺；15—角度刻度盘；16—压布辊

二、主要零部件及动作原理

（一）导开装置

导开装置分单工位和双工位两种，单工位导开装置结构简单、操作方便、比较安全，但没有备料工位，换布卷时要停车。其结构与传动如图6-9所示。

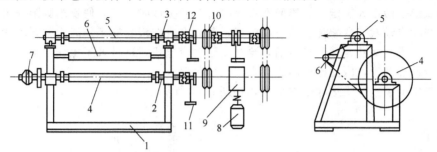

图 6-9　单工位导开装置

1—支架；2,3—短轴；4—胶布辊；5—垫布辊；6—分离辊；7—摩擦离合器；
8—电机；9—蜗杆减速机；10—链轮；11—拨叉；12—离合器

在型钢焊接支架 1 上装有两个短轴 2、3，胶布辊 4 与垫布辊 5 分别置于其上，分离辊 6 把胶布与垫布分离，由于主动的垫布辊的转动而把胶布引出。装在胶布辊轴端的摩擦离合器 7 用以调整胶布、垫布的张力，并克服胶布辊的转动惯性，防止胶布松弛。

在正常操作时，电机 8 通过蜗杆减速机 9，再经链轮 10 传动。由拨叉装置控制离合器 12，将垫布卷辊的端轴与导布架上的传动轴连接在一起，首先使垫布卷辊转动，将垫布缠卷，同时带动帘布卷使帘布导开而前行。当需要换帘布卷时，可将帘布卷拨叉离合器闭合，而打开垫布卷离合器使动力传至胶布卷辊，驱动其转动而将帘布与垫布同时引出。

导开供布传动可以正、反转动及快速、慢速转动，平时以慢速正转为正常操作。

（二）导开调整装置

导开调整装置位于导开装置与裁断台之间，起着协调供需关系的作用。其结构如图6-10所示。它主要由支架 1、扩布辊 2、滑辊 3 和重锤 4 等组成。

在型钢焊接支架 1 上放置两螺纹扩布辊 2，重锤 4 通过链条挂在滑辊两端的轴承上。在支架上、下端不同部位安装着 3 个行程限位开关 5、安全开关 6。裁断机工作时，当裁断速度低于导开装置的送布速度，由于胶布的积存，滑辊向下降落，碰到了下行程限位开关 5 时，导开电机停止，导开装置不再导布。此时，裁断仍在继续进行，由于积存胶布的减少，滑辊开始上升，当碰到上行程限位开关时，导开电机启动，又开始导布。其后胶布积存，滑辊下降，导布电机又停止。由于滑辊上、下滑动，使电机不断启动、停止，从而达到调整送布速度的目的。在支架最上部的行程限位开关 6 为安全开关，当导布开关失灵时，积存的胶布已经用完，但导开电机仍不启动导布，此时滑辊已上升至支架顶部触及安全开关而使整个机台停止运转。重锤的作用是平衡滑辊的一部分重量，以减小胶布的张力。

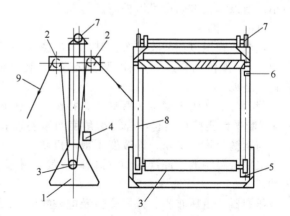

图 6-10　导开调整装置

1—支架；2—两螺纹扩布辊；3—滑辊；4—重锤；
5—行程限位开关；6—安全开关；7—链轮；
8—链条；9—待裁帘布

（三）运输装置

运输装置用以把未裁断的胶布送进裁断机构进行裁断，同时又把裁断好的胶布送出。其结构如图 6-8 所示。

运输带置于由型钢焊接呈长方形的机架上，机架的前端为木板与钢板铺设的裁断平台。

裁布宽度一般由人工定长，当胶布进入符合裁断宽度时，工人便操纵脚踏开关停止运输带运行，同时启动裁刀滑架传动装置的电机，裁刀电机在裁断机工作时为常开动状态，裁刀滑架往返一次进行裁断，裁断复位后，再开动运输带电机，这种人工操作的定长方法，裁断精度差，劳动强度大，因此已逐渐为光电定长所代替。

运输带传动装置位于运输带的后端，如图 6-11 所示。

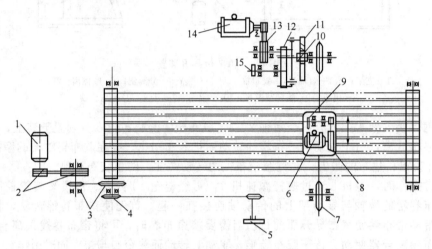

图 6-11　运输、裁断传动系统
1,6,14—电机；2,8,13—皮带轮；3,4,7—链轮；5—手轮；9—圆盘状刀片；
10,12—齿轮；11—齿条；15—凸轮

帆布带的运行是由电机 1 通过皮带轮 2、链轮 3 带动后端的传动辊而传动的，运输带的每一间歇行程即为每次裁断胶布的宽度。运输装置用直流电机带动，通过调压控制获得三挡高速和一挡低速。高速用于送布，目的在于提高生产率；低速用于定长，因送布速度低、惯性小，所以定长准确性可以提高。

（四）裁断装置

裁断装置用以裁断胶帘布，其结构如图 6-12 所示。它主要由上横梁 1、下横梁 2、裁刀滑架 3、滑架传动装置 4、角度调整装置 5、转动轴 6、电磁制动器 7、压布器 8 及凸轮控制装置 9 组成。

裁刀滑架 3 为上横梁 1 所支撑，并作为导轨沿其往返运动。下横梁 2 在中心处以转动轴 6 与裁断平台连接在一起，若转动角度调整装置 5 的手轮，则整个裁断装置绕其轴而转动，改变与运输装置的交角，即改变了裁断角度。

上横梁两端的缓冲装置 10 可以减少裁刀滑架在运动终了时的惯性冲击，以利滑架变向运动。

压布器 8 由压布辊、拉回弹簧及电磁线圈 11 组成。当定长完毕，凸轮控制装置 9 发出信号，电磁线圈接通，压布辊被吸下压布，这样可以避免开始裁布时，裁刀把边角带走或做成打褶现象。

凸轮控制装置的动作如下：当裁刀滑架停止在右边运输带送布时，凸块（图上未示）压在开关 5XK 上，这时走刀电机断电停转；当定长完毕，第二个光电管发出信号时，运输带

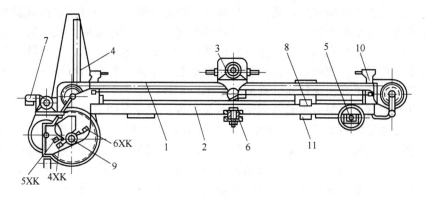

图 6-12 裁断装置

1—上横梁；2—下横梁；3—裁刀滑架；4—滑架传动装置；5—角度调整装置；6—转动轴；7—电磁制动器；
8—压布器；9—凸轮控制装置；10—缓冲装置；11—电磁线圈；4XK,5XK,6XK—行程开关

停止送布，走刀电机启动，走刀开始，在裁刀进入裁布前，凸块应压在 4XK 上，这时电磁线圈 11 通电，压布辊压布，随后裁刀开始裁布，凸块离开 4XK 时，压布辊回升到原来位置，这时裁刀仍继续裁布。直至裁刀滑架走到最左边，裁断完毕，凸块压在开关 6XK 上，这时运输电机又启动，运输带又开始送布，滑架返回右边，因为这时凸块又正好压在开关 5XK 上，因而可以防止运输带未停而进行走刀裁布的误动作。

裁断装置的传动如图 6-11 所示，它由滑架传动装置和裁刀传动装置两部分组成。

由电机 14、皮带轮 13、曲柄齿轮 12、齿条 11、齿轮 10 和链轮 7 组成滑架传动装置，通过牵引链条牵引着裁刀滑架往返运动。滑架上的圆盘状刀片 9 通过电机 6 及三角皮带轮 8 快速旋转，随着滑架前行而将胶布裁断。

（五）光电定长器

光电定长器用于自动控制胶布的裁断宽度。光电定长器分为光电反光板定长及光电圆盘数码定长两种。

反光板定长器如图 6-13 所示，位于裁断平台前端的一侧面，在定长器支架上可以左、右移动的拖板上装着两个光电继电器 3、4，在此光电管的下方正好对着固定在裁断平台上的经镀铬抛光的镀铬反光板 7。

定长器定长过程如下：已裁胶布 5 与待裁胶布 2 及其间的间隙随运输带 6 高速运行，达光电继电器 3 下方时，由镀铬反光板 7 反射的光线使光电继电器 3 产生一个光电反应，高速

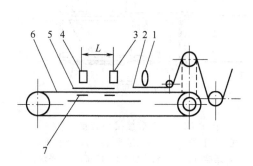

图 6-13 光电反光板定长器定长原理
1—裁刀；2—待裁胶布；3,4—光电继电器；
5—已裁胶布；6—运输带；7—镀铬反光板

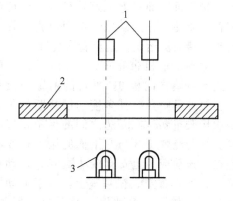

图 6-14 直接照射光导管定长
1—光导管；2—工作台；3—光电头

主回路被切断，低速主回路接通，直流电机降压，降速运转，运输带带着待裁胶布 2 低速爬行，直至此缝隙运行至光电管 4 下方时，光电继电器 4 产生光电效应，使电机制动，运输带及胶布也停止移动。定长完毕，交流电磁制动器松开，走刀电机启动、压布器压布，裁刀滑架带着裁刀 1 进行裁布。裁断结束，裁刀滑架传动装置中的凸轮撞击行程开关，使走刀电机停止运转，而运输带重新快速启动，周而复始进行工作。

改变光电继电器 4 与裁刀 1 间的间距，可裁获各种同宽度的帘布条。

两个光电继电器之间的距离 L 的大小直接影响定长的精度及生产率。L 值大则定长较准确，但爬行的时间长、生产率低。光电反光板定长常因反射的光偏移而导致定长误差大，可用直接照射光导管法来改进，与反光板的不同点如图 6-14 所示。在工作台 2 下方的光电头 3 发出的光束直接照射在光导管 1 上，其余过程与光电反光板相同。

（六）自动接头装置

在裁断机上按一定角度、一定宽度裁好的帘布，需逐段连接起来再缠到卷轴上供成型使用。接头装置用于完成帘布段的连接工作，以便实现裁断工作的机械化与联动化。

根据帘布段接头形式不同，接头装置分搭接装置和对接装置两种。搭接法结合牢固，但只适用于柔软的纤维帘线补强的帘布；对于钢丝帘线、玻璃帘线或粗纤维帘线补强的帘布如用搭接法，在搭接处会形成帘线聚集，引起僵硬，不能经受轮胎膨胀时的巨大应力，并会影响轮胎的平衡性，因而只能用对接法。

接头装置主要由定位装置和结合装置组成。定位装置用以保证帘布搭接时规格准确，结合装置用以保证结合牢固，能经受成型过程中的张力。

1. 自动搭接接头装置

帘布搭接接头装置如图 6-15 所示。主要由送布运输机 I、振动运输机 II、接头机 III 和卷取运输机 IV 等组成。

送布运输机 I 将胶布送至斜裁机 V，按即定角度裁成规定长度的胶布条。在送布运输机 I 和振动运输机 II 之间要有斜槽 6，以便借自重将斜裁成平行四边形的胶布顺序输送到振动运输机上。

振动运输机 II 将胶布条位置调整好，连续地供到接头机 III，以便按顺序连接起来。接头机后面是卷取运输机 IV，由传动装置 7 驱动，它间歇地开动用以将接好的胶布从接头机运走，送至卷取装置。

振动运输机带有平台 2，沿平台 2 的一边有一块导向板 9。平台的前缘与接头机相接处呈斜角，其角度与已裁断的平行四边形胶布 ad 与 ab 边之间的夹角正好相等。平台经弹簧 3 与它下面的振动板 5 相连接，振动板 5 上安有振动器 10。振动板又经弹簧 4 而安装在基座上，由于振动器及弹簧的作用使振动板 5 及平台 2 振动。裁好的胶布借自重从斜槽 6 送到振动运输机上，当胶布的斜边 ab 与平台 2 的导向板

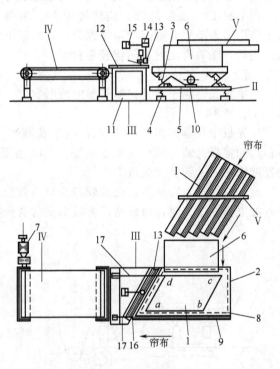

图 6-15　帘布搭接接头装置

I—送布运输机；II—振动运输机；III—接头机；
IV—卷取运输机；V—斜裁机；1—胶布；2—平台；
3,4—弹簧；5—振动板；6—斜槽；7—传动装置；
8—平板；9—导向板；10—振动器；11—机架；12—机台；
13—吸臂；14,15—汽缸；16—挡板；17—导杆

9接触时，胶布条被挡住，此时平台2已高速振动，使胶布不断调整前移，直至胶布的 ad 边到达吸臂13和挡板16之前待接头。

　　接头机的机架11上固定有机台12，它与振动运输机的平台2的距离不超过10mm，与平台同一水平或稍低些，机架上固定有导杆17、吸臂13、汽缸14和15，挡板16连接于导杆17上，并可沿导杆移动。当待贴合胶布到达挡板前面及吸臂下方时，由于光电管的作用使汽缸14、15分别动作，使吸臂下落吸住帘布前缘提起（此时挡板随之往上提）、前移，到达前一胶布的后缘，吸臂再下落，并使两块帘布的末端搭接、压合、贴牢，然后恢复原位。

　　2. 自动对接接头

　　自动对接接头流程如图6-16所示。

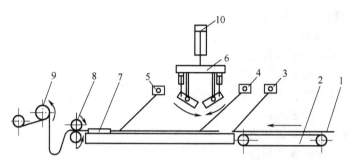

图6-16　自动对接装置

1—帘布；2—传动带；3~5—行程开关；6—接头器；7—挡板；8—辊子；9—胶布卷；10—风筒

　　裁断后的帘布由传动带2传送过来，帘布头碰上第一个行程开关3后，其移动速度降低。及至碰上第二个行程开关4时帘布即停止运动，并跟已接好头的帘布尾接触，而且刚好又在接头器6的下面。这时接头器6依靠风筒推动下降，压住帘布头，稍停一下后，又由风筒推动上升至原位。此时帘布已接好头，接好头的帘布由辊子8较快地带走，接头的帘布尾离开第一个行程开关3时，辊子8降速，当帘布尾离开第二个行程开关4时，辊子8即停止转动，等待下一次接头。第三个行程开关5起故障报警的作用。

　　行程开关3的触杆比较细，直径约3mm。接头速度约15次/min。为了提高对接接头质量，采用对接接头的帘布，在帘布压延卷取前，将帘布两边的一根帘线去掉。

第四节　安全操作与维护保养

一、安全操作

（一）立式裁断机安全操作

（1）开车前必须发出信号，要前后呼应后才可开车。

（2）上卷时，铁芯必须放牢，防止脱落砸伤。

（3）搭接布头时，必须停车在下面接好，不准登高接头。

（4）发现帘布打褶、粘连时必须切断电源，停车整理。衬布运行过程中，不准用手拉。

（5）裁布接布时手不准接近刀口，发现异常情况必须停车处理。

（6）更换刀片、速度和角度时必须切断电源。

（7）帘（帆）布裁下卷取时，要防止手卷入布卷。

（8）磨刀片时，严格执行"砂轮机安全操作规程"。

（二）卧式裁断机安全操作

（1）吊装布卷时，要遵守"电葫芦安全操作规程"。

（2）在准备裁剪或调换帘（帆）布规格时，应按下列程序操作。①两人互相协作，在停车情况下，将衬布头用手工包紧木棍，然后点动开关使衬布包牢。②用手将帘（帆）布拉到传送带上。③准备工作就绪后，才可启动。裁帘（帆）布头时手不准接近裁刀。

（3）操作中手不准接近裁刀线，发现帘布打褶、粘连时必须停车整理。

（4）在裁断机上磨刀片时，手要捏稳砂轮，更换刀片时必须切断电源。

（5）调换辊子必须拿稳放牢。

（6）剪刀等工具用后必须放在指定地点。

（7）帘（帆）布裁下后卷取时要防止手卷入布卷。

二、维护保养

（一）立式裁断机维护保养

1. 日常维护保养要点

（1）检查各紧固部位是否松动。

（2）检查各轴承工作情况。

（3）清洁和润滑齿轮、齿条、链轮和链条。

（4）清洁电机风叶的进风口。

（5）注意刀架滑块的磨损程度。

（6）保持裁刀刀片的锋利程度。

（7）保护压布板动作的正确可靠。

（8）保护供布装置离合器动作灵敏可靠。

（9）保证刹车机构的灵敏可靠。

（10）维护和润滑棘轮机构，保持良好工作状态。

2. 润滑规则

立式裁断机的润滑规则按表 6-4 执行。

表 6-4　立式裁断机润滑规则

润滑部位	润滑剂	加油量	加油周期或换油周期
增速齿轮箱、变速齿轮箱	机械油 N46	按规定油位加油	每隔半年
刀架滑轨、气路润滑器	机械油 N46	适量	每班 1 次
轴承	锂基润滑脂 ZL-4	适量	半年 1 次
棘轮、棘爪	机械油 N46	适量	每月 1 次
齿轮齿条、链轮链条	机械油 N46	适量	每班 1 次

3. 安全运行注意事项

（1）严禁将曲柄连杆机构调至死点位置，防止开车时损坏曲柄连杆。

（2）注意送布机构安全装置的可靠性。

（3）严禁在设备运转过程中搬动变速齿轮箱的手柄。

（4）机器安装后试车时，应先手动盘车，确认正常后方可开车。

（5）送布定长曲柄处于机架外侧，离地面又近，必须配置安全罩。

（二）卧式裁断机维护保养

1. 设备日常维护保养要点

（1）检查气动系统的气密性。

（2）注意链传动和丝杠的清洁性，并注意润滑。

（3）保持电机风叶进风口的清洁。

（4）保持电气柜、操作台内部的清洁，清扫积灰。

（5）保持裁布圆盘刀的锋利程度。

（6）注意裁刀小车滚轮的润滑和磨损程度。

（7）注意各轴承座的工作性能和润滑情况。

2. 润滑规则

卧式裁断机的润滑规则见表6-5。

表6-5　卧式裁断机润滑规则

润滑部位	润滑剂	加油量	加油周期
减速器、气路润滑器	机械油 N46 或 N100	浸没齿高 2～3 倍	半年
轴承	锂基润滑脂 ZL-4	适量	每月 1 次
链传动、丝杆	锂基润滑脂	适量	每班 1 次

三、基本操作过程及要求

（一）立式胶布裁断机

（1）检查单环储布器储布辊的上下限位开关控制导开装置电机的动作无误，上下极限位开关工作正常。

（2）检查链条拖动刀架滑块的动作无误，裁布动作正常。

（3）检查上端送布筒的动作正常，变速齿轮箱三挡工作速度都能正常工作。

（4）检查各部位温度应无骤升现象。

（5）检查裁断角度和宽度是否符合要求。

（6）将裁好的胶布取下放置在胶布存放架上。

（二）卧式胶布裁断机

（1）检查机台是否运转正常，根据生产任务要求做好准备工作。

（2）将待裁帘布捆置于裁断机导开装置上，并使胶布与垫布在分离辊上分开。

（3）将胶布经导开调整装置送到运输装置的平台上，开动机器检查运行情况。

（4）检查各部位温度应无骤升现象。

（5）检查裁断角度和宽度是否符合要求。

（6）检查光电定长器的控制效果。

（7）裁好的胶布由自动接头机或人工接头装置进行接头、卷取、存放。

四、胶布裁断机现场实训教学方案

胶布裁断机现场实训教学方案见表6-6。

表6-6　胶布裁断机现场实训教学方案

实训教学项目	具体内容	目的要求
裁断机的维护保养	①运转零部件的润滑 ②开车前的准备 ③机器运转过程中的观察 ④现场卫生 ⑤使用记录	①使学生具有对机台进行润滑操作的能力 ②具有正确开机和关机的能力 ③养成经常观察设备、电机运行状况的习惯 ④随时保持设备和现场的清洁卫生 ⑤及时填写设备使用记录,确保设备处于良好运行状态
裁布机操作	①裁布宽度、角度的调节 ②胶布捆的安放、导开 ③裁断宽度的控制 ④裁断速度的调节 ⑤切胶操作安全	①具有正确使用操作工具的能力 ②掌握操作裁断机(立式或卧式)裁布的基本技能 ③具有裁布的安全知识

思考题

1. 胶布裁断机的用途是什么?
2. 胶布裁断机如何分类?
3. 简述立式胶布裁断机的结构和动作原理。
4. 简述卧式胶布裁断机的结构和动作原理。

第七章　轮胎成型机

【学习目标】　本章简要介绍了轮胎成型机的用途、分类、规格表示、主要技术特征及轮胎成型机的使用与维护保养，概括介绍了子午线轮胎成型机的类型、结构及成型方法；重点介绍了斜交轮胎成型机的成型过程、整体结构、作用及工作原理。要求了解轮胎成型机的发展情况及子午线轮胎成型机的类型，掌握斜交轮胎成型机的结构、作用及其工作原理；学会轮胎成型机安全操作与维护保养的一般知识，具有进行正常操作与维护的初步能力。

第一节　概　　述

轮胎成型机是用于制造轮胎外胎胎坯的一种专用机械。外胎成型是轮胎生产工艺过程中一道很重要的工序，其成型过程实际上就是将组成外胎的各部件按一定工艺程序进行组装的过程。由于轮胎成型工序半成品部件多，手工操作复杂，因此，在很大程度上决定着外胎的质量。而要保证成型操作能顺利进行及提高成型工序的生产效率、降低劳动强度，就需要有较完善的成型机械。

一、用途与分类

1. 用途

轮胎成型机用于将帘布、胎圈、包布、胎面等各种部件贴合加工成轮胎胎坯。

2. 分类

成型机的类型很多，通常按以下方法来分类。

（1）按成型鼓的轮廓类型分为鼓式、半鼓式、芯轮式及半芯轮式轮胎成型机。目前主要使用的是半芯轮式和半鼓式轮胎成型机。

（2）按轮胎的结构形式分为普通（斜交）轮胎成型机及子午线轮胎成型机。

（3）按包边方式分为指形包边（也称机械包边）、压辊包边、胶囊包边轮胎成型机。

（4）按成型方法分为套筒法及层贴法轮胎成型机。这两种轮胎成型机除了因供料方式不同而增减少数专门零部件外，没有本质上的差别。

除了单机台的轮胎成型机外，尚有多台专用成型机组成的轮胎成型机组。这种成型机组把轮胎成型过程分解成若干环节，每个环节由专用的成型机完成，组成成型流水作业，有利于实现轮胎成型过程的机械化和自动化。

二、规格型号表示与主要技术特征

轮胎成型机的规格通常用可成型外胎的规格大小不同来表示。如压辊包边轮胎成型机目前分 1#、2#、3#、4# 等几种规格。2# 外胎成型机可以成型轮胎规格范围为 7.50-20 至 10.00-20。轮胎成型机的型号表示如下。

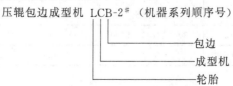

压辊包边成型机　LCB-2#　（机器系列顺序号）

子午线轮胎一次成型机用 LCZ 表示；子午线轮胎第一段成型机用 LCY 表示；子午线轮胎第二段成型机用 LCE 表示；层贴法成型机用 LCC 表示。

表 7-1 和表 7-2 为目前生产及使用较广泛的斜交轮胎成型机的主要技术特征。表 7-1 中为压辊包边成型机的技术特征，这种轮胎成型机主要用于套筒法成型。表 7-2 中为层贴法成型机的主要技术特征。表 7-3 为子午线外胎成型机的主要技术特征。

表 7-1　压辊包边轮胎成型机的主要技术特征

型　　号	LCB-1	LCB-2	LCB-3	LCB-4
轮胎规格	6.00-13～7.50-16	7.50-20～10.00-20	11.00-20～14.00-24	11.00-32～21.00-25
成型鼓				
直径/mm	445～600	620～692	690～850	780～1100
宽度/mm	300～420	430～550	470～780	550～1200
胎圈直径/mm	310～444	508	457～610	610～960
主轴				
中心高/mm	900	900	970	1250
转速/(r/min)	40,150	85,175	70,140	55,105
主电机				
型号	JPCX-62-12/6	JPCX-62-12/6	JPQ$_3$-180,IM-12/6	JPQ$_3$-180,IM-12/6
功率/kW	3～5	3～5	6.5～11	6.5～11
成型棒升降速率/(mm/s)	3	3.18	2.16	3
1$^\#$布筒正包弹簧带根数	8	8	10	12
压倒及传动弹簧带速比	1.66∶1	1.4∶1	1.4∶1	1.4∶1
下压合传动形式	被动	被动	被动	主动
允许辊压最大宽度/mm	430	580	780	1204
后压辊运动速率				
轴向/(mm/s)	7.15	14.44	15.90	5.55
径向/(mm/s)	12.80	20.35	31.30	5.55
回转/(mm/s)	2.68	3.60	1.5/4.75	1.98
外形尺寸(长×宽×高)/mm	3335×1480×1482	4540×2000×1890	4800×1820×1955	6648×2700×2405

表 7-2　层贴法成型机的主要技术特征

型　　号	小型	中型	大型	较大型
轮胎类型	乘用胎	载重胎	载重和拖拉机胎	拖拉机胎
钢圈数	单	单和双	单	单
钢圈直径/in[①]	13～16	18～24.5	20～42	26～42
成型鼓				
直径/mm	280～438			
宽度/mm	292～711	457～737	406～1016	1067～1750
主轴中心线高度/mm	864	889	914	965
主电机类型	三速交流	三速交流	三速交流	三速交流
正包部分结构	指状和 V 带	弹簧带		
后压合驱动方式:压辊运动				
径向	手工操作	交流电机	手工操作	手工操作
轴向	手工操作	交流电机	手工操作	手工操作
回转	直流电机	直流电机	直流电机	直流电机
外形尺寸(长×宽×高)/mm	3200×1800×1500	4300×2100×1600	4100×2100×2000	7000×3700×2200
机台质量/t	2.1	3.2	4.0	8.6

① 1in＝0.0254m。

表 7-3　子午线外胎成型机的主要技术特征

型　　号	二次成型一段成型机	二次成型二段成型机
轮胎规格	9.00-20,11.00-18,12.00-18	9.00-20,11.00-18,12.00-18
成型机		
直径/mm	640~780	508
宽度/mm	430~630	630
主轴转速/(r/min)	70~140	60~120
主电机型号	JPCX-62-12/6	JPCX-62-12/6
功率/kW	3~5	3~5
主轴中心高度/mm	920	
扣圈反包装置左侧机退却行程/mm	700	
速比	1:254	
反包器汽缸总行程/mm	560	
1#正包装置压布弹簧带/根	1	
传动弹簧带/根	3	
速比	1:1.4	
后压合轴向运动速率/(cm/min)	36.7	
径向运动速率/(cm/min)	63	
回转运动速率/(cm/min)	1.93	0.330/0.558
胶皮鼓内最大充气压力/MPa		0.2
成型鼓宽度调节速率		胶鼓宽从630mm缩到220mm需20~25s
外形尺寸(长×宽×高)/mm	4040×2180×1870	2900×2200×1905

第二节　基 本 结 构

一、整体结构与传动

轮胎成型机结构种类很多，但主机部分的区别不大，主要是各压合装置及传动方式有差异。如图 7-1 所示为目前国内使用较广泛、结构性能较好的压辊包边轮胎成型机。

本机主要由主机 1、成型棒装置 2、1#帘布筒正包装置 3、下压辊装置 4、后压辊装置 5、外扣圈盘及卸胎装置 6、帘布筒挂架 7、电气控制系统及风压管路系统等部分组成。成型胎坯用的模具即成型鼓（图上未示）装在主轴 8 上。

成型前，把胎圈放在内、外扣圈盘 6 和 12 上。开动成型棒装置 2（装在机箱上方）中的气筒，使成型棒 9 伸出，放置在帘布筒挂架 7 上的帘布筒，由人工从左端局部套在成型鼓和成型棒上，然后开动机器，成型棒便迅速将帘布筒套入成型鼓上，当帘布筒套入并对正中线后，即可开动气筒将成型棒抽出，准备包边。

1#帘布筒正包装置 3 装在成型鼓两侧鼓肩的下方，包边时，1#帘布筒正包装置 3 升起，在成型鼓转动后，利用正包装置的弹簧带及气动小压辊，将筒状的帘布包在成型机上，辊压为呈成型鼓肩部的曲线外形，完成 1#帘布筒的正包操作。内、外扣圈盘 6 和 12 用汽缸驱动，把胎圈扣在套于成型鼓上的胎体帘布层上。后压辊装置 5 通过传动系统可使压辊分别实现径向、轴向及回转运动，以完成对帘布筒的胎圈包卷（包括正、反包）、辊压胎圈包布、辊压胎侧及剥离等动作，工作时由装在辊臂铰链座上的汽缸推动辊臂使压辊对帘布加压。下压辊装置 4 装在主轴的下方，用于对胎坯作轴向压合，以排除胎坯各层间的空气并使各部件紧密结合。

主机 1 内装有主轴 8 的传动装置，主轴 8 由电机经 V 带传动，带动成型鼓运转。主轴 8 上装有轴套，其一端与成型鼓连接，另一端装有制动盘，用于主轴 8 的制动及鼓的折叠。轮胎成型结束后折叠成型鼓，利用外扣圈盘 6 上的卸胎拉钩，把胎坯从成型鼓上拉出卸下。

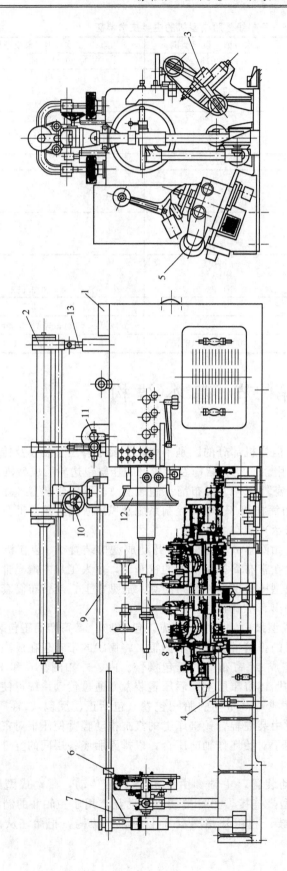

图 7-1　压辊包边轮胎成型机

1—主机；2—成型棒装置；3—1#帘布筒正包装置；4—下压辊装置；5—后压辊装置；6—外扣圈盘及卸胎装置；7—帘布筒挂架；8—主轴；9—成型棒；10—手轮；11—涡轮减速器；12—内扣圈盘；13—支柱

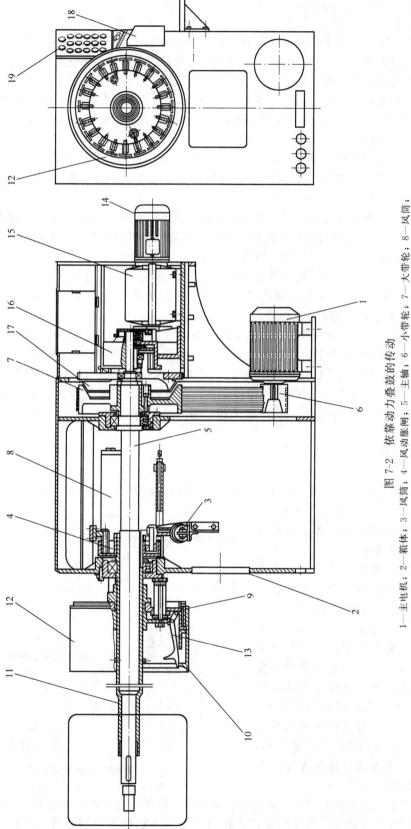

图 7-2 依章动力叠鼓的传动

1—主电机；2—箱体；3—风筒；4—风动胀闸；5—主轴；6—小带轮；7—大带轮；8—风筒；
9—扣圈架；10—内扣圈盘；11—刹车轴套；12—内辅助鼓装置；13—指状正包装置；14—减速电机；
15—双速减速机；16—低速离合器；17—锥状摩擦离合器；18—主令开关箱；19—按钮盘

二、主要零部件

（一）主机

主机是普通轮胎成型机最基本的部分，其结构形式较多，目前应用较广的有利用动力叠鼓及利用惯性叠鼓的结构，图 7-2 所示为利用动力叠鼓的主机结构。它主要由传动系统、主轴、刹车装置及箱体等组成。

主电机 1 装在箱体 2 内，通过 V 带传动使主轴 5 带动成型鼓回转。内扣圈盘 10、扣圈架 9 套于刹车套筒 11 上，由两个风筒 8 使其往复运动，并能绕刹车套筒 11 旋转，这对于装置钢圈是较为方便的。

箱体 2 一般采用钢板焊接结构，也有采用铸铁铸造。主轴 5 装在箱体的轴承座上，为了安装更换 V 带方便，大带轮 7 装在后轴承的外侧。大带轮与主轴配合处采用锥面结合，锥度为 1∶10，便于装卸。

主轴 5 应有足够的强度和刚度，其材料采用 50Mn2 或 40Cr 钢，并经调质处理。主轴上装有轴套 11，轴套的前端与折叠式成型鼓连接，后端装有风动胀闸 4。为了便于更换制动器的摩擦片，制动鼓与轴套也采用锥面结合，锥度为 1∶20。

表面平滑的（无槽）大带轮 7 装在主轴 5 上，大带轮 7 是采用锥状摩擦离合器 17，通过齿轮与叠鼓减速电机 14 的双速减速机 15 输出轴上的齿轮啮合传动。亦有的大带轮采用气囊离合器，通过齿轮与叠鼓减速电机 14 啮合传动。

其传动过程是：在正常工作时大带轮 7 通过小带轮 6、V 带组由主电机 1 带动。当需要上每层帘布、胎面或折叠成型鼓时，主电机 1 停转，并开动减速电机 14，通过双速减速机 15、低速离合器 16 并使锥状摩擦离合器 17 靠紧大带轮 7 使主轴以较低的速率转动（此时 V 带在大带轮上打滑，不会带动小带轮），以便于将帘布等贴在成型鼓上或达到叠鼓的目的。

采用动力叠鼓，鼓的折叠及张开较平稳，连杆、销轴等零件不易损坏，可延长使用寿命。

（二）成型鼓

1. 类型

成型鼓是轮胎成型用的模具，不同结构和规格的轮胎需要采用不同类型的成型鼓，才能高效率地生产出符合要求的轮胎胎坯。常用的成型鼓如按外形轮廓不同可分为图 7-3 所示的四种形式。

（1）鼓式成型鼓　鼓式成型鼓是一个可折叠的圆柱状直筒。它的特点是成型鼓的直径小于外胎胎圈的直径，成型时帘布一层层贴上，帘布不需伸张，帘布层不需要正包，可以简化成型机包边装置，成型后卸胎容易，提高了成型效率。但不能保证钢丝圈沿外胎整个圆周上的距离及位置正确，且用手工反包，反包的效率低质量也差。为了能保证胎圈间距及位置正确，可在成型鼓上方两边加定位轮或在鼓面两端加定位槽。

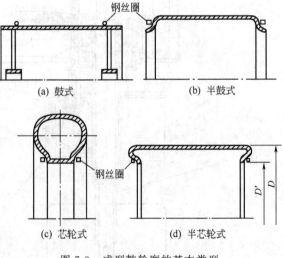

图 7-3　成型鼓轮廓的基本类型

用鼓式成型鼓成型的胎坯，在定型时胎圈部位要扭转一定角度，如图 7-3（a）所示，易发生胎圈部位变形或脱层。为了防止在扭转过程中钢丝圈包布与钢丝圈之间脱空而产生空隙，就必须采用圆断面钢丝圈。鼓式成型鼓一般只适用于单钢圈和帘布层数较少的轮胎成型。

（2）半鼓式成型鼓　半鼓式成型鼓的外径比胎圈直径大，鼓肩较低，如图 7-3（b）所示。成型时正包比较容易，钢丝圈靠鼓肩定位，可保证成型时两个胎圈之间距离一致，成型后的胎坯尺寸比较规整。老式的半鼓式成型鼓的鼓肩上有锥形凸台，在用手工正包及扣圈时，可以起定位作用，但采用机械化包边及扣圈装置后，锥形凸台不仅没有必要，而且影响包边和扣圈。

由于半鼓式成型鼓的外径大于胎圈内径，因而成型鼓的结构必须采取收缩或折拢措施，以便把成型好的胎坯从成型鼓上取下。

图 7-4 所示是我国革新成功的一种胶囊膨胀结构的成型鼓。成型鼓靠外层胶套 1 的弹性收缩力使之径向收缩，收拢后的成型鼓外径小于胎圈内径，便于放置胎圈及卸胎。帘布层用层贴法卷贴在收拢后的成型鼓上，然后往内胶囊 3 的气腔内送入压缩空气，内胶囊膨胀，迫使鼓瓦 2 径向膨胀（该鼓瓦均分为 34 块）。鼓瓦两端装有限位盘 4，保证鼓瓦膨胀及收拢后具有固定的外形尺寸。钢丝圈扣在鼓瓦外层胶套 1 的两端。由于帘布层是在成型鼓收拢后卷贴的，帘布筒直径小于钢丝圈内径，成型时不需要正包，具有鼓式成型鼓的特点，同时，钢丝圈扣在鼓肩两端，保证了胎圈间距及位置正确，又具有半鼓式成型鼓的特点。这种胶囊膨胀结构成型鼓具有结构简单、制造容易、卸胎方便、成型效率高等优点。它的缺点是鼓的宽度不能调整，只能生产一种规格的轮胎。

采用半鼓式成型鼓成型的轮胎胎坯在定型过程中，其胎圈部位的橡胶部件仍有转动变形，但比鼓式成型的胎坯变形要小一些。一般也只适用于单钢圈、帘布层数较少的轮胎成型。

（3）半芯轮式成型鼓　这种成型鼓的特点是胎圈部分的成型角度与定型后的角度近乎一致，在定型时，胎圈部分只作平行移动，故变形小，如图 7-5 所示。因此，它能适用于成型两个或两个以上钢丝圈的外胎。该成型鼓采用帘布筒进行成型，并利用自动成型棒进行操作，可实现机械化，成型鼓可自动折叠，生胎易于取出，生产效率高。但由于半芯轮式成型鼓具有较高而且凹陷的鼓肩，在成型时，正包和反包都比较困难，胎圈部位帘布容易起褶子，特别是工程大胎成型时的褶子更加严重。

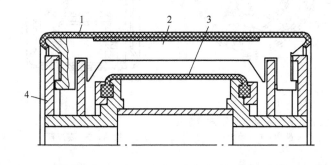

图 7-4　6.70-13 胶囊膨胀结构成型鼓
1—外层胶套；2—鼓瓦；3—内胶囊；4—限位盘

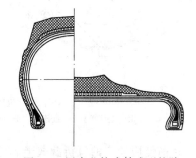

图 7-5　用半芯轮式鼓成型的胎坯与成品轮胎物料分布对照

（4）芯轮式成型鼓　其芯轮是用铝制的硬芯轮或用厚帆布做的内充气的软芯。芯轮的外轮廓与成品轮胎的内轮廓相同，用这种鼓做成的胎坯，胎坯形状与成品轮胎形状接近，不需要定型，因而轮胎的各橡胶部件在硫化过程中不易移位。但成型十分困难，劳动强度大，生产效率低，帘布易皱褶，质量差。目前除了在子午线轮胎生产中贴缓冲层及胎面时采用外，基本上已淘汰。

目前八层帘布以上的外胎主要采用半芯轮可折叠式成型鼓，而六层帘布以下的外胎主要采用半鼓式或鼓式折叠式成型鼓。

2. 结构原理

成型鼓的结构类型较多，这里着重介绍可折叠式成型鼓。

可折叠式成型鼓，根据胎坯外径与胎圈直径的差值不同，有制成四块、六块、八块及十二块鼓瓦的。鼓瓦数量愈多，成型鼓折叠前后的直径相差愈大。由于汽车轮胎胎圈直径越来越向小的方向发展，就愈需要高质量小直径的折叠式成型鼓。

图 7-6 所示为四块鼓瓦的半芯轮式成型鼓的结构。它是由四块鼓壁 1、鼓肩 5 及盖板 6 组成的鼓瓦，把四块鼓瓦连接起来的主连杆 2 及把直连杆 3、弯连杆 4 连接起来的副连杆 9 组成。工作时，各连杆将鼓瓦支成一圆筒。鼓两侧的鼓肩部分可根据成型胎坯的宽窄在一定范围内移动，以适应不同规格轮胎的成型。主连杆 2 用键固定在成型机主轴上，弹簧定位销 7 和拔销 8 把主连杆 2 与副连杆 9 连接起来，副连杆与成型机主轴外的轴套相连。当主轴旋转时，主连杆、副连杆及轴套同时转动，成型鼓便转动起来。折叠成型鼓时，把拔销 8 从副连杆中拉出，切断成型机主电机电源，开动折叠鼓减速电机以带动大皮带轮回转（转速 5.90r/min），使主轴与轴套相对运动，推动弯连杆 4 及直连杆 3，把分成四块的鼓瓦折拢成椭圆状。将胎坯稍倾斜即可从成型鼓上取下。折拢后的成型鼓反转时，在离心力作用下，鼓瓦撑开，插进拔销 8，恢复工作状态。

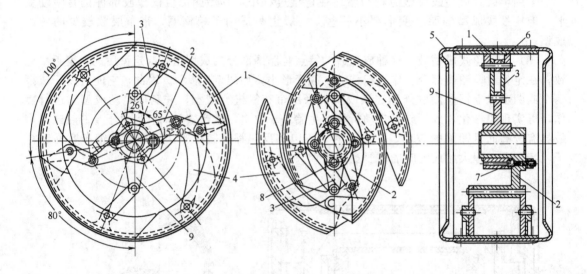

图 7-6 四块鼓瓦的折叠结构半芯轮式成型鼓

1—鼓壁；2—主连杆；3—直连杆；4—弯连杆；5—鼓肩；6—盖板；7—弹簧定位销；8—拔销；9—副连杆

目前使用较广的可折叠式半芯轮成型鼓，其折叠形式按成型鼓外直径 D 与内直径 D_n 的比值不同可分为三种形式，如图 7-7 所示。

(1) 全鼓肩叠合成型鼓 如图 7-7 (a) 所示，当鼓外内直径比 $\frac{D}{D_n} \leqslant 1.33$，即对 20in（1in=0.0254m）钢圈来说成型鼓直径限制在 ϕ660mm 之内，仅适用于成型 32×6、7.50-20、8.25-20 等规格。其特点是叠合后鼓肩部分是完整的。

(2) 卸鼓肩直边叠合成型鼓 如图 7-7 (b) 所示，当鼓外内直径比 $\frac{D}{D_n} \leqslant 1.397$，即对 20in

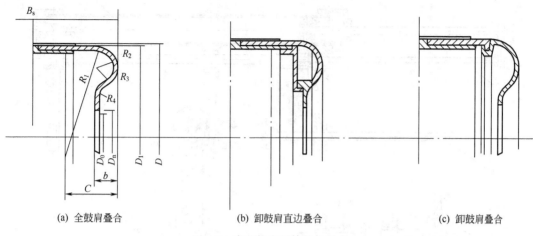

(a) 全鼓肩叠合　　　　　(b) 卸鼓肩直边叠合　　　　　(c) 卸鼓肩叠合

图 7-7　半芯轮成型鼓折叠形式

钢圈来说成型鼓直径限制在 ϕ692mm 之内，适用于成型 9.00-20、10.00-20、11.00-20 等规格。其特点是先把鼓肩直边部分用人工卸下来，然后叠合。这比全卸鼓肩省力，减轻了劳动强度。

（3）卸鼓肩叠合成型鼓　如图 7-7（c）所示，当鼓外内直径比 $\dfrac{D}{D_n} \leqslant 1.57$，即一般适用于成型 11.00-20、12.00-20、14.00-20 等规格。目前设计的最大直径为 ϕ780mm。其特点是先把鼓肩卸下，然后叠合，劳动强度大。

由此可见，从提高生产效率、减轻劳动强度来说，全鼓肩叠合成型鼓是最好的，但是，它要受成型直径的限制，只能成型 8.25-20 规格以内的轮胎。因此，成型鼓折叠形式要根据被成型外胎的直径来选择。

四块鼓瓦式成型鼓，折叠后的成型鼓呈椭圆状，其折叠后的直径一般都比轮胎的胎圈直径大，卸胎比较困难，因而现在逐步采用六块鼓瓦或更多鼓瓦的折叠鼓，其基本结构原理与四块鼓瓦折叠鼓类似，但连杆的形式不同。折叠后成型鼓接近圆形，其外切圆直径小于轮胎折合直径，因而卸胎比较容易。

（三）套帘布筒装置

套帘布筒装置的作用是在采用套筒法成型轮胎时，需要把预先在贴合机上贴合好的帘布筒通过套布筒装置导入成型鼓上。其类型有：成型棒装置和真空吸附装置。

1. 成型棒装置

（1）结构　成型棒装置的结构和传动形式很多，但其结构原理是基本相同的。图 7-8 所示是一种风筒传动的成型棒装置。

风筒 1 通过拉杆 2 带动成型棒 4 沿导杆 11 作往复运动。转动手轮 5 通过蜗杆 6 及扇形蜗轮 14 可使成型棒在成型鼓上方相对主轴轴线水平摆动，其高度由装于机箱内的小电机 7 通过链轮 8、10 和两个蜗轮减速机 9 作微量调节，以适应两个以上帘布筒成型的需要。小型的成型机成型棒高度调整装置只有一个蜗轮减速机 9 是通过小电机或用手操纵的。如改变成型规格，成型鼓直径变化较大，必须起落支柱 13。风筒 1 的尾部装有常用的空气缓冲器，以减少成型棒运动时的冲击。有的成型棒装置在风筒 1 的管路上还装有快速排气阀，加速成型棒的缩回，减少操作的辅助时间。

为了满足不同大小的成型鼓的成型，在导杆前部装有两组可拆卸的调整垫 3，根据成型鼓的宽窄，调整成型棒伸出的距离。伸出后的成型棒端头超出成型鼓边缘的大小根据实际保证一定的数值，一般为 50mm 左右。如果超出距离过大，成型棒的负荷过大，容易发生抖动，操作也不方便；如太小，则成型鼓边缘外的帘布筒就伸展不开，起褶子，而且上得

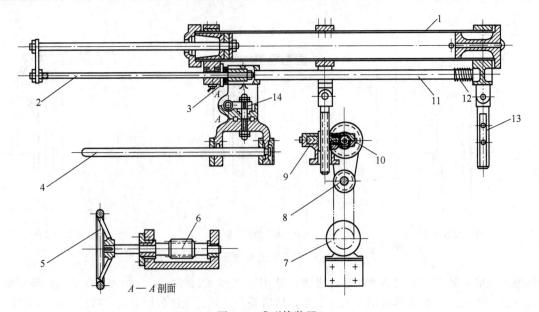

图 7-8　成型棒装置

1—风筒；2—拉杆；3—调整垫；4—成型棒；5—手轮；6—蜗杆；7—小电机；8—中
间链轮；9—蜗轮减速机；10—大链轮；11—导杆；12—弹簧；13—后支柱；14—蜗轮

也慢。

（2）套帘布筒过程及原理　在上帘布筒时，先利用风筒 1 通过拉杆 2 使成型棒 4 沿导杆
11 伸出，调节好成型棒高度，并超出鼓边缘尺寸约 50mm；再将帘布筒套在成型棒和成型
鼓边缘上 20～30mm；最后，开机转动成型鼓，同时通过转动手轮 5 来调整成型棒的摆动
角。这样，便可以迅速将帘布筒导入成型鼓上。由图 7-9 可以看出，帘布筒是靠成型棒与它
的摩擦分力 f'' 的作用而上到成型鼓上的。

f'' 的值是随着成型棒的摆动角 φ 而变动，φ 值越大，则 f'' 越大，帘布筒进入成型鼓的速
率也越快，但一般 φ 角不能大于 15°，高度不大于 30mm。当成型棒摆动角相反时〔图 7-9
（d）〕，则帘布筒将从成型鼓上脱出。

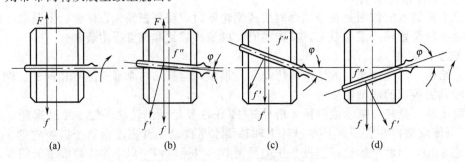

(a)　　　　　　(b)　　　　　　(c)　　　　　　(d)

图 7-9　成型棒上帘布筒时的受力图

F—成型鼓回转产生的周向力；f—成型棒与帘布筒的摩擦力；f'，f''—摩擦分力；φ—摆动角

用成型棒装置套帘布筒，具有操作简单、辅助设备少、适应性好等优点。缺点是由于在
导入帘布筒过程中，成型棒与帘布筒内表面的摩擦，导致帘线排列角度要变化，帘布筒的导
入也不易定位，且在抽棒位置上帘布筒要起"拱"，这些缺点会影响轮胎质量，尤其对子午
线轮胎的影响会更加显著，故此方法主要用于斜胶胎的成型，不适合于子午线轮胎的成型。
子午线轮胎的成型一般需采用另外一种方法，即"真空吸附法"。

2. 真空吸附帘布筒装置

图 7-10 为真空吸附套帘布筒装置工作原理示意。

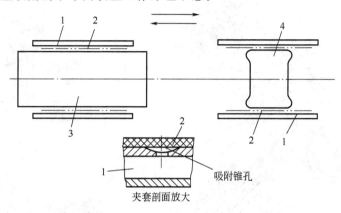

图 7-10　真空吸附套帘布筒装置示意
1—吸附罩；2—帘布筒；3—辅助鼓；4—成型鼓

辅助鼓 3 是一只可以径向膨胀的胶囊鼓（可以兼作贴合鼓）。真空吸附罩 1 是一个环形夹套，内壳上有许多小孔，夹套与真空系统（真空度 47～53kPa）相连。工作时，先在辅助鼓 3 上将帘布贴合成帘布筒，再把吸附罩 1 移到辅助鼓 3 上，由定位器保证对中；然后，向辅助鼓 3 内通入压缩空气，使辅助鼓 3 膨胀，帘布筒也随之扩张。当帘布筒与吸附罩内壳接触时，打开真空系统阀门，吸附罩夹套抽真空，这样便可把帘布筒吸附在吸附罩的内壳上，然后将辅助鼓 3 排气收缩。在传动装置的作用下，把吸附罩 1 传递到成型鼓位置上并进行对中后，切断吸附罩 1 的真空系统，并接通大气，帘布筒在自身弹性作用下便抱在成型鼓上。在吸附罩 1 退出成型鼓后，即可进行下一步操作。

为了提高真空吸附的作用效果，在吸附罩内壳的小孔上，扩钻有锥孔，如图 7-10 所示夹套剖面放大图。吸附罩内壳的钻孔范围不应超过帘布筒的宽度，以免因真空系统漏气而导致吸附作用失效。

真空吸附套布筒装置的优点是在导入帘布筒的过程中，帘线排列角度不会歪斜，膨胀较均匀，帘布筒在成型鼓上定位正确。缺点是操作烦琐，操作时间长，辅助装置多。

传送环除了可采用真空吸附外，对金属帘线层还可采用磁性吸附。

（四）包边装置

轮胎成型机的包边装置也称胎圈包卷装置，用来完成胎圈部位的帘布层正、反包，以及外包布的包卷辊压。常用的包边装置结构种类很多，工作原理也各不相同。不同类型的轮胎成型鼓需要配备相应的包边装置才能提高成型效率。下面主要介绍两种包边装置。

1. 1# 帘布筒正包装置

1# 帘布筒正包装置可代替过去 1# 帘布筒的手工正包，使 1# 帘布筒正包操作实现了机械化。1# 帘布筒正包装置的结构如图 7-11 所示，每台成型机有两组弹簧带及压辊，分别安装在成型鼓两侧下方。由升降风筒 1 带动两组弹簧带沿溜板座 2 呈 45°斜面滑动，两根大弹簧 7 绕过大带轮 8 挂于两侧压辊 9 上，侧压辊 9 与主轴平行线夹角一般为 15°～20°，才能使 1# 帘布筒拉紧贴在成型鼓肩部。压辊压合部位不宜过深，不超过鼓肩弯曲处。压辊的连杆根据成型鼓直径的变化，可以更换。8 根小弹簧 6（弹簧根数是随成型机规格不同而异）由两端的小带轮 4 分别支撑。工作时，升降风筒带动两组弹簧带向成型鼓径向升起，小弹簧则随着成型鼓径的变化紧紧压住帘布筒的外表面，这时，右侧之撞板已撞到行程开关（图中

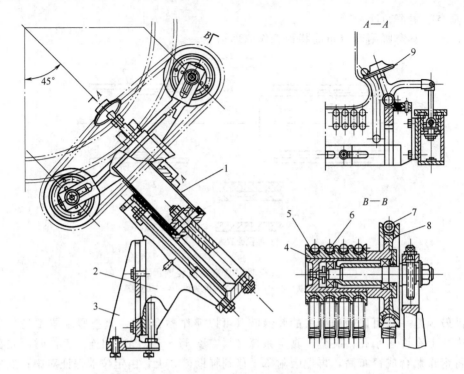

图 7-11　1#帘布筒正包装置

1—升降风筒；2—溜板座；3—机座；4—小带轮；5—胶皮圈；6—小弹簧带；7—大弹簧带；8—大带轮；9—侧压辊

未画出），压缩空气则通过电磁阀而进入侧压风筒，使侧压辊 9 带动大弹簧带 7，利用大弹簧带 7 与帘布筒的速差，将成型鼓上外伸帘布不断压倒，并被小风筒推动的侧压辊 9 压粘在成型鼓的鼓肩内，以待扣圈，但对鼓肩较高者，除正包压合外尚需用后压辊作补充压合。规格大和规格变化范围大的成型机因成型鼓较宽，正包装置两组弹簧距离较大，而且需要有较大的变化范围，则应设有两个升降风筒，分别带动两组弹簧圈。为了满足不同规格的轮胎成型，两组弹簧轮间距、升降风筒行程位置、溜板座 2 和机座都是可调的。为了防止弹簧圈与轮间滑动，在每个轮槽内都装有胶皮圈 5。

　　安装 1#帘布筒正包装置时，应使侧压辊 9 的运动方向通过主轴轴心，并使小弹簧带 6 均匀地压在成型鼓上，为了防止帘布筒与小弹簧带接触起"拱"，小弹簧带在帘布筒的包角不得小于 30°，以免打滑，小弹簧带轮不得与帘布接触，避免损伤帘布。调整时，把压辊 9 与成型鼓的接触点位置适当地靠近鼓的外径，能防止或减轻帘布筒包边部位起褶子。

　　采用 1#帘布筒正包装置时，应把帘布筒直径做得比成型鼓小 6%～10% 左右，使得正包时，不易起"拱"或褶子。1#帘布筒正包装置调整得恰当与否对包边质量影响极大，需要精心调好。

　　弹簧带的材料一般采用 T9A 弹簧钢丝，弹簧缠卷后，应进行低温定型回火。

　　1#帘布筒正包装置具有结构简单、效率高等优点，无论是新机还是老机改造都可适用。它常用于半芯轮式轮胎成型机，也可用于半鼓式轮胎成型机。

　　2. 指形包边器及拉出器

　　指形包边器也称机械包边器，它模仿成型时手工操作的包边动作，完成正包、扣圈和反包，或者只完成其中一部分操作。拉出器用于把正包好的并扣上胎圈的外伸帘布翻出，为反包创造条件。

　　图 7-12 是一种配用于半芯轮式成型鼓的指形包边装置。它主要由正包手指（杠杆）、反

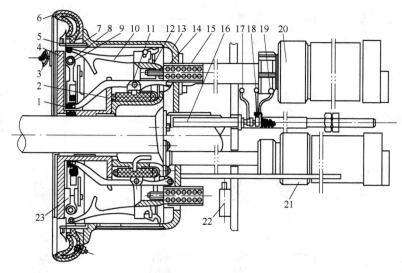

图 7-12 半芯轮式指形包边装置

1—支撑杠杆；2—支撑胶囊；3—胎圈辊子；4—导向盘（同步盘）；5—承胎圈销钉；6—压紧胶囊；7—正包辊子；
8—弹簧带；9—橡皮绳；10—正包手指（杠杆）；11—支撑杆座；12—橡皮圈；13—外壳；14—支撑环；
15,20—气筒；16—限制杆；17～19—三个定位销开关；21—差动气筒；22—定位销的气筒；23—扇形滑块

包器及压紧胶囊等组成。正包手指 10（共有 30 个）在尾部橡皮圈 12 的作用下径向撑开〔参见图 7-13（b）〕。反包器由扇形滑块 23、导向盘 4、弹簧带 8、支撑胶囊 2、支撑杠杆 1 等组成。当支撑胶囊 2 充气使支撑杆座 11 连同支撑杠杆 1 沿径向升起，推动扇形滑块 23 沿导向盘 4 作径向滑出，使弹簧带 8 撑开，胶囊 2 排气后，在弹簧带 8 的作用下自动收拢〔参见图 7-13（c）、（f）〕。气筒 20 推动支撑环 14，气筒 21 推动外壳 13 向前，压下正包手指 10，与反包器的弹簧带 8 一起把外伸帘布夹住，向成型鼓中心收拢完成正包，同时，把放在外壳 13 内销钉 5 上的钢圈扣在成型鼓肩上〔参见图 7-13（c）、（d）〕，压紧胶囊 6 进气，对胎圈加压〔参见图 7-13（e）〕。接着，外壳 13 后退，反包器在胶囊 2 的作用下径向撑开，把帘布反包过来〔参见图 7-13（f）〕，然后胶囊 2 排气，反包器的扇形滑块 23 缩回，外壳 13 向前，胶囊 6 进气，对胎圈部位进行加压〔图 7-13（g）〕。第二个帘布筒操作过程与第一个帘布筒相同，子口包布的包卷是用正包手指 10 翻转后，用装在反包器上的压辊带进胎里〔图 7-13（o）、（p）〕。

气筒 15 用来移动反包器及限定反包器的工作位置，包边器的轴向位置也由限位器定位。胶囊 2、6 的工作气压为 0.4～0.7MPa。

这种指形包边器的主要缺点是支撑胶囊 2 的工作寿命较短，极易被挤伤损坏，在更换胶囊 2 时比较困难，并且胎趾断面有帘布上抽的弊病。

（五）下压辊装置

下压辊装置位于成型鼓的下方，用于外胎成型时对帘布和胎面的轴向压合，以便赶走帘布层间的空气，提高帘布层间的黏着程度。其结构形式按传动方式分为无传动和有传动装置两种；按加压方式可分为气筒加压和气囊加压两种。下面介绍两种常用的类型。

（1）无传动下压辊装置 图 7-14 所示是国内广泛使用的无传动下压辊装置。两下压辊 1 与左右丝杠相连，套于导杆 7 上，两个左右螺纹的半螺母 14 与两活塞杆 15 分别连成一体，压合时借风力上升，使两半螺母 14 和左右丝杠相咬合，压辊 1 同时压于成型鼓上，被成型鼓带动回转，使其沿导杆 7 向两边分开，从而达到压合的目的。双向丝杠 2 作轴向分离时，推动其两端的挡圈 3 随之移动，导杆 7 上开有长槽，中间插有两个圆销 5 穿过两挡圈 3，将

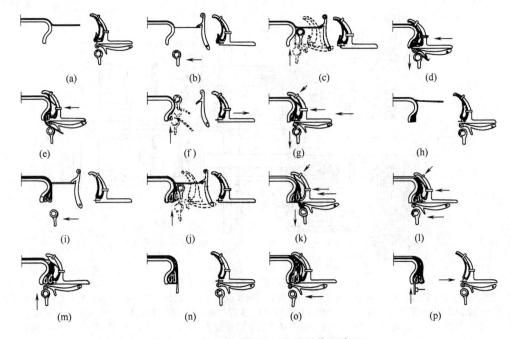

图 7-13　半芯轮式指形包边器操作程序图

（a）上好第一层帘布；（b）第一个夹帘布筒边缘的动作；（c）第二个夹帘布筒边缘的动作；（d）伸张、辊压帘布筒并
装上第一个钢丝圈；（e）压合钢圈；（f）反包钢圈及预先辊压；（g）压合外胎胎圈；（h）套上第二个帘布筒并装上第
二个钢丝圈；（i）夹最后一个帘布筒的边缘的第一个动作；（j）夹最后一个帘布筒边缘的第二个动作；（k）伸张、
辊压最后一个帘布筒的边缘和压合；（l）压合最后一个帘布筒并将帘布送入胎圈内及对胎圈部位进行加压；
（m）压合胎圈内径部位；（n）帖子口包布；（o）包子口包布及压合；（p）机构的全部部件复位，并滚压子口包布

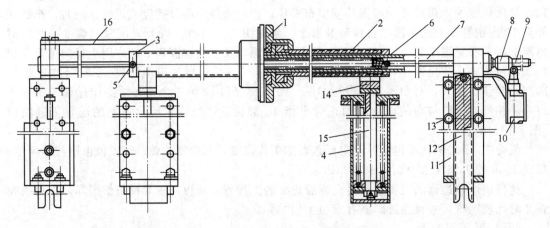

图 7-14　无传动下压辊装置

1—下压辊；2—双向丝杠；3—挡圈；4—风筒；5—圆销；6—弹簧；7—导杆；8—触块；9—触杆；
10—限位开关；11—支架；12—导柱；13—导轮；14—半螺母；15—活塞杆；16—护板

弹簧 6 连接在挡圈 3 上，圆销 5 随挡圈 3 向两边移动，挂在圆销 5 上的弹簧 6 被拉伸。当压
合到所要求的位置时，触块 8 推动右端部的限位开关 10，通过电磁阀使风筒 4 放气，压辊 1
因自重而下落，同时两半螺母 14 脱离丝杠 2，借弹簧 6 的收缩力，拉动两边挡圈 3 迫使压
辊 1 复位。根据外胎规格的大小，触块 8 的触动位置可以通过触杆 9 调整。

　　为了保证外胎质量，不出现漏压现象，要求成型鼓开始回转时，两下压辊不要马上分
开，故丝杠 2 与压辊 1 用滑键连接，丝杠的凸盘与压辊的卡盘有一轴向间隙，辊压时丝杠走

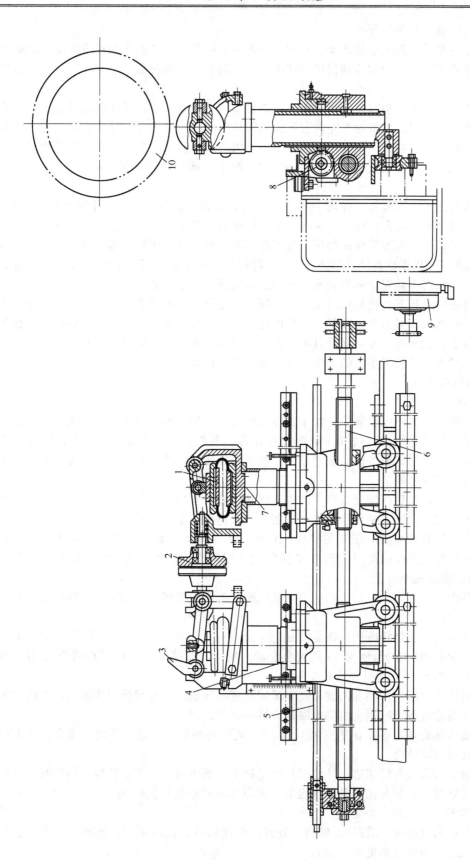

图 7-15 有传动装置的气囊加压的下压辊装置

1—气囊；2—压辊；3—标尺；4—升降螺杆；5—升降方杆；6—双向丝杠；7—进气孔；8—螺旋齿轮；9—电机；10—成型鼓

一定距离后，压辊才开始分开。

为了满足成型鼓直径变化的需要，其安装位置高低可调，为了防止帘布筒或卸下的胎坯半成品表面黏着润滑油，同时达到保护丝杠的目的，因此，设有护板 16。两端导轮 13 是专供导向用的。

这种无传动的下压辊装置，结构简单、制造容易、造价低。缺点是压辊回转及轴向运动是靠成型鼓带动的，因而压辊对帘布筒及胎面的辊压时间随成型鼓直径及转速而变化，辊压速率受成型鼓转速的限制；压辊辊压时的摩擦阻力大，容易使帘线弯曲变形；两压辊复位时相碰有噪声；此外与双向丝杠 2 咬合的半螺母 14 的工作条件较差，容易粘上灰尘、胶浆，使用寿命较短。

(2) 有传动的下压辊装置　如图 7-15 所示是一种有传动装置的气囊加压的下压辊装置。压辊 2 装有滚动轴承，可自由转动，由电机 9 经链条传动双向丝杠 6，使压辊轴向分合，压辊 2 由气囊 1 推动平行四连杆机构加压。加压时，压辊的上升高度受气囊 1 行程的限制，因而装有升降螺杆 4，用手柄摇动升降方杆 5，旋转螺旋齿轮 8 使螺杆 4 升降，其调整的高度由标尺 3 指示。气囊 1 随辊压的胎面或帘布层的不同而供给不同的气压。

这种装置的特点是下压辊复位时无噪声；压辊的分合速率不受成型鼓直径、转速变化的影响，压辊平移速率可以调整，在保证不漏压的情况下，可以适当提高辊压速率，在需要在胎坯同一地方多次辊压时，亦可降低其辊压速率，以满足成型工艺的要求；此外，双向丝杠可采用较大的螺距，延长了螺母的工作寿命。缺点是结构复杂。

(六) 后压辊装置

1. 类型结构

后压辊装置也称包圈压辊装置，位于成型鼓的后方，用于外胎成型时的正反包边、剥离及切边。它的结构形式很多，按其压辊形式可分为：半芯轮式及半鼓式后压辊包边压合装置，分别配用于半芯轮式及半鼓式成型鼓上；按压辊加压装置的结构不同，又可分为气筒直接加压及辊臂旋转加压等。

半鼓式与半芯轮式后压辊装置除了压辊不同外，没有本质上的差别。因而，有些后压辊装置只要调换压辊，就能既适用于半鼓式成型鼓，又适用于半芯轮式成型鼓。

一般的后压辊装置需要有压辊的径向、轴向、回转运动三套传动系统，以适应不同直径、宽度的成型鼓及操作的需要。图 7-16 是国内使用最广泛的半芯轮式后压辊装置，配用于 2# 压辊包边轮胎成型机上。

它主要是由压辊 8、风筒 19、切边刀 7 及三套传动系统等组成。压辊装在辊臂上，并由气筒推动对帘布加压。

为了不致因过载而烧坏电机，在螺杆 9、14 及光杆 11 的一端，装有一保险机构，当负载过大时，齿形联轴器 16 与链轮 15 间就会滑动而脱险，其接触压力可以拧动螺母 17，借弹簧之力进行调整。

为了提高生产效率，压辊 8 的旋转动作采用双速减速机，当有载荷时为慢速，空载时为快速，此动作是通过装于减速机内的电磁离合器来实现的。

径向、轴向和旋转，各设有开关盒 3、4、6，调整各相应的撞块，压辊在压合时就可以得到各种不同的运动轨迹。

成型时胎面的余边可用切边刀 7 切割后手工扯下，图中所示为空载位置，切边时只要将切边刀旋转 180° 即可，这种结构的后压合装置可以实现自动化及机械化。

2. 工作原理

后压辊的径向（前进、后退）、轴向（分开、合拢）及旋转（正转、反转）各用一台齿轮减速机 1、2、5 带动（参见图 7-16）。

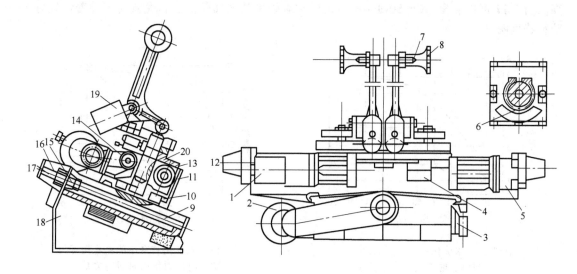

图 7-16　半芯轮式后压辊装置

1—轴向传动电机；2—径向传动电机；3,4,6—开关盒；5—回转传动电机；7—切边刀；8—压辊；
9—径向传动螺杆；10—溜板箱；11—光杆；12—蜗杆；13—蜗轮；14—轴向传动螺杆；
15—链轮；16—齿形联轴器；17—螺母；18—底座；19—风筒；20—蜗轮盒

（1）径向运动　通过径向传动电机 2、齿轮减速箱及链轮（参见图 7-16）、径向传动螺杆 9、驱动溜板箱 10 沿底座 18 移动来实现压辊 8 的径向运动。

（2）轴向分合　通过轴向传动电机 1、齿轮减速箱及链轮（参见图 7-16）、轴向传动螺杆 14 驱动，使压辊 8 沿溜板箱 10 作轴向分合运动。

（3）正反回转　通过回转传动电机 5、齿轮减速箱及链轮（参见图 7-16）、蜗杆 12、蜗轮 13、减速器使压辊 8 转动。在这三种运动作用下，借以风筒 19 之力及切边刀 7，即可完成正反包边、剥离及切边等工作。

要进行反包，压辊部分回转角度必须超过 185°，一般用 195°～205°，不然就需用手把帘布往外拉出才能开始反包。也可以在辊臂内、外侧分别装一对压辊来解决。

第三节　性能参数

汽车外胎的成型过程是把已制成的各个部件组成一个整体的工艺过程。在这个过程中需要解决外胎各部件如何能在转动的成型鼓上准确地按照外胎的结构设计装配起来，并借各压合装置的相互配合将各部件贴紧压牢等问题。因此，成型机的回转速率、成型鼓的回转速率与各压合装置压辊的位移速率的协调配合，以及各压合辊的压合力等，对成型轮胎的质量及产量均有很大影响。

一、压合力

在一定范围内增加作用在单位接触面上的压力时，可使未硫化挂胶帘布之间的黏着强度提高。这是由于被贴合面在较大的压力作用下，使胶料发生可塑变形，胶料产生流动并填满表面上的凹区部位，而使两贴合面得以较充分的接触。贴合时需要的单位压力根据胶料的可塑性、胎体的厚薄、季节的不同而变化。当胶料可塑性较高、胎体较薄及气候较暖和时，贴合时单位压力可以较低。

图 7-17 为三种不同胶料配方的未硫化胶帘布层的黏着强度与贴合时单位压力的关系。

从试验结果得知，在 0～100kPa 范围内增加压力，则未硫化试样的黏着强度将随之提高。由 7-17 可以看出，0～50kPa 压力范围黏着强度的增加较显著，尤其对于黏着性较好的胶料特别明显。

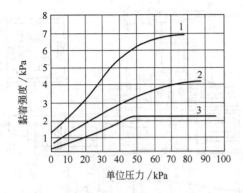

图 7-17　未硫化胶帘布层的黏着
强度与贴合时单位压力的关系
1—外胎最外层合成胶帘布；2—外
胎倒数第二层合成胶帘布；3—外
胎最外层及缓冲层合成胶帘布

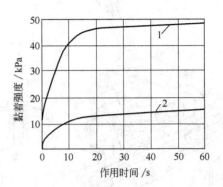

图 7-18　未硫化胶帘布的黏着强度与
贴合时压力作用时间的关系
1—外胎最外层合成胶帘布；2—外
胎倒数第二层合成胶帘布

二、压合时间

未硫化试样的黏着强度是随着贴合时单位压力所作用的时间的增加而增大，如图 7-18 所示。

使被贴合面之间达到充分地接触所需要的时间，它取决于在这段时间内所加的单位压力以及被贴合面表面的状况。由图 7-18 可知，大约在 10s 范围内黏着强度随加压时间增加而显著提高，之后则增加缓慢。

一般的成型机在贴合外胎零部件时是借用回转辊子进行压合，辊压成型鼓转动一周时辊子压力作用于被贴合面的时间是非常小的，约为十分之几甚至百分之几秒，因此，为了获得单位压力作用所必需的时间，就要求增加辊子在同一地方上进行压合的次数，这就需要大大增加整个压合操作的时间，因而降低了生产能力。根据这些理由，目前一些新型的成型机有借用空气囊或成组的径向压辊，同时在整个表面上进行压合，这就能提高黏着强度和生产能力。

三、成型鼓转速

成型鼓转速有单速、双速及三速，转速范围根据成型操作情况来决定，在保证操作安全的情况下，用提高成型鼓的转速可以提高生产效率以及在相同的时间内可以增加各压合辊在同一地方上的压合次数，以便提高各胶布层间的黏着程度。由于成型过程是比较复杂的，在成型中需要上胶帘布、钢丝圈、胎面等部件，并要对各组合部件进行辊压，故要求成型鼓能够变速，以便更好地完成成型操作。成型鼓的转速确定后，根据此转速来确定各压合装置压辊的位移速率、回转速率，以取得动作及程序的协调，并使生胎胎坯每个部位都能受到压合装置的碾压，避免产生漏压。

第四节　子午线轮胎成型机

一、子午线轮胎的成型方法

子午线轮胎简称子午胎，是一种新型结构的轮胎，它与斜交轮胎结构的主要区别在于所取的帘线角度不同，其胎体帘线排列约为零度，钢丝缓冲层排列与胎体帘线接近垂直正交，像地球子午线一样排列；缓冲层采用多层、大角度（约 75°）的组合排列，呈一刚性环带圈，紧箍于子午线胎体上，以增强胎冠的强力和缓冲性。子午胎具有耐磨、耐穿刺、节油、缓冲性能及通过性能好等优点，因而发展十分迅速。

子午胎结构上的特点要求成型需采用特殊的方法（图 7-19）。开始发展子午胎时，采用二次成型方法，即用普通轮胎成型机成型子午胎的胎体，再把成型好的胎体移到另一台成型机上，将胎体膨胀定型到接近成品尺寸，然后贴缓冲层及胎面，便完成整个子午胎的成型过程。成型胎体的成型机称之为第一段成型机；完成缓冲层及胎面贴合的成型机称为第二段成型机。当轮胎厂由普通轮胎转到子午胎生产时，采用子午胎二次成型法可以充分利用原有轮胎成型机，并且在技术上二次成型法比较成熟，因而目前仍然是生产子午胎的主要方法之一。

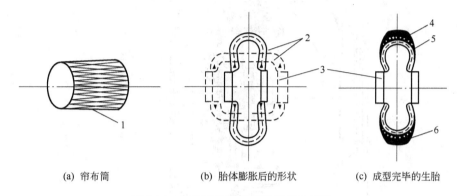

(a) 帘布筒　　　　　　　(b) 胎体膨胀后的形状　　　　　(c) 成型完毕的生胎

图 7-19　纤维子午线轮胎成型方法示意

1—帘布筒；2—生胎胎体；3—成型鼓；4—缓冲层；5—胎侧；6—胎冠

但是，子午胎二次成型法需要用两台成型机成型一条轮胎，且从第一段成型机上卸下的胎坯又要装到第二段成型机上，这种额外的辅助劳动，降低了生产效率。另外，胎体在搬移过程中，容易变形，影响产品的规整及均匀性，因而促使人们对子午胎一次成型法的研究，即用一台成型机完成子午胎成型的全过程。现在已经研制出生产若干规格的子午胎一次法成型机，简称一次成型机。一次成型机要完成二次成型法两台成型机的操作，所以其结构也比较复杂。

二、二次法成型的子午线轮胎成型机

如前所述，二次成型法所用的成型机，分为第一段成型机和第二段成型机。第一段成型机主要用以制作胎体部分，过去多用斜交轮胎成型机，目前已采用子午线轮胎专用的第一段成型机。第二段成型机用于贴合缓冲层及胎面，并使胎坯膨胀定型。

（一）第一段成型机

图 7-20 所示为 9.00-20 钢丝子午线轮胎二次成型第一段专用成型机结构。当更换其中一些部件（如成型鼓、反包器、真空罩、贴合鼓等）后，便可以扩大使用范围。

主机 1 由双速电机通过皮带传动使主轴回转，成型鼓的张合原理与斜交轮胎成型鼓相同。根据工艺操作和安全需要，设有胀闸刹车机构。成型鼓与主轴采用键连接，而与刹车套采用爪型连接。

1# 正包装置 2 及后压合装置 3 与斜交轮胎成型机的结构相类似。即后压辊亦可以相对成型鼓作轴向、径向及沿鼓肩部分回转运动，并利用风筒的压力，使后压辊完成成型时的反包、压实、胎坯的剥离等动作。

左侧机组及扣圈反包装置 4，安装在左侧机组的风筒座上。风筒座可由丝杠带动作径向往复运动。右扣圈及右反包装置安装在刹车套上。左、右扣圈均由风筒带动，进行扣圈操作。

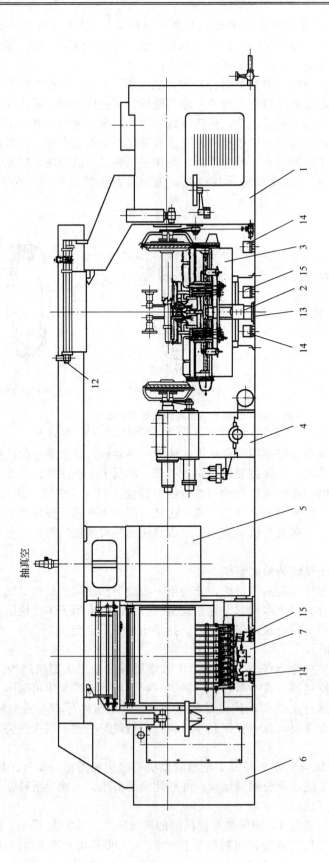

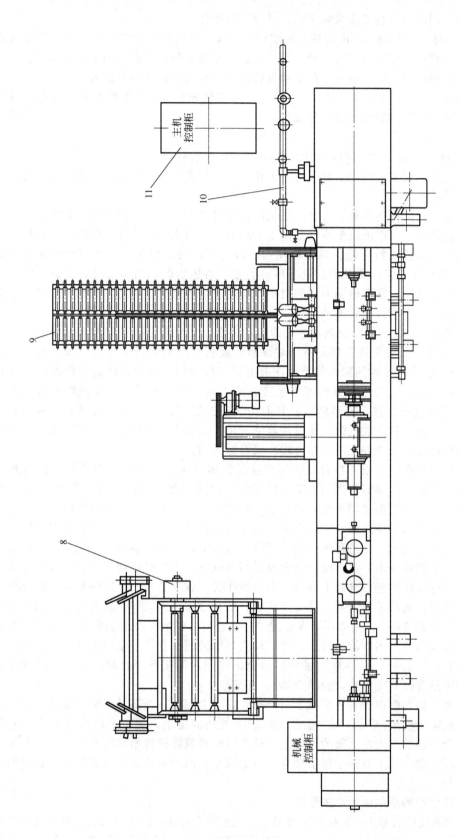

图 7-20　钢丝子午线轮胎二次成型第一段专用成型机结构

1—主机；2—1# 正包装置；3—后压合装置；4—左侧机组及扣圈反包装置；5—帘布真空吸附运输装置；6—层布贴合机；7—帘布搭袋递接装置；8—钢丝帘布供布架；9—胎侧胶供料架；10—管路部分；11—电气部分；12—安全装置；13—正包底板；14—单位脚踏开关；15—双位脚踏开关

左、右反包器分别由左、右双套风筒带动，进行反包操作。

帘布真空吸附运输装置 5，由内外壁两层焊接而成，在内壁上钻有吸孔。真空罩安装在滑架上，滑架沿着导杆作轴向往复运动；其往复运动是由安装在贴合机箱上的传动装置（电机→蜗轮蜗杆减速机→链轮）通过主传动链条带动的，亦设有过载保护装置。

在层布贴合机 6、帘布搭袋递接装置 7、钢丝帘布供布架 8、胎侧胶供料架 9 等装置配合下，成型机进行子午线轮胎二次一段成型。

（二）第二段成型机

如图 7-21 所示为 9.00-20 钢丝子午线轮胎第二段成型机结构。

主机 1 由电机经减速机带动主轴回转而工作。主机箱由钢板焊接而成，箱体前后支座由滚动轴承支持主轴。

成型鼓 2 为一可膨胀的胶鼓，安装在主轴的内外轴套上，可使成型鼓随主轴转动，又可作轴向往复分合运动。二段的定型作用是由于将压缩空气通入胶鼓中使鼓膨胀而实现的。

后压合装置 3 与普通斜交轮胎成型机相似。装有压辊的溜板箱与底座的水平面夹角为 25°。两后压辊面对面安装，可以不必设下压合装置。后压辊的轴向位置可以调整，以便解决成型轮胎规格变换时，在主轴轴向上的对中性。后压合装置如采用数字控制时，则可在双向转动变速箱中加一光电脉冲转换器。

缓冲层贴合鼓 4，右端为贴合鼓，左端为传动装置，贴合鼓可以径向伸张和缩回，是由 12 块伸缩滑块组成，每块滑块上都附有一块面板，面板上固定着磁性胶板（如含有高铁酸钡的磁化硫化橡胶）。此磁性的弹性物质可往鼓上吸引缓冲层的金属帘线，使缓冲层能准确地保持在贴合鼓规定的位置上，鼓的面板上带有两个定位用的螺栓。内环胶囊充气时推动 12 块滑块，沿径向向外伸张，直至所需直径时由螺栓控制定位，所有伸缩块对称两侧装有两个环形弹簧，以便内胶囊放气时，使滑块收缩复位。贴合机的慢速为贴合用，而快速则为刷胶浆用。国外亦有在贴合鼓上同时贴合缓冲层及胎面的。

夹持环 6 用以将在贴合鼓上贴合好的缓冲层贴合体（或胎面-缓冲层贴合体）传送到第二段成型机的成型鼓上（亦即传送到将第一段成型好的筒状胎体进行定型的机构上）。其结构形式为夹持部分由汽缸推动同步盘，同步盘带动 12 块夹持块作径向伸缩动作，汽缸的行程上、下限可以根据需夹持的缓冲层贴合体不同规格的直径进行调节，同步盘的对中性是由三个均分的托轮来实现的。夹持环的传动装置装在底板上，底板上装有四个轮子在轨道上往复移动，为了克服惯性冲击，设有缓冲装置及采用汽缸动力刚性强迫定位装置。其工作原理是：当夹持环 6 移至缓冲层贴合鼓上方时，夹持块作径向收缩至与贴合好的缓冲层贴合体外表面的轮廓一致时，夹持环与缓冲层贴合体接触，贴合鼓作径向收缩，将其对缓冲层贴合体的磁力控制转换给夹持环 6，夹持环则带着缓冲层贴合体沿轴向安在成型鼓的（或安在无成型鼓的两端板或端盘的）第一段胎体后，才移动直到缓冲层贴合体中心的中线平面重合，将第一段胎体膨胀至与夹持环 6 移来的缓冲层贴合体的内表面接触，此时，夹持环沿径向张开，离开缓冲层贴合体（或带胎面的贴合体），并复位。

胎面供料架 7 将胎面推送到成型鼓上进行贴合。它由底架、托架及上架三部分组成。底架为固定架，底架上的风筒可将托架推到 1500mm 使用高度上，托架上的推进风筒将上架推到成型鼓的上方。胎面放在上架的导辊上，贴合时成型鼓旋转将胎面贴到胎坯上。上架的前部装有定中心装置，其上有四个辊子轴承，将胎冠左右两侧定位后进入成型鼓，胎面尾部由定位装置定位。

三、一次法成型的子午线轮胎成型机

一次法子午胎成型机是用一台机器完成子午胎成型的全过程，该成型机的主要关键部件是成型鼓，它既要完成胎体的成型过程，又要完成定型和贴合带束层及胎面过程。此外，一个轮

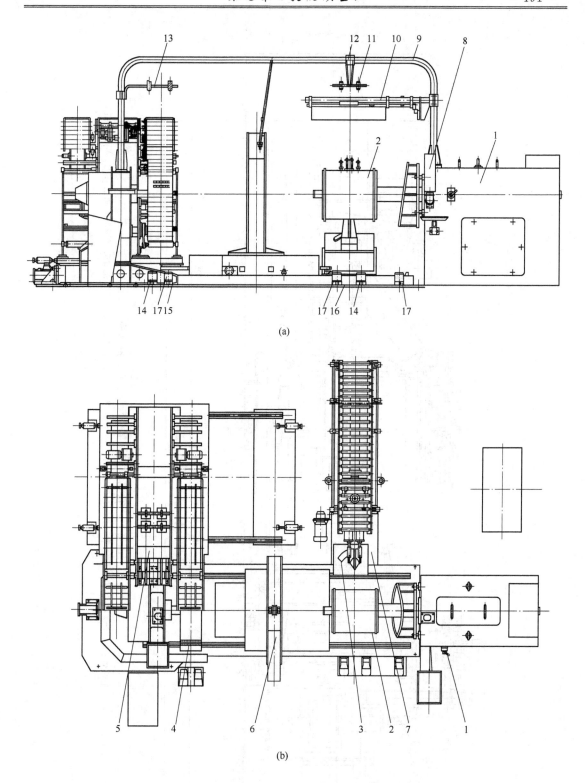

(a)

(b)

图 7-21 钢丝子午线轮胎第二段成型机结构

1—主机；2—成型鼓；3—后压合装置；4—缓冲层贴合鼓；5—缓冲层供布架；6—夹持环；
7—胎面供料架；8—电气部分；9—管路系统；10—安全装置；11—指示灯；
12,13—指示灯架；14—双位脚踏开关；15,16—底板；17—单位脚踏开关

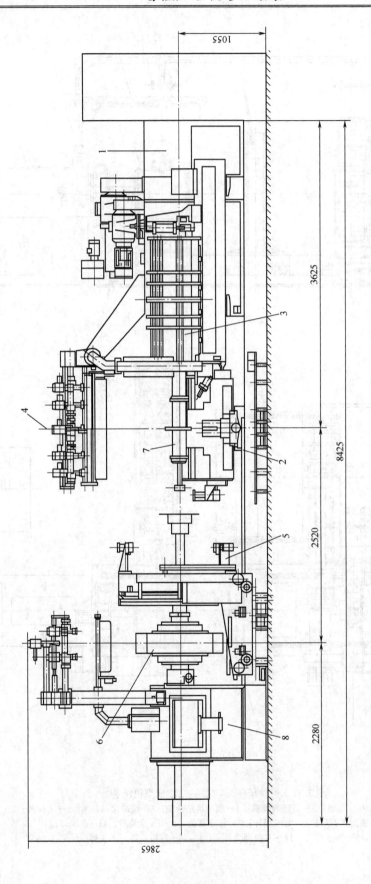

图 7-22　TRG/B 子午胎一次法成型机的结构

1—机箱；2—后压辊装置；3—胎侧及垫肩胶肩胶供料架；4—光线指示灯；5—传递环；6—带束层贴合鼓；7—成型鼓（图上未画出）；8—贴合鼓机架

胎需要的全部橡胶部件，要用供料机供给，增加了供料机的复杂结构。正因为如此，也增加了操作的难度，从而影响了子午胎一次法成型机的推广。但是，一次法成型排除了二次法成型时胎体的卸装搬动，提高了轮胎的成型质量和生产效率，因而仍然受到人们的高度重视。

图 7-22 所示是 TRG/B 子午胎一次法成型机的结构。它主要是由机箱 1、后压辊装置 2、胎侧及垫肩胶条供料架 3、光线指示灯 4、传递环 5、带束层贴合鼓 6 及成型鼓 7 等组成。

机箱 1 的主轴上安装成型鼓，由主轴及轴套传动使成型鼓回转及轴向收缩，成型鼓上所需的压缩空气从主轴尾部的回转接头输入，由主轴的内孔经管子接到各处。主轴由电机经同步齿形带驱动。主轴与轴套的尾端分别装有一个相同的齿轮，与一个特宽的齿轮啮合，使得主轴与轴套作轴向相对移动时，仍能保持一起运动，而不发生相对转动，主轴与轴套轴向移动，带动主轴与轴套作轴向相对移动。其轴向的移动距离，也就是成型鼓宽度收缩变化的范围，由机箱顶部的凸轮开关控制和调整。

左右扣圈盘分别安装在带束层贴合鼓 6 的主轴和机箱的主轴上，扣圈盘可自由转动，在汽缸的驱动之下作轴向移动。扣圈盘上装有气动的胎圈定中心爪以及气动的胎圈夹持爪，在成型鼓的胎圈锁紧环膨胀把胎圈锁紧定位之前，放置在定中心爪上的胎圈先由夹持爪夹住，然后，定中心爪在汽缸的驱动下退出，从而保持胎圈与成型鼓的同轴度。

光线指示灯 4 及安全板装在成型鼓顶部，固定在机箱上，用光线指示灯来检查某些橡胶部件在成型鼓上的贴合位置。发生事故时，只要一触动安全板，成型机全机停车，以保证安全。

成型机的帘布、内衬层供料机（图中未画出）的供料，由成型机主轴上的链轮用链条传动，以保持供料速率与成型鼓的速率保持同步。当成型鼓直径改变时，需变换其传动环节上的齿轮副。

传递环 5 具有两个作用：一是把带束层贴合鼓上已经贴合好的带束层与胎面夹持之后，移送到已经成型好的子午胎体中心，在胎体定型膨胀与带束层贴合在一起以后，释放胎面与带束层的夹持环，再返回到停留位置；另一个作用是成型完毕的轮胎由气动的卸胎夹持爪把生胎抱住，在成型鼓排气复位之后，把生胎从成型鼓上移出，然后，再由人工取走。

后压辊装置 2 设有两组压辊，一组为面对面的平面压辊，用于各部件贴合后的辊压；另一组为反包组合压辊，用于把胎侧及钢丝帘布等进行反包。后压辊装置 2 的轴向、径向、回转的运动分别由其传动装置上的凸轮开关组控制。带束层贴合鼓 6 用于贴合带束层及胎面。

一次法成型机的成型鼓有金属膨胀鼓、无胶囊鼓及胶囊鼓三种基本类型。金属膨胀鼓具有轮胎成型精度高、尺寸重复性好等优点，但是结构复杂，制造维修困难。无胶囊鼓结构简单，还可排除胶囊制造质量对轮胎成型质量的影响，较多用于无内胎子午胎的生产。

图 7-23 所示的子午胎金属膨胀鼓是利用铰接不同形状的连杆及扇形块使成型鼓能够按

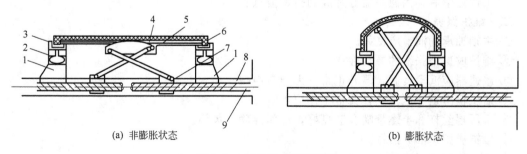

(a) 非膨胀状态   (b) 膨胀状态

图 7-23 子午胎金属膨胀鼓

1—圆盘；2—小胶囊；3—卡环；4—金属片；5—扇形块；6—橡胶膜；7—螺母；8—空心轴；9—双向螺杆

一定形状伸张。成型鼓的外表面由橡胶膜 6 或由波状挠性带组成，覆盖着用连杆支撑的扇形块 5，若干块均布的扇形块 5 受连杆支撑，连杆与螺母 7 铰接并在双向螺杆 9 的带动下，可使扇形块 5 沿径向移动，使橡胶膜或波纹带弯曲扩张，以达到成型鼓膨胀的目的。此金属膨胀鼓主要用于生产钢丝帘布的子午线载重轮胎。

一次成型法一般适用于中小型轮胎以及钢丝子午线轮胎，尤其是全钢丝子午胎因钢丝胎体帘布弹性大，成型时正反包较困难，且胎体若从一段卸下移向二段时容易变形，故以一次成型法能保证其质量。而纤维帘布胎一段成型的胎体较牢固，不易变形，二段成型效率高，故大型纤维帘布胎多用二次成型法。

第五节　安全操作与维护保养

一、安全操作

① 上岗前必须穿戴好劳动保护用品。

② 严禁酒后上岗；非本机台、本岗位人员禁止操作成型机。

③ 开机前必须检查刹车装置是否完好、灵敏。

④ 成型主、副手必须相互协调、相互呼应，遇到问题需要处理时，应等主机完全停止后方可处理，严禁不停机处理问题。

⑤ 操作时（副手）不可将手放在后压辊上，上胎面时手不准摸胎面，帘布反包打褶时要停机处理。

⑥ 用成型棒上帘布筒时，气筒进气要缓慢，放气不能过快。

⑦ 用成型棒拉帘布筒时手要离成型棒 15cm 以上，如发现帘布筒脱落或钢丝圈落下要停机处理。帘布筒卷在成型棒上不准开反车。

⑧ 开成型棒时手不准扶在棒上，当成型棒收回时手不准放在方向盘上。

⑨ 成型鼓折叠、撑开或转动时，手不准去拉销子或放在成型鼓上。托帘布筒时手掌不准伸进，只能用手指托帘布筒，防止手被卷进。

⑩ 不得在高速运转时一次性折叠成型鼓，以防连杆变形。

⑪ 使用手拉棒时，要两手用力均匀一致，腹部不可靠近成型鼓，严防拉棒脱手伤人。

⑫ 上钢丝圈时主、副手要配合好，遇有帘布边翘起要处理平整后再操作，严禁一边用手指揪住，一边冒险上钢丝。

⑬ 成型鼓在运转时严禁用手摸捏。

⑭ 使用汽油必须轻拿轻放，防止金属撞击起火。蘸用汽油时，不准将汽油滴到电气开关上。

⑮ 车间内一旦发生静电或汽油起火时，要立即切断电源，把汽油容器盖好，用二氧化碳灭火器扑灭，并及时报警。

⑯ 工作完毕后，汽油要盖好并放到指定地点。

二、维护保养

① 主轴轴承的润滑应良好。

② 维护成型鼓张缩的灵活性。

③ 减速器应润滑良好，温升正常，无异常声响。

④ 后压辊滑道、压辊及弹簧带工作应正常。

⑤ 下压辊丝杠和半螺母啮合应良好，动作准确、灵活。

⑥ 维护成型棒的灵活性。

⑦ 各紧固件有无松动。

⑧ 维护气路系统的密封性。

⑨ 随时检查电气部分是否正常，电机超过额定电流时应立即处理，并密切注意电机温升（温升≤65℃），严禁将汽油等易燃品淋洒到脚踏开关上，所有接触器、中间继电器等，要定期进行检查（每周检查一次），保持开关良好。

⑩ 开倒、正车时，需停车后才准再开。成型鼓开、合时要轻，以免撞击损坏。

⑪ 对机台周围及环境进行清扫，做到文明生产。

⑫ 认真做好交接班工作。

三、润滑规则

斜交轮胎成型机的润滑规则见表 7-4。

表 7-4　润滑规则

润　滑　部　位	润　滑　剂	加油量	加　油　周　期
主轴轴承	钠基润滑脂 ZN-2	适量	每月 1 次
减速器、蜗轮箱	中极压齿轮油	适量	每半年清洗换油 1 次
后压辊滑道、丝杠、光杠、下压辊	机械油 N68	适量	每班 2 次

四、基本操作过程及要求

① 静态检查成型机各部位是否完好。

② 开启电源、风、阀并排油水，调节调压阀、气、风压在工艺规定范围内。

③ 检查成型机刹车装置是否灵敏。

④ 检查成型机后压辊前进、后退，正、反转是否灵敏、到位。

⑤ 检查下压辊分合是否灵敏、到位。

⑥ 检查成型棒进、退、升、降是否灵敏、到位。

⑦ 检查成型鼓宽度、周长、张口、错位是否符合工艺要求。

⑧ 检查扣圈盘直径与主轴间隙是否符合工艺要求。

⑨ 检查正包装置升、降是否灵敏及宽度是否符合要求。

⑩ 检查指示灯亮度及指示位置是否符合工艺要求。

⑪ 检查成型鼓胀鼓、折鼓是否灵敏、到位。

⑫ 对丝杠、光杆、导轨、导杆等部位进行润滑。

⑬ 按轮胎结构设计的操作方式及工艺方法、标准动作进行操作。

⑭ 当班生产完后，成型棒、后压辊、下压辊复位。

⑮ 关闭电源、风、阀。

⑯ 打扫机台设备卫生，做好交接班记录。

五、轮胎成型机现场实训教学方案

方案见表 7-5。

表 7-5　轮胎成型机现场实训教学方案

实训教学项目	具体内容	目　的　要　求
轮胎成型机的维护保养	①运转零部件的润滑 ②开车前的准备 ③机器运转过程中的观察 ④现场卫生 ⑤使用记录	①使学生具有对机台进行润滑操作的能力 ②具有正确开机和关机的能力 ③养成经常观察设备、电机运行状况的习惯 ④随时保持设备和现场的清洁卫生 ⑤及时填写设备使用记录，确保设备处于良好运行状态
成型机操作	①成型鼓的更换、安装 ②套帘布筒装置的调节 ③成型鼓宽度的调整 ④成型鼓转速的调节 ⑤成型鼓的折叠与展开 ⑥成型机操作安全	①具有正确使用操作工具的能力 ②掌握操作轮胎成型机(半鼓式或半芯轮式)操作的基本技能 ③具有成型机操作的安全知识

思考题

1. 轮胎成型机是怎样分类的？
2. 压辊包边轮胎成型机是由哪些部件构成的？各部件的作用是什么？
3. 试简述 9.00-20 轮胎成型的操作过程。
4. 成型鼓的类型有哪些？其特点和应用如何？
5. 套布筒装置的类型有哪些？其特点和应用如何？
6. 有一压辊包边轮胎成型机，其主轴转速为 $n=55\sim105\text{r/min}$；成型鼓直径 d 最小 780mm，最大 1100mm；下压辊直径 $d_1=150\text{mm}$；压辊丝杠选用 T38×3，采用无传动下压辊装置。试确定需选用多大宽度的下压辊才能满足工艺要求（假定压辊与成型鼓间无打滑现象）。
7. 试简述半芯轮式后压辊装置的作用及工作原理。
8. 简述子午线轮胎二次成型法的含义。
9. 如何维护保养轮胎成型机？

第八章 胶管成型机

【学习目标】 本章概括介绍了胶管成型机的用途、分类、规格表示、主要技术特征及胶管成型机的使用与维护保养；重点介绍了胶管成型机的整体结构、主要零部件及动作原理。要求掌握胶管成型机的整体结构及动作原理，主要零部件的作用、结构；学会胶管成型机安全操作与维护保养的一般知识，具有进行正常操作与维护的初步能力。

第一节 概 述

一、用途与分类

胶管是橡胶制品的重要种类之一，其分类方法大致有以下几种。

① 按受压状态分 可分为耐压胶管、吸引胶管、耐压吸引胶管。

② 按加工方法和骨架材料分 可分为编织胶管（包括钢丝编织胶管、纤维编织胶管）、缠绕胶管（包括钢丝缠绕胶管、纤维缠绕胶管、帘布缠绕胶管）、夹布胶管（包括中低压夹布耐压胶管、夹布吸引胶管）、针织胶管和其他胶管。

③ 按输送介质要求的特性分 可分为耐油胶管、耐酸胶管、耐碱胶管、蒸汽胶管、乙炔胶管、输氧胶管等。

由于胶管品种繁多，结构各异，成型方法与设备也不相同。本章主要介绍吸引胶管成型机，主要技术资料来自常州市武进协昌机械有限公司自主研发生产、国内应用广泛的胶管成型机。

1. 用途

吸引胶管成型机用于将胶片、胶布和钢丝等各种部件在转动的铁芯上组合成型成吸引胶管管坯，并在管坯上包缠水布和绳子，以待硫化。

2. 分类

胶管成型机种类繁多，上述各类胶管以及同种胶管的不同工艺方法都有不同的成型设备，大致可分为编织胶管成型机、缠绕胶管成型机、夹布胶管成型机、吸引胶管成型机。

我国生产的吸引胶管属于夹布结构，胶管直径范围一般为 25～330mm，最大可达400mm 以上，胶管长度一般为 10m，特殊长度可达 20m。

吸引胶管成型机形式多样，主要分为单机成型和多机成型两类。

单机成型是把吸引胶管全部工序，包括贴内胶、贴胶布、缠钢丝、缠水布和缠绳子等作业，都集中在同一台成型机上完成，按工艺程序间歇操作生产。节约设备投资和占地面积，但效率较低，适合小规模生产。

多机成型是把贴内胶层和胶布层的贴合、缠钢丝、外胶层贴合、缠水布和缠绳子分别在四台专用机台上完成，各专用机台之间，用自动翻板将其衔接起来，组成一个完整的流水生产线。效率可较单机显著提高，但占地面积较大，适合大规模生产。其工作原理基本相同。本节主要介绍吸引胶管单机成型机。

二、规格表示与主要技术特征

1. 规格

吸引胶管成型机的规格用可成型吸引胶管规格的最大直径和长度表示。其型号产品分类中具有代表意义的汉字拼音声母大写表示。如 GCX-330×10。G 表示胶管机械，C 表示成型机，X 表示吸引胶管成型机，330 表示可成型胶管最大直径 330mm，10 表示可成型胶管长度为 10m。

2. 主要技术特征

吸引胶管成型机主要技术特征见表 8-1。

表 8-1　吸引胶管成型机主要技术特征

主要参数	GCX-330×10	GCX-500×20 GCX-1000×30
成型胶管规格(直径×长度)/mm	$\phi(100\sim330)\times10000$	$\phi(200\sim500)\times20000$ $\phi1000\times30000$
钢丝规格(直径)/mm	1.6、2、2.6、3.3、4.1、5、6.3	3.3～16
钢丝卷规格(外径、内径)/mm	外径 900、内径 400	外径 900、内径 400
水布卷(最大直径×宽度)/mm	$\phi200\times110$	$\phi200\times(110\sim150)$
胶布卷(最大直径×宽度)/mm		$\phi200\times500$(最大)
钢丝、绳子缠绕间距/mm	14～38	15～35
绳子直径/mm	6～12	6～20
主轴中心高/mm	900	900
铁芯转速/(r/min)	6～250	6～200
功率/kW	11	18.5～55
转速/(r/min)	980	980
压缩空气压力/MPa	0.6～1	1～1.25
外形尺寸/m	12×1.2×1.2	18×2.5×1.2

第二节　基本结构

一、整体结构

吸引胶管成型机基本结构如图 8-1 所示。主要由尾座 2、缠钢丝和缠绳子小车 3、缠水布车 4、支撑托辊 5、减速器 7、主机电机 8、翻胶装置 9、丝杠电机 10 和丝杆 12 等部分组成。尾座 2 和减速器 7 用于支承成型用的铁芯 13（钢管）。铁芯 13 由主机电机 8 通过减速器 7 带动旋转，以进行贴合胶片和胶布等各种成型作业。丝杠电机 10 将动力传递至丝杆 12，带动缠钢丝和缠绳子小车 3 及缠水布车 4 沿导轨 6 上的轨道移动，将钢丝、水布、棉绳按要求螺距缠到吸引胶管管坯上。支撑托辊 5 支承成型铁芯 13，支撑托辊 5 带液压缸可将铁芯上下升降。托辊之间的距离可以调节，以适应不同直径的铁芯。钢丝导开架 1 用于放置钢丝卷，依靠成型时铁芯 13 的旋转将钢丝导出。机器设有停车装置，供成型时做紧急停车用，操作者可按紧急停车按钮，带动杠杆和限位开关，使电机停转。

二、主要零部件

1. 缠钢丝和缠绳子小车

缠钢丝和缠绳子小车的结构如图 8-2 所示，小车由丝杆传动。小车的左边用于缠钢丝，右边用于缠绳子。缠钢丝时，钢丝经钢丝导轮 5 导到吸引胶管上。钢丝的张力用调节压辊调节。导绳子架上装有 5 个绳子导轮 6，其中最后 2 个不转动，其余 3 个可转动，供绳子通过这些辊子导出时具有一定的张力。

小车架的背面装有 4 个作为行走车轮用的滚轮 1，与机架上的轨道相配合，可沿轨道滚动。开合螺母 3 用于操纵小车的行走。变换手柄的位置，可使离合螺母与丝杆相吻合时，由丝杆转动而带动小车移动，人工可将轨道上的小车推至任意所需位置。

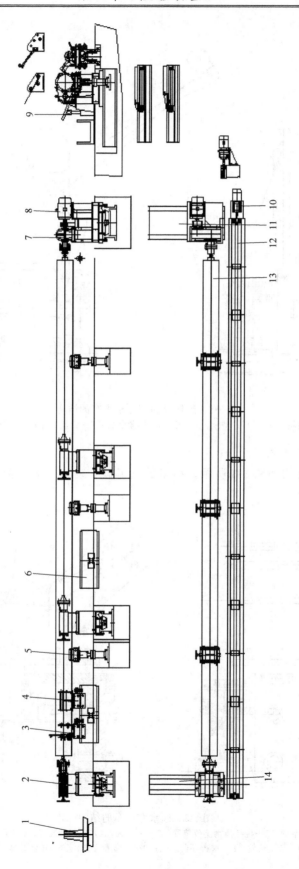

图 8-1　吸引胶管成型机基本结构

1—钢丝导开架；2—尾座；3—缠钢丝和缠绳子小车；4—缠水布车；5—支撑托辊；6—导轨；7—减速器；8—主机电机；
9—翻胶装置；10—丝杠电机；11—主机移动导轨；12—丝杆；13—铁芯；14—尾座移动导轨

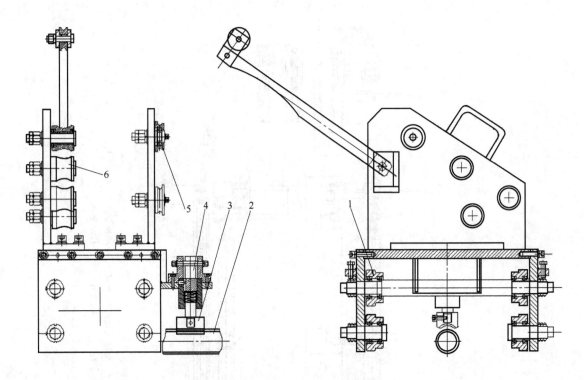

图 8-2　缠钢丝和缠绳子小车的结构

1—滚轮；2—丝杆；3—开合螺母；4—锁紧装置；5—钢丝导轮；6—绳子导轮

2. 缠水布和胶布小车

缠水布小车的结构如图 8-3 所示。小车的下车板 6 装有 4 个滚轮 7，可在轨道上行走。

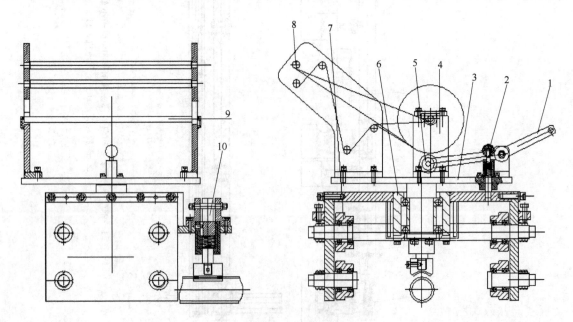

图 8-3　缠水布小车的结构

1—手柄；2—拉杆插销定位装置；3—上车板；4,5—制动装置；6—下车板；
7—滚轮；8—水布导向滚轮；9—水布卷支架；10—开合螺母

上车板 3 上装有拉杆插销定位装置 2、制动装置 4、水布导向滚轮 7、水布卷支架 9 等零件，可按成型时水缠绕角度的大小，以中间支承轴为支点做转动调整。调整后，通过拉杆插销插入下板的孔内固定。每调节一个孔的中心夹角约为 8°。带式制动装置 5 可使水布保持一定的张力，并通过水布卷支架 9 将水布紧缠到吸引胶管管坯上。水布张力可用人工控制（弹簧或配重物拉紧控制）。水布卷的最大直径为 200mm，水布长度 110mm，胶布长度 500mm。

3. 尾座

尾座的结构如图 8-4 所示，手动尾座，利用手轮 1 旋转丝杆 3 推动导杆 4 移动，法兰 5 随导杆 4 移动，将法兰 5 顶向铁芯法兰。法兰 5 连接后，需用手把螺杆锁紧，防止松脱。工作时，法兰 5 随同铁芯一起旋转。为了减轻劳动强度，丝杆 3 的手轮传动可改为电机传动或气动控制。

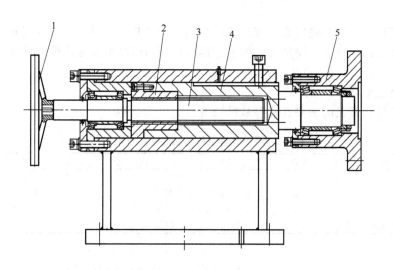

图 8-4　尾座的结构
1—手轮；2—螺母；3—丝杆；4—导杆；5—法兰

第三节　吸引胶管脱铁芯机

一、用途

用于吸引胶管硫化、解绳后脱去铁芯。

二、结构简介

吸引胶管脱铁芯机的结构如图 8-5 所示，主要由卷扬机 1、铁芯托辊 2、铁芯 3、空压机 4、钢丝绳 5、脱芯挡架 6、快速接头气管 7、吸引胶管 8、吸引胶管托辊 9 组成。脱铁芯时，解绳后的吸引胶管由解绳机的翻管装置将胶管翻到脱铁芯机的吸引胶管托辊 9 上。将吸引胶管 8 一端固定在脱芯挡架 6。开动卷扬机将牵引绳固定在铁芯 3 的一端（图中 5 所示）运至脱铁芯机图示右端位置，用人工将绳子捆扎于胶管上后挂在挂钩上，然后由卷扬机 1 将吸引胶管 8 从铁芯 3 上脱出。吸引胶管 8 在脱铁芯过程中，经过硫化的吸引胶管 8 放置水槽内进行冷却，便于下道工序解水布。脱去铁芯后的胶管存放于工作台上，由翻管装置翻送至解水布机上解水布。

三、脱铁芯机工作原理

向吸引胶管铁芯内部充入 0.6～1.25MPa 压缩空气，利用铁芯管身表面的工艺小孔使胶

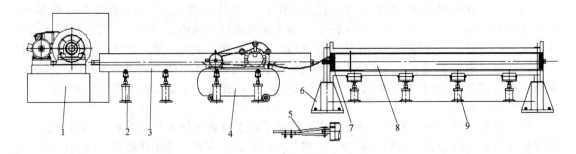

图 8-5　吸引胶管脱铁芯机的结构

1—卷扬机；2—铁芯托辊；3—铁芯；4—空压机；5—钢丝绳；6—脱芯挡架；
7—快速接头气管；8—吸引胶管；9—吸引胶管托辊

管和铁芯之间形成气膜，同时在一端设置脱芯挡模挡住胶管法兰，在另一端利用胶管法兰将胶管固定在法兰固定座上，增加脱芯的稳定性。用卷扬机牵引铁芯或吸引胶管，使胶管和铁芯脱开。

四、主要性能参数

吸引胶管脱铁芯机的主要性能参数见表 8-2。

表 8-2　吸引胶管脱铁芯机的主要性能参数

类　型	小型	大型	类　型	小型	大型
胶管规格			电机		
直径/mm	25～330	200～1000	型号	Y 型 6 级电机	Y 型 6 级电机
长度/mm	10000	3000～20000	功率/kW	7.5～22	30～55
卷扬机牵引速度/(m/min)	12	5～19	转速/(r/min)	960	980

第四节　安全操作与维护保养

一、安全操作

为了保证机器的正常运行，防止发生意外事故，机器需经试车，且按下列程序进行。

1. 开车前准备

① 全面检查电气系统是否正常、可靠，外壳应接地。

② 检查各处紧固件是否拧紧，用手盘动减速器从动轮，观察丝杆转动是否平稳灵活。（注意：缠水布小车和缠钢丝小车丝母与丝杆必须脱开。）

③ 各传动部位按"润滑规程"加相应润滑油。

④ 接通电源状态。当从尾座向动力箱卡头方向看时，卡头逆时针旋转为"正转"状态。（注意：电机运转后方可旋转调速电器元件进行调速。）

⑤ 检查主动电机转向：先按下"正转"按钮，铁芯应处于"正转"。试运行托辊升降，要求升降动作灵活。

2. 开车调试

① 做好试车前准备工作后，方可进行空载试车。

② 接通电源，操作电器控制柜，分别检查主电机传动箱等各部传动是否正常，无周期性噪声，检查电器制动是否可靠。

③ 移动缠水布小车和缠钢丝、绳子小车，在导轨上运动必须灵活、平稳。电机低转速运行，合上小车丝母，注意小车运行是否正常。

3. 生产操作

① 经调试正常后进行生产操作。

② 按胶管生产工艺进行正确选择各种运行参数。

③ 缠钢丝、缠水布、缠绳子时要供料均匀，不要有卡位现象。

④ 所有的工艺过程都在"正转"状态下完成。只有在纠正错误工艺操作时，才用到"反转"状态。禁止在"反转"状态下进行正常生产。

⑤ 生产过程中应注意检查各部件的运转情况及胶管成型情况，并作必要记录。

二、维护保养

① 操作人员及维修人员需经常对机器的运行情况做定期和随机检查，做好日常维修、保养工作。

② 定期检查各传动机械零件、减速器等，应严格遵守润滑规程，要做到牌号正确、油质清洁，并应建立必要的润滑管理制度来加以保证。

③ 停机时间超过一周，成型机各加工表面应涂油防锈。

三、润滑规则

胶管成型机的润滑规则见表 8-3。

表 8-3　胶管成型机的润滑规则

润滑部位	润滑剂	加油定量标准	加、换油周期
各变速箱	机械油 N32	按油标	半年
尾座、丝杠	机械油 N40	适量	每班加油一次
链条	机械油 N40	适量	每班加油一次
各部位轴承	钙基脂 ZG-3	适量	每年换油一次

四、胶管成型机现场实训教学方案

胶管成型机现场实训教学方案见表 8-4。

表 8-4　胶管成型机现场实训教学方案

实训教学项目	具体内容	目的要求
胶管成型机的维护保养	①运转零部件的润滑 ②开车前的准备 ③机器运转过程中的观察 ④现场卫生 ⑤使用记录	①使学生具有对机台进行润滑操作的能力 ②具有正确开机和关机的能力 ③养成经常观察设备、电机运行状况的习惯 ④随时保持设备和现场的清洁卫生 ⑤及时填写设备使用记录,确保设备处于良好运行状态
胶管成型机的操作	①主轴转速设定与调整 ②主轴转速与丝杠转速调整匹配 ③缠钢丝螺距调整 ④缠水布螺距调整 ⑤缠绳子螺距调整 ⑥正确包覆内层胶 ⑦钢丝卷的安放、导开与操作 ⑧水布卷的安放、导开与操作 ⑨缠绳子操作 ⑩成型操作安全	①具有正确规范的操作能力 ②掌握操作胶管成型机的基本技能 ③具有裁布的安全知识

第九章　平板硫化机

【学习目标】　本章概括介绍了平板硫化机的用途、分类、规格表示、主要技术特征及平板硫化机的使用与维护保养；重点介绍了平板硫化机的整体结构与传动、主要零部件、工作原理与压力计算。要求掌握平板硫化机的整体结构、传动原理及工作原理、主要零部件的作用、结构、性能要求、材料；能正确计算并选取平板硫化机的工作压力；学会平板硫化机安全操作与维护保养的一般知识，具有进行正常操作与维护的初步能力。

第一节　概　　述

一、用途与分类

（一）用途

平板硫化机俗称热压机，是一种带有加热平板的压力机。它结构简单、压力大、适应性广。常用于加工橡胶模型制品、胶带制品、胶板制品等。在塑料工业中用作加工热固性塑料或热塑性塑料的压制机，近年也广泛用作压制各种人造板材等。其工作原理和结构与橡胶平板硫化机基本相同。本章只介绍其在橡胶工业上的应用。

（二）分类

平板硫化机种类很多，其分类方法如下。

① 按用途不同分为：模型制品平板硫化机、平带平板硫化机、V带平板硫化机、橡胶板平板硫化机。

② 按传动系统不同分为：液压式平板硫化机、机械式平板硫化机、液压机械式平板硫化机。

③ 按机架结构不同分为：圆柱式平板硫化机、框式平板硫化机、颚式平板硫化机、连杆式平板硫化机、回转式平板硫化机。

④ 按操纵系统分为：非自动式平板硫化机、半自动式平板硫化机、自动式平板硫化机。

⑤ 按平板加热方式不同分为：蒸汽加热平板硫化机、电加热平板硫化机、高温液体加热平板硫化机。

⑥ 按工作层数不同分为：单层式平板硫化机、双层式平板硫化机、多层式平板硫化机。

⑦ 按柱塞数不同分为：单缸式平板硫化机、多缸式平板硫化机。

⑧ 按液压缸的位置不同分为：上缸式平板硫化机、下缸式平板硫化机、垂直式平板硫化机、卧式平板硫化机。

二、规格表示与主要技术特征

（一）规格

平板硫化机的规格可用其加热平板的"宽度×长度×层数"表示，其单位为 mm，如 XLB-D350×350×2 型，X 表示橡胶机械，L 表示一般硫化机，B 表示板式结构，D 表示电加热（或 Q 为蒸汽加热），热板宽 350mm，长 350mm，2 表示加热层数为 2 层。又如 DLB-1200×8500×2 型，D 表示带类机械，后面符号和数字意义同上。

GB 10480—89 标准规定平板硫化机的公称总压力为：250kN、500kN、630kN、1000kN、 1600kN、 2500kN、4000kN、 6300kN、 10000kN、 16000kN、 17000kN、20000kN、22000kN、25000kN、30000kN、40000kN、56000kN、63000kN。

工作液的压力一般为：水压为12MPa，油压为12.5MPa、16MPa、20MPa、32MPa。

（二）主要技术特征

表9-1为平带平板硫化机规格及主要技术特征。表9-2为模型制品平板硫化机的规格及主要技术特征。表9-3为V带平板硫化机规格及其技术特征。

表 9-1　平带平板硫化机规格及主要技术特征

性能参数	DLB-1200×8500×2	DLB-1400×5700×1	DLB-1400×10000×1	DLB-1800×10000×1	DLB-2300×8000×1	DLB-2400×10000×1
公称总压力/MN	30.6	26	40	56	56	63
热板规格/mm	1200×8500	1400×5700	1400×10000	1800×10000	2300×8000	2400×10000
工作层数	2	1	1	1	1	1
热板间距/mm		200	320	180	350	
热板单位面积压力/MPa	3	3.13	2.8	3.1	3	3.2
硫化制品宽度/mm	500×1000	600×1200	600×1200	800×1600	<2100	<2200
蒸汽压力/MPa	0.63	0.6	0.6	0.6	0.6	0.6
夹持力/kN	1000	700	800	1100	1200	
伸张力/kN	950	700	600	950	1000	
牵引力/kN	13	12	12	12		
液压介质	30号液压油	30号液压油	30号液压油	30号液压油	30号液压油	30号液压油
冷却水压力/MPa	0.3	0.3	0.3	0.3	0.3	0.3
压缩空气压力/MPa	0.4~0.6	0.4~0.6	0.4~0.6	0.4~0.6	0.4~0.6	0.4~0.6
设备地上高度/mm		3790		3130	4600	4800
主机地下深度/mm		1010		1560		
占地面积(长×宽)/m²	52×7.6	44×7.5		51×9	48×10.2	83×7

表 9-2　模型制品平板硫化机的规格及主要技术特征

机器型号	公称总压力/kN	热板尺寸/mm	热板层数	热板单位面积压力/MPa	热板间距/mm	外形尺寸/m
XLB-Q(D)350×350	250	350×350	2	2	100	1.24×0.54×1.41
XLB-Q(D)400×400	500	400×400	2~4	3.1	125	1.3×0.56×1.7
XLB-Q(D)450×450	1000	450×450	2	5.0	150	1.95×0.85×0.98
XLB-Q(D)500×500	630	500×500	2	2.5	125	1.42×0.55×1.77
XLB-Q(D)600×600	1000	600×600	1~4	2.7	125~500	2.07×1.05×2.2
XLB-Q(D)750×850	1600	750×850	1~4	2.5	125~500	3×1.16×2.54
XLB-Q(D)600×1200	2000	600×1200	2	2.7	200	1×1.88×2.82
XLB-Q(D)1000×2000	2000	1000×2000	2	1	200	1.1×2.56×2.6
XLB-Q(D)1000×1000	2500	1000×1000	2	2.5	250	1.6×1×2.9

表 9-3　V带平板硫化机规格及其技术特征

性能参数	370×180	370×420	400×200	400×300	400×450	400×600	400×800	400×1000
公称合模力/kN	210	370	250	250	500	500	1000	1000
热板规格/mm	370×180	370×420	400×200	400×300	400×450	400×600	400×800	400×1000
热板间距/mm			80	80	115	115	115	115
蒸汽压力/MPa	0.5	0.5	0.6	0.6	0.6	0.6	0.6	0.6
冷却水压力/MPa	0.2	0.2	0.2	0.2	0.2	0.2	0.2	0.2
V带内周长/mm	900~2000	1600~2500	400~900	1000~4000	1500~9000	1900×10000		3000~16000
电热功率①/kW			1.5×3	2×3	3×3	4.5×3		7×3
电机功率/kW		1.1×2	3	3	5.5	5.5	5	5
外形尺寸/m		3.1×1.2×1.6	2.2×1.4×1.65	2.3×1.4×1.65	4.7×1.6×1.88			5.6×1.65×1.85

① 电热硫化机电热器的功率。

第二节　基本结构

一、基本结构

（一）模型制品平板硫化机

图 9-1 所示为蒸汽加热的柱式双层平板硫化机。

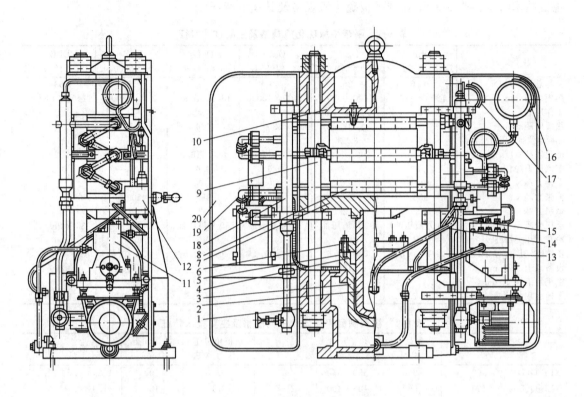

图 9-1　柱式双层平板硫化机

1—机座；2—工作缸；3—柱塞；4—密封圈托；5—密封圈；6—法兰盘；7—可动平台；8—下加热平板；
9—立柱；10—上横梁；11—油泵；12—配压器（控制阀）；13—来油管；14—工作缸进出油管；15—回油管；
16—油压力表；17—蒸汽压力表；18—集气管；19—蒸汽管；20—机罩

　　这种平板硫化机属下缸式，四根立柱 9 及立柱上的螺母将上横梁 10 与机座 1 连接成一稳固的机架，在下部机座 1 内装入工作缸 2，两者之间构成的空腔为油槽。工作缸内有柱塞 3，缸上方的凹槽内装有带密封圈托 4 的密封圈 5，并用法兰盘 6 压紧，柱塞上方与可动平台 7 连接。在平台上有下加热平板 8，热平板内钻有孔道可通入蒸汽加热。上层加热平板用动螺钉固定在不动的上横梁 10 上。为了隔热，在下加热平板 8 与可动平台 7 及上加热平板与上横梁 10 之间放有隔热的石棉垫。立柱上装有加热平板升降限制器，中层加热平板可以在一定的范围内升降。此机台为油压传动，通过油泵 11 的作用将一定压力的油通过油管送入工作缸使柱塞托着平台上升，达到对制品加压的目的。当油从缸内通过油管 14 排出时，可借助平台柱塞等的自重下降。若使用水压传动，则以压力水代替压力油。

　　压力表 16 表示油压，压力表 17 表示蒸气压。为了不妨碍中、下加热平板的升降，蒸汽管路均用活络管件连接。也有采用伸缩式连接器、橡胶管、软铜管或软金属编织管连接，不管哪种连接方式，其主要要求是连接管路各管件间转动灵活、密封良好、不阻碍热平板的升降。

平板硫化机的动力装置及加热管道外面装有隔热机罩 20，以减少热量损失并使操作安全。

图 9-2 为框式四层平板硫化机。其整体结构及传动与柱式平板硫化机相类似，其区别仅是此机用两副钢制的框板 4 通过螺钉 5 与上部不动横梁及下部工作缸 1 连接，组成稳固的机架。

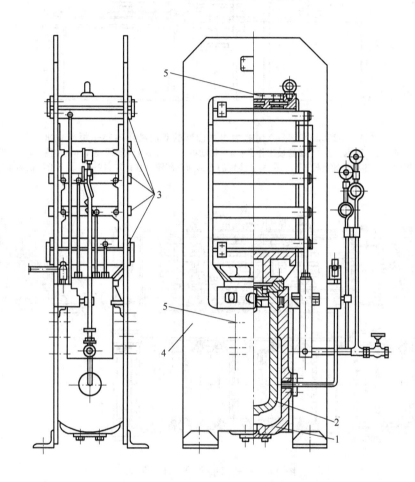

图 9-2　框式四层平板硫化机
1—工作缸；2—柱塞；3—加热平板；4—框板；5—螺钉

图 9-3 是单独传动、带有两台模板更换装置的机械化、自动化程度较高的电热平板硫化机。这种平板硫化机可两面进行操作，硫化工人将胶坯装在被拉出而敞开的下模盒 5、2 内，然后借助液压缸 9、11 将模具自动地移入硫化机中，并开始硫化进程。当硫化完毕，硫化机自动打开，柱塞下降，当柱塞下降至一定位置，接触模型更换机构的推杆，模型便从平板硫化机的加热板中自动拉出，模型敞开以便卸料及重装。

（二）平带平板硫化机

平带平板硫化机用于硫化传动带和运输带，有框式和柱式两种。图 9-4 为柱式双层平带平板硫化机。

大型的平带平板硫化机其基本结构与前面介绍的小型平板硫化机类同，只是热板规格比较大，上横梁 4 与下横梁由几个铸铁件组成，并与上、下加热板 2 连接成一组合件，并由若干对立柱把上、下横梁连接成牢靠的机架。热板内亦钻有通蒸汽的孔道，当热板长度较大

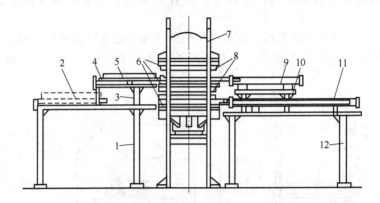

图 9-3 250/600×600 装有抽出式模型的双层液压电热平板硫化机

1—下层换模工作台；2—下模；3—上层换模工作台；4—抽动板；5—上层模型的下模；6—加热板；7—机架（框板）；
8—固定在加热板上的上模；9,11—换模装置的上部和下部液压缸；10,12—上、下液压缸的底架

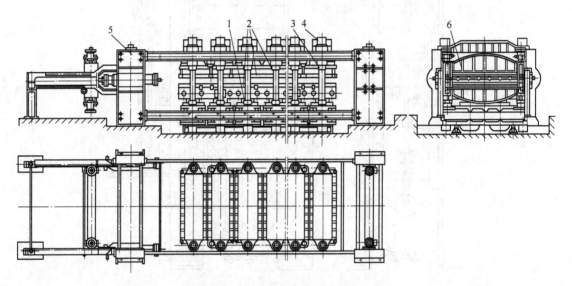

图 9-4 柱式双层平带平板硫化机

1—柱塞；2—加热平板；3—立柱；4—上横梁；5—伸张装置；6—夹持装置

时，为了使其温度均匀，可以分成几段通入蒸汽。因为被硫化的平带很长，需要分段硫化，为了避免平带各分段交接处由于两次硫化而产生过硫，在热板的两端离板边有 $200 \sim 300 \mathrm{mm}$ 处另钻有孔道，通入冷却水以降低这段热板的温度，使放在该处的平带不会发生过硫。硫化平带时，需保证平带有一定的厚度和宽度，所以平带两边放有垫铁。为了使平带受一定压力而使各胶布层压合粘牢，垫铁的厚度比平带半成品薄 $25\% \sim 30\%$，最好设有垫铁调整装置，可以保持垫铁的正确位置。

平带平板硫化机设有伸张夹持装置，用在硫化前对平带进行预先伸张，这样可以使硫化好的平带在工作过程中帘线受力均匀，并且不会产生迅速的伸张。

对于热缩性织物（如尼龙等）平带，应采用拉伸状态下的后冷却工艺和装置，否则平带在使用过程中将迅速伸长。

为了提高平带平板硫化机的生产能力，可采用微波预热装置。平带在进入硫化前使均匀积热到 $100 ℃$ 左右，从而缩短了平带在硫化机中的升温时间，使生产能力提高约一倍。

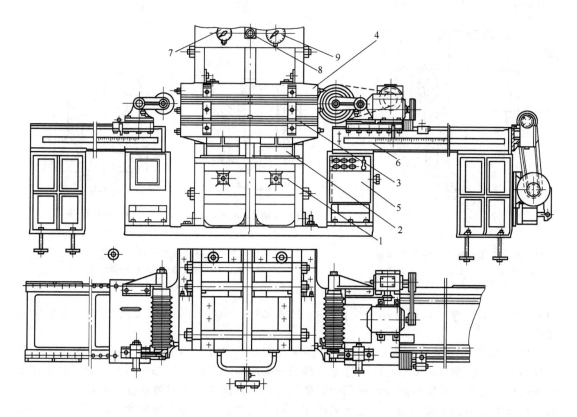

图 9-5　V 带平板硫化机

1—工作缸；2—柱塞；3—硫化模板；4—上加热平板；5—电控制箱；
6—伸张装置；7—蒸汽压力表；8—信号器；9—液压表

（三）V 带平板硫化机

V 带为无接头的环形带，为了硫化时便于装卸，故其框架多为颚式，如图 9-5 所示。颚式平板硫化机除框架有一面敞口外，其基本结构和硫化平带的平板硫化机相似。

V 带平板硫化机主机的两边装有带沟槽辊的伸张装置 6，以便在硫化前对 V 带进行预伸张，并在上、下加热平板间装有可以更换的硫化模板 3，以控制硫化后成品的断面规格。当改变制品规格时，模板及带沟槽的伸张辊可以更换。利用工作缸 1 内的液压使柱塞 2 上升。当硫化完毕信号器 8 即发出信号，热板温度用蒸汽压力表 7 控制，工作液压力可以从液压表 9 中看到。每次硫化前，通过电控制箱 5 操纵带动伸张装置 6 的电机，使半成品预伸张以达到制品伸张均匀的目的。

近几年来，已制造出高压或可调模压完全机械化和自动化的平板硫化机，还有带有专用模型的专用平板硫化机，机式、液压式、机械液压式平板硫化机。电加热平板硫化机和具有加热平板可敞开一定角度的平板硫化机已越来越多地被用到生产上。

二、主要零部件

（一）柱塞与工作缸

柱塞与工作缸是平板硫化机的主要部件之一，它们与密封装置、压紧法兰盘等组成了传递压能的部件，如图 9-6 所示，将液体的压能转变成带动平台或可动横梁运动的动能。

由外界的能源（如水泵或油泵）向液压缸注入不同压力的液体（由低压至高压）。液压缸内的柱塞在液压的作用下做轴向运动。

柱塞与液压缸通常用图 9-7 所示的两种组合形式，即带单作用式柱塞的液压缸和带活塞

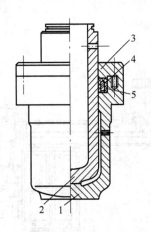

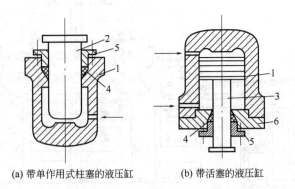

图 9-6　柱塞与液压缸的组合装置
1—液压缸；2—柱塞；3—法兰盘；
4—密封圈托；5—密封圈

图 9-7　柱塞与液压缸组合形式
(a) 带单作用式柱塞的液压缸　(b) 带活塞的液压缸
1—液压缸；2—柱塞；3—活塞；4—密封圈；
5—填料压盖；6—缸盖

的液压缸。第一种形式主要用于下缸式平板硫化机，第二种形式则适用于上缸式平板硫化机。

　　柱塞的结构见图 9-8。直径小的柱塞多制成实心，当柱塞直径大于 150mm 时，为了节省材料、减轻重量应制成空心的。柱塞底部的轮廓应与液压缸的底部相适应，为了减少柱塞轮廓的内部应力，柱塞的筒壁到底部的轮廓线应采用大圆弧逐渐过渡连接，壁的厚度应当一致。柱塞的表面必须磨削加工，也有采用镀硬铬并精磨，使其表面粗糙度不高于 $Ra1.6$，以提高耐蚀性和密封性。

　　液压缸属于高压下操作的厚壁容器，其常见结构如图 9-9（a）所示。

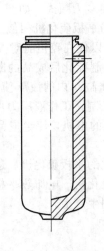

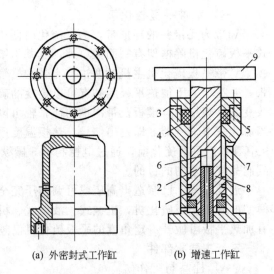

图 9-8　单作用式柱塞

图 9-9　液压缸
(a) 外密封式工作缸　(b) 增速工作缸
1—液压缸；2—柱塞；3—法兰盘；4—密封圈托；5—密封圈；
6—增速室；7—回程室；8—滑管；9—可动平台

　　这种带有外部密封装置的液压缸，密封零件（密封托、密封圈等）填入液压缸壁的凹沟内（图 9-6），并用法兰盘压紧填料，法兰盘用螺栓固定在液压缸的突缘上。

液压缸的周壁到缸底，应采用大圆弧逐渐过渡连接，以防止由于缸壁方向变化引起应力集中。液压缸内腔直径可按柱塞的直径选定，一般应选其内直径稍大的柱塞。

上述图 9-8 及图 9-9（a）所介绍的柱塞及液压缸结构形式存在的主要问题是升降速度较慢，尤其是下缸式的柱塞全靠自重下降，速度无法控制，因此可采用一种增速型液压缸，如图 9-9（b）所示。液压缸 1 上部有一个、下部有两个进液孔，柱塞 2 是活塞式的，柱塞底部设有增速装置，增速装置由柱塞底部的增速室 6 及滑管 8 组成，当可动平台需要上升时，低压工作液很快通过滑管进入和充满空腔很小的增速室而推动柱塞迅速上升，同时加快了工作液从液压缸下部进入并充满柱塞底部滑管周围空腔的速度。当平台上升至两加热板靠近时，通过手工或自动控制，向液压缸内换送高压工作液，以达到锁模或压紧制件进行硫化的目的。硫化结束后，当可动平台需要下降时，则液压控制系统自动停止向柱塞底部增速室及液压缸底部送液，同时打开液压缸底部各管的回流阀，并换向液压缸上部回程室送入低压工作液，强制两加热板或模型分开，柱塞则迅速下降，并迫使柱塞底部的工作液经回流阀排出。

液压缸可以锻制，可以用无缝钢管焊制，也可以用铸钢或铸铁浇制。大型平板硫化机的液压缸，为了便于加工可用空心锻件制成。通常液压缸使用的材料为：35 或 45 优质钢，20、35、45 钢制的无缝钢管，ZG270-500、ZG310-570 铸钢。吨位比较低及使用液压力不超过 12.5MPa 的液压缸也可使用 HT250、HT300 高强度铸铁及 QT450-10 球墨铸铁。

（二）加热平板

加热平板为平板硫化机重要部件之一，在硫化时作为加压、加热制品和模型之用，热板温度分布是否均匀直接影响被硫化制品的质量。

加热平板可用 Q235A、35 钢或灰铸铁板制造。根据平板硫化机的类型及规格来选择平板的规格，平板工作面需要经精细加工，要求表面平直光滑，表面粗糙度不高于 $Ra1.6$，使被硫化制品或模型与平板接触良好，以保证其受压及加热均匀。平板可以用蒸汽、热水或电进行加热，而以蒸汽加热最为普遍。

1. 蒸汽加热平板

图 9-10 所示为蒸汽加热平板。为了通入蒸汽使平板加热，在加热平板 1 内部钻上一排彼此距离相等的横向孔道，在排孔两端各钻一孔道与横向排孔相通。如图 9-10（a）右图所示，为了使热板内孔道形成一条迂回曲折的管道，可采用几种结构。一种如图 9-10（a）左图所示，在两蒸汽直孔道内装上一些由堵头 2、支柱 3 组成的不同直径的圆柱体作为通道塞；另一种如图 9-10（b）所示，在隔一排孔端口焊上一个带缺口的圆柱堵头，还有一种如图 9-11 所示，直接用堵头 2 间隔把横向孔道堵上，这样蒸汽可以在蛇形管道内通行，使热板受热均匀。用于硫化传动带、运输带或 V 带的平板硫化机。由于胶带需分段硫化，所以在加热平板两端需通冷却水，如图 9-11 所示，以避免胶带在分段处过硫。

在加热平板上钻制孔道是相当复杂的工作，特别是用作硫化传动带、运输带用的蒸汽加热平板，需要钻比较长的通道，更是一个复杂的作业，用多轴钻床自动排屑法钻孔效果较好。

2. 电热平板

电热平板由原钢板及电热器组成，如图 9-12 所示。这种电热平板是在热平板 1 内钻有一排等距离的横向孔道，以便装入管形电阻加热器 6，为了安全，装接电线部分装有罩盖。

图 9-12 中平板内装有温度继电器 7，作为自动控制平板的工作温度之用。加热平板工作期间，电阻加热器产生的热量使加热平板温度升高，当加热平板温度升至规定值后，温度继

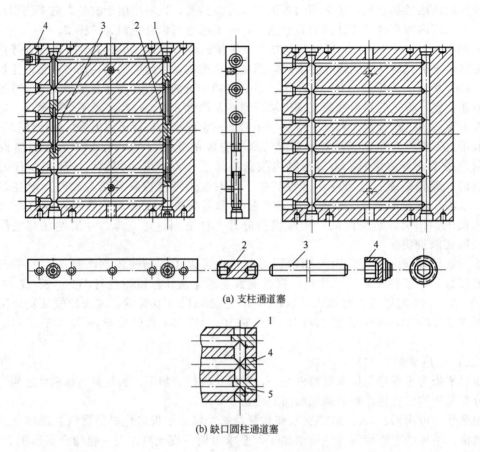

(a) 支柱通道塞

(b) 缺口圆柱通道塞

图 9-10　蒸汽加热平板
1—加热平板；2—堵头；3—支柱；4—闷头；5—缺口圆柱

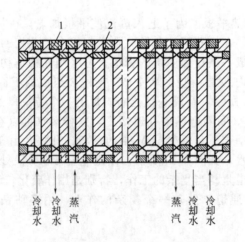

冷却水　冷却水　蒸汽　　　蒸汽　冷却水　冷却水

图 9-11　胶带加热平板
1—闷头；2—堵头

电器的常闭触头开路，接触器线圈失压，触点断开，当加热平板温度低于规定值时，则温度继电器的触点又重复闭合，继电器线圈又受电，触点亦随之闭合，电阻加热器又产生热量，由于温度继电器的控制，加热平板能保持一定的工作温度。

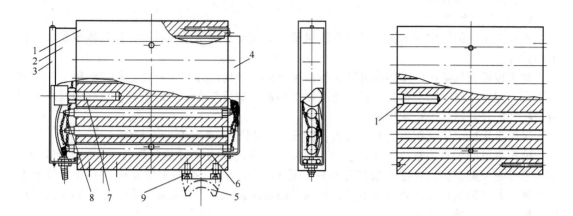

图 9-12　电热平板

1—热平板；2—罩壳；3—罩盖；4—前盖；5—导架；6—管形电阻加热器；
7—温度继电器；8—小瓷珠；9—圆柱头内六角螺钉

现也有采用液体加热的方式，例如采用过热水循环加热。这种加热方式与蒸汽加热及电热比较有如下优点：加热温度分布比较均匀；加热、冷却温度控制较易，附属设备运行维护费用较低；由于热载体循环使用，故热效率高。但必须增设一套热载体循环系统，在设备投资上比较大。

（三）夹持伸张装置

夹持伸张装置用于夹持伸张平带，图 9-13 是其结构形式之一。伸张夹持装置由伸张液压缸 3 和夹持上端液压缸 2、夹持下端液压缸 5 组成。平带被平板硫化机两头的夹持装置 2 夹紧后，便利用伸张装置两边的液压缸 3 内液压使活塞 4 移动，活塞导杆与夹持装置连接，推动夹持装置向右移动。两边伸张导架中央有导行齿条 6，当夹持装置移动时手轮中部的小齿轮就可沿着导行齿条向前滚动，保证了夹持装置两边平行移动。夹持平带的夹持面为了增大摩擦力，最好制成有交错的沟纹。平带平板硫化机一般仅在一端装伸张夹持装置，另一端只装夹持装置，当平板较短时可以保证平带硫化前的均匀伸张，如果平板较长时，最好两边都装有伸张夹持装置。

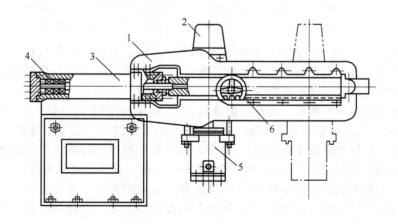

图 9-13　夹持伸张装置

1—伸张托架；2—夹持装置上端液压缸；3—伸张液压缸；4—活塞；5—夹持下端液压缸；6—导行齿条

三、液压传动系统

(一) 液压系统

平板硫化机的工作压力是由液压系统供给的，在设计液压系统时要根据具体情况做出合理的设计。

在平板硫化机运转中采用高低压工作液配合操作是比较好的，一般是利用低压工作液升起平台，待制品与上层平板接触后换用高压工作液，这可节省动力的消耗。也有用低压工作液与杠杆配合对制品进行加压的。

平板硫化机工作液压强范围通常为：低压 2~5MPa，高压 10~30MPa。

液压系统的动力源是液压泵，它将工作液以一定的压力通过控制阀门，送到工作缸中。液压系统的类型很多，根据平板硫化机的公称总压力大小、操作条件及机台的数量等来选择。目前大多采用直接传动（即单机台传动）的液压系统，工作液绝大多数采用矿物油，水压平板硫化机已被淘汰。

直接传动的液压系统如图 9-14 所示，为手动直接传动液压系统。液压系统由油泵、控制阀、工作缸及储油箱等组成。本图的储油箱 1 兼做平板硫化机的底座，工作缸安放在其中，工作缸与底座间的间隙就可储油。

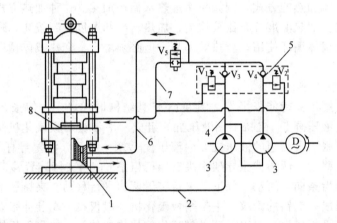

图 9-14　手动直接传动液压系统

1—储油箱；2—进油管；3—油泵（齿轮或柱塞泵）；4—油泵管；5—控制阀；
6—工作缸管；7—回油管；8—工作缸；V_1—低压溢流阀；V_2—高压溢流阀；
V_3—低压单向阀；V_4—高压单向阀；V_5—回油控制阀（二位二通电磁阀）

这里介绍的是用组合泵直接传动的液压系统，油泵 3 是采用柱塞-齿轮组合形式，其中齿轮泵输送低压油液，供平板硫化机快速闭合用，柱塞油泵为输送高压油液供平板硫化机产生锁模压力之用。两泵用同一电机带动，故结构甚为紧凑。

控制阀 5 安装在油箱侧面，由低压溢流阀 V_1、高压溢流阀 V_2、低压单向阀 V_3、高压单向阀 V_4 组成，来自油泵的高低压油液，经过控制阀，由进工作缸管 6 通向平板硫化机。

油泵开动，低压油经低压单向阀 V_3 输出，此时平板硫化机的热板即作快速闭合，热板闭合后由于管路中的油压上升，低压单向阀 V_3 自动关闭，低压油经溢流阀 V_1，回流至储油箱 1，而高压油即经高压单向阀 V_4 输出，当压力达到规定值后，可关闭电机。由于高压单向阀 V_4 能迅速自动关闭，从而使工作缸内的压力能保持不变，硫化完毕后，则可借开启平板硫化机上面的回油控制阀 V_5，使工作缸内的油流回储油箱。

控制阀上的两个溢流阀是用来作为保护及回油之用，即当油压超过规定值后，溢流阀开启，油即回流至油箱。

图 9-15 为带返回缸的平板硫化机的半自动直接传动液压系统。本系统采用组合油泵，油泵为叶片-柱塞组合形式，其中叶片泵输出低压油，供平板硫化机快速闭合用，并给柱塞泵供油。柱塞泵输出高压油供平板硫化机锁模达到正硫化所需压力之用。两泵用一双出轴电机带动，油泵经联轴器由电机直接带动。

当油泵开始工作，低压油液单向阀 6 输出，经三位四通电液换向阀 9、液控单向阀 10 到主油缸。此时，平板硫化机的热板即作快速闭合。辅助缸油液由分流集流阀 13、单向行程调速阀 14 与三位四通电液换向阀 9 返回储油箱。热板闭合后，柱塞泵工作，由于管路中油压上升，单向阀 6 自动关闭，低压泵供高压泵油，其余经溢流阀 7 返回储油箱，而高压油则经三位四通电液换向阀 9、液控单向阀 10 到主油缸。当压力达到 80MPa 时，硫化制品需开模数次放气，则由压力继电器 11 控制。当压力达到正硫化压力时，电机关闭。

硫化完毕，延时继电器动作，低压泵工作，压力油经液控线打开液控单向阀 10，主缸油返回储油箱。同时，压力油则经三位四通电液换向阀 9、单向行程调速阀 14、分流集流阀 13 到辅助缸，以加快平台下降速度。由于加快了下降速度，将引起液压冲击，当柱塞下

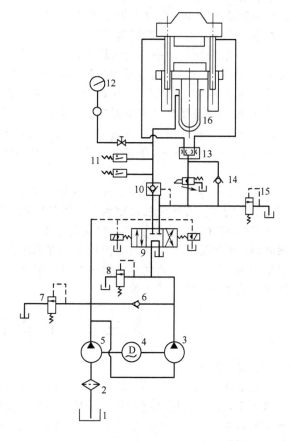

图 9-15 半自动带返回缸的平板硫化机半
自动直接传动液压系统

1—油箱；2—滤油器；3—高压泵（柱塞泵）；4—电机；5—低压泵（叶片泵）；6—单向阀；7—低压溢流阀；8—高压溢流阀；9—三位四通电液换向阀；10—液控单向阀；11—压力继电器；12—压力表；13—分流集流阀；14—单向行程调速阀；15—低压溢流阀；16—工作缸

降到某一高度时，限位开关控制单向行程调速阀 14 节流，放慢下降速度，以达到缓冲的目的，多余油经低压溢流阀 15 返回储油箱。

高压溢流阀 8 用来保护高压油路，即当压力油超过预定压力时高压溢流阀 8 打开，油返回储油箱。

为了避免杂物等损坏油泵，在油泵进口处装有滤油器 2。为了测量油压，油路中装有压力表 12。

（二）工作液的选择

目前一般采用的工作液为矿物油（中等黏度的油），极少数采用水。在选择时主要考虑价格、黏度、对金属和密封装置的腐蚀作用、易燃性等方面。

液压传动用油常采用矿物油，因植物油及动物油中含有酸性及碱性杂质，腐蚀性大，化学稳定性差。

矿物油与水相比其黏度比较大，因此比较容易进行密封。油能起润滑的作用、减少摩擦功、化学稳定性比较好、设备及密封材料不易腐蚀，可以增加使用寿命。它的不足之处是价

格较贵、有可燃性。

矿物油适用于单独传动的液压系统。

在选择液压油时，一般可做如下考虑：

① 在一般液压传动中，应用较广的是 10 号、12 号、20 号、30 号机械油，8 号柴油机油及 22 号汽轮机油，有时也采用变压器油及 11 号汽缸油。

② 油的黏度多在 0.0115～0.06Pa·s，更高的黏度较少采用。

③ 周围环境温度高，采用高黏度矿物油，周围环境温度低，采用低黏度矿物油。

④ 一般压力高时用高黏度的油，压力低时用较低黏度的油。如压强低于 7MPa 时，用 50℃时 0.02～0.038Pa·s 的油；压强在 7～20MPa 时，用 50℃时 0.06Pa·s（不大于 0.11 Pa·s）的油。

⑤ 在低压（$p=2～3MPa$）往复运动驱动中，以及当活塞速度很高时（$V \geqslant 8m/min$），采用低黏度的油。在旋转运动驱动中，用黏度较高的油。

⑥ 当油的相对漏损量很大，而运动速度不高，宜采用黏度较高的油。当转速或运动速度很高时，油的流速也高，虽漏损较大，宜采用低黏度的油。

采用水为工作液，其优点是使用方便、价廉、容易得到。但其腐蚀性大，如把水净化后再使用，其使用性能可较大改善。

第三节　工作原理与参数

一、工作原理

平板硫化机工作过程是：装模后，向液压缸内通入压力水或压力油，此时活动平台上升并压紧置于热板上的模型或制品，同时向加热平板内的孔道通以蒸汽，从而使模型或制品获得硫化所需的压力及温度。硫化完毕，使液压缸内压力排除，由于柱塞等的自重使活动平台下降，便可取出制品。

可见橡胶制品的硫化是在一定的温度、压力和时间下进行的。胶料在高温作用下，分子发生了交联现象，其结构由线型结构变成体型结构，因而获得具有一定物理机械性能的制品。但胶料受热后开始变软，同时胶料内的水分和易挥发分要气化，这时必须给以足够的压力，使制品压型获得一定形状的制品，并限制气泡的生成，使制品组织结构致密。如果是胶布层制品可使胶层与布密着牢固，对于模制品，当模内胶料受热时就给以足够的外压，可以帮助胶料迅速流动充满模型，获得理想的制品。防止由于锁模不紧模具离缝而产生的制件溢边、花纹缺漏、气孔海绵等现象。因此橡胶制品在硫化过程中必须给以一定的温度，并使其均匀受压，其压力大小决定于胶料的性能、产品结构、工艺条件等。对橡胶模型制品硫化时需要的压强一般为 2.5～3.5MPa，制品小而胶料流动性好的取小值。反之取大值。对于硅橡胶模型制品取 5.0MPa。必须指出，有时为了保证模型制品的尺寸精度（即要求胶边薄），硫化压力可远远大于上列数值，有的资料推荐不小于 1.3MPa。对于橡胶平带所需的压强，一般为 1.5～2.5MPa，国外有的高达 4.4MPa。

平板硫化机公称吨位和液压大小的选择，可通过计算取得。

二、压力计算

其压力计算如下。

1. 硫化橡胶制品所需的压力

硫化橡胶制品所必需的压力 P_1，决定于被硫化制品的受压面积大小，及必需的单位压力。

$$P_1 = F_1 p_1 \tag{9-1}$$

式中　P_1——硫化橡胶制品所需的压力，MN；

　　　F_1——制品或模型的受压面积，m^2；

　　　p_1——工艺上要求硫化制品必需的压强，MPa。

2. 平板硫化机所能提供的压力

平板硫化机所能提供的压力 P_2，决定于加热平板的面积大小及加热平板所具有的单位压力。

$$P_2 = F_2 p_2 \qquad (9\text{-}2)$$

式中　P_2——平板硫化机所能提供的压力，MN；

　　　F_2——平板面积，m^2；

　　　p_2——平板所提供的压强，MPa。

平板硫化机所能提供的压力应大于工艺条件所决定的必需压力。

$$P_2 \geqslant P_1 \qquad (9\text{-}3)$$

平板硫化机的加热平板面积又必须大于被硫化制品的受压面积，才能满足生产的需要。

3. 升起平板硫化机可动部分所必需的最低压力

升起平板硫化机可动部分所必需的最小压力 P_{min}。应包括克服平板硫化机可动部分的重力及克服柱塞升降时密封圈的摩擦力。

$$P_{min} = G + R \qquad (9\text{-}4)$$

式中　P_{min}——用于升降平板硫化机可动部分所必需的最低压力，MN；

　　　G——平板硫化机可动部分的重力，MN；

　　　R——柱塞升降时与密封圈的摩擦阻力，MN。

4. 平板硫化机的总压力

平板硫化机的总压力 P 应包括克服可动部分的重力 G、摩擦阻力 R 及硫化制品所需提供的压力 P_1。

$$P = P_1 + R + G \qquad (9\text{-}5)$$

平板硫化机的总压力是指液压缸工作压力 p 与柱塞面积 F 的乘积。

$$P = Fpn \qquad (9\text{-}6)$$

式中　P——平板硫化机总压力，MN；

　　　F——柱塞面积，m^2；

　　　p——柱塞工作压强，MPa；

　　　n——液压缸数目，个。

上式计算结果经圆整成为平板硫化机的公称总压力。

下面讨论制品硫化时其所受压力情况，并进而讨论用于模型制品时平板硫化机公称吨位的选择问题。

在平板硫化机上模压成型时，在外压的作用下，胶料首先流动充满模具的型腔，而多余的胶料则沿分型面流出型腔。这样承受外压的面积除了制品本身的承压面积外，还有飞边部分的承压面积。对于一定结构的模具，飞边厚度随外加压力的增加而减薄，从而提高制品的尺寸精度。

在保压加热硫化时，胶料和模具的温度不断升高，在硫化后期胶料内部的温度甚至高于热板温度。由于胶料的线膨胀系数大于金属模的线胀系数（约为 20 倍左右），结果因热膨胀的影响，型腔内的胶料体积要比刚加入时的体积大。另一方面，由于温度的作用和时间推移，胶料分子结构将由线型变为体型结构，此结构变化本身具有体积缩小的特性。然而，结构变化引起的体积缩小远比热膨胀引起的体积膨胀要小，结果型腔内的胶料体积要克服外压作用而胀大，使分型面处局部脱离接触，从而把作用于分型处的部分压力转化为作用在型腔内的胶料上，增加了型腔内胶料的硫化压力。这说明制品的硫化压力在硫化过程中是有变化的。

　　综上所述，可知模型制品硫化压力的精确计算是比较复杂的。选择模型制品平板硫化机的公称总压力时，除了考虑制品的大小及其承压面积的大小外，还应根据制品的几何精度要求来选定，对于同样规格的制品，精度要求高的公称总压力（即锁模总压力）要大些。

　　5. 工作液的压力计算

　　平板硫化机在操作中利用低压油升起平板，待制品与上层平板接触后才换用高压油加压硫化，这样可以节省动力消耗及加快合模速度。低压油压强一般为 2.5～5MPa，高压油压强一般为 10～30MPa。其计算公式如下：

$$P = \pi D^2 pn/4 \tag{9-7}$$

式中　　P——硫化机的总压力，MN；

　　　　D——柱塞直径，m；

　　　　n——液压缸数目，个；

　　　　p——工作液压强，MPa。

　　分别把式（9-1）、式（9-2）、式（9-4）、式（9-5）、式（9-6）代入式（9-7），则得高、低压工作液值。

$$p_{低压} = 4(G+R)/\pi D^2 n \tag{9-8}$$

$$p_{高压} = 4(P+G+R)/\pi D^2 n \tag{9-9}$$

三、平板层数与间距

　　模型制品平板硫化机有单层、双层、多层，平带平板硫化机有单层和双层，V 带平板硫化机为双层。

　　小型平板硫化的热板机间距规定为 100～200mm，大型平板硫化热板机间距单层为 300mm，双层为 140～205mm。

四、生产能力

　　平板硫化机的生产能力，根据所加工制品的情况不同而不同，其生产能力大小，决定于平板硫化机的加热层数、每层内放入模型中制品的件数或质量及硫化周期的长短。

　　其计算公式如下：

$$Q = 60nm/t \tag{9-10}$$

式中　　Q——平板硫化机的生产能力，件/h（或 kg/h）；

　　　　m——每加热层内放入模型中制品的件数（件）或放入制品的质量，kg；

　　　　n——加热层数；

　　　　t——每一硫化周期所需的时间（包括平板升降所需的时间、模制品或胶制品的装卸时间、硫化所需要的时间等），min。

第四节　安全操作与维护保养

一、安全操作

1. 模型制品平板硫化机安全操作

　　① 模具进平板要放中间，取模具要用铁钩，防止压伤手。开模时防止模具落地砸伤脚，人要站在操作台中央。

　　② 硫化时要防止烫伤。

　　③ 开模遇有制品粘模具，敲击开模工具当心敲手，防止模具落地或砸伤脚。

　　④ 设备有故障，必须切断电源、关闭蒸汽阀门后处理。

2. V带平板硫化机安全操作

① 随时检查蒸汽软管是否良好，如发现表面磨损或胶管包布开裂、丝扣松动、管路接头漏气等现象应及时调换或修理，不得继续使用，防止蒸汽冲出伤人。

② 硫化时检查胶带是否对正、平直，带盘两端是否套上。确认无误方可硫化。开模时，不得用棍棒乱撬乱敲，防止损坏模板。

③ 平板硫化机上，不准堆放硬质杂物，防止顶压时损坏平板。

3. 运输胶带平板硫化机安全操作

① 开牵带机时应先打招呼，严禁一边开牵带机，一边修剪熟带带边，防止突然倒车，手臂卷入。

② 上下带时必须两人配合操作，塞布条时，别人不准开动机器，应由塞布本人自己开动。胶带进入卷带辊芯夹（钉）好后，不得脚踏在带上开动机器，要用扳手扳紧后才能开动。

③ 平板上升时，发现带坯有杂物，应停止机台上升后再清除，不准在平板上升时，用手去清除。

④ 推拉卷带架时，人要站立在架子后面推，防止倾倒伤人。

⑤ 伸长和回缩时，操作人员不准擅自离开岗位，防止发生事故。

⑥ 堆取样板铁时，应按规格分档堆放。搬动时做到动作一致。操作人应站立在搁架头端进行，防止滑下击伤。

⑦ 卷带架推拉好后，应用链条或绳索绑扎牢。使用打毛机时，要注意用电安全。

⑧ 一匹衬布卷完后，应二人配合取下，抽取铁芯要注意旁人安全，铁棒不乱丢，要做到轻拿轻放。

二、维护保养

（一）模型制品平板硫化机

该机维护保养的重点是液压系统、热板和加热系统。

1. 液压系统的维护保养

液压系统的故障多出自油液的质量和清洁程度。油液中的杂质会影响油泵（特别是轴向柱塞泵）的寿命和液压系统的可靠性，故需特别重视。对于新安装的设备，使用 10～15 天后必须更换 1 次油液。这是因为新安装的设备中由于液压系统管路焊接组装时可能会留有焊渣、锈屑等杂物。第二次换油可隔 1 个月后进行。第三次换油隔半年。以后每半年换油 1 次。

每次更换油液时必须仔细清洗油箱，使油箱干净，不得有任何异物。同时检查吸油过滤器，是否破损或有棉纱状纤维吸附，必要时更换过滤器。

对于更换出来的油液，必须经过滤油精度不低于 $25\mu m$（180 目）的过滤器过滤后方可继续使用。油液推荐使用抗磨液压油，其运动黏度为 $27～43mm^2/s$，如 YB-N32 或 YB-N68。

液压站油箱通常是密闭的，在加油口装有空气滤清器。在检修保养后切不可破坏其密闭的条件，以免空气中灰尘、杂质进入油箱。平时每周检查油位和油质。

液压管路、阀、油缸等为常见泄漏点，其密封件需根据情况及时更换。

若油泵需检修，检修后必须在吸油口加入清洁的油液作为润滑，以防由于干摩擦而损坏油泵。

2. 热板的维护保养

合理使用热板对于保证其精度十分重要。首先，模具应放置在热板中部，若放偏会使机器受力不均，可能导致上、下横梁断裂。其次要根据模具的大小及时调整工作液压力。一般模具的尺寸不可小于柱塞的直径。否则，小模具高压力会把热板压变形而损坏。在热板上也不得放置杂物。

3. 加热系统的维护保养

对于用蒸汽加热的硫化机，应保持蒸汽管路畅通。新安装的设备，由于管路或多或少会有杂质，故需每周检查疏水阀，看是否有异物堵塞而影响排除冷凝水的情况。

对于电加热硫化机，应定期检查（一般半年1次）控温仪表的准确性。检查电热器接线状况是否良好，电热器是否断路等。对于热板电热器罩壳，在模具进出时，不要与其碰撞，以免使罩壳带电而发生安全事故。

4. 润滑规则

对于柱式结构平板硫化机，在立柱上每周涂两次高温润滑脂 ZN6-4。

对于框板式或侧板式结构平板硫化机，在滑道处每班加1次机械油5168。

（二）V 带平板硫化机

1. 设备的日常维护保养要求

做好设备的维护保养是保证设备正常运转、提高设备利用率和完好率的重要措施。该机维护保养重点为液压系统、左右拉伸装置以及槽辊和槽板。

（1）液压系统的维护保养　颚式 V 带平板硫化机液压系统的故障大多源于油液的质量和清洁程度，油液中的杂质会影响油泵的寿命和液压系统的可靠性，故必须予以充分重视。

对于新安装的设备，使用半个月后即需要换油液，以后连续使用3个月后再进行换油。在更换油液的时候，必须清洗油箱，油箱内不得有任何异物。同时检查滤油器（过滤器）是否有破损或棉纱状纤维吸附，必要时更换滤油器。更换出来的油液必须经过滤油器过滤后方可继续使用。油液推荐采用抗磨液压油。正常使用半年换油1次。

油箱通常是密闭的，加油口装有空气滤清器。在检修时切不可将其密闭条件破坏。如将加油口盖丢弃或者密闭损坏，必须修复，以防粉尘或污物进入而污染油液。

液压管路、阀、油缸等是泄漏常发件，应经常检查，其密封件需根据情况及时更换。

若液压油泵需检修，检修后必须从吸油口加入清洁的油液作为润滑，以防泵干摩擦而损坏。

（2）左右拉伸装置的维护保养　保持左右拉伸装置的清洁，尤其是导杆或导轨、丝杆、齿轮等部位，不得粘有胶浆。定期检查左右拉伸装置连接螺母、地脚螺栓及其他运动部位的紧固件是否松动。

（3）加热系统的维护保养　对于蒸汽加热硫化机，应保持蒸汽加热管路系统畅通。新安装的设备，应经常检查疏水阀，是否有异物堵塞而影响排除冷凝水的性能。

对于电加热硫化机，应定期（一般半年1次）检查控温仪表的正确性。检查电热器接线状况是否良好、电加热器是否断路等。

2. 润滑规则

（1）在丝杆、导轨或导柱等部位每班加机械油 N68 1～3次。

（2）在硫化机中热板升降导轨处，每班加1次高温润滑脂 ZN6-4。

（3）每周检查一次减速机润滑油油位，若低于标记线则应加油。润滑油牌号为机械油 N46。

（三）平带平板硫化机

1. 设备日常维护保养要点

（1）硫化机液压缸柱塞、前后夹持缸柱塞、拉伸缸柱塞、接头硫化机柱塞和修补平板硫化机柱塞的密封圈应保持密封、无滴漏。

（2）检查调整热板导套（滑辊）与立柱（框板）的间隙，使其保持在 1.5mm，不得有严重磨损立柱（框板）的现象发生。

（3）检查前后辅机的传动系统，应保持润滑良好，运转正常。

（4）各压力表、温度表、电流表、电压表及电接点压力表应定期检验，应指示准确，灵敏可靠。

（5）蒸汽管路的保温要完整，疏水器要每周检查 1 次，保持灵敏可靠。

（6）热板每次合拢前，应仔细检查热板之间的垫铁和挡铁的位置是否适当，不得有重叠现象，输送带带坯不得带有异物进入热板，以免损坏热板。

（7）检查液压站各油泵、阀件及管路附件等，应无损、无渗漏，灵敏可靠。

（8）每周用擦垢机清除热板表面污垢，保持热板表面清洁。

2. 润滑规则

平带平板硫化机的润滑规则详见表 9-4 所示。

表 9-4　润滑规则

润滑部位	润滑剂	加油标准	加油周期	润滑部位	润滑剂	加油标准	加油周期
平板硫化机导套（滑辊）	钙基脂 ZG-2	加油适量	每周 1 次	卷取包装机辊筒轴承	钙基脂 ZG-2	手工加油 1 圈	每日 1 次
夹持伸长装置滑道	钙基脂 ZG-2	加油适量	每周 1 次	辊筒轴承滑道	钙基脂 ZG-2	加油适量	每周 1 次
平衡齿轮	钙基脂 ZG-2	加油适量	每周 1 次	导开装置			
牵引装置调距丝杆辊筒轴承辊筒轴承滑道	汽缸油 11 号钙基脂 ZG-2钙基脂 ZG-2	加油适量手工加油 1 圈加油适量	每日 1 次每日 1 次每日 1 次	轴承卷布摩擦轮减速机	钙基脂 ZG-2；机械油 N32机械油 N32	手工加油 1 圈加油适量按规定油标	每日 1 次每日 1 次每年清洗换油 1 次

3. 设备安全运行注意事项

（1）液压系统的最高工作压力不可超过额定值。

（2）使用吊车吊放半成品或成品时必须垂直吊拉，不准斜吊。导开装置在吊放带坯时，两端的方卡套要同时打开，放好后再同时关闭。不得只开一端，以免损伤机件。

（3）热板在合拢之前，必须检查垫铁和挡铁是否有重叠现象。带坯上不许放置工具、铁器及其他异物，以免在夹持或硫化过程中损伤夹持平板或热板。

（4）牵引机辊筒两端的辊距要保持相等，不准将辊距调得过大，以防传动齿轮顶齿。在平带引头和接头通过时，应将辊筒适当提起，以免损伤机件。

（5）输送带硫化后，如果粘在热板上，要用木棒将输送带与热板分离，不得直接用牵引机拉开。

（6）热板升降时，要使热板保持平衡。

（7）配电箱应可靠接地。

（8）使用热板擦垢机时，要戴好防护眼镜，以防损伤眼睛。

三、基本操作过程及要求

（一）基本操作过程

操作过程以模型制品平板硫化机的操作为例：首先检查机器的油箱油位高低和导向部分润滑状况，立柱上下两端的螺母是否松动，根据制品硫化工艺条件，调节液压系统的工作压力和热板的加热温度。

（1）压力的大小根据制品硫化压力、模具的承压面积和柱塞的面积进行确定，然后用螺丝刀调节电接点压力表的压力设置指针到所需压力刻度即可。

（2）温度可以通过调节温度控制仪的温度调节旋钮设置加热温度。

（3）启动机器检查运行状况是否正常，包括柱塞升降速度、电接点压力表指示的刻度和压力控制情况、机器的噪声和震动情况。

（4）将生产或试验用模具清理后置于热板上进行预热。

（5）检查、称量所需半成品或胶料。

（6）从热板上取下模具，打开上模，将半成品或胶料加入模具型腔，将上模板放到模具上并置于热板上。注意模具应放置在热板中央位置，防止出现偏载情况。

（7）启动油泵电机，升起热板进行合模，将模具压紧后再使热板下降，使模具放气，如此2～3次后将模具锁紧，并保压进行硫化。

（8）硫化结束，使热板下降，取下并打开模具取出制品，将模具清理后继续进行上述过程。

（9）生产或试验结束，关闭机器电源，清理现场，将模具收存，填写生产或试验记录及设备运行状况。

（二）密封圈的更换方法

以外密封式工作缸法兰式压盖的模型制品平板硫化机为例，其密封圈的更换方法如下。

（1）空车升起柱塞到最大行程，用两根支撑杆分两边将活动平台撑住，松开柱塞顶部与活动平台之间的全部连接螺栓，搬动操作手柄，使柱塞自行向下运动到最低部位。

（2）拧下法兰盘上所有螺栓，将法兰盘从柱塞上端取下。

（3）启动油泵电机，再使柱塞上升（并带动密封圈）一小段高度，取下已损坏的密封圈，重新装上好的。

（4）放上法兰盘并紧固。紧螺母时应按照对称位置依次进行，不要一次就将螺母拧死，而是每次紧到需用力时就停下来再紧另一个螺母，使法兰盘平行向下运动。直到每个螺母都快紧到底的时候，最后将所有的螺母拧死。

（5）启动油泵电机，使柱塞上升并压紧升降平台，用螺栓将柱塞和升降平台固定在一起。除去支撑杆，并让柱塞下降，观察柱塞下降速度，若正常则可使用进行生产或试验工作。

第五节　　其他类型平板硫化机

平板硫化机装卸制件时，要进行繁杂的操作，劳动强度大。在装模时热板要分开，未硫化橡胶制品在无压情况下放在热板或热模内可能部分先行硫化，易引起质量事故。

平板硫化机硫化制品的热能损失很大，机械化、自动化的程度也较低，亟待改进。多年来国内外对平板硫化机的改进做了大量工作。主要从热能的合理使用，减少热损失，装卸制件或模型制品的机械化、自动化等方面进行研究改进，以达到高效能、高质量、低消耗及改善劳动条件等目的。例如有些平板硫化机装有程序控制器（电控或射流控制），可以自动操纵整个硫化工艺过程，用温度调节器来调节和保持所需的温度；为了节省硫化的辅助时间，提高设备的利用率，可把热板或模板设计成可以前后移出或翻转的，也有把几台平板硫化机装在一个转台上构成平板硫化机组，称为回转式平板硫化机（又称转盘式或旋转式平板硫化机），一个操作工人可以在一个固定岗位上操纵一台带二至十几个工位的回转平板硫化机，这就可以大大地减轻工人的体力劳动强度，并可提高平板硫化机的利用率。多联式平板硫化机的使用，使机台的布局紧凑，也便于管理。除了改进平板硫化机结构本身外，还创制了胶坯精密预成型机，为模压生产提供精密的胶坯，从而也提高了模压生产率和模压制品的质量。

一、回转式平板硫化机

（一）结构

图 9-16 所示为 6-25 型回转式平板硫化机。它主要包括：转盘及其间歇转动机构，模板开合与锁紧机构（包括加热板、模具推拉机构），液压流体分配机构，料坯自动（或半自动）加入与制品自动（或半自动）取出装置，液压系统，电控系统及模具加热系统等。

本机台在转盘上装有六套 25t 的加压、加热机构。并设有自动的推拉、开闭模装置。适用于生产橡胶模制品（如垫圈、密封件等）或热固性树脂等制品。此机采用电气液压联动系统，可自动或手动进行操作。

热板的数目（工位数）通常是偶数，例如有装 18 套热板的。热板的数量根据硫化周期的长短来决定。硫化周期较长时，热板数量可适当增加。根据每个工位装胶、合模、硫化、开模、卸模等所需时间的长短，通过程序控制器（或手工控制），控制转盘的回转速度及停歇时间。

图 9-16 中各压机的主工作缸装于下方，下压板为活动平台，属下缸式，亦有设计成上缸式的。回转式平板硫化机各主要部件的结构及使用性能与第十三章注射成型机转盘模压机构部分类同。6-25 型回转式平板硫化机的操作程序如图 9-17 所示。

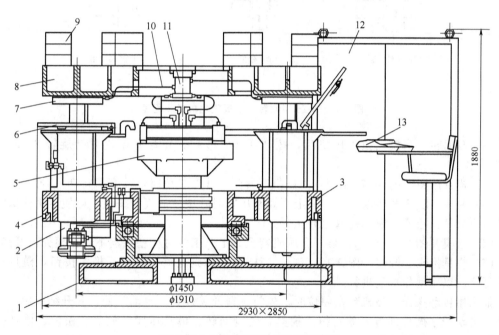

图 9-16　6-25 型回转式平板硫化机

1—底座；2—工作缸；3—转盘；4—回转装置；5—下加热板；6—模具；7—上加热板；8—上横梁；
9—控温装置；10—油管部件；11—中心部件；12—电气液压装置；13—控制盘

开动前，先接通电源按控制盘上的"加热"按钮，此时六台压机的上下十二块的加热板上的电热器电源接通，开始升温，热板的温度由控温仪调整、控制，测温，按工艺的硫化温度要求调整好所需的温度，待升到所需硫化温度，便可开始进行硫化操作。以"手动"操作为例，先将选择开关扳到手动处。

（1）开动 ［图 9-17（a）］　机台处在原位时，即"Ⅰ"工位状态下，柱塞下降到底，模壳张开于操作者的正前方，进行人工投料（硫化时间周期可以调整）。

（2）拉入模具（闭模）［图 9-17（b）、（c）］　先取出制品及投料，待铃响结束后，按"闭模"按钮，即可闭模。

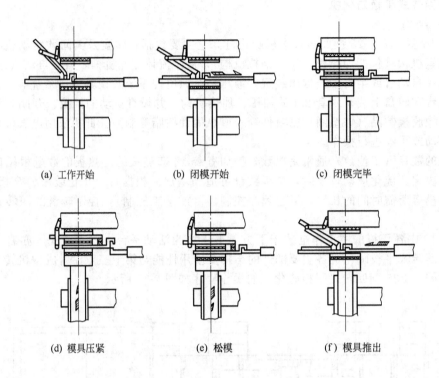

(a) 工作开始　　　　　　(b) 闭模开始　　　　　　(c) 闭模完毕

(d) 模具压紧　　　　　　(e) 松模　　　　　　(f) 模具推出

图 9-17　6-25 型回转式平板硫化机操作程序

（3）盘回转　当模壳拉入压机后，按"回转"按钮，转盘开始逆时针旋转 60°，进入"Ⅱ"工位。

（4）模具压紧 [图 9-17（d）]　当压机回转到"Ⅱ"工位时，柱塞即自动上升压紧。

（5）放气　当工艺要求放气，在上下模刚压紧时，按"放气"按钮，可使压机柱塞瞬时下降自行放气，松开按钮。柱塞上升压紧。

（6）松模 [图 9-17（e）]　第一台压机转至"Ⅰ"工位时柱塞自动下降，模壳离开热板。

（7）模具推出、开模 [图 9-17（f）]　当柱塞下降到底后，按"开模"按钮，模具被推出并开启。以后动作重复进行。

如采用自动操作，当机台在原位时，先将选择开关扳到"自动"处。温升结束后，启动油泵，自动程序循环即告开始；拉入模具，转盘回转、模具压紧，放气、松模、模具推出（开模），均依次自动进行并自动循环，而"放气"仍需手动操作。

（二）操作自动化

回转式硫化机生产量极大，必须考虑如何实现装料与取出制品的自动化，以减轻操作工人的劳动强度。

许多橡胶制品厂，通过技术革新在普通平板硫化机上加设了装料、取出制品的自动机构。这类机构可以移用到回转类机台上。下面仅举两例加以介绍。

1. 自动上料机构

对于一些要求料坯重量较准确的多孔模，可以用漏板加料。如图 9-18 所示，先把称好重量或通过精密胶坯预成型机切好的料坯 1 放入了孔板 2 的孔中，使孔板 2 对准每个模腔，抽出抽板 3，料坯就掉入相应的模腔中。这种办法大大缩短了装模时间。但是，还需要解决把料坯自动放入孔板 2 每个孔中的问题，才能达到减轻劳动强度的目的。

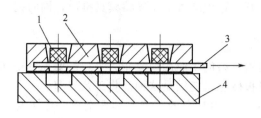
　　　　　　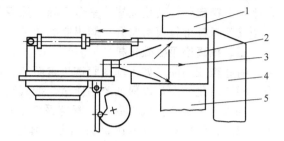

图 9-18　漏板自动上料机构　　　　　　　　　图 9-19　制品自动吹出机构
1—料坯；2—孔板；3—抽板；4—模具　　　1—上模；2—侧挡板；3—喷嘴；4—集料仓；5—下模

2. 自动取出制品机构

　　一些橡胶厂，用手持压缩空气喷嘴，从模内吹出小制件。对于模腔较浅的多孔模，可以用压缩空气自动吹出的办法。图 9-19 为制品自动吹出机构。该机构中设有活动侧挡板 2，使压缩空气以一定的角度集中吹向模具，使制件与模腔剥离，并集中到集料仓 4。

　　用压缩空气吹出制品件法，在吹出制品件的同时也就清理了模腔，而且，被吹出的制品件不容易造成变形，尤其是对采用两次硫化工艺的制品，优点更为显著。

二、多联式平板硫化机

　　图 9-20 所示为 20t 六联平板硫化机，适用于硫化规格小的模制品。六台平板硫化机装在一副框架内，可用一套液压系统带动，可以进行程序自动控制，亦可手动操作，热板可用蒸汽加热或电加热等，操作部位有防护罩，每台平板硫化机的公称压力为 0.2MN。

图 9-20　20t 六联平板硫化机　　　　　　图 9-21　75t 自动装卸模具平板硫化机

　　一些专用平板硫化机，亦有设计成模型可以自动开合、反转的，以便于装入胶料及卸出制品达到自动化。图 9-21 为硫化胶盘的自动装卸平板硫化机，下层的装卸模机构在机台的前面，硫化开始前，将胶料装入模具中，通过机台两边上下层的移模装置的液压筒将模具拉入热板间隙内，同时机台上方的揭模盖压筒（液压或气压）活塞杆下行将模盖合拢，然后升起平台合模硫化，硫化完毕，平台下降，热板分开，移模装置的压筒将模具推出，同时揭模盖压筒活塞杆上行模盖张开，卸出制品。

三、抽真空平板硫化机

有些橡胶制品（如丁基橡胶抗生素瓶塞、精密复杂的工业用橡胶制品等）需要在真空状态下模压硫化成型，以保证产品质量。抽真空平板硫化机能满足这种硫化工艺要求。

抽真空平板硫化机具有一套真空系统和一个可产生真空的环境，其真空度一般可达到0.95MPa，即相对真空度达95％以上。真空环境通常是一副可开闭的真空罩，模具放在真空罩内，由真空泵抽去罩内空气，随之将胶料中的气体抽去。真空罩靠硅橡胶密封胶条密封。

XLB-DZK400×400（440）自开模抽真空平板硫化机如图9-22所示。该机为单泵单机形式，液压传动。主机为侧板式结构，由上横梁、侧板、前后门及门框、液压缸、柱塞、热板等组成。主机前面装有供模具推出和打开的模架脱模油缸。主机后面装有油泵、电机、主机调压和换向系统。前面真空门框上装有开闭真空门的液压缸。主机左侧面装有模具进出、顶出及开闭真空门的液压阀块。主机右侧面装电气控制框和真空泵等。整个主机坐落于油箱上。

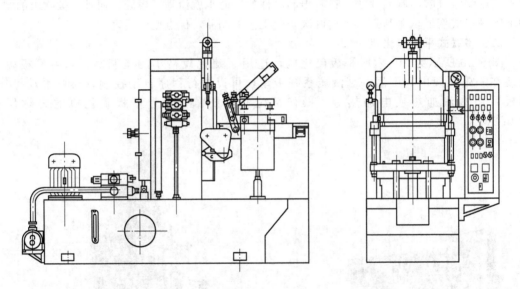

图 9-22　自开模抽真空平板硫化机

主机前面的真空门为闸门式结构，后面的门为铰链式结构。前门通过安装在上横梁前门框上的活塞式液压缸带动链轮链条实现启闭。两侧侧板、上横梁、主液压缸、前后门和门框组成一个密闭的空腔，工作时模具放在空腔内。模具利用液压马达带动齿轮齿条实现推进和推出动作。

机器采用 PLC 控制，其自动循环动作程序为：上模翻下（先快后慢）→真空门开启→模具推进（先快后慢）→真空门关闭→主柱塞上升合模→放气（先低压后高压）抽真空→保压硫化真空解除→硫化结束柱塞下降→真空门开启→模具推出（先快后慢）→上模打开复位（先快后慢）→真空门关闭。

抽真空平板硫化机的真空系统原理见图9-23。

XLB-DZK400×400（440）自开模抽真空平板硫化机的主要技术参数如表9-5所示。

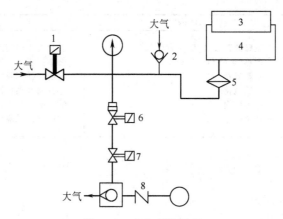

图 9-23　真空系统原理

1—充气阀；2—单向阀；3—上真空罩；4—下真空罩；5—过滤器；
6—挡板阀；7—DDC-JQ 充气阀；8—真空泵

表 9-5　**XLB-DZK400×400**（440）自开模抽真空平板硫化机的主要技术参数

技术参数	数　　值	技术参数	数　　值
热板规格/mm	400×400(440)	上模推出行程/mm	700
最大公称合模力/kN	1500	预压时间/s	0～99
热板单位压力/MPa	9.3	低压排气次数/次	0～9
模架尺寸		高压排气次数/次	1
上模架/mm	450×490	卸压时间/s	0～9
下模架/mm	460×560	预热时间	0～99h 59min(可调)
热板最高工作温度/℃	200	硫化时间/s	0～9999
热板电热功率/kW	2×3.93	最高真空度/MPa	≥0.09
上模翻开角度/(°)	60	模具尺寸(长×宽×厚)/mm	400×400×25(35)

四、平板硫化机现场实训教学方案

平板硫化机现场实训教学方案见表 9-6。

表 9-6　平板硫化机现场实训教学方案

实训教学项目	具体内容	目的要求
平板硫化机的维护保养	①运转零部件的润滑 ②液压油的更换、油位检查 ③系统压力、加热温度的调节 ④开机前的准备 ⑤机器运转过程中的观察 ⑥设备的安全 ⑦停机后的处理 ⑧现场卫生 ⑨使用记录	①使学生具有对机台进行润滑操作的能力 ②液压系统的维护能力 ③能够进行立柱螺母的紧固 ④具有正确开机和关机的能力 ⑤养成经常观察设备、电机运行状况的习惯 ⑥随时保持设备和现场的清洁卫生 ⑦能够对热板加热系统进行检测 ⑧及时填写设备使用记录,确保设备处于良好运行状态
密封圈更换	①液压缸密封圈更换 ②液压阀密封圈的更换	①掌握更换液压缸密封圈的基本技能 ②能够进行阀件密封圈更换操作
确定模具大小	①模具最大高度 ②模具最大外径或长度(或宽度) ③模具最小面积	①模具最大高度应小于柱塞行程 ②模具外径或长度(宽度)应小于热板长度(或宽度) ③模具最小面积一般不小于柱塞截面积

续表

实训教学项目	具体内容	目的要求
平板硫化机操作	①正确放置模具,防止发生偏载 ②预热(热板和模具) ③启动机器 ④加压硫化 ⑤正确取模 ⑥安全操作	①具有正确使用操作工具的能力 ②掌握正确放置模具的方法 ③能够换算系统压力和硫化压力 ④弄清开动机器前后应该做的工作 ⑤掌握平板硫化机的基本操作技能 ⑥能够确保硫化操作安全

思考题

1. 平板硫化机的用途是什么?
2. 平板硫化机如何分类?
3. 简述平板硫化机的基本结构。
4. 液压式平板硫化机的液压缸、柱塞和加热平板有哪些性能要求?
5. 简述平板硫化机的工作原理。
6. 压力对于平板硫化机压制橡胶制品有什么重要作用?
7. 分析说明硫化过程中模内压力的变化规律。
8. 今需要硫化某种橡胶模型制品,其模具外形尺寸为 $\phi380mm$,硫化压力要求不低于 3MPa,试选择适合生产使用的平板硫化机。现有机台规格如下(单位 kN/mm):250/ 350×350、450/400×400、1000/800×800。
9. 回转式平板硫化机的结构有什么特点?
10. 多联式平板硫化机的结构有什么特点?
11. 抽真空平板硫化机的结构有什么特点?
12. 简单介绍单作用柱塞式平板硫化机外密封式液压缸密封圈的基本过程。
13. 如何维护保养平板硫化机?
14. 操作平板硫化机应注意哪些安全问题?

第十章 轮胎定型硫化机

【学习目标】 本章概括介绍了轮胎定型硫化机的用途、分类、规格表示、主要技术特征及轮胎定型硫化机的使用与维护保养;重点介绍了轮胎定型硫化机的基本结构与传动、主要零部件。要求掌握 A 型、B 型、AB 型轮胎定型硫化机的基本结构、传动原理、主要零部件的作用、结构及动作原理;能正确选用轮胎定型硫化机;学会各种轮胎定型硫化机安全操作与维护保养的一般知识,具有进行正常操作与维护的初步能力。

第一节 概　述

自 1900 年开始用硫化罐硫化轮胎,到 1920 年开始采用硫化模型并出现了自动硫化罐,1925~1930 年出现了个体硫化机,1935 年个体硫化机得到了较大改进。1945~1950 年已用定型硫化机硫化轮胎。定型硫化机硫化是在个体硫化机的基础上发展起来的。其特点是用胶囊代替了水胎,并且将胶囊直接安装在机台上,成为机器的一个零件,因而实现了在同一机台上可完成装胎、定型、硫化和卸胎以至后充气等工序,使轮胎的硫化实现了机械化和自动化。近代轮胎定型硫化机,一般对内温、内压、外温均能测量、记录、控制,配有自动控制系统、模型清洁和涂隔离剂等装置。生产中配以自动化运输和计算机控制,可使轮胎硫化作业完全实现自动化。由于定型硫化机生产效率高,产品质量好,劳动强度低,因此,在现代轮胎厂中获得了广泛的应用。

我国的轮胎定型硫化机的发展始于 1958 年,经过 50 余年的发展,已经形成了系列,在结构形式上有 A 型、B 型、AB 型、RIB 型和 C 型等多种,可以安装使用两半模和活络模,结构性能正在不断改进和提高。本章技术资料与图样采用桂林橡胶机械厂生产、国内外广泛使用的定型硫化机设备。

一、用途与分类

1. 用途

外胎定型硫化机主要用于汽车外胎、飞机外胎、工程外胎、拖拉机外胎等空心轮胎的硫化。

2. 分类

国际上有代表性的定型硫化机主要有以下几种:

① 以美国 McNeil 公司为代表的 Bag-O-Matic 型,我国习惯称之为 B 型;

② 以美国 NRM 公司为代表的 Autoform 型,我国习惯称之为 A 型;

③ 以德国 Krupp 公司和 Herbrt 公司为代表的液压传动型。

国内轮胎定型硫化机按采用的胶囊形式分为五种类型。

(1) A 型(或称 AFV 型) A 型是美国 National Rubber Machinery 公司(NRM)发明的。它的特点是胶囊从轮胎外胎中脱出时,胶囊在推顶器的作用下,往下翻入下模下方的囊筒内。开模方式一般为升降平移型。

(2) B 型(或称 BOM 型) B 型是美国 McNeil 机械工程公司发明的。它的特点是胶囊从轮胎外胎中脱出时,胶囊在中心机构的操纵下,待胶囊抽真空收缩后向上拉直。开模方式有垂直升降型、升降平移型和升降翻转型。

（3）AB型（或称 AUBO型）　AB型是美国 NRM 公司发明的。它的特点是胶囊从轮胎外胎中脱出时，胶囊在胶囊操纵机构和囊筒作用下，上半部做翻转而整个胶囊由囊筒向上移动收藏起来。开模方式有垂直升降型和升降翻转型。

（4）RIB型（或称 AUBO-RP型）　RIB型是德国 Herbert 公司发明的。它的特点是胶囊从轮胎外胎中脱出时，胶囊在中心机构操纵下，上半部做翻转并同时与下部一起被拉入导向筒内收藏起来，它与 AB 型结构类似。开模方式一般为升降平移型。

（5）C型　C型是德国 Herbert 公司发明的。它的特点是胶囊从轮胎外胎中脱出时，在中心缸的操纵下将胶囊收藏在囊筒内。开模方式有垂直升降型和升降平移型。

定型硫化机按传动方式分为：连杆式定型硫化机和液压式定型硫化机。

按加热方法分为：罐式定型硫化机、夹套式定型硫化机和热板式定型硫化机。

按用途可分为：普通外胎定型硫化机和子午线外胎定型硫化机。

按整体结构又可分为：定型硫化机和定型硫化机组。

一般定型硫化机，普通轮胎和子午线轮胎可通用。

二、规格型号表示与主要技术特征

1. 规格型号表示方法

轮胎定型硫化机规格用蒸汽室内径表示，国内现有规格为：1050mm、1145mm、1220mm、1310mm、1360mm、1525mm、1600mm、1640mm、1730mm、1900mm、2160mm、2250mm、2665mm、3000mm、3100mm、3300mm、4500mm、5000mm 等。见表 10-1 机械式硫化机规格，表 10-2 液压式硫化机规格。

表 10-1　机械式硫化机规格　　　　　　　　　　　单位：mm

规格	1050(42in)	1145(45in)	1170(46in)	1220(48in)	1310(55in)	1360(55in)	1525(63.5in)	1600(65.5in)
规格	1730(68in)	1900(75in)	2160(85in)	2250(88in)	2665(105in)	3000(118in)	3100(122in)	3200(126in)

注：1in＝0.0254m。

表 10-2　液压式硫化机规格　　　　　　　　　　　单位：mm

规格	1140(44in)	1220(48in)	1330(51in)	1600(63.5in)	1700(67in)	4500(177in)	4800(188in)	5000(200in)

注：1in＝0.0254m。

轮胎定型硫化机型号表示方法常以硫化机的热板护罩或蒸汽室的名义内径、模型数量及一个模型上的合模力表示，胶囊形式作为辅助代号。表示方法的具体表示形式如下：

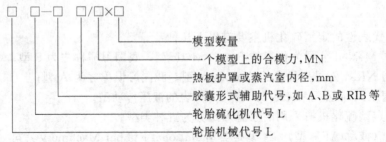

例如：LL-B1050/1.37×2，表示 B 型轮胎定型硫化机，护罩内径为 1050mm，双模，一个模型上的合模力为 1.37MN。

2. 技术特征

国产轮胎定型硫化机的技术特征见表 10-3。

表 10-30　国产轮胎硫化机主要性能参数

参数	LL-A1030 ×1360×2	LL-B1050 ×1400×2	LL-B1145 ×1720×2	LL-A1170 ×1760×2	LL-A1170 ×2000×2	LL-R1170 ×1960×2	PC-X43R 300RIB	LL-B1310 ×2950×2	LL-B1400 ×3000×2	LL-B1524 ×4300×2	LL-B1525 ×4300×2	LL-B1900 ×6600×1	LL-B2500 ×13000×1
蒸汽室或保温罩内径/mm	1030	1050	1145	1170	1170	1170	1100	1310	1400	1524	1525	1900	2500
一个型的合模力/kN	1360	1400	1720	1760	2000	1960	1333	2950	3000	4300	4300	6600	13000
加热方式	热板	热板	热板	热板	热板	热板	热板	蒸锅	蒸锅	蒸锅	蒸锅	蒸锅	蒸锅
蒸汽压力/MPa	0.8	0.7	1.6	0.8	0.8	0.8	1.0	0.7	0.7	0.7	0.7	0.7	0.6
额定内压/MPa	2.8	2.5	3.0	2.8	2.8	2.8	2.06	2.5	2.5	2.8	2.8	2.8	3.0
胎圈直径/in	12~16	13~16	12~17	13~20	13~20	13~20	13~16	16~20	16~20	16~24	16~24	24~38	24~35
模型高度/mm 最大	300	270	18in	330	326	380	425	406	420	635	635	710	1000
模型高度/mm 最小	155	160	8in	155	155	200	200	254	300	254	254	380	600
硫化轮胎最大外径/mm 两半模	820	820	975	970	980	980	750	1098	1098	1270	1270	1625	
硫化轮胎最大外径/mm 活络模	680		750	750	750	750		1016	1016	1135	1135		
主电机 型号	JQLX41-8 11	JQLX41-8 11	JQLX41-8 11	JQLX41-8 11	JQLX41-8 11	JQLX41-8 11		JQLX31-6 7.5	JZ$_2$-H 32-6 11	JQLX32-6 11	JQLX 11	升JQLX,11 翻JQLX,5	升25 翻16
主电机 功率/kW	660	660	660	660	660	660		880	930	970	880	升660 翻880	升750 翻750
主电机 转速/(r/min)													
外形尺寸/mm	4095×3439 ×3232	4300×3650 ×3500	4116×4425 ×3840	4668×3710 ×3881	4585×4148 ×3731	4585×4148 ×4635	3800×3200 ×5500	5149×5370 ×4664	4000×5950 ×4080	7000×5520 ×5950	7000×5520 ×5950	5380×4346 ×5950	
质量/t	20	25	32	27	27	32	14	47	48	60	60	58	128

注：1in＝0.0254m。

第二节　基本结构

一、基本结构与传动

轮胎定型硫化机主要由机架、蒸汽室、中心机构、升降机构、装卸胎机构、后充气机构和传动机构等组成。这里简要叙述四种典型结构的定型硫化机。

（一）A型定型硫化机

A型定型硫化机主要由升降机构、蒸汽室、中心机构（推顶器及囊筒）、装胎机构、卸胎机构、机架、传动系统，润滑系统，热工管路系统，电气控制系统及后充气装置组成。

图10-1是LL-A1170/1.75×2型双模定型硫化机的结构。在机座1上有下加热板6，机座与加热板之间用绝热板5隔热，上加热板11通过上托板13，调模装置15与上横梁16连在一起，上加热板与上托板之间，用绝热板12隔热。下硫化模7和上硫化模10夹在上、下加热板之间，并分别用螺栓与上、下热板相连。连杆3把曲柄轮2、上横梁16与机座1连在一起，组成升降机构，机座1的左、右两边装有墙板14，墙板有特定的轨道，上横梁可以通过滑轮沿轨道运动。储囊筒4位于机座1中，可以通过囊筒升降机构23上升或下降，以便更换胶囊。推顶器17位于上横梁16中，在推顶汽缸18的作用下，作垂直上、下的运动。装胎机构与上横梁在一起，可与上横梁一起运动，装胎机构的抓胎器22可以通过抓胎汽缸20的作用收拢或张开，并在升降装置19的作用下上升或下降。卸胎杆26在卸胎汽缸25的作用下，可以把硫化好的外胎剥落，掉到卸胎滚道27上，用限位辊29使之与后充气装置28对中，后充气装置作为尼龙外胎的充气冷却之用。硫化机的开闭运动是靠传动装置30的作用实现的，安全杆21可在发生意外的情况下做紧急停车之用。

（二）B型定型硫化机

B型轮胎定型硫化机目前有机械式（曲柄连杆式）和液压式两类。

1. B型曲柄连杆式轮胎定型硫化机

B型轮胎定型硫化机和A型轮胎定型硫化机的主要区别在于采用了不同结构的胶囊，从而使操纵胶囊的中心机构不同。B型轮胎定型硫化机的胶囊由上下夹盘固定。B型定型硫化机一般由蒸汽室、中心机构（又称胶囊操纵机构）、传动装置（包括升降机构）、装胎机构、卸胎机构、安全装置、润滑系统、管路系统和电气系统等组成。有的硫化机，为了适应于尼龙外胎的硫化，其后部还设有后充气装置。B型定型硫化机的种类繁多，但工作原理基本相同，结构也基本相同，某些机构与A型轮胎定型硫化机也相似。

图10-2是LL-B1525/4.3×2定型硫化机结构。在机座1上装有蒸汽室6，蒸汽室分上、下两半，上半蒸汽室用螺栓固定在上横梁10上。下半蒸汽室用螺栓固定在机座1上，机座与下半蒸汽室之间有绝热板5隔热。调整垫9可以调整上横梁10与机座1之间的距离，使上、下蒸汽室密合，并使上、下模压紧，获得足够的预紧力。中心机构4装在机座1中，它可以通过水缸17的作用，做垂直上、下运动。连杆3把曲柄轮2、上横梁10和机座1连在一起，组成升降机构。机座的左、右两边装有墙板7，墙板上有特定的曲线轨道，硫化机开闭时，上横梁通过滑滚21沿着轨道运动。上半蒸汽室中有调模装置8，可以在改变模型厚度时做调距之用，同时也可以调整预紧力的大小。压力表14和温度计12，可以看出蒸汽室内的蒸汽压力和温度。活络模汽缸11在上横梁10中，在采用活络模硫化子午线外胎时使用。装胎装置13连在墙板7和机座1上，用于把胎胚装在模型中，还可以协助完成胎胚的定型。卸胎装置15是一套复杂的杠杆机构，用以取出硫化好的外胎。后充气装置19安装在机器的后部，作为尼龙外胎的充气冷却之用。定型硫化机的开闭运动，是通过传动装置20的作用实现的。安全杆16可以在发生意外的情况下紧急停车。

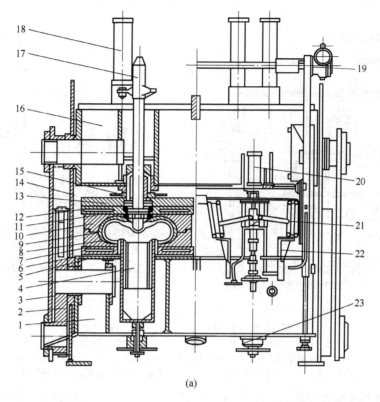

(a)

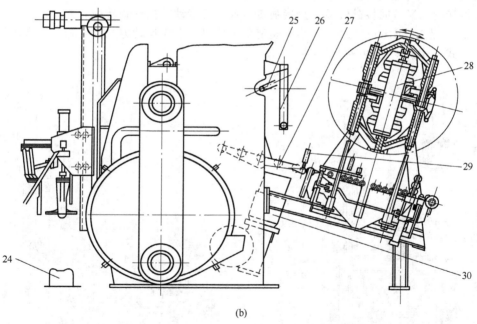

(b)

图 10-1 LL-A1170/1.75×2 型定型硫化机

1—机座；2—曲柄轮；3—连杆；4—储囊筒；5—绝热板；6—下加热板；7—下硫化模；8—外胎；9—胶囊；10—上硫化模；
11—上加热板；12—绝热板；13—上托板；14—墙板；15—调模装置；16—上横梁；17—推顶器；18—推顶汽缸；
19—抓胎器升降装置；20—抓胎汽缸；21—安全杆；22—抓胎器；23—囊筒升降机构；24—胎坯存放台；
25—卸胎汽缸；26—卸胎杆；27—卸胎滚道；28—后充气装置；29—限位辊；30—传动装置

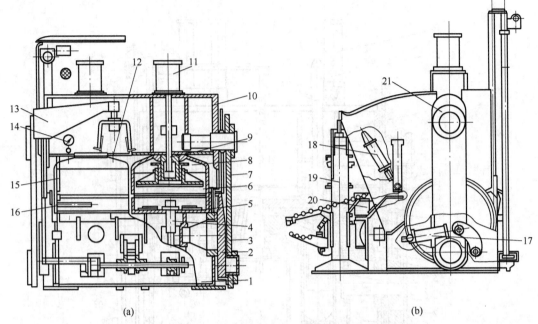

(a)　　　　　　　　　　　　　　　　　　　　　　(b)

图 10-2　LL-B1525/4.3×2 型定型硫化机

1—机座；2—曲柄轮；3—连杆；4—中心机构；5—绝热板；6—蒸汽室；7—墙板；8—调模装置；9—调整垫；

10—上横梁；11—活络模汽缸；12—温度计；13—装胎装置；14—压力表；15—卸胎装置；

16—安全杆；17，18—水缸；19—后充气装置；20—传动装置；21—滑滚

　　机械式 B 型轮胎定型硫化机按上模运动方式区分，有升降翻转型、升降平移型、升降型。在翻转型中又分间接翻转型，直接翻转型及双套传动的杠杆翻转型。

　　图 10-3 是 LL-B1600/4220×2 型双模定型硫化机，上模运动方式为升降翻转型，目前大多数机械式硫化机采用这一种形式。

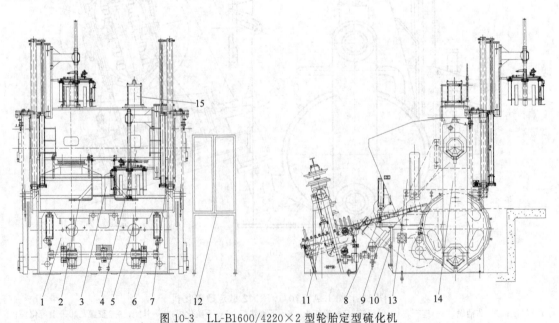

图 10-3　LL-B1600/4220×2 型轮胎定型硫化机

1—底座；2—安全杆；3—硫化室；4—横梁；5—中心机构；6—推胎机构；7—装胎机构；8—卸胎机构；

9—主电机；10—减速机；11—后充气装置；12—电气装置；13—墙板；14—连杆；15—活络模操纵装置

卸胎机构主要由卸胎滚道、卸胎杆以及推胎装置所组成，当外胎随上模移至滚道上方时，推胎装置把胎推出上模，随后卸胎杆摆入外胎后上方，推胎装置向上收缩时卸胎杆即将外胎剥落至轨道。

2. B 型液压式轮胎定型硫化机

(1) 固定横梁液压式轮胎定型硫化机

固定横梁液压式轮胎定型硫化机如图 10-4 所示。开合模形式为采用油缸升降式，带动上硫化室作开合模运动，合模力由加力缸产生。每一个模由独立的机架组成，横梁固定，左右模可以单独控制运行。中心机构、活络模装置等动作采用油缸驱动。装胎、卸胎采用机械手装置为主，驱动采用液压油缸和汽缸。中心机构的类型可以采用 B 型、C 型等。固定横梁液压式轮胎定型硫化机特点主要是：机架横梁固定不动，合模力主要由加力油缸产生。

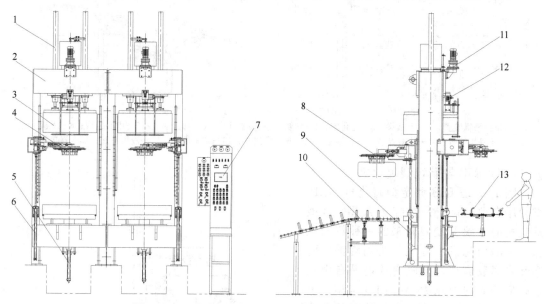

图 10-4   LLY-B1220/1920×2 型液压式轮胎定型硫化机

1—开合模油缸；2—机架横梁；3—硫化室；4—装胎机构；5—中心机构；6—装胎机构油缸；7—电气装置；8—卸胎机构；9—卸胎机构油缸；10—连接辊道；11—调模装置；12—安全装置；13—存胎器

(2) 活动横梁液压式轮胎定型硫化机

活动横梁液压式轮胎定型硫化机如图 10-5 所示。开合模形式为采用油缸升降式，带动上横梁做开合模运动。当合模到底部时，上横梁的锁销由汽缸推出，与墙板上的锁销孔配合，形成闭环受力系统，合模力由加力缸产生。每一个模由独立的固定下横梁、墙板、导轨、活动上横梁、硫化室等组成，左右模可以单独控制运行。中心机构、活络模装置、装卸胎机构等动作采用油缸驱动。中心机构的类型可以采用 B 型、C 型等。活动横梁液压式轮胎定型硫化机特点主要是：上横梁在开合模油缸的驱动下，实现开合模动作，合模力主要由加力油缸产生。

(三) AB 型定型硫化机

图 10-6 为 AB 型定型硫化机。此机台介于 A 型与 B 型之间，其特点是胶囊上、下口均由夹持圈固定，下夹持圈是固定不动的，上夹持圈由液压缸活塞杆带动可在一定距离内升降，在卸胎时胶囊连同夹持圈一起退入胶囊缸中则仍需部分翻转，但比 A 型胶囊的翻转程度少，其装胎和卸胎作业也不能同时进行。此机台中心机构的传动是液压式的。

图 10-7 为 LL-AB1600/4220×2 型轮胎定型硫化机。

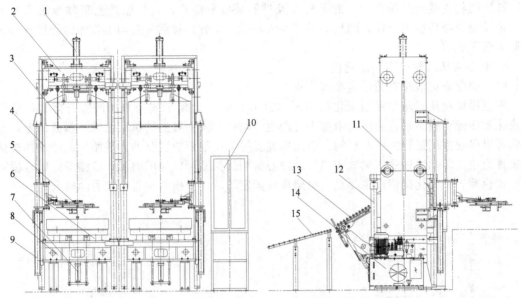

图 10-5　LLY-B1620/3920×2 型液压式轮胎定型硫化机

1—活络模操纵装置；2—上横梁；3—硫化室；4—导轨；5—装胎机构；6—加力油缸；7—中心机构；8—下横梁；
9—装胎机构油缸；10—电气装置；11—端板；12—开合模油缸；13—卸胎机构；14—液压系统；15—连接辊道

（四）RIB 轮胎定型硫化机

图 10-8 是 RIB 型定型硫化机。RIB 型轮胎定型硫化机是在综合 A 型、B 型硫化机的基础上发展起来的一种新的机型，A 型硫化机中心机构是用囊筒、两半环夹紧胶囊口，但胶囊顶端呈自由状态，靠胶囊内充压大小控制其定型。上部用推顶器上的柱塞球鼻将胶囊从硫化好的轮胎压入囊筒内。RIB 型硫化机与 A 型硫化机的主要区别是中心机构在 A 型基础上增设有一中心杆，将胶囊从硫化好的轮胎中拉入囊筒，使胶囊上半部翻转藏入囊筒内，以提高胎坯定型时的对中性。与 B 型硫化机比较，可降低硫化机的总高度。这种硫化机具有下列主要优点：

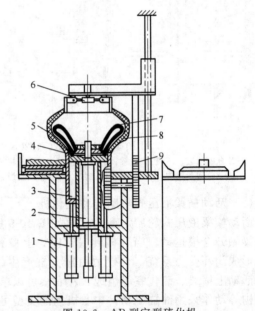

图 10-6　AB 型定型硫化机

1—胶囊升降操纵缸；2—胶囊（伸缩）操纵缸；3—囊缸；
4—中心杆；5—夹持盘；6—装胎机构；7—胶囊；
8—胎坯；9—齿条

① 胶囊使用寿命长，因为 RIB 型胶囊膨胀时需要的力小，比较容易舒展在生胎内；

② 胶囊顶端由中心杆支撑，可保证生胎定型准确；

③ RIB 型胶囊囊筒容积小，不属于被监察的压力容器范围，且可减少热能消耗；

④ 不用抽真空，不用动力水，中心机构（推顶器和中心杆等）采用压缩空气驱动，容易密封，一旦空气泄漏，对硫化机的操作没有什么大的影响，检修方便；

⑤ 横梁上的推顶器结构较 A 型简单。

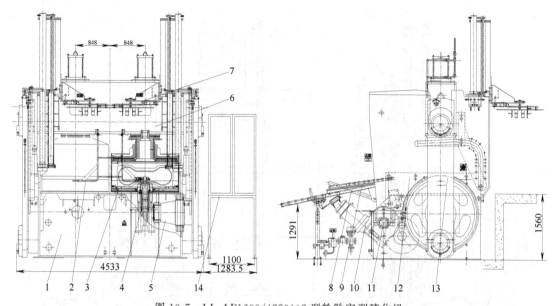

图 10-7　LL-AB1600/4220×2 型轮胎定型硫化机
1—底座；2—安全杆；3—硫化室；4—中心机构；5—曲柄齿轮；6—横梁；7—装胎机构；8—卸胎滚道；
9—卸胎机构；10—主电机；11—减速机；12—电气装置；13—墙板；14—连杆

（五）传动系统

1. 曲柄连杆式定型硫化机传动系统

传动装置用于升降上蒸汽室和锁紧模型。在定型和硫化时，必须保持传动系统自锁，故采用蜗轮蜗杆减速机，但为了停车准确和更好地自锁，还装有制动器。

在启模和闭模过程中，要求上模型的运动速度是可变的，即在开始翻转横梁时速度要大，而随着模型接近胎胚，速度必须逐渐降低。特别是闭模时，为了避免产生剧烈的撞击，在两个模型接触瞬间，速度最好接近于零。曲柄连杆机构的传动系统最符合上述要求。

目前的传动系统中，有单套传动系统和双套传动系统两种，单套传动系统多用于 B 型双模 1400mm 以下的定型硫化机，双套传动系统多用于 1798mm 以上大规格的定型硫化机。

图 10-9 是 B 型双模定型硫化机的单套传动系统，它的传动路线是由电机 7、蜗杆 4、蜗轮 5、小齿轮 3、曲柄轮 2、连杆 1 到横梁 6。

图 10-10 是 B 型双模定型硫化机的另一种传动装置，这种传动装置有辅助齿轮，即小齿轮 7 和大齿轮 8，曲柄机构只有一个导向轮，另外机架墙板具有横梁滚子水平行驶部分。

图 10-11 是 B 型定型硫化机的双套传动系统。其中一套的传动路线是：电机 9、蜗杆 4、蜗轮 5、小齿轮 7、大齿轮 8、小齿轮 3、曲柄轮 2、连杆 1、横梁 6。通过导板实现上蒸汽室的升降运动。另一套的传动路线是：电机 10、蜗轮减速器 11、小齿轮 12、曲柄轮 13、连杆 14、横梁 6。通过杠杆机构实现蒸汽室的前、后翻转。采用双套传动系统，虽然显得复杂些，但可使结构更为紧凑，外形尺寸变小，便于机器搬运，同时机器运转比较平稳。从电能消耗来看，双套传动系统没有引起电能消耗的增大，因为其中一套只装设小功率电机，补偿了启动周期中的电能消耗。

2. 液压式硫化机传动系统

（1）固定横梁液压式硫化机传动系统　固定横梁液压式硫化机传动系统如图 10-12 所示，开合模油缸固定在机架横梁上，开合模油缸动作时，利用中间立柱导向，带动上硫化室做开合模运动。左右模可以单独控制运动。

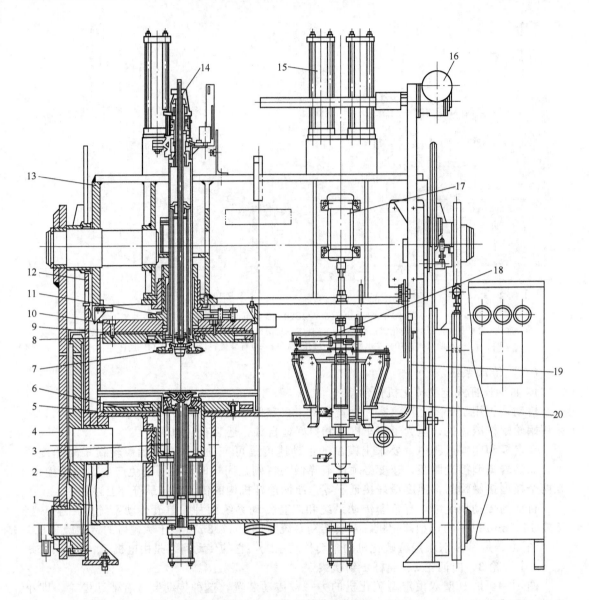

图 10-8　RIB 型轮胎硫化机

1—底座；2—曲柄齿轮；3—中心机构；4—连杆；5,9—隔热板；6—下加热板；7—夹套；8—上加热板；
10—托板；11—调模机构；12—墙板；13—横梁；14—推顶器；15—推顶杆；16—装胎器传动装置；
17—活络模驱动汽缸；18—机械手汽缸；19—安全杆；20—机械手

　　(2) 活动横梁液压式硫化机传动系统　　活动横梁液压式硫化机传动系统如图 10-13 所示，开合模油缸固定在下横梁上，前后布置。开合模油缸动作时，利用安装在墙板上的导轨和导向轮导向，带动上横梁做开合模运动。左右模可以单独控制运动。

二、主要零部件

(一) 蒸汽室

蒸汽室按模型的加热方法及结构形式通常可分为下列几种。

　　(1) 蒸锅式蒸汽室　　①普通蒸锅式蒸汽室；②带锁环蒸汽室；③带调模装置的蒸锅式蒸汽室。

　　(2) 夹套式蒸汽室　　①带锁环夹套式蒸汽室；②带调模装置的夹套式蒸汽室。

　　(3) 热板式蒸汽室　　①普通热板式蒸汽室；②带调模装置的热板式蒸汽室。

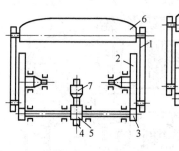

图 10-9　B 型双模定型硫化机
的单套传动系统
1—连杆；2—曲柄轮；3—小
齿轮；4—蜗杆；5—蜗轮；
6—横梁；7—电机

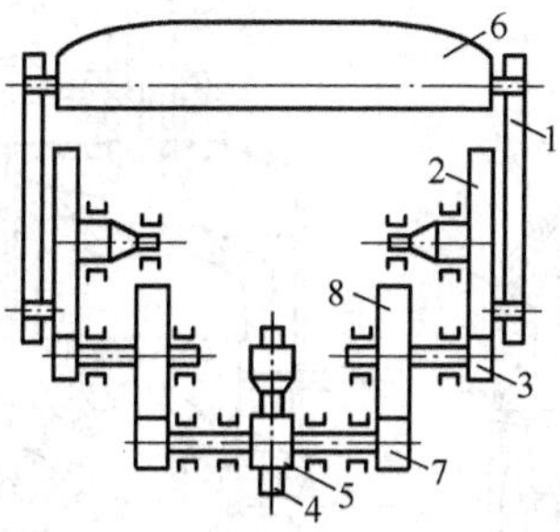

图 10-10　带辅助齿轮的
单套传动系统
1—连杆；2—曲柄轮；
3,7—小齿轮；4—蜗杆；
5—蜗轮；6—横梁；8—大齿轮

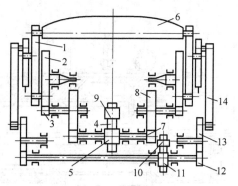

图 10-11　B 型双模定型硫化机
的双套传动系统
1,14—连杆；2,13—曲柄轮；3,7,12—小齿轮；
4—蜗杆；5—蜗轮；6—横梁；8—大齿轮；
9,10—电机；11—蜗轮减速器

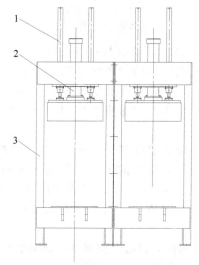

图 10-12　固定横梁液压式硫化机传动系统
1—开合模油缸；2—中间立柱；3—机架

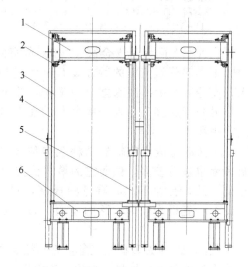

图 10-13　活动横梁液压式硫化机传动系统
1—上横梁；2—导向轮；3—导轨；4—墙板；
5—开合模油缸；6—下横梁

图 10-14 为 B1400 型定型硫化机罐型蒸汽室。它由上、下两半蒸汽室 1、7 组成。下半部分 7 固定在机台上，上半部分 1 固定在上横梁下缘，它和上半模 2 一道随上横梁升降，以便启闭模型与装卸外胎。两半部蒸汽室靠耐热橡胶密封垫圈 4 密封。

下半部蒸汽室 7 由铸钢制成一体，它的底部有凸起的 T 形槽，下半模 9 就放置在上面并用螺钉 8 固定。这样使得下半模 9 的底部也能得到良好的加热，而且有利于冷凝水的收集与导出。在它的周边还铸有带四个螺孔的凸缘，并用螺钉 6 使它与底座固定，由于螺孔不与蒸汽接触，因而省去了密封零件和保证它不受蒸汽侵蚀。为减少蒸汽室底部与机台间的热传导，加有绝热垫 11，其厚度约为 2mm，此绝热垫应制成坚硬平滑状，否则往蒸汽室和胶囊内通入热介质时，此绝热垫将因受挤压而变形或破坏，致使紧闭的两半模型间产生间隙，造成外胎飞边过厚。上半部蒸汽室 1 同样由铸钢制成一整体，在其上开有两组固定上半模 2 的螺孔，按不同规格的模型使用其中一组，用内六角螺钉固定，内六角螺钉埋进螺孔深处，然后用螺塞 15 塞住，防止蒸汽的逸出。为减少蒸汽室热量的散失，在室的四周装上石棉保温层 5，并以保护罩 3 罩上，使其不致脱落。

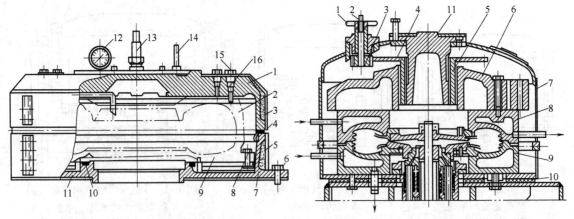

图 10-14　B1400 普通罐型蒸汽室
1—上半部蒸汽室；2—上半模；3—保护罩；4—密封垫圈；
5—石棉保温层；6,8—螺钉；7—下半部蒸汽室；9—下半模；
10—密封圈；11—绝热垫；12—压力表；13—安全阀；
14—温度计；15—螺塞；16—内六角螺钉

图 10-15　带调模装置的夹套型蒸汽室
1—手柄；2—小轴；3—小齿轮；4—大齿轮；
5—螺纹套筒；6—花盘；7—套罩；
8—上夹套模；9—下夹套模；
10—绝热垫；11—轴套

蒸汽室上面装有安全阀 13 和测量室内压力的压力表 12，以及测量室内温度的温度计 14。下半部蒸汽室 7 的后方装有蒸汽进口接头，加热硫化模型的蒸汽由蒸汽进口接头导入，而冷凝水由冷凝水排出装置从底部排出，冷却胎模的冷却水以及吹去积水的压缩空气由另一管道接头导入，并由布设在蒸汽室内周边一带喷孔的管道进行均匀的喷射冷却或吹去积水。

虽然罐型蒸汽室加热消耗载热体较多，与载热体接触之表面容易受到腐蚀，同时密封表面也显得较多，然而它的最大优点是蒸汽直接加热整个模型的表面，硫化温度容易达到一致，有利于产品质量的提高，更换不同规格的模型比较方便，制造也比较简单，因此它一直得到较为广泛的应用，特别在大型规格和多层胎体的外胎硫化方面显得更为突出。

图 10-15 为夹套型蒸汽室，它与罐型蒸汽室主要的区别在于利用模型本身制成夹套作为蒸汽室对外胎进行加热，为防止热散失和改善劳动条件，模型外还加上套罩。

夹套型蒸汽室由上、下两半夹套组成，加热的夹套与模型做成一整体，在连杆式定型硫化机中，往往做成带有调模装置。如图 10-15 所示，上夹套模 8 用螺钉固定在花盘 6 上，其中心连接有螺纹套筒 5，此套筒的内、外表面都有梯形螺纹，其外螺纹连接着花盘 6，内螺纹连接着轴套 11，因为螺纹套筒 5 的外螺纹是右旋的，而内螺纹是左旋的，因此当旋转螺纹套筒 5 时，花盘 6 连同上夹套模 8 一道升降，由此达到调整不同规格模型高、低位置的目的。螺纹套筒 5 的旋转是用手柄 1 通过小齿轮 3、大齿轮 4 而实现的。

这种结构的蒸汽室，在生胎胎胚重新装模时，可以不关闭蒸汽加热系统，这样模型就能在一定温度之下保持热的状态。这不但省去了模型的冷却，而且也节省了载热体的消耗量和缩短了硫化周期，并且模型内表面在工作中处于干燥状态，模型的使用寿命得到了延长。虽然夹套模制造较复杂、成本较高，但它可以省去大量的载热体，故和罐式蒸汽室比较起来还是经济的。

图 10-16 为 LL-B1600/4220×2 定型硫化机带调模装置的热板式蒸汽室。它由上加热板 4、下加热板 2、调模装置及保温罩 3 等组成，而调模装置则由调模齿轮 10、法兰螺柱 8 和调模丝母 9 组成。上下加热板均为焊接件，其材料选用相同的低碳钢，使焊接后的收缩率一致，不然会造成漏气。上托板 6 和上下热板皆设有隔热板 1 和 5。调模装置在热板式硫化室

的上部，不易受蒸汽的锈蚀，易于润滑，调模方便。而且具有加热均匀、节约能源、生产效率高等优点，所以得到广泛应用。

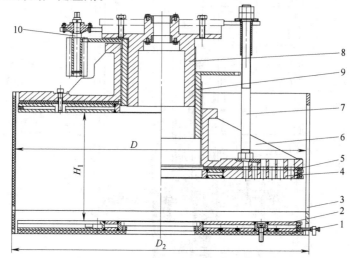

图 10-16　LL-B1600/4220×2 定型硫化机热板式蒸汽室

1—下隔热板；2—下加热板；3—保温罩；4—上加热板；5—上隔热板；6—上托板；

7—导向杆；8—法兰螺柱；9—调模丝母；10—调模齿轮

（二）胶囊操纵机构

中心机构也叫胶囊操纵机构，是定型硫化机的重要组成部分。它的作用是硫化前把胶囊装入胎坯、定型，硫化后将胶囊从轮胎中拔出，在脱模机构的配合下，使轮胎脱离下模并与胎圈剥离，最后再从外胎中把胶囊退出。

1. A 型中心机构——推顶器和储囊筒机构

A 型轮胎定型硫化机的胶囊装入胎坯、定型和从轮胎中拨出是用推顶器和囊筒升降机构配合完成的，人们已习惯地称之为 A 型定型硫化机的中心机构。

（1）推顶器　图 10-17 是 LL-A1170/1760×2 轮胎定型硫化机的推顶器，由球鼻 1、球鼻上升汽缸 2、球鼻下降汽缸 3、推顶器座 4、闭锁汽缸 5 及推顶器汽缸 6 等组成。球鼻升降汽缸 2、3 是用来固定球鼻和使它升降的，推顶器的球鼻 1 在定型时与胶囊顶部中心的"U"形槽相吻合，使胎坯能较好地对中，硫化完毕球鼻下降将胶囊从轮胎中顶出，并推顶胶囊进入囊筒，同时使夹盘扇形块张开（见图 10-17）。在卸胎前，闭锁汽缸 5 使扇形块保持张开伸入轮胎上胎圈下面。两个推顶器汽缸 6 为卸胎而设置，使整个推顶器竖向运动。推顶器座 4 装在硫化机的横梁上。活塞杆 7 的上部是螺纹，顶端为方形，可用来调节球鼻的行程。

（2）储囊筒　图 10-18 是 A 型定型硫化机的储囊筒，安装在硫化机的机座中。储囊筒的中心与下半硫化模型的中心对中，囊筒 5 有一个过热水进水口，一个定型蒸汽进气口，一个空气排出口，一个水排出口。储囊筒的上部有夹套，并具有一定角度的喷水孔 6，过热水通到夹套中，从喷水孔 6 喷入胶囊内。

A 型定型硫化机的主要优点之一，就是更换胶囊非常方便。转动小轴 3，小链轮 1 就随之转动，通过链条使大链轮 12 也随之转动，大链轮 12 与内螺套 13 用键连接，内螺套只能原地回转不能上、下移动，这时囊筒 5 就在螺杆 9 的作用下做上下垂直运动。当囊筒 5 上升到给定高度时（参见图 10-19），胶囊就摆脱了囊筒 1、硫化模型（下钢环）4、两半环 2 的夹持，可以方便地把坏胶囊取下，把新胶囊套上。再转动小轴，使囊筒 1 下降，胶囊就又重新被模型 4、囊筒 1、两半环 2 紧紧地夹持住，换胶囊结束。

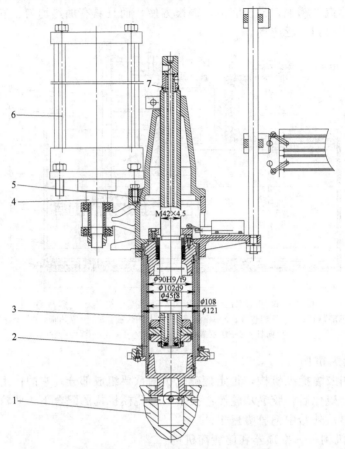

图 10-17　A 型定型硫化机的中心机构

1—推顶器的球鼻；2—球鼻上升汽缸；3—球鼻下降汽缸；4—推顶器座；
5—闭锁汽缸；6—推顶器汽缸；7—活塞杆

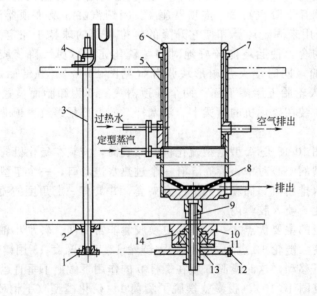

图 10-18　A 型中心机构的储囊筒

1—小链轮；2—轴承座；3—小轴；4—托架；5—囊筒；6—喷水孔；7—两半环；8—过滤网；
9—螺杆；10—瓦架；11—轴承；12—大链轮；13—内螺套；14—密封环

图 10-20 是 LL-A1170/1760×2 硫化机的囊筒升降机构。它由囊筒 1、两半环 2、过滤网 3、汽缸 4 等组成。囊筒呈夹套式结构，是存放胶囊的容器，各种介质也通过它输入胶囊。其内壁上部和下部各有一个直径 3～5mm 的小孔，当囊筒通入定型蒸汽将胶囊翻出时，有利于减小胶囊和囊筒的摩擦。在更换胶囊时，汽缸动作，使囊筒上升或下降，就可方便地把旧胶囊取下或装上新胶囊。

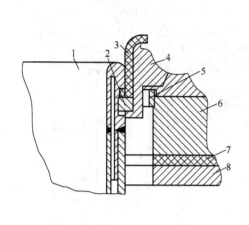

图 10-19　胶囊在储囊筒上的装配关系
1—囊筒；2—两半环；3—胶囊；4—硫化模型（下钢环）；
5—套环；6—热板；7—绝热垫；8—硫化机平台

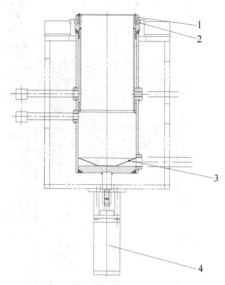

图 10-20　LL-A1170/1760×2 定型
硫化机囊筒升降机构
1—囊筒；2—两半环；3—过滤网；4—汽缸

2．B 型中心机构

B 型中心机构是 B 型定型硫化机的特殊机构和重要部分，其作用是硫化前将胶囊放入胎胚，硫化后将胶囊从外胎中拔出，同时它还能在推胎水缸的作用下垂直上升和下降，使外胎脱离下半模，配合完成卸胎工作。

（1）液压杠杆式中心机构　图 10-21 是 B 型定型硫化机的液压杠杆式中心机构，它安装在下蒸汽室的中央，主要由操纵胶囊升降的上水缸和推胎水缸等组成。圆筒体 1 用螺钉固定于机架 2 上，在筒体内装有环 25 和水缸 3，水缸上端固定有端头 4，端头 4 上装有管子 5，管子 5 与圆筒体 1 用填料 6 和 7 密封，圆筒体 1 是不动的，而水缸 3 则可与筒体内的端头 4 和管子 5 一起上升或下降。水缸 3 内装有活塞 10 和活塞杆 9，9 和 10 是固定在一起的，活塞杆由导向压盖 11 导向，活塞 10 下面有硬质耐热橡胶球 8，它起阀门的作用。

操作过程：先将生胎装在准备操作的胶囊上，如图 10-21（a）左侧所示，接着通过管子 5 向胶囊通入定型蒸汽，使胶囊展开，扩张外胎，待外胎扩张至接近球状时，活塞杆 9 下降。此时，横梁下降，上模 28 落于上胎圈环 14 上。当横梁继续下降时，胎坯的上、下胎圈分别进入上胎圈环 14 和下胎圈环 17 中。当上模 28 靠近下模 22 时，横梁停止向下移动，并排出胶囊内的蒸汽。释放了蒸汽压力的胶囊便与外胎分离，目的是使胶囊随后能均匀地压紧胎坯，使胎胚受力均匀。横梁停止数秒后，继续下降并重新向胶囊送进蒸汽，但在两半模接触之前排除蒸汽压力，目的是防止两半模夹住胎坯胎面而减少传动装置电机负荷，两半模压紧后，胶囊内送入硫化外胎用的热介质进行硫化。硫化结束后，打开上半蒸汽室，此时外胎应留于下模，为保证其能留于下模，可在硫化前向上模涂隔离剂，或使上、下模的分模面位于外胎中线之上。接着向卸胎机构水缸 23 通入工作介质，使杠杆动作，向上托起水缸 3，

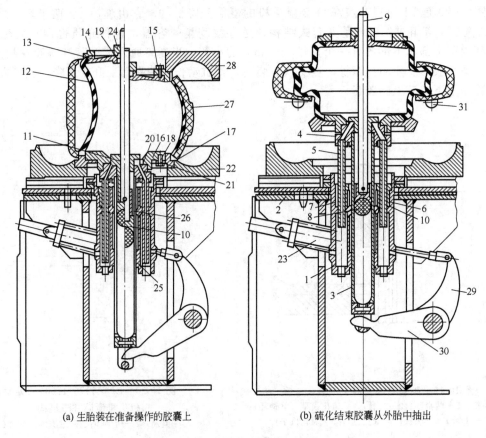

(a) 生胎装在准备操作的胶囊上　　　(b) 硫化结束胶囊从外胎中抽出

图 10-21　液压杠杆式中心机构

1—圆筒体；2—机架；3—水缸；4—端头；5—管子；6,7—填料；8—硬质耐热橡胶球；9—活塞杆；
10—活塞；11—导向压盖；12—胶囊；13,16—圆盘；14—上胎圈环；15,18—螺钉；17—下胎圈环；
19～21—橡胶密封圈；22—下模；23—卸胎机构水缸；24—套环；25—环；
26—套筒；27—外胎；28—上模；29,30—杠杆；31—卸胎杆

与水缸 3 固定在一起的下胎圈环 17 也随之上升，将外胎向上抬起，脱开下模，当外胎 27 移到最上面位置时，卸胎杆 31 运动到外胎下面后停下来，托住外胎，接着向水缸 3 和卸胎机构水缸 23 通入工作介质，使水缸 3 下降，而活塞杆 9 向上升起，从外胎中向下及向上抽出胶囊。胶囊从外胎抽出的同时被抽成真空，胶囊在外部大气压力作用下被压缩。卸胎杆 31 向上抬起外胎，在外胎高出胶囊后投向滚道而卸出。

（2）全液压式中心机构　图 10-22 是用于 B1400 型子午线定型硫化机的全液压式中心机构。它主要由控制胶囊伸缩动作的上水缸 15 和辅助脱胎用的下水缸 12 等组成。上水缸 15 上端有胶囊 4，胶囊 4 由上压盖 1、上托盘 3 和下压盖 16、下托盘 5 夹持，并各用六个螺栓将压盖和托盘拧紧。胶囊 4 可在机台外与压盖和托盘进行组装，然后再装于上水缸顶端。上水缸 15 缸体内设有套筒活塞 7 和活塞 9。套筒活塞 7 用于控制定型高度，活塞 9 用于控制胶囊 4 收缩之用，而胶囊 4 的伸直或收缩是与装胎和卸胎运动相配合的。装胎时，机械手将生胎放入胶囊上，这时把压力水通入套筒活塞 7 与活塞 9 之间使胶囊 4 向下收缩，收缩至一定高度后，通进一次定型蒸汽，使胶囊向外扩张并进入生胎内，胶囊继续收缩至定型高度（定型高度由定型高度调整环 6 所决定）。此时，套筒活塞 7 与活塞 9 构成力的平衡，使上托盘 3，亦即胶囊 4 停止下降。直至合模时才由上模把生胎和上托盘 3 等往下压至硫化位置。卸胎时，胶囊伸直、接真空，下水缸 12 把上水缸 15 和下托盘 5 等举起一段距离，使外胎脱离

下模，卸胎杠杆托住外胎，然后下水缸12使上水缸15连同下托盘5下降至触及下模，此时胶囊已完全伸直，而外胎由卸胎杠杆托起并卸至卸胎滚道上。

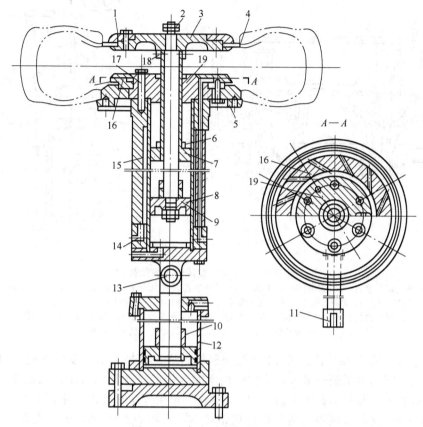

图 10-22　全液压式中心机构

1—上压盖；2—螺母；3—上托盘；4—胶囊；5—下托盘；6—定型高度调节环；7—套筒活塞；
8—密封圈；9—活塞；10—调整环；11—碰块；12—下水缸；13—销轴；14—管接口；
15—上水缸；16—下压盖；17—螺钉；18—螺母；19—上缸盖

（三）装胎机构

1. A型定型硫化机的装胎机构

图10-23是A型定型硫化机的装胎机构。主要由传动部分，如机械手、机械手球鼻及汽缸等组成。整个装胎机构安装在硫化机横梁上，通过链条传动机械手，可以沿着轨道上、下垂直移动。由于装胎机构固定在横梁上，所以装胎时，能准确地对准模型中心。装胎机构上还设有主机安全杆及装胎机构安全杆。

传动部分由电机、减速机14、主轴12、链轮24、链条23、钢丝绳安全装置及带式刹车制动装置10组成。这些零件均安装在机架轨道上。

由于装胎机构在工作时前、后活动距离较大，考虑到操作人员的安全，因此选用电机是带有制动装置的，减速器的蜗杆传动是自锁的。并在主轴12上装有两个绳轮11，每一绳轮上装有钢丝绳8，绳的另一端固定在机架6上，在操作中由于电气系统误发信号或机械调整不当，致使装胎器链条发生断脱时，钢丝绳8能够系着机架及机械手而不会掉落。

带式刹车制动装置10安装在主轴12的左端，刹车带是用金属钢带及内衬石棉摩擦片构成，并用压缩弹簧及管套安装在轨道上，调节压缩弹簧的压缩量即可调节刹车力矩的大小。此制动装置在装胎器检修时使用，当装胎机构电机接通后应将刹车带放松。

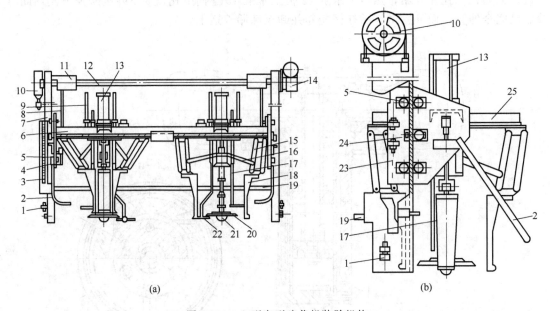

图 10-23　A 型定型硫化机装胎机构

1—导轮调节装置；2—安全杆；3—标尺；4—缓冲装置；5—滚子；6—机架；7—滑道；8—钢丝绳；
9—导杆；10—带式刹车制动装置；11—绳轮；12—主轴；13—双向汽缸；14—减速机；15—连杆；
16—曲连杆；17—探测杆；18—钩胎爪；19—主机安全杆；20—定型盘；21—球鼻；
22—触胎杆；23—链条；24—链轮；25—机械手机座

机械手由钩胎爪 18、曲连杆 16 及托架板等组成。机械手由一双向汽缸 13 驱动，当汽缸向下时，四瓣钩胎爪张开最大，当汽缸向上时，钩胎爪合拢为最小，当压缩空气中断时，机械手上挂着的胎胚是不会脱落的，因为曲连杆 16 在张开时接近一字形，足以平衡钩胎爪挂着胎胚的力。这种机械手钩胎爪设计成锥形体，对偏心 25～125mm 和变形厉害而塌下偏心（倾角 15°）的生胎同样能够抓起。

机械手球鼻由球鼻 21、定型盘 20、触胎杆 22 等组成，其主要作用是配合装胎时定型。定型弹簧是可以调节的，根据轮胎规格调节定型弹簧大小。当胶囊受内压从囊筒翻出、进入胎胚时，胶囊的凹处球鼻 21 的球面自动投合，当胶囊内压继续增加，球鼻 21 及定型盘 20 受压上升，弹簧通过定型盘 20 即给胶囊一个大小相等、方向相反的作用力控制住胶囊的中心位置，当定型压力达到一定时，探测杆 17 上升，碰到行程开关发出信号，胶囊内压降低，定型完毕，机械手及球鼻返回。

主机安全杆 19 在装胎机构的中部硫化机的前方，在紧急情况下将安全杆往上推时，硫化机即反车开模。

装胎机构安全杆 2 装在装胎机构前方，硫化机的最前面，在紧急情况下将安全杆向上推时，硫化机即反车开模。

2. B 型定型硫化机的装胎机构

图 10-24 是 B 型定型硫化机的装胎机构。它的支座 3 用螺栓连接在硫化机座上，支座的一端安有水缸 1，支座的另一端有瓦座，瓦座里装有轴承 5。方柱 8 的下端焊有摇杆 4，连杆 2 的一端与水缸 1 的活塞杆连接，中部有销轴装在支座的瓦座内，另一端的轴承 5 插入摇杆 4 的长槽中。水缸 1 推动连杆 2 绕销轴旋转，连杆 2 通过其一端的轴承 5 拨动摇杆 4 旋转，摇杆 4 带动方柱旋转（图 10-25）则使抓胎器进入机台或从机台中退出。方柱后面有圆柱，在上部通过连板把方柱与圆柱连在一起。圆柱中部连在墙板上，下端连在机座上。角钢

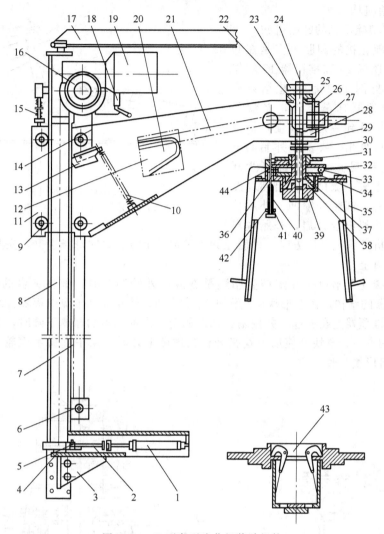

图 10-24　B型定型硫化机装胎机构

1—水缸；2—连杆；3—支座；4—摇杆；5,22,29—轴承；6—导轮；7—链；8—方柱；9—导辊；10,26,42—弹簧；
11—横臂；12—平衡锤；13—安全装置；14—链条；15—缓冲装置；16—减速机；17—角钢；18—限位块；
19—电机；20—检查孔盖；21—杠杆；23—上限位环；24—活塞杆；25—小轴；27—块；28—弹簧孔盖；
30—下限位环；31—冲程螺母；32—滚轮；33—销轴；34—下导向板；35—爪子；36—固定套轴；
37—密封环；38—活塞；39—支架；40—螺栓；41—限位套；43—存胎器；44—上导向板

17 把左、右圆柱连在一起构成框架。方柱上有横臂 11，横臂的四对导辊 9 抱住方柱，横臂的另一端有活塞杆 24，其上安着抓胎器。带有制动的电机 19 正、反转动时，通过减速机 16、链条 14、导轮 6 可以使横臂沿方柱上、下运动（横臂运动示意图见图 10-26）。横臂上有安全装置 13，在链条断时能自动卡住横臂，避免横臂坠落造成事故。

　　抓胎器的支架 39 里面装有活塞 38（图 10-24），活塞的上端套着上导向板 44 和下导向板 34，上、下导向板用固定套轴 36 隔开并用螺栓 40 紧固，爪子 35 的上端的滚轮 32 就在上、下导向板的空隙里，活塞上端有冲程螺母 31。在支架的圆盘上安有 8 个弹簧 42 和限位套 41，穿过活塞和支架的中心，有空心活塞杆 24，当活塞杆 24 内通入压缩空气时，就使活塞连同上、下导板向上运动，爪子的滚轮 32 也向上运动，则爪子就绕销轴 33 旋转，使爪子收拢。当活塞杆内排气时，在弹簧 42 的作用下上、下导向板、活塞一起向下运动，爪子的滚轮也往下运动，爪子 35 又绕销轴 33 旋转，使爪子撑开将胎胚的胎圈撑住。抓胎器如图 10-27 所示。

（四）卸胎机构

1. A 型定型硫化机的卸胎机构

A 型定型硫化机的卸胎工作是在卸胎汽缸 25、卸胎杆 26 和推顶器 17 的作用下完成的（见图 10-1）。硫化结束后内压排完，推顶器球鼻下降，夹盘张开，硫化机开模开到一定的高度，推顶器下降，卸胎杆伸出，夹盘把外胎的下胎圈压在下模钢圈上，硫化机继续开启，外胎脱离上模，硫化机开启到高度时，推顶器上升，卸胎杆缩回，外胎挂在夹盘上。硫化机继续开启，外胎脱离

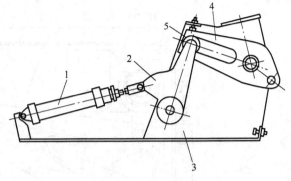

图 10-25　旋转机构
1—水缸；2—连杆；3—支座；4—摇杆；5—轴承

下模，在硫化机开到机台后方时，外胎在卸胎滚道的上方，这时球鼻上升，夹盘收拢，外胎卸落在卸胎滚道上。

A 型定型硫化机不论是在定型生胎还是在成品外胎卸胎时，都在夹盘的辅助下完成。图 10-28 是夹盘的结构。由扇形块 1、滑块 2、杠杆 3、滚轮 4 和卡盘 5 等零件组成。夹盘通过其卡盘 5 与推顶器连在一起，并用销钉加以固定。当推顶器的球鼻下降时，就从上面碰触滚轮 4，通过杠杆 3、滑块 2 使扇形块张开，当球鼻上升时，从下面碰触滚轮 4，通过杠杆 3、滑块 2 使扇形块 1 收起。

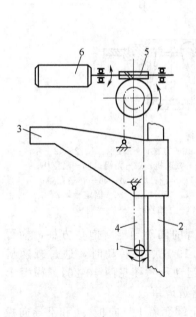

图 10-26　横臂运动
1—导轮；2—方柱；3—横臂；4—链条；
5—减速机；6—电机

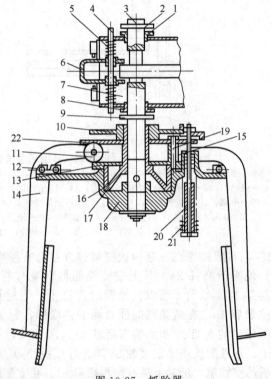

图 10-27　抓胎器
1,8—轴承；2—上限位环；3—活塞杆；4—小轴；5,21—弹簧；
6—块；7—弹簧孔盖；9—下限位环；10—冲程螺母；
11—滚轮；12—销轴；13—下导向板；14—爪子；
15—固定套轴；16—密封环；17—活塞；18—支架；
19—螺栓；20—限位套；22—上导向板

2. B型定型硫化机的卸胎机构

图 10-29 是 B1400 型定型硫化机的卸胎机构。使外胎从下半模脱模的机构由水缸 1，杠杆 2、3、4 和轴 5 组成。

卸胎机构是由用钢索 7 连接的两个杠杆系统 B 和 C 组成。杠杆系统 B 位于蒸汽室的后面，而杠杆系统 C 则装在蒸汽室前面。两个系统皆由水缸 8 传动，所用水压为 2MPa。水缸 8 用铰链方式支承在支架的轴 9 上，水缸的活塞杆 10 与杠杆系统 B 的杠杆 11 铰链连接。杠杆 11 用轴 12 与带滚子 14 的杠杆 13 固定连接，当杠杆 13 转动时，由于钢索绕于滚子 14 上，并且它的一端是固定的，所以滚子 14 拉紧或放松钢索 7，于是带动杠杆系统 C。

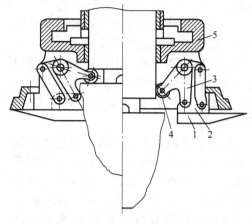

图 10-28 夹盘结构
1—扇形块；2—滑块；3—杠杆；4—滚轮；5—卡盘

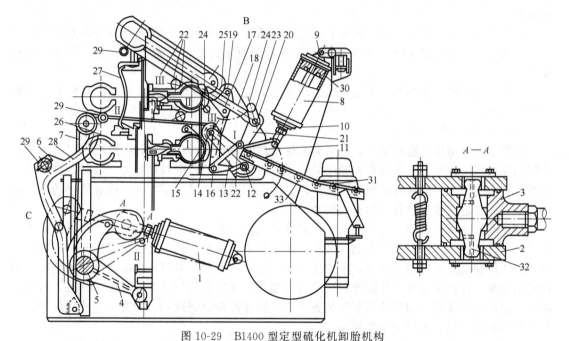

图 10-29 B1400 型定型硫化机卸胎机构
1,8—水缸；2～4,11,13,15,21,23,28—杠杆；5,9,12,16,17,19,20—轴；6—杠杆系统；7—钢索；
10—活塞杆；14,22,24—滚子；18—马蹄形杠杆；25—支柱；26—外胎；
27—胶囊；29—卸胎杆；30—活塞；31—卸胎滚道；32—球肘颈轴；33—导滚

杠杆 11 的另一端通过轴 16 与杠杆 15 铰接，轴 19 是杠杆系统 B 的极点。杠杆 18、21 和 23 由轴 20 固接，杠杆 23 上装有滚子 24，杠杆系统 B 的支柱 25 与定型硫化机架刚性连接。

硫化过程结束后，打开蒸汽室卸胎，外胎 26 在下半模上并处于位置 I，为了从模型卸出外胎并从硫化机上取走，卸胎机构水缸 1 通进工作介质，此时杠杆 4 向上抬起胶囊 27 的操纵机构，杠杆 4 移到位置 II，并通过胶囊操纵机构使外胎脱离下模及抬到位置 II，杠杆 4 在位置 II 时停止移动。

这时向水缸 8 送入压力水带动杠杆系统 B 和 C 动作，马蹄形杠杆 18 绕轴 19 转动使滚子 22 亦绕轴 19 转到位置 II（即外胎的下方），同时杠杆系统 C 向上升起，杠杆 28 把卸胎杆 29 亦移到在位置 II 的外胎的下方，这时停止向水缸 8 通入工作介质，杠杆系统 B 和 C 便停止运动。

为了从外胎抽出胶囊，向胶囊操纵机构的活塞杆下方通入工作介质，水缸 1 的工作介质亦切换到另一面，杠杆 4 返回原来位置 I，从而达到从外胎中向上和向下抽出胶囊，此时外胎支承在卸胎杆 29 和滚子 22 上。

从外胎抽出的胶囊在真空作用下收缩及下降，并从外胎脱出，杠杆 4 一降到下面就停止，并重新向水缸 8 通入工作介质使两杠杆系统又动作。当水缸 8 的活塞 30 到达下面极限位置时，滚子 22 和卸胎杆

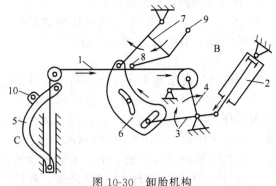

图 10-30　卸胎机构
1—钢索；2—水缸；3～5—杠杆；6—月牙板；
7—马蹄形杠杆；8,9—滚子；10—卸胎杆

29 相应地进入自身的位置Ⅲ。此时外胎被卸胎杆 29 和滚子 22 抬至高出胶囊操纵机构的位置，并被倾斜，因而沿滚子 22、24 和滚道引向下滚动，落入接取运输带上取走外胎做进一步加工。

从硫化机卸出外胎后，送入水缸 8 的工作介质切换，杠杆系统 B 被活塞 30 上的水压推回到原来位置，而杠杆系统 C 亦在自重作用下返回原来位置，定型硫化机继续下次的装胎和硫化。

卸胎机构的杠杆系统 B 和 C 如图 10-30 所示，它与图 10-29 比较，多采用月牙板，其余原理是一样的。

（五）后充气装置

当用尼龙帘布来制造轮胎时，因尼龙和橡胶的收缩率不同，则硫化停放后，尼龙和橡胶之间就发生错层现象，严重地影响轮胎的质量。所以制造尼龙帘布轮胎时，及时地将一定压力的压缩空气充入胎内使其膨胀和冷却，以达到稳定橡胶和尼龙帘布相同的收缩率的工艺要求，实现此工艺要求的设备称后充气装置。

按运动方式有翻转型后充气装置和升降型后充气装置。按工作方式有两工位（或称单循环式）和四工位（双循环式）后充气装置。两工位后充气装置用于充气膨胀冷却时间周期接近于硫化机硫化外胎的时间周期，因此多用于大、中型轮胎。当硫化机硫化小型外胎时，硫化时间较短，而往往充气冷却的外胎尚未达到要求，为使硫化机得以继续硫化作业，所以采用四工位后充气装置。四工位后充气装置的充气膨胀冷却时间周期大约是定型硫化机硫化外胎时间周期的两倍，多用于小型轮胎。

图 10-31 为翻转型四工位后充气装置，它主要由活动梁汽缸，左、右侧锁环机构，传动机构，左、右侧调距机构，四条滚道，挡胎汽缸及机架等主要部件组成。

翻转架 15 为一四边形框架，其中心位置安装一活动梁汽缸 14，14 的下端以铰链形式与活动横梁 4 相连接，而汽缸 14 的活塞杆与活动横梁 4 连接。活动横梁 4 呈"十"字形，左、右两端安装着活动轮辋 8，前后两端插于上导柱 17 上。两固定轮辋 12 固定于翻转架 15 上，轮辋上还设有闭锁机构。传动装置 10 是吊挂式的，下部由一双弹簧减震机构所支承，在这种机构支持下不但无噪声，而且运动平稳。

后充气装置工作程序如下。

① 硫化好的外胎，从卸胎滚道送出，进入滚道 18，由定心辊子 6 及挡胎杆 5 将外胎定位及停止运动，此时有一活动横梁在活塞杆的推动下，下降至滚道 18 下方，而外胎恰好停于活动轮辋 8 的上方。

② 向活动梁汽缸 14 通气，活动横梁 4 上升，外胎被活动轮辋和固定轮辋卡紧后，闭锁

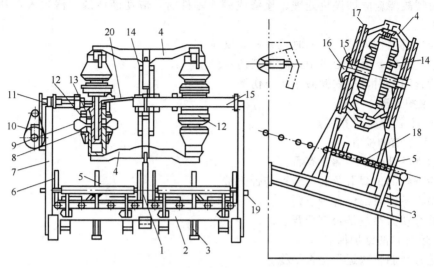

图 10-31 翻转型四工位后充气装置

1—下导向柱；2—机座；3—挡胎杆汽缸；4—活动横梁；5—挡胎杆；6—定心辊子；7—机架；8—活动轮辋；
9—外胎；10—传动装置；11—短轴；12—固定轮辋；13—轮辋调整垫片；14—活动梁汽缸；
15—翻转架；16—安全扣；17—上导柱；18—滚道；19—调心机构；20—闭锁机构

机构汽缸通气，将两轮辋固定，向外胎充气冷却。

③ 冷却完毕，翻转架 15 由传动装置 10 带动，使翻转架旋转 180°，传动装置采用电机带动。

④ 冷却好的外胎放气，闭锁机构汽缸换气开锁，向汽缸 14 通气使活动横梁下降至滚道下方。挡胎杆汽缸 3 亦使挡胎杆缩于滚道下，这样外胎因自重从滚道 18 卸出。外胎卸走后，挡胎杆又上升，准备接受硫化好的外胎，进行下一周期的冷却循环。

安全扣 16 作为安全措施而设，它防止后充气装置在外胎充气后被打开。当后充气装置翻转向上时，安全扣因自重作用自动将活动横梁扣住，当翻转向下时，安全扣因自重而自动打开。

左、右侧调心机构由手柄、轴，圆锥齿轮、丝杆，滑套、弯杆、弯动架及限位辊等组成。其用途是改变定心辊子 6 的宽度，以适应各种大、小规格的轮胎。定心辊子 6 与挡胎杆 5 构成外胎充气前的定位。

第三节　安全操作与维护保养

一、安全操作

① 预热胶囊模型时，严禁开自动开关。

② 当合模动作正在进行时，严禁人体接触硫化机的运动部件，防止发生事故，胎号应预先贴在胎胚上，不准进模后再放胎号。

③ 进出缸时要严防机台周围站人，进缸时如发现胎胚上粘有杂物，绝对不准手、头伸进模内抢抓和观望，出缸时在滑道上不准站人和拿胎。

④ 硫化机动作过程中，遇到低压水断水而不能动作时，必须把开关扳到手动或断电，防止低压水来时无人操作，损坏机械发生事故。

⑤ 操作人员不准在机械手下行走和站立，防止机械手失灵伤人。

⑥ 当硫化机上横梁在垂直运动区间时，禁止修理和调试主电机的制动装置。

⑦ 调换胶囊时，必须相互呼应配合好，不准随便乱动电钮，防止发生人身事故。

⑧ 发现故障应立即停机处理，检修或调换零件时，应切断电源。修理人员和操作人员要及时联系。

⑨ 硫化机操作人员，要随时观察各类仪表。

⑩ 割气孔胶，要精力集中，防止割伤手。

⑪ 检查胎胚时，用铁针戳胎防止伤手。

二、维护保养

（一）日常维护保养要点

（1）开车前的检查

① 检查各部位连接螺栓有否松动。

② 检查各部位润滑及安全装置是否正常。

③ 检查各密封部位有否泄漏。

④ 检查动力参数是否符合要求。

（2）运行时的维护保养

① 检查装胎机构运行是否平稳。

② 检查机构运行程序是否准确。

③ 检查开合模极限是否到位。

④ 检查合模力左右是否一致。

⑤ 检查电气控制元件是否可靠。

（3）停机后的工作

① 停机后切断电源、气源和其他动力源。

② 清洁机台和清理周围环境。

③ 认真做好交接班工作。

（二）润滑规则

轮胎硫化机的润滑除减速器采用稀油润滑外，各部位轴承、导轮和开式齿轮传动等均采用润滑脂自动润滑，其典型的润滑脂自动润滑系统如图10-32所示，柱塞式气动润滑脂泵加注复合锂基润滑脂。

轮胎定型硫化机的润滑规则见表10-4。

表10-4　润滑规则

主要润滑部位	规定润滑剂		代用润滑剂		加油定量标准	加油或换油周期
	名称	牌号	名称	牌号		
自动干油泵	锂基脂	ZL-1	锂基脂	ZL-2 ZL-3	油面不得低于油杯的1/3	
蜗轮减速器	极压齿轮油	N320	极压齿轮油	N460	保持在油线	日常检修补油，半年至一年换油
减速器联轴器轴承	锂基脂	ZL-1		ZL-2 ZL-3		每两个月用油枪注入
调模丝套体及上托板、上加热板	二硫化钼复合钙基脂	1号、2号、3号		ZL-1	不可加入过多，防止甩到模上	每月用油枪注入
曲柄齿轮及小齿轮	复合锂基脂	滴点 >170℃ 针入度 285～315 1/10mm 或ZL-1	锂基脂	ZL-2 ZL-3		
上横梁轴端大滚轮						
稳定滚轮						6个月1次，用油枪注入
囊筒传动						3个月1次，用油枪注入
装胎器轮及链条、滚子						2个月1次，用油枪注入
后充气旋转轴承						6个月1次，用油枪注入
油雾器	机械油	N15			油保持在油杯1/3以上	

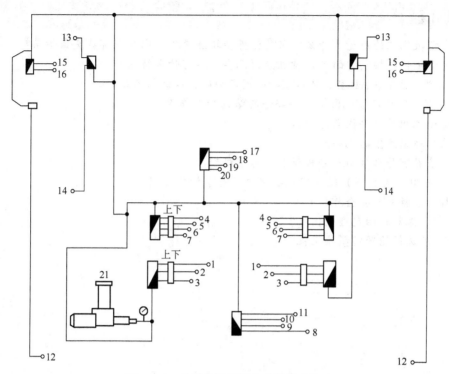

图 10-32　典型的润滑脂自动润滑系统

1—蜗轮轴左右轴承；2—左右曲柄齿轮副；3—蜗轮轴左右齿轮副；4—左右曲柄齿轮外侧轴承；5—左右曲柄齿
轮内侧轴承；6—左右中间轴外侧轴承；7—左右中间轴内侧轴承；8—卸胎机构后导杆左轴承；
9—卸胎机构后导杆右轴承；10—卸胎机构前导杆右轴承；11—卸胎机构前导杆左轴承；
12—左右连杆下轴承；13—左右连杆与上横梁端面垫圈；14—左右小拉杆导滚；15—上横梁左右轴颈导轮；
16—左右连杆上轴承；17—推胎臂右轴前轴承；18—推胎臂右轴后轴承；19—推胎臂左轴前轴承；
20—推胎臂左轴后轴承；21—柱塞式气动润滑脂泵

三、轮胎定型硫化机现场实训教学方案

轮胎定型硫化机现场实训教学方案见表 10-5。

表 10-5　轮胎定型硫化机现场实训教学方案

实训教学项目	具 体 内 容	目 的 要 求
轮胎定型硫化机的维护保养	① 运转零部件的润滑 ② 开机前的准备 ③ 机器运转过程中的观察 ④ 设备的安全 ⑤ 停机后的处理 ⑥ 现场卫生 ⑦ 使用记录	① 使学生具有对机台进行润滑操作的能力 ② 具有正确开机和关机的能力 ③ 养成经常观察设备、电机运行状况的习惯 ④ 随时保持设备和现场的清洁卫生 ⑤ 能够对加热系统进行检测 ⑥ 及时填写设备使用记录，确保设备处于良好运行状态
调整模具	① 模具调换 ② 调模机构操作	① 掌握调换模具的基本方法 ② 能够熟练地操纵调模机构
轮胎定型硫化机操作	① A 型轮胎定型硫化机的操作 ② A 型胶囊的更换 ③ B 型轮胎定型硫化机的操作 ④ 密封圈的更换 ⑤ 安全操作	① 具有正确使用操作工具的能力 ② 掌握更换 A 型胶囊的方法；了解 B 型胶囊的更换操作过程 ③ 初步掌握 A、B 型轮胎定型硫化机的基本操作技能 ④ 弄清开动机器前后应该做的工作 ⑤ 掌握后充气装置的基本操作技能 ⑥ 能够确保注射成型操作安全

思考题

1. 轮胎定型硫化机的用途是什么？与其他类型轮胎设备相比具有哪些突出特点？

2. 轮胎定型硫化机按胶囊的工作特点分为几类，各有什么特点？

3. 简述 A 型、B 型、AB 型、RIB 型、C 型定型硫化机的基本结构。

4. 简述 A 型、B 型定型硫化机主要部件的结构和工作原理。

5. 定型硫化机组的主要优点是什么？

6. 试比较各种蒸汽室的优缺点。

7. 后充气装置有什么作用？分析说明其作用机理。

8. 试说出 A 型（或 B 型）轮胎定型硫化机的基本操作过程？

9. 安全杆是怎样起到安全作用的？

10. 如何维护保养轮胎定型硫化机？

11. 如何合理选择轮胎定型硫化机？

第十一章 硫化罐与脱硫罐

【学习目标】 本章概括介绍了硫化罐与脱硫罐的用途、分类、规格表示、主要技术特征及使用与维护保养；重点介绍了卧式硫化罐的结构、原理；要求掌握卧式硫化罐的结构原理；学会卧式硫化罐与脱硫罐安全操作与维护保养的一般知识，具有进行正常操作与维护的初步能力。

第一节 卧式硫化罐概述

一、用途与分类

（一）用途

卧式硫化罐简称硫化罐，是橡胶制品生产中使用最早的一种硫化设备。它主要用以硫化胶鞋、胶管、胶布、胶板、胶辊及电缆等非模型橡胶制品，对于在平板硫化机上无法硫化的大规格模型制品，亦可连同模型一起置于硫化罐中硫化。

通常在实际生产中，除了大型轮胎外，一般的橡胶制品多采用卧式硫化罐进行硫化。

（二）分类

硫化罐的分类方法很多，主要有以下几种分类方法。

① 按被硫化的橡胶制品不同可分为：胶鞋硫化罐、胶管硫化罐、胶布和胶辊硫化罐等。

② 按加热方式不同可分为：直接蒸汽加热、间接蒸汽加热、混合气体加热和过热水加热硫化四种。

③ 按罐体的结构不同可分为：单壁硫化罐和双壁硫化罐。

单壁硫化罐（图 11-1）：它是直接通入饱和蒸汽（0.3～0.5MPa）到罐内进行硫化，故又称为直接加热硫化。此种设备结构简单，传热面积大。但罐开启前要排掉一罐蒸汽，热量损失大。常用于胶管、力车胎、垫带及模型制品的硫化。

双壁硫化罐（图 11-2）：由于蒸汽（0.6～0.7MPa）通入夹套中加热罐内的压缩空气，用加热空气进行硫化橡胶制品，故又称为间接加热硫化。这种硫化常用来硫化那些不能直接与水汽相接触的、制品表面光泽度要求高的橡胶制品，如水鞋、胶鞋等。它具有热损失小的优点，但热空气热传导性能差，传热面积小，硫化效果较差，且空气中的氧能降低橡胶的耐

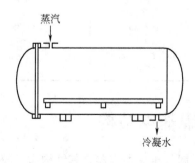

图 11-1 单壁硫化罐

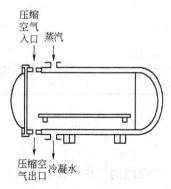

图 11-2 双壁硫化罐

老化性能。因此，目前硫化胶鞋等都采用蒸汽和热空气混合加热的方法。间接加热硫化现大多采用罐内装设蒸汽散热排管加热，取代了过去采用的双壁硫化罐。

此外，少数工业橡胶制品，如造纸机胶辊可用过热水硫化；为了获得较高的硫化温度（如 200℃），近年来发展了一种采用电加热的硫化罐。

二、规格表示与主要技术特征

（一）规格表示

卧式硫化罐的规格通常用"罐体的内径×有效长度"来表示，单位为 mm。如 ϕ800×1500，它表示罐的内径为 800mm，罐的有效长度为 1500mm 的硫化罐。型号用 XL 表示，对于硫化制品和胶鞋用的卧式硫化罐，则在 XL 后加字母"J"，如 XL-J 800×11000。

卧式硫化罐公称直径采用：600mm、800mm、1200mm、1500mm、1700mm、2000mm、2500mm、3000mm。

用于硫化胶管（钢芯直放）的硫化罐，其罐体有效长度为 11m 或 22m。用于硫化胶鞋、胶布、胶辊、胶管（盘卷硫化）、电缆的硫化罐，其罐体的有效长度为 4m、6m、8m。

（二）技术特征

表 11-1 及表 11-2 所示分别为国产胶管、胶鞋硫化罐的主要技术特征。

表 11-1　国产胶管硫化罐主要技术特征

性　　能	F800×11000	F800×22000	F1100×10000
内径/mm	800	800	1100
有效长度/mm	11000	22000	10000
使用蒸汽压力/MPa	0.45	0.45	0.4～0.6
开闭罐使用压缩空气的压力/MPa	0.6	0.6	0.6
硫化车有效宽度/mm	604	604	884
硫化车有效长度/mm	9500	20500	9500
硫化车轨距/mm	315	315	
牵引速度/(m/s)	25	25	40
牵引电机型号	JZ21-6	JZ21-6	JZ21-6
牵引电机功率/kW	5	5	5
外形尺寸/mm	11300×2000×2060	23220×2850×2060	23220×2850×2060

表 11-2　国产胶鞋硫化罐主要技术特征

性　　能	F1500×3000	F1700×4000	F2800×6000
罐体内径/mm	1500	1700	2800
罐体有效空间/mm	3000×1140×1150	4000×1280×1295	
直接使用蒸汽压力（最大）/MPa	0.45	0.45	0.4～0.6
间接使用蒸汽压力（最大）/MPa	0.8	0.8	0.8
压缩空气工作压力（最大）/MPa	0.45	0.45	0.4～0.6
罐内工作温度/℃	140	140	
鼓风装置电机型号	Y-42-6	Y-42-6	Y-51-6
功率/kW	4	4	5.5
转速/(r/min)	950	950	960
电压/V	220/380	220/380	220/380
罐内轨道间距/mm	814	790	
外形尺寸/mm	5020×2500×2200	6030×2700×2300	
总质量/kg		4500	

第二节　卧式硫化罐基本结构

卧式硫化罐的工作压力通常都在 1.2MPa 以下，属低压一类容器，其结构形式较多，一般都由罐体、罐盖及其开闭装置、加热装置和其他辅助装置等构成。

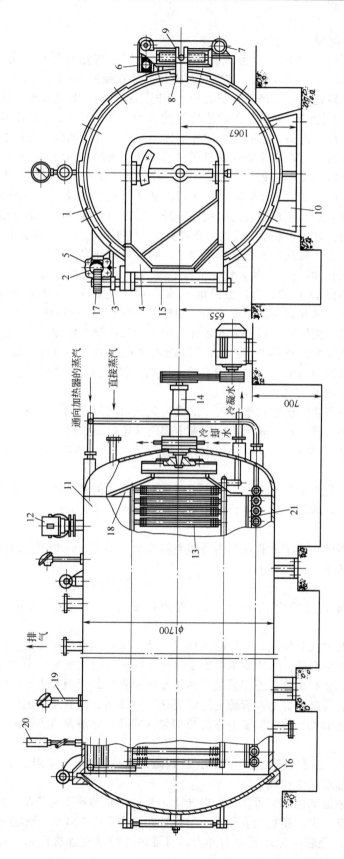

图 11-3　通用型 F1700×4000 卧式硫化罐

1—罐盖；2—齿条；3—凸轮；4—支架；5—气缸；6—蜗轮减速器；7—电机；8—拨叉；9—螺母；
10—罐座；11—罐体；12—安全阀；13—加热器；14—鼓风机；15—立轴；16—密封圈；
17—齿轮；18—风罩；19—热电偶；20—电接点压力传感器；21—硫化小车轨道

一、整体结构

（一）通用型卧式硫化罐

图 11-3 所示是通用型 F1700×4000 卧式硫化罐，广泛用于硫化胶鞋及其他橡胶制品。罐盖 1 为错齿式结构，罐体 11 与罐底为焊接结构。罐体安装在罐座 10 上，靠罐盖 1 的第一个罐座必须是固定的，使硫化罐在装卸载有制品的小车时不致移动；其他底座支柱上装有小轮或钢材垫使罐体在加热及冷却时能满足因热胀冷缩的移动。在罐体 11 罐口处焊有错齿圆环，圆环内圆周上开有方齿及齿间。在罐盖 1 的外圆周上同样开有与圆环相对应的方齿及齿间。开闭罐盖时，利用电机 7、V 带及蜗轮减速器 6 驱动螺杆转动，在螺母 9 做轴向移动时，推动固定在罐盖 1 上的拨叉 8，使罐盖绕支架 4 上的支点转动一个齿距的距离，转动距离用限位开关控制。由于电机 7 的正反向转动，使得罐盖 1 上的齿与罐体 11 罐口上的齿走过一个齿距而交错或脱离，从而实现罐盖的闭锁或松开。罐盖与罐口之间由密封圈 16 密封。罐盖的支架 4 是铰链结构，罐盖可绕立轴 15 打开或关闭。立轴 15 上端装有齿轮 17，与汽缸 5 活塞杆上的齿条 2 啮合，在汽缸 5 活塞的推动下，罐盖可以开启或关闭。

罐体 11 内可以根据制品的要求，从硫化罐的罐底输入压缩空气或蒸汽。在使用热空气硫化时，压缩空气用加热器 13 加热，并用鼓风机 14 使罐内空气循环，使得罐内各处温度均匀一致。硫化罐以及硫化小车和制品的全部重量，由罐座 10 支承。在罐体上还装有各种管件及安全阀，并设有测温、测压孔，以便输入各种硫化介质及检测温度和压力，保证硫化罐正常、安全工作。电接点压力传感器 20 控制和显示罐内蒸汽压力，并对开闭装置的电机 7 起连锁作用。当罐内压力未排出前，电机不能启动，以确保操作安全。待硫化的橡胶制品，通常装在专用小车上，沿轨道 21 推入罐内。

在硫化过程中，胶料所含的硫能在水蒸气中形成硫化物而腐蚀硫化罐，高温高压更能促进这种腐蚀。对于防腐蚀措施，现多采用在硫化罐内表面涂覆防腐漆层。

为了减少热量损失，罐体外面应包覆一层厚度为 50～70mm 的矿渣或石棉材料的保温层。

为了能顺利地排出硫化罐中的冷凝水，减少或避免它对罐体的腐蚀作用，通常在安装硫化罐时，罐体装成倾斜状，罐口应比罐体后端稍低，倾斜范围为 1/2000～1/1000。

（二）专用硫化罐

由于橡胶制品多种多样，为了能有效利用罐体空间及节省蒸汽，一些制品的硫化需要采用专用的硫化罐。分述如下。

1. 胶管硫化罐

生产胶管用的硫化罐其直径为 0.4～1.5m，有效长度为 10～40m。从外形上看呈细长形。

这种硫化罐罐体一般由几节组成，安装时焊接成一体。国外也有将罐体的分段用法兰连接的，但在使用中容易产生泄漏。考虑到罐体的受热变形除了靠罐盖的第一个支座与罐体连在一起外，其他支座上都装有小轮，便于满足罐体长度因热胀冷缩而增长或缩短时能自由滑动。为了适应生产流程的需要，有的胶管硫化罐设有前、后罐盖，胶管从前面罐口进罐，从后面罐口出罐。由于罐体细长，故尤其要考虑加热均匀性问题，一般蒸汽由罐的两处或三处进入。

图 11-4 为 F800×22000 胶管硫化罐生产线。卧式硫化罐与硫化小车、挂钩、牵引小车、卷扬机、活动接轨等一起组成生产线。

卷扬机 8 由电机减速器 7 传动，可作正反向转动，并可用制动器迅速停车。卷扬机的钢丝绳两端连接在牵引小车 4 上。卷扬机 8 作正、反运转时，牵引小车 4 便可前进或后退。硫化罐前装有活动接轨 10，随着硫化罐罐盖的开启，将罐内外的轨道连接起来。硫化小车系

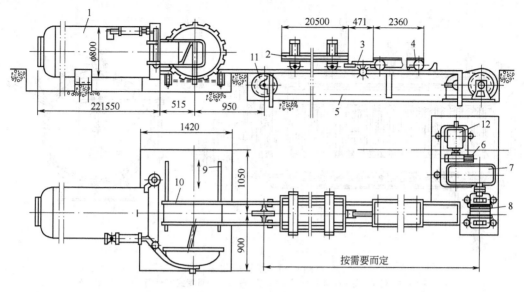

图 11-4　胶管硫化罐生产线
1—胶管硫化罐；2—硫化小车；3—自动挂钩装置；4—牵引小车；5—钢丝绳；6—制动器；7—减速器；
8—卷扬机；9—轨道；10—活动接轨；11—钢丝绳轮；12—电机

由型钢焊接而成，并可按硫化的胶管长度需要拼接起来。牵引小车 4 上装有自动挂钩装置，挂钩平时处于升起状态，只是在成品出罐、半成品进罐时，挂钩才下降钩住硫化小车。这样的生产线可使胶管硫化过程中进出罐作业实现机械化。该装置的缺点是牵引小车与硫化小车挂钩连接时冲击较大。

2. 胶鞋硫化罐

胶鞋硫化罐的特征是直径较大，一般为 1.5～3m，长为 4m。胶鞋外层薄膜易被冷凝水蒸气所损伤，故一般胶鞋硫化罐硫化胶鞋时须先通过热空气（130～140℃），使胶鞋在热空气的作用下生成光泽坚固的表面，然后再通蒸汽。这种办法的优点是：避免因为水分凝结而使胶鞋亮油的漆膜产生污浊现象；缩短硫化时间；减少硫化过程中橡胶受热空气老化时间；提高制品的物理机械性能。这样罐内需装蒸汽蛇形管或散热片（两侧、下部或罐盖上）和用于直接向罐内输送蒸汽的导管。而且罐内每部分蛇管均具有独立的输汽和冷凝水排出口。

图 11-5 所示为胶鞋硫化罐。罐体内装有散热片 7，内通蒸汽以便加热罐内热空气。罐体上部还装有直接蒸汽进口，以使用混合气硫化胶鞋。为了使罐内温度均匀，在罐底内部装有鼓风装置。

为了硫化制品能受热均匀，可利用循环的通风装置。循环完了的热空气在专门加热器中再进行加热。

二、主要零部件

（一）罐盖及开闭装置

硫化罐盖及开闭装置用以开闭硫化罐，便于装卸硫化制品，并起锁紧、保压和密封作用。

1. 罐盖

卧式硫化罐的罐盖又称为吊盖，其结构形式很多，国内绝大多数采用错齿式结构。它具有结构简单、工作可靠、操作方便等优点。因此，这里只介绍错齿式罐盖。卧式硫化罐罐盖的支承装置形式有两种：活动式罐盖和回转式罐盖。

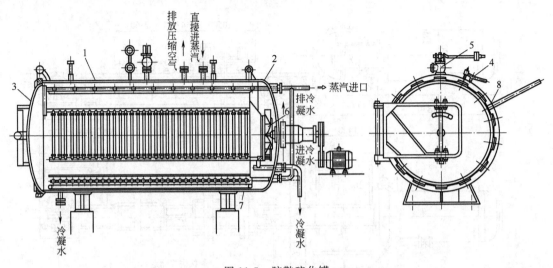

图 11-5　胶鞋硫化罐

1—罐体；2—罐底；3—罐盖；4—排气安全阀；5—重锤式安全阀；6—鼓风装置；
7—散热片；8—罐盖开闭装置

（1）活动式罐盖　如图 11-6 所示。臂杆 1 固定在轴 2 上，轴 2 可以在轴承 3 和 4 上自由转动。罐盖上轴 7 借助于齿轮 9 和扇形齿 11 能在臂杆 1 的镗孔内自由转动，为了保持罐盖垂直状态，臂杆 1 设有臂杆柄 8。齿轮 9 的轴固定于罐体圆环上，与固定在罐盖上的扇形齿 11 相啮合，利用扳手 10 的作用旋转齿轮 9 就可使罐盖绕轴 7 转动一定角度，将罐盖的齿与圆环的齿旋紧或旋松，在开罐时为了使罐盖打开后能固定不动，可利用臂杆柄 8 尾部的挡板 12。这种罐盖结构简单，开启方便，但在硫化罐前面必须留有相当大的空间，以备罐盖旋转。

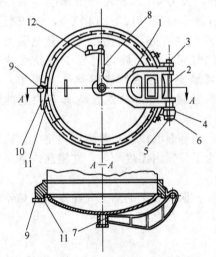

图 11-6　活动式罐盖

1—臂杆；2,7—轴；3,4—轴承；5—调节螺丝；
6—推力轴承；8—臂杆柄；9—齿轮；10—扳手；
11—扇形齿；12—挡板

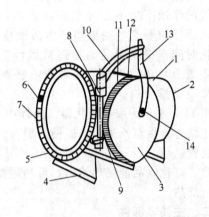

图 11-7　回转式罐盖

1—罐体；2—罐底；3—罐盖；4—底座；5—罐环；
6—牙齿；7—齿空间；8—耳；9—轴；10—臂架；
11—牙齿；12—齿空间；13—吊架；14—轴

（2）回转式罐盖　如图 11-7 所示。罐盖通过吊架 13 挂在旋转臂架 10 上，罐盖可在吊挂点上移动，即将罐盖推到罐的一旁。这种罐盖方式，所占的回转空间比较小，但罐盖在臂架上转动不太方便，不易实现开闭罐盖的机械化，现在已经很少使用。

2. 罐盖的开闭装置

使用卧式硫化罐时，罐内充满蒸汽或压缩空气或过热水，因而压力作用在罐盖上，故开闭装置不但要保证便于罐盖的迅速开闭，而且应当牢固地支持住罐盖并作为罐体的密封装置。

错齿式罐盖的开闭装置有各种不同结构形式，常用的有错齿转盖式和错齿转环式两种，其动力有手动、电动、气动和水动等几种。

（1）错齿转盖式开闭装置　图 11-8 所示为手动错齿转盖式开闭装置。在罐盖的外缘有齿 1，罐体内缘有与它相啮合的齿 2，齿的啮合面是平的，即平错齿式，通过手柄 3，扇形齿轮 4 转动罐盖，使齿 1 和齿 2 错开或啮合（即启闭罐盖）。对斜错齿式，在齿的啮合面处制成 3°～5°的斜度，以增加密封作用。但它比平错齿制造困难，故应用不多。

图 11-9 所示为电动错齿转盖式开闭装置。在罐口 2 上固定有螺杆 6，螺杆上端与蜗杆蜗轮 3 同轴，在螺杆上套有螺母 7。

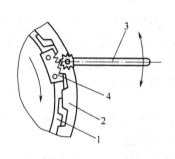

图 11-8　手动错齿转盖式开闭装置
1—罐盖外缘齿；2—罐体内缘齿；
3—手柄；4—扇形齿轮

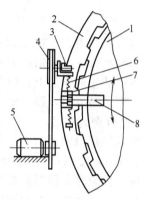

图 11-9　电动错齿转盖式开闭装置
1—罐盖；2—罐口；3—蜗杆蜗轮；4—皮带轮；
5—电机；6—螺杆；7—螺母；8—拨叉

通过固定在罐体外的电机 5、皮带轮 4 及蜗杆蜗轮 3 带动螺杆 6 转动，因而使螺母 7 上下移动，从而拨动固定在罐盖 1 上的拨叉 8，使罐盖错齿，起到开闭罐盖的作用。开闭罐盖的行程位置，是通过上下行程开关控制，使电机运转或停止。

（2）错齿转环式开闭装置　错齿转环式开闭装置有罐盖回转式和罐盖行走式两种。图 11-10 所示为气动错齿转环式开闭装置。在罐口上套有罐环 3，罐环在罐体接缘的沟槽内转

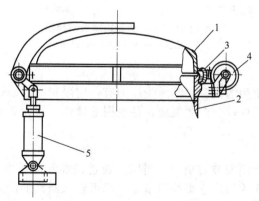

图 11-10　气动错齿转环式开闭装置
1—罐盖；2—罐体；3—罐环；4—转环汽缸；5—开门汽缸

动。罐环与罐体接缘处无齿，与罐盖滑动侧有齿。当罐环转动半个齿距的角度时，罐盖即可沿固定转轴而开闭。罐环的转动和罐盖的开闭，均用汽缸驱动，有的厂用压力水代替压缩空气，即成为水动的开闭装置。

罐环转动在结构上较罐盖转动更为合理，去掉了麻烦的罐盖转动机构，在操作上也较罐盖转动方便。

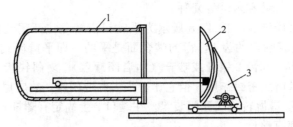

图 11-11　行走式罐盖硫化罐
1—罐体；2—罐盖；3—车架

若罐盖直径相当大（在 1500mm 以上），罐盖较重，罐盖回转不方便，但罐体有效长度较短，在这种场合下可采用行走式罐盖，如图 11-11 所示。罐盖与硫化车架连成一体，罐盖安装在带传动装置的车架上，硫化车架的另一端装有车轮，只限在罐内轨道上行走。当罐环转动半个齿距的角度时，即开动罐盖车，罐盖便离开罐体向前行走。

（二）罐口密封装置

卧式硫化罐罐口密封圈，一般都采用唇式密封装置，利用罐内硫化介质压力，压住胶唇密封罐口。图 11-12 所示为 F1700×4000 卧式硫化罐罐口密封圈。

罐口密封圈通常采用耐热橡胶制造。密封圈一般先硫化成直条，在安装使用时再围成环形，接头处应倾斜搭接，并用胶浆粘牢。当硫化开始充压时，蒸汽自由进入密封圈，由于橡胶圈的弹性及蒸汽压力作用将橡胶圈紧贴罐盖，起到密封作用。罐内蒸汽压力愈大，密封效果也愈好。为使橡胶圈能起到必要的密封作用，关闭罐时罐盖不应将它压紧。

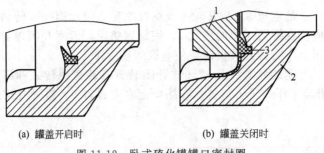

(a) 罐盖开启时　　　　　　　(b) 罐盖关闭时

图 11-12　卧式硫化罐罐口密封圈
1—罐盖；2—罐口；3—密封圈

（三）安全装置

硫化罐是在压力下使用的设备，其承受压力有一定限制，若超过硫化罐壁厚度所能承受的压力时，硫化罐的焊接处就会产生裂缝，甚至引起爆炸。因此必须采取安全技术措施，一般采用下列安全装置。

1. 安全阀

在一切硫化罐上都必须安装安全阀。当压力超过最高允许操作压力，安全阀自动开启，排逸部分蒸汽。此时操作人员应立即采取措施，降低输入蒸汽的压力。

常用的安全阀有杠杆式安全阀，其结构如图 11-13 所示。在正常工作时，利用杠杆原理在重锤的作用下使安全阀关闭；若硫化内蒸汽压力超过规定的压力时，则蒸汽把阀座及重锤抬起使蒸汽逸出，这时罐内蒸汽压力迅速降低，以达到安全生产的目的。值得注意的是，杠杆上的重锤应确保能在一定压力下打开阀门。

2. 安全启闭器

在错齿式开闭结构的硫化罐中，还装有专门的安全启闭器。安全启闭器实质上是当罐盖与罐体的锁环在关闭时起连锁作用的专用阀门。其结构如图 11-14 所示。

排气栓 3 装在与罐体焊接的管子 2 上，排气栓上装有扳子 4，可绕臂架 5 旋转。臂架的另一端是带有槽 7 的臂杆 6，安全插杆 9 的轴 8 在槽内可以滑动。在罐体圆环上钻有一开口 10，罐盖的凸出部位（方形齿部）也钻有一相应的凹穴 11。关闭罐盖时，凸出部

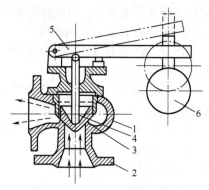

图 11-13 杠杆式安全阀
1—阀体；2—法兰；3—阀座；4—阀杆；
5—杠杆；6—重锤

位的凹穴应与圆环上的开口相合，并将安全插杆 9 插入圆环的开口和罐盖凸出部的凹穴中。这样安全启闭器就将罐盖关得很紧，罐盖不能自由转动。与此同时启闭器扳子 4 也将排气栓 3 关闭，则硫化开始。待硫化完毕欲开启罐盖时，必须先提起启闭器臂杆 6，将安全插杆 9 拔出使之离开罐环，罐盖方可转动开启。在拔出安全插杆 9 的同时，启闭器扳子 4 将排气栓 3 打开，使罐内气体排至罐外，同时发出响声报警，当罐体上压力表指针降为"零"时，气压响声消失，表示罐内剩余蒸汽全部排除，此时即可打开罐盖，取出硫化产品。所以安全启闭器既能保证罐盖安全开闭（如罐内尚有蒸汽压力时不能打开罐盖），又能检查关闭的正确性。

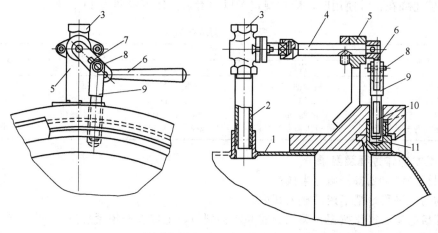

图 11-14 安全启闭器
1—罐体；2—管子；3—排气栓；4—扳子；5—臂架；6—臂杆；7—槽；8—轴；9—安全插杆；
10—开口；11—凹穴

第三节 卧式硫化罐安全操作与维护保养

一、安全操作

① 班前对硫化罐进行全面检查，尤其是压力表、安全阀、管路阀门、自动仪表、指示灯等是否灵敏有效。

② 检查后进行空罐预热与进汽，并检查启动装置，各种附件是否正常（管路有否堵塞、

漏气），罐盖、密封圈、热风循环等是否正常，安全插销是否到位，工作中操作人员不准离岗。

③ 安全阀必须是定期校验。

④ 进出罐应把过桥铁轨放平摆正，过轨时要稳拉稳推，旁边必须站人相助，防止出轨翻倒伤人。

⑤ 开罐时必须待罐内压力降至零，热空气排净，安全指示灯亮后，方可启动电机，并应站立侧面，严禁带压开启罐盖。罐盖开启扫过的空间不准站人或置物。

⑥ 在硫化过程中，若发现硫化罐罐体突然发生泄漏，应立即卸压停止硫化进行检查。

⑦ 工作完毕后，罐盖必须持打开状态，并将电器开关、汽阀等关闭好，刀刃一定要停放在底面，确保安全。

⑧ 硫化罐检修前，必须切断动力源，不得带压检修，并在明显处挂上检修标志。进入罐内检查时，应先进行通风，排除污气，并采用安全电压照明灯照明，同时罐外应有监护人。

二、维护保养

（一）日常维护保养要点

① 检查罐口密封圈是否平整、完好。

② 检查、维护罐盖转动及启闭的灵活和平稳，并保持良好的润滑。

③ 保持钢丝夹头夹持钢丝的牢固性。

④ 保持小车运行的平稳性。

⑤ 维护和保持蒸汽、冷却水管路的畅通，各种阀门无泄漏，疏水器灵敏好用。

⑥ 维护和保持控制系统及各指示仪表灵敏、准确可靠。

⑦ 停机后关闭汽、水及电源，打扫卫生。

（二）润滑规则

卧式硫化罐在正常使用时，应按规定予以润滑，具体可参照表 11-3 执行。

表 11-3　润滑规则

润滑部位	润滑剂		加油量	加油或换油周期
	规定	代用		
罐盖启闭螺杆	机械油 N68	机械油 N100	适量	每班 1 次
罐盖启闭减速器	汽缸油 HG-11	机械油 N100	规定油位	半年
牵引减速器	汽缸油 HG-11	机械油 N100	规定油位	半年
热空气循环风扇支承轴承	1 号极压锂基润滑脂	2 号极压锂基润滑脂	适量	每 3 个月 1 次

三、基本操作过程及要求

① 根据生产计划备好硫化半成品。

② 均匀、平稳地把半成品放入罐内。

③ 开启电源、操作按钮、关闭罐盖并旋转到位，上好安全销紧装置。

④ 缓慢打开气阀，使蒸汽逐渐进入罐内达到工艺气压。

⑤ 硫化完毕，打开排气阀，使罐内气压降到"0"后，方能开盖。

⑥ 工作中经常观察压力变化和安全阀。

⑦ 工作完毕，关闭气阀及电源，排出罐中余水，打扫现场设备卫生。

第四节　脱硫罐概述

一、用途与分类

（一）用途

橡胶再生脱硫罐简称脱硫罐，用途是将废旧橡胶制品经过机械加工粉碎成颗粒状态后，

表11-4　电加热脱硫罐规格与主要技术特征

名称规格	3m³电加热热脱硫罐	3m³电加热热脱硫罐	4.5m³电加热热脱硫罐	4.5m³电加热热脱硫罐	6m³电加热热脱硫罐	6m³电加热热脱硫罐	8m³电加热热脱硫罐	8m³电加热脱硫罐	10m³电加热热脱硫罐	12m³电加热脱硫罐
设计参数/MPa	4.0	3.0	4.0	3.0	4.0	3.0	4.0	3.0	4.0	4.0
工作压力/MPa	3.6	2.75	3.6	2.75	3.6	2.75	3.6	2.75	3.6	3.6
设计压力/MPa	4.0	3.0	4.0	3.0	4.0	3.0	4.0	3.0	4.0	4.0
工作温度/℃	246	235	246	235	246	235	246	235	246	246
设计温度/℃	330	300	330	300	350	300	350	300	350	350
工作介质	胶粉水活化剂	胶粉水活化剂	胶粉水活化剂	胶粉水活化剂	胶粉水活化剂	胶粉水活化剂	胶粉水活化剂	胶粉水活化剂	胶粉水活化剂	胶粉水活化剂
全容积/m³	3.0	3.0	4.58	4.58	6.1	6.1	8.2	8.2	10.0	12.0
主要受压元件材料	Q345R	Q345R	Q345R	Q345R	Q345R	Q345R	Q345R	Q345R	Q345R	Q345R
外形尺寸及厚度/mm	DN1100×22, L=2742	DN1100×18, L=2742	DN1300×26, L=3472	DN1300×26, L=3472	DN1400×26, L=3392	DN1400×22, L=3392	DN1600×30, L=3270	DN1600×30, L=3290	DN1600×30, L=4400	DN1700×32, L=4700
焊接接头系数	1	1	1	1	1	1	1	1	1	1
电机功率/kW	18.5		22		22		30		45	55
搅拌速度/(r/min)	13		13		13		13		13	11
容器类别	三		三		三		三		三	三

表 11-5　导热油加热脱硫罐规格与主要技术特征

名称规格／设计参数	10m³ 脱硫罐				6m³ 脱硫罐				4.5m³ 脱硫罐				3m³ 脱硫罐			
设计参数/MPa	4.0		3.0		4.0		3.0		4.0		3.0		4.0		3.0	
参数名称	罐体	夹套	罐体	夹套	罐体	夹套	罐体	夹套	罐体	夹套	罐体	夹套	罐体	夹套	罐体	夹套
工作压力/MPa	3.6	0.5	2.8	0.5	3.6	0.5	2.8	0.5	3.6	0.5	2.8	0.5	3.6	0.5	2.8	0.5
设计压力/MPa	4.0	0.55	3.0	0.55	4.0	0.55	3.0	0.55	4.0	0.55	3.0	0.55	4.0	0.55	3.0	0.55
工作温度/℃	250	280	240	280	250	280	240	280	250	280	240	280	250	280	240	280
设计温度/℃	300	300	300	300	300	300	300	300	300	300	300	300	300	300	300	300
工作介质	胶粉水活化剂	导热油	胶粉水活化剂	导热油	胶粉水活化剂	导热油	胶粉水活化剂	导热油	胶粉水活化剂	导热油	胶粉水活化剂	导热油	胶粉水活化剂	导热油	胶粉水活化剂	导热油
全容积/m³	10	2.2	10	2.2	6.1	1.6	6.1	1.6	5.2	1.5	5.2	1.5	3.0	0.98	3.0	0.98
主要受压元件材料	Q345R	Q345R	Q345R	Q345R	Q345R	Q345R	Q345R	Q345R	Q345R	Q345R	Q345R	Q345R	Q345R	Q345R	Q345R	Q345R
外形尺寸及厚度/mm	DN1600×30, L=4400	DN1800×12, L=4500	DN1600×24, L=4400	DN1800×12, L=4500	DN1600×26, L3412	DN1400×26, L=3412	DN1600×10, L=3512	DN1400×22, L=3512	DN1300×22, L=3440	DN1500×10, L=3540	DN1300×26, L=3440	DN1500×10, L=3540	DN1100×22, L=2740	DN1300×10, L=2940	DN1100×18, L=2740	DN1300×10, L=2940
焊接接头系数	1	0.85	1	0.85	1	0.85	1	0.85	1	0.85	1	0.85	1	0.85	1	0.85
电机功率/kW	45				22				22				18.5			
搅拌速度/(r/min)	11.5				13				13				11			
容器类别	三				三				三				三			

在脱硫罐内的高温高压作用下脱硫还原成为具有一定物理和化学性能的再生胶。再生胶的质量是由脱硫技术来保证的，脱硫罐是高温高压动态脱硫工艺的关键设备。本节技术资料及图样采用安徽淮南石油化工机械有限公司生产、国内外广泛使用的动态脱硫罐设备。

（二）分类

按照加热方式的不同，分电加热式和导热油加热式两种形式；

按照使用材料不同，分为压力容器钢板（Q345R）和复合钢板（Q345R＋S30408 美国不锈钢编号）两种。

二、规格表示与主要技术特征

（一）型号规格表示

产品型号表示方法如下：

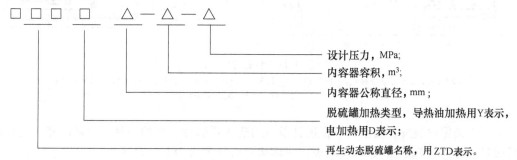

设计压力，MPa；

内容器容积，m^3；

内容器公称直径，mm；

脱硫罐加热类型，导热油加热用Y表示，电加热用D表示；

再生动态脱硫罐名称，用ZTD表示。

例如，ZTDY1600－10－4.0，ZTD 表示再生动态脱硫罐，Y 表示导热油加热，内容器公称直径为 1600mm，公称容积为 $10m^3$，设计压力为 4.0MPa。

（二）规格与主要技术特征

脱硫罐规格与主要技术特征见表 11-4、表 11-5。

第五节　脱硫罐基本结构

一、整体结构

脱硫罐的工作压力通常都在 4MPa 以下，属中压二类容器，其基本结构形式较多，一般都由罐体、封头、进料口、出料口、传动系统、搅拌系统、液压系统、加热装置和电控系统等部分组成，详见图 11-15。

罐体部分处于静止状态，罐内设有搅拌器做定时正、反向旋转，使得胶粉在罐体内被充分搅拌，有利于混合加热和热量充分传导，达到均匀脱硫的目的。胶粉在一定压力和温度条件下脱硫完毕，排出胶粉至精炼工序。

罐体采用远红外电热元件或夹套内采用导热油加热两种形式，进出料口开、关门及锁紧为液动、手动和手动加液动，并设有类似于硫化罐的电器、机械连锁保护装置、安全阀、温度计、压力表等安全附件。轴端密封采用带冷却水夹套的填料箱密封，以利散热，降低填料和轴的温度。传动方式是由电机带动减速机，通过双排链轮或联轴器带动搅拌器旋转。

二、主要零部件

脱硫罐主要零部件包括罐体、搅拌器、进出料口开闭连锁保护装置、安全阀。其中进出料口开闭连锁保护装置、安全阀与硫化罐结构与原理类似，不再赘述。

（一）罐体

罐体由内筒体及夹套组成，结构见图 11-16。罐体上设有电器控制系统、液压控制系

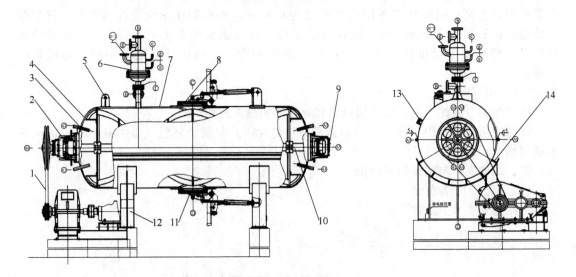

图 11-15 脱硫罐结构

1—传动装置；2—前端密封；3—测温口；4—封头；5—吊耳；6—过滤器；7—罐体；8—进料口；
9—后端密封；10—搅拌器；11—出料口；12—鞍式支座；13—铭牌；14—支承板

统、机械连锁保护装置、安全阀、温度计及压力表等零部件。轴端密封采用带冷却水夹套的填料密封。罐体材料采用 Q345R 钢板，罐体法兰材料采用 16Mn 锻制。

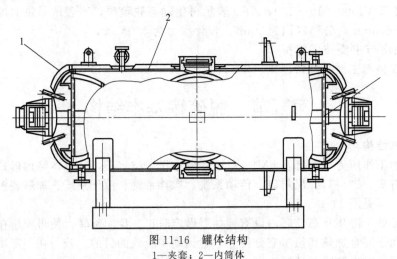

图 11-16 罐体结构
1—夹套；2—内筒体

（二）搅拌器

卧式脱硫罐搅拌器传动见图 11-17，传动部分由电机、减速机、双排链轮及搅拌器组成。电机带动减速器和小链轮，经双排链条、大链轮进一步减速后，使卧式搅拌器旋转。搅拌器桨叶设计成螺带式，各爬升一定罐内径弧长。各桨叶在轴向对称反向布置，且沿轴圆周分别错开 90°，用支撑臂和卡箍通过键、螺栓与轴连接，使搅拌器具有良好的可拆性、强度及刚性。桨叶顺时针旋转时，每 1 片桨叶使罐内物料产生 2 个方向的运动，1 个沿螺带轴线方向向前运动，另 1 个沿螺带圆周方向运动；桨叶逆时针旋转时，运动相同，而方向相反。螺带式桨叶的组合运动使罐内物料上、下、左、右翻动，达到了充分搅拌的目的。桨叶与罐壁之间留有适当的间隙，可避免物料沉积在罐内壁引起的结焦问题。

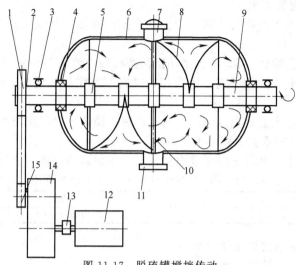

图 11-17　脱硫罐搅拌传动

1—大链轮；2—链条；3—向心球面轴承；4—填料轴封；5—卡箍；6—罐体；7—进料口；8—桨叶；
9—轴；10—支撑臂；11—出料口；12—电机；13—弹性联轴器；14—减速器；15—小链轮

第六节　脱硫罐安全操作与维护保养

一、安全操作

① 使用设备的操作人员、设备管理技术人员，必须进行岗位前培训，取得化工设备上岗操作资格证书，方可持证上岗操作。

② 本设备属二类压力容器，必须严格按设计图纸和国家有关标准、规范、规则进行安装、调试、使用和维修。未经过设计制造单位同意，不得随意改动出厂时的外形和相关尺寸，不允许在罐体受压部件上焊接，局部火焰加热或切割以免引起局部应力集中。

③ 设备应定期检验及维修，其检验、维修人员必须具备国家有关部门规定的检验、维修资格，并出具相应检验、维修报告，验收合格后，方可投入使用。

④ 设备安装后，系统试车和使用过程中，如发现异常情况时应紧急停车，泄压、降温，查找分析原因。

⑤ 各传动部分应保持良好的润滑和冷却，减速箱内润滑油按规定保持一定的高度，链条和链轮之间及轴承应经常检查是否有润滑油脂。轴端填料箱密封涵内应接通循环冷却水进行冷却，冷却水的最高温度一般不超过 70℃。

⑥ 罐体工作温度不要超过 350℃，温度过高会产生罐体变形，影响产品的使用。

二、维护保养

① 检查电源接地线是否良好；

② 各运转部位的润滑点是否油量充足；

③ 检查各运动部位是否灵活无卡阻；

④ 检查各部分仪表、阀门的灵敏度及是否安装齐全；

⑤ 及时调节链条松紧程度；

⑥ 严格按工艺配方进行物料配制，物料限装详见表 11-6；

⑦ 经常注意转动件和紧固件的运转和固定情况；

⑧ 交接班时应检查机器是否运转正常，如发现问题应立即检修。

三、基本操作过程及要求

① 卸料时，严格按程序执行，确保安全。先排空减压，使罐内达到常压时，方可进行开门卸料；

② 关门时，快开门旋转 17°，即夹紧油缸活塞杠最少伸出 100mm 为宜，方可升温；

③ 胶粉进罐时，开动搅拌系统，边搅拌边进料，当胶粉进罐 2/3 时，再加工艺用水和活化剂；

④ 罐内加热程序应先通蒸汽，然后再通电加热。罐体外壁温度应始终小于 350℃。罐体加热部分使用一个月时应重新紧固一下接线端子；

⑤ 罐体加热时，电加热部分一定要有温控器，确保罐体温度不要超过 350℃。

表 11-6　再生胶脱硫罐物料（胶粉）限装情况

脱硫罐规格	$3m^3$	$4.5m^3$	$6m^3$	$8m^3$	$10m^3$	$12m^3$
胶粉/kg	700～800	900～1050	1350～1500	1800～1950	2300～2500	2800～3000

四、卧式硫化罐现场实训教学方案

卧式硫化罐现场实训教学方案见表 11-7。

表 11-7　卧式硫化罐现场实训教学方案

实训教学项目	具体内容	目的要求
卧式硫化罐的维护保养	① 运转零部件的润滑 ② 开车前的准备 ③ 硫化罐的防腐和保温 ④ 机器运转过程中的观察 ⑤ 现场卫生 ⑥ 使用记录	① 使学生具有对机台进行润滑操作的能力 ② 具有更换硫化罐密封圈的能力 ③ 定期对硫化罐进行清理、涂防锈漆 ④ 养成经常观察、检查（常温下）硫化罐罐体、安全阀安全状况的习惯 ⑤ 随时保持设备和现场的清洁卫生 ⑥ 及时填写设备使用记录，确保设备处于良好运行状态
卧式硫化罐操作	① 硫化压力的控制 ② 加热方式的变换 ③ 硫化小车的进罐和出罐 ④ 罐盖的开闭 ⑤ 硫化操作安全	① 具有正确使用操作工具的能力 ② 掌握操作卧式硫化罐（胶鞋、胶管或胶辊）操作的基本技能 ③ 具有卧式硫化罐操作的安全知识

思考题

1. 卧式硫化罐是怎样分类的？用直接或间接蒸汽加热硫化橡胶制品的方法，各有什么优缺点？

2. 硫化罐由哪几部分组成？各有什么作用？

3. 为什么硫化罐在安装时要有一定的倾斜度？其值取多少为宜？

4. 为什么硫化罐内要定期涂防锈漆？

5. 两种专用硫化罐各有什么特点？

6. 罐盖开闭装置有哪两种形式？其特点如何？

7. 试简述电动错齿转盖式开闭装置的工作过程。

8. 试简述杠杆式和安全启闭器的工作原理。

9. 如何维护保养硫化罐？

10. 操作硫化罐应注意哪些安全问题？如何解决？

第十二章　鼓式硫化机

【学习目标】　本章概括介绍了开炼机的用途、分类、规格表示、主要技术特征及鼓式硫化机的使用与维护保养；重点介绍了鼓式硫化机的整体结构、主要零部件及其动作原理。要求掌握平带鼓式硫化机和大型 V 带鼓式硫化机的整体结构、传动原理、主要零部件的作用及结构性能；能正确计算生产能力和合理选用鼓式硫化机；学会鼓式硫化机安全操作与维护保养的一般知识，具有进行正常操作与维护的初步能力。

第一节　概　　述

一、用途与分类

（1）用途　鼓式硫化机用于硫化橡胶带，主要为平带和 V 带。另外还可以硫化橡胶地板、花纹胶板、印刷胶板、胶布等橡胶制品。

（2）分类　根据用途不同，分为平带鼓式硫化机和 V 带鼓式硫化机两类。

V 带鼓式硫化机用于硫化 V 带。它有大型、中型和小型之分。本节仅介绍大型和中型硫化机。大型 V 带鼓式硫化机用于硫化长度从 1.8～3.5m 的多种型号 V 带，中型的用于硫化长度从 0.7～2.6m 的四种型号 V 带。

（3）使用特点　鼓式硫化机具有连续硫化、制品表面光洁度高、厚度均匀、劳动强度低、容易实现生产过程自动化等优点。对硫化表面质量要求较高和具有连续花纹的制品，其优越性就更为显著。

但因受压力和鼓径的影响，平带鼓式硫化机的生产能力和制品的厚度受到一定限制。V带鼓式硫化机每硫化一次都要装拆钢丝压力带，操作不方便，由于钢丝压力带由钢丝绳编织而成，表面一般都包胶，产品表面光洁度尚不够理想。

二、规格表示及主要技术特征

（1）规格　平带鼓式硫化机规格以"硫化鼓直径×工作部分长度"表示，单位为 mm，如 $\phi700mm\times1250mm$，表示硫化鼓直径 700mm，工作部分长度为 1250mm。

V 带鼓式硫化机的规格按硫化鼓直径分为大型、中型和小型。直径在 $\phi500mm$ 以上的为大型，直径在 $\phi160\sim500mm$ 的为中型，直径在 $\phi100mm$ 以下的为小型。

（2）技术特征　表 12-1 是平带鼓式硫化机的技术特征；表 12-2 是 V 带鼓式硫化机的技术特征。

表 12-1　平带鼓式硫化机的技术特征

参数名称	设备规格		
	$\phi700\times1250$	$\phi700\times1400$	$\phi1500\times2000$
制品最大宽度/mm	1250	1400	2000
制品最大厚度/mm	30	30	50
钢带宽度/mm	1390	1600	2030
硫化鼓直径/mm	700	700	1500
从鼓直径/mm	450	450	1000
硫化时间/min	1～30	1～30	1～30
圆周速度/(m/min)	0.055～1.66	0.055～1.66	0.55～1.66
压力带张力/kN	380	450	1500
最大硫化压力/MPa	0.45	0.45	0.45
硫化鼓温度/℃	180	180	185
电机功率/kW	4	4.5	7.5
调距电机功率/kW		1.7	2.2
蒸汽压力/MPa	0.6	0.6	0.6

表 12-2　V 带鼓式硫化机的技术特征

参数名称	参数值	
	大型	中型
类型	立式、卧式、二鼓	立式、二鼓
产品型号	Y、Z、A、B、C、D、E	Y、Z、A、B
产品周长/mm	1800~22000	$\phi160,700~2000$
		$\phi280,1100~2600$
硫化鼓直径/mm	500	$\phi280,\phi160$
硫化鼓工作部分长度/mm	420	360
硫化时间/min	8、10、12、14、16	3~30(按需要调整)
硫化鼓温度,℃	160	0~200
硫化鼓热源	蒸汽	电热
硫化鼓电热功率/kW		$\phi160:4;\phi280:10$
电热罩功率/kW	4	3
蒸汽压力/MPa	0.55	
压缩空气压力/MPa	2	
硫化单位压力/MPa	0.55	0.65
主电机　型号	Y-22-6	
功率/kW	1.1	0.26
转速/(r/min)	930	
外形尺寸　机台/mm	10425×1725×2135	1800×1400×2150
控制箱/mm		1700×420×2000

第二节　基本结构

一、平带鼓式硫化机

1. 基本结构

图 12-1 是平带鼓式硫化机的结构。它由硫化鼓 1、传动辊筒 2、调距辊筒 3、伸张辊筒 4、压力钢带 5、传动装置 6、调距装置 7、压力带加压装置 8、后压力辊筒 9、机架 10、压力带调整装置 11、压力带清洁装置 12、硫化鼓清洁装置 13、挡边装置 14、电热装置 15 和机座 16 等组成。

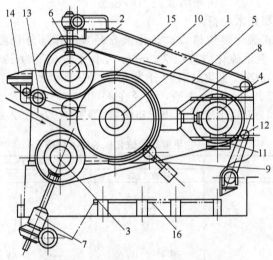

图 12-1　$\phi1500×2000$ 平带鼓式硫化机

1—硫化鼓;2—传动辊筒;3—调距辊筒;4—伸张辊筒;5—压力钢带;6—传动装置;7—调距装置;
8—压力带加压装置;9—后压力辊筒;10—机架;11—压力带调整装置;12—压力带清洁装置;
13—硫经鼓清洁装置;14—挡边装置;15—电热装置;16—机座

工作时半成品由送料装置引出经调距辊筒 3 进入压力钢带 5 和硫化鼓 1 之间,压力钢带由压力带加压装置 8 拉着伸张辊筒 4 使之张紧而压在半成品上,给半成品以硫化压力。传动装置 6 带动传动辊筒 2,并通过压力钢带 5 的摩擦传动使硫化鼓 1 和其他各辊筒以一定速度运转,硫化鼓内腔通入蒸汽,对半成品进行加热,使半成品通过硫化区(即压力钢带与硫化鼓包角范围内)而完成硫化。压力钢带 5 与硫化鼓 1 的包角口可通过调距辊筒 3 调整。在硫化不同厚度制品时,通过调距辊筒 3 上的调距装置 7 调整压力钢带 5 与硫化鼓 1 的包角。另外,调距装置 7 还可用以压力钢带 5 或更换硫化鼓 1。硫化鼓 1 和压力钢带 5 经常与水和水蒸气接触,容易生锈,所以各设有由圆柱形钢丝刷构成的清洁装置 12 和 13。

有些制品如使用尼龙等需进行热处理的纤维材料时,在卷取装置前设有冷却、定型装置。为了提高硫化速度和产品质量,在硫化区装设了电热装置 15,用于硫化时对半成品辅助加热。有些平带鼓式硫化机在压力带外侧还设有增压装置,该装置能跟随硫化鼓旋转至硫化区终端,然后自动退回到硫化始端,以提高硫化压力。

2. 主要零部件

(1) 硫化鼓 硫化鼓是平带鼓式硫化机的关键部件,它对硫化制品的质量有直接的影响。硫化鼓要求有足够的刚度和强度,鼓壁厚度要一致,材质均匀,表面要有较高的光洁度和较高的硬度,故表面要求抛光镀铬。

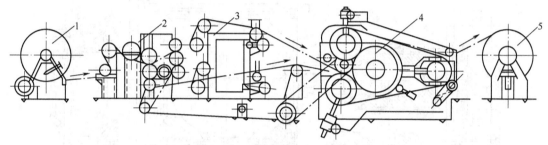

图 12-2 平带鼓式硫化机联动装置

1—导开装置;2—预伸张装置;3—胶片架;4—鼓式硫化机;5—卷取装置

图 12-2 和图 12-3 分别列出了平带鼓式硫化机联动装置和 φ1500×2000 型硫化鼓的结构。硫化鼓筒体由 45 号钢经锻制后与铸钢轴头焊接,退火后进行机械加工,鼓表面抛光至粗糙度 Ra 值约为 0.4μm 以上再镀 0.2mm 硬铬。硫化鼓制成后须经水压试验,试验压力为 1.5MPa。

(2) 压力带 压力带是鼓式硫化机传递硫化压力的主要零件,它绕在硫化鼓上的包角约为 280°,传递拉力在数十吨以上,故要求钢带具有高强度、高韧性、良好的耐屈挠性能。

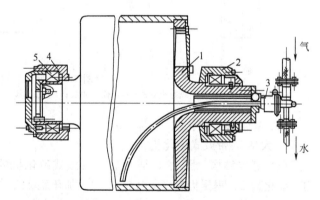

图 12-3 φ1500×2000 型硫化鼓

1—硫化鼓筒体;2—右轴承座;3—进气排水装置;
4—左轴承座;5—轴承

目前平带鼓式硫化机使用的压力带有两种:①无接头钢带压力带;②钢丝编织压力带。

钢带压力带由焊接性能较好的厚度为 1.2~1.8mm 的三条低碳钢带(20 钢)并焊而成,环形接头的焊缝与宽度方向呈 45°,并相互错开。焊接头工作面须经精磨抛光处理。目前有些硫化机压力带已采用合金钢制成，厚度仅为 0.2mm。

　　钢带压力带维护简单，使用寿命长，可在外侧加热以提高硫化速度。但由于其弯曲性能差，仅用于辊筒直径较大的机台上。

　　钢丝编织压力带是由钢丝绳编织而成。它与制品接触的一面覆有一层厚度为 5.5mm 的耐热橡胶（通常为氯丁胶），复胶时可在本机台上进行。

　　钢丝编织带的耐弯曲性能和保温性能较好。但由于钢丝编织带与制品接触部分覆有较厚的耐热橡胶，导热性能差，故不宜在编织带外侧加热，不利于硫化稍厚的制品，而且橡胶长期在高温下使用，易老化龟裂，需定期更新。

　　（3）伸张装置　伸张装置是为硫化时提供硫化压力的部件。图 12-4 所示为 φ1500×2000 平带鼓式硫化机的伸张装置。压力带靠左、右两个伸张柱塞油缸 3 推动伸张辊筒 1 的轴承座 5 沿着机架导轨（图中未示出）移动而张紧。产生总拉力可达数十吨至百吨以上，故要求伸张辊筒采用强度较高的铸钢制造。放气阀 4 用于排除伸张油缸里积存的气体，避免工作过程压力波动。油缸进油时将气阀拉出，积存于油缸里的气体被压力油从排气孔道挤出来。钢压力带如有走偏，可以启动压力带调整油缸 7，调整伸张辊筒两端轴承保持在同一水平面上，压力带就能自行纠偏。

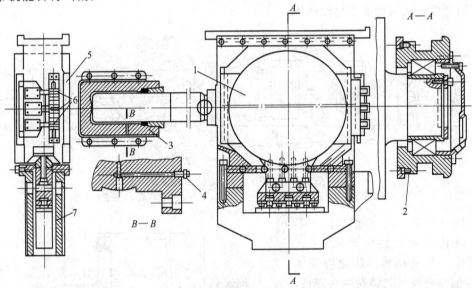

图 12-4　伸张装置
1—伸张辊筒；2—轴承座纵拖板；3—伸张柱塞油缸；4—放气阀；5—轴承座；6—行程开关；7—压力带调整油缸

二、V 带鼓式硫化机

1. 大型 V 带鼓式硫化机

　　（1）基本结构　图 12-5 是大型 V 带鼓式硫化机的结构。它由两组硫化装置组成，每组均有硫化鼓 2、钢压力带 7、电热罩 10、加压辊 11、加压气筒 13、锁紧装置 12 及纵拉伸装置 4 和横拉伸装置 6 等组成。

　　每组硫化装置相当一台硫化机，分设在机架两侧。两组硫化装置共用一套传动机构，故只能同时生产同种规格的 V 带。由于不同型号 V 带断面尺寸不同、硫化时间不等、传动机构设有五种不同转速，由安装于机架后边的电机和减速箱调节所需转速以控制硫化时间。减速机构传动主动轴 9，从而使压力带 7 回转。硫化鼓 2 借压力带的摩擦传动与套在鼓表面的 V 带一起转动，并使之连续受热而硫化。为使 V 带在硫化过程中始终受到均匀的压力，两组各采用一套压力带加压装置。因为压力的大小或波动都会影响到产品的质量，压力过小或

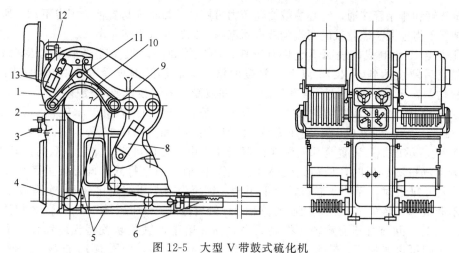

图 12-5 大型 V 带鼓式硫化机

1—上机架；2—硫化鼓；3—手轮；4—纵拉伸装置；5—V 带；6—横拉伸装置；7—钢压力带；
8—气筒；9—主动轴；10—电热罩；11—加压辊；12—锁紧装置；13—加压气筒

失去压力时，产品将会出现底胶海绵状或帘线脱层，故要求压力必须达到规定值并保持稳定。在硫化过程中，硫化鼓内腔通入蒸汽，仅能加热 V 带梯形断面的小底及两侧面，其大底及鼓的外围需用弧形电热罩 10 加热或保温。

为了得到预定长度的产品，必须使 V 带坯在一定张力下进行硫化，因而采用了拉伸装置。拉伸装置分纵拉伸装置和横拉伸装置，根据不同规格而选用。伸张装置随 V 带坯一起转动。

(2) 主要零部件

① 硫化鼓。图 12-6 是大型 V 带鼓式硫化机硫化鼓的结构。它由硫化模 1 及空心热鼓 2 等主要零件组成。硫化模 1 上的沟槽实际上是 V 带的模型，因此沟槽的形状要求准确、表面光洁度高。更换不同的硫化模即可生产不同型号的 V 带。硫化鼓采用蒸汽加热，蒸汽从进气管 9 进入鼓腔，冷凝水在蒸汽压力作用下从鼓腔内经出水管 10 排出，经气水分离器（图中未画出）排入水沟。进气管 9 与出水管 10 固定在短轴 5 上，短轴 5 与支板 8 用螺栓相连，通过支板 8 与

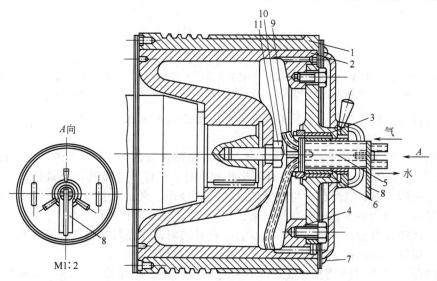

图 12-6 大型 V 带鼓式硫化机硫化鼓

1—硫化模；2—空心热鼓；3—压盖；4—密封垫；5—短轴；6—密封圈；7—保温板；
8—支板；9—进气管；10—出水管；11—螺栓

本机外蒸气管和排水管接通，空心热鼓 2 随压力带旋转，短轴 5 与支板 8 固定不动，所以要求各密封装置不得泄漏。硫化鼓的两端均装有保温板，以减小鼓端热量散失。

硫化模用 45 钢制成，表面不允许有突棱、凹坑等缺陷，粗糙度要求达到 $Ra1.6$ 以下，表面热处理后硬度达到 HRC45 以上，并镀硬铬。空心热鼓内承受 0.55MPa 的蒸汽压力，要求材料均匀，不允许有裂纹、渣孔等缺陷，并按受压容器技术要求校核。

② 加压装置。加压装置结构如图 12-7 所示。它由两个加压汽缸 1、转臂 2、加压支撑轴 3、壳体轴 5、壳体升起汽缸 6、钢压力带 7、加压轴 13 和主动轴 14 等组成。

图 12-7 所示的加压装置全部安装在铸钢壳体 4 中，壳体可绕壳体轴 5 双向摆动而开闭。当壳体升起汽缸 6 进风时，使铸钢壳体 4 绕着壳体轴 5 向上打开，即可装上带坯或卸下成品。当汽缸 6 排气时，壳体 4 靠自重落下闭合，钢压力带 7 压在硫化鼓上，锁紧装置将壳体锁紧而不会掀起。转臂 2 上装有加压支撑轴 3、转臂轴 10 和加压轴 13。转臂 2 和活塞杆块 11 构成一杠杆，可绕加压支承轴 3 摆动。当壳体 4 落下，锁紧装置将壳体锁住以后，两个加压汽缸 1 则可进气加压，转臂 2 绕加压支撑轴 3 向上抬起，加压轴 13 将钢压力带 7 拉紧，就达到压力带对 V 带的加压。主动轴 14 在传动装置带动下，使钢压力带转动，硫化鼓随着旋转而进行硫化。

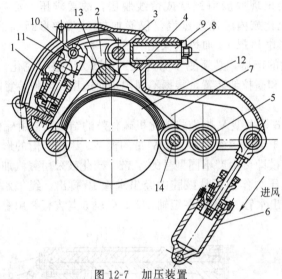

图 12-7　加压装置

1—加压汽缸；2—转臂；3—加压支撑轴；4—铸钢壳体；5—壳体轴；6—壳体升起汽缸；7—钢压力带；
8—螺母；9—纠偏轴；10—转臂轴；11—活塞杆块；12—电热罩；13—加压轴；14—主动轴

当压力带发生偏移时，可以调整纠偏轴 9 以重新调准加压轴 13 的中心线，纠正压力带的跑偏。

锁紧装置如图 12-8 所示，当壳体 4 落下时，在弹簧 6 的作用下，壳体 4 上的凸台越过锁紧块 3，即将壳体 4 锁紧。压力带对硫化鼓加压时，壳体不会掀起，当硫化结束，松压力带，壳体 4 稍微下落，它的凸台与锁紧块 3 的凸台分开。汽缸 1 进气，杠杆块 2 旋转一角度使轴 5 也转动，锁紧块 3 的凸台离开锁紧位置，加压装置即可打开。

压力带随硫化鼓旋转并呈环状，要求它有良好的耐曲挠性与足够的强度。它是由钢丝绳编织而成，带宽 345mm、内周长 2320~2350mm、厚 3mm。

③ 电热罩。电热罩由钢板焊成的罩体和电热装置两部分组成。罩体焊成弧形，上设安全罩。每个硫化鼓各有一个电热罩，在罩的内弧面开有九个方形槽，各装有一条镍铬电热丝，分成三组，总功率为 4kW，采用压力式温度计测量与控制温度，温度控制方法是通断式。当温度低于允差下限时，三组电热丝全通电，当温度高于允差上限时，断其二组，一组

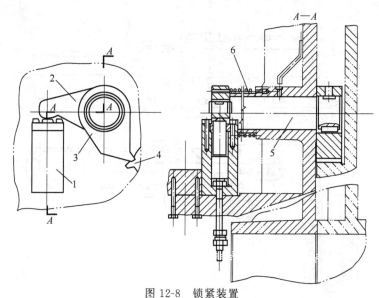

图 12-8　锁紧装置

1—汽缸；2—杠杆块；3—锁紧块；4—壳体；5—轴；6—弹簧

通电，当温度在规定允差范围内时，断其一组，二组通电。

④ 拉伸装置。拉伸装置可分纵拉伸和横拉伸两种，同一机台上两种拉伸装置均有，生产时按 V 带长度选用一种。V 带内周长度在 1800～3350mm 时，采用纵拉伸装置，内周长度在 3350～22000mm 时，采用横拉伸装置。

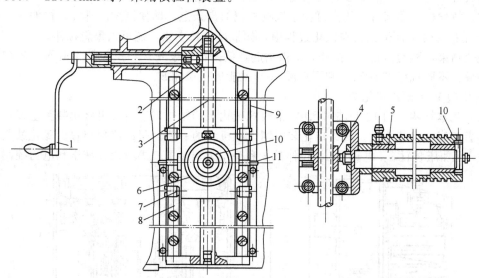

图 12-9　纵向拉伸装置

1—摇把；2—锥齿轮；3—丝杠；4—螺母；5—拉伸鼓；6—支架；7—辊子；
8—滑轨；9—标尺；10—挡圈；11—指针

a. 纵拉伸装置　图 12-9 是纵拉伸装置的结构。当转动摇把 1 通过一对锥齿轮 2 带动丝杠 3 转动时，装在螺母 4 上的支架 6 和拉伸鼓 5 即可上、下移动。拉伸鼓支架 6 上装有八个辊子 7 沿滑轨 8 滚动，并承受拉力。滑轨 8 两侧各有标尺 9，支架 6 两侧装有指针 11 分别指向二标尺刻度上。当硫化不同型号 V 带时，卸下挡圈 10 可以更换拉伸鼓 5。

b. 横拉伸装置　图 12-10 是横拉伸装置的结构。拉伸鼓由内径为 $\phi 90mm$ 的单向汽缸拉动，行程 250mm，总拉力 12kN。硫化前将横拉伸装置按需要硫化的 V 带的长度用螺栓 12

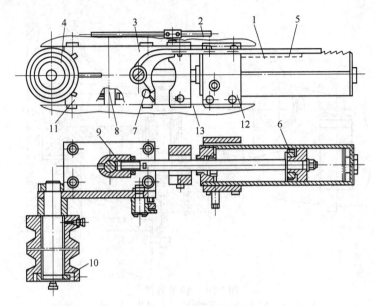

图 12-10　横向拉伸装置

1—汽缸；2—指示器；3—滑块；4—拉伸鼓；5—拉杆；6—活塞；7—凸轮；
8—轴；9—套；10—挡圈；11—辊子；12—螺栓；13—底座滑轨

预先固定在底座滑轨 13 上。滑块 3 两边各有 4 个辊子 11，分别沿滑轨 13 滚动。

当汽缸 1 进气时，活塞 6 向右移动，活塞杆带动滑块 3 和拉伸鼓 4 一起右移，V 带即受到拉伸。拉伸杆 5 端部有一钩头可扣于汽缸外壳的齿条上，即使汽缸已排气，拉伸鼓 1 也不会受 V 带的弹性力而退回。在硫化过程中，如带坯伸长变松，还可以重新拉伸。

硫化结束，移动凸轮 7，拉杆 5 即被抬起，钩头与齿条脱开，拉伸鼓 4 退回装带初始位置。当硫化不同规格 V 带时，卸下挡圈 10，就能更换拉伸鼓。

2. 中型 V 带鼓式硫化机

(1) 基本结构　图 12-11 是中型 V 带鼓式硫化机的结构。它由二组硫化装置组成，每组硫化装置相当一台硫化机。二组硫化装置同设在机台的一侧。每组硫化装置由硫化鼓及其传动装置 1、加压装置 3、电热罩 2、拉伸鼓 4 和旁压力辊装置 5 等组成。液压和电力控制系统

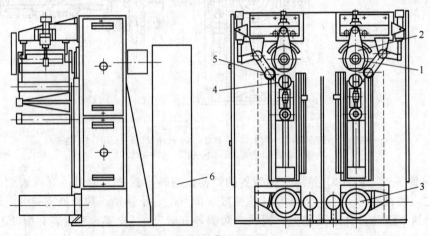

图 12-11　中型 V 带鼓式硫化机

1—硫化鼓及其传动装置；2—电热罩；3—加压装置；4—拉伸鼓；5—旁压力辊装置；
6—液压、电力控制系统

为二组硫化装置所共用，设在机台后面的控制箱内。

中型 V 带鼓式硫化机与大型 V 带硫化机相比较，除了硫化鼓、加压装置、电热罩、拉伸鼓等功用相同外，还有以下几个不相同点（图 12-12）：

① 硫化鼓采用电加热，硫化鼓表面温度调节范围为 0～200℃，不受蒸汽压力限制。

② 压力系统由压力油代替压缩空气，工作平稳，油缸体积比汽缸的小。

③ 直接传动硫化鼓。

④ 压力带与硫化鼓相对位置不同，加压方式也不同。

⑤ 在硫化鼓和压力带外侧设有一个加压

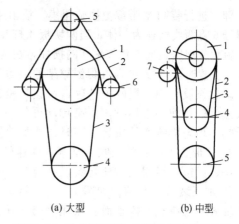

(a) 大型　　　　(b) 中型

图 12-12　大型和中型 V 带鼓式硫化机比较
1—硫化鼓；2—压力带；3—V 带；4—伸张辊；
5—加压辊；6—主动轴；7—旁压力辊

辊 5，以增加压力带对硫化鼓的包角，减少受热无压硫化区，提高 V 带的质量。

(2) 主要零部件

① 硫化鼓　图 12-13 所示是中型 V 带鼓式硫化机硫化鼓的结构。硫化鼓 1 装在硫化鼓轴 9 上，为适应硫化不同规格的 V 带，它设有两种不同直径的硫化鼓，可以随时互换装在硫化鼓轴 9 上，当硫化较短 V 带时，采用 ϕ160mm 的硫化鼓，如硫化较长的 V 带时，为提高生产效率，采用 ϕ280mm 的硫化鼓。

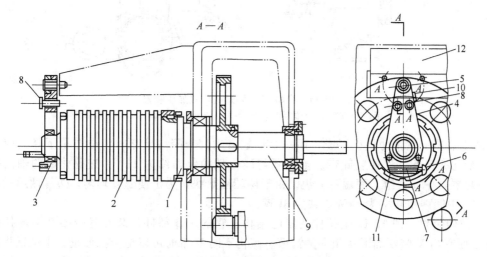

图 12-13　中型 V 带鼓式硫化机硫化鼓
1—硫化鼓；2—硫化模；3—轴承；4—两块板；5—小轴；6—螺母；7—螺栓；
8—插销；9—硫化鼓轴；10—碰板；11—夹簧；12—保温罩架

大、小直径的硫化鼓均采用电加热。由于硫化鼓中部与两端的散热情况不同，所以硫化鼓分中部与二端三个加热区，可分别调节温度，使硫化鼓温度较均匀。大直径硫化鼓加热功率为 10kW；小直径硫化鼓加热功率为 4kW。电源由硫化鼓轴 9 后端用滑环引入。

硫化鼓装在具有三个轴承的轴 9 上，外端轴承 3 是为了提高硫化鼓轴 9 的刚度而设。由于装卸 V 带和更换硫化模的需要，设计了一个轴承 3 的活动轴承座。它是由两块板 4、小轴 5、螺母 6 和螺栓 7 组成。两块板 4 套在小轴 5 上，可往两边转动。拧松螺母 6，搬动螺栓 7，两块板 4 绕小轴 5 向两边分开，用两个插销 8 分别插入销孔内将两块板固定在保温罩架上，即可进行装卸 V 带或更换硫化模。拔出插销 8，两块板 4 可回复合在轴承 3 上，用螺栓 7 和螺母 6 将两块板连为一体。当两块板 4 打开时，轴承 3 失去支座，为了防止因误操作使压力带对硫化鼓加压造成硫化鼓轴 9 的损坏，在两块板上安装了一个碰板 10，两块板 4 打开后旋转至规定位置时，碰板 10 压在保温罩架的微动开关上，硫化鼓加压装置不能启动加压。

硫化鼓设有快、慢两种转速，快速是慢速的 7 倍，硫化时采用慢速，硫化前和硫化后都用快速。硫化前装带坯时，快速转动可使 V 带坯各段同时受热，避免因装带先后使带坯各段受热不均匀影响产品质量，同时还能加快使带坯与硫化模较好吻合。硫化完毕，除去压力带，在 V 带脱离硫化鼓处吹冷空气，快速转动能显著降低温度。

快、慢速度可用电磁离合器控制两对 V 带轮传动而改变转速。

② 加压装置　其结构如图 12-14 所示。油缸 2 进油加压，转臂 4 在活塞杆 3 的推动下和加压轴 6 一起绕轴 5 摆动而张紧压力带。压力带周长均大于 V 带周长，故每硫化一次，压力带旋转均小于一周。压力带由钢丝绳编织而成。

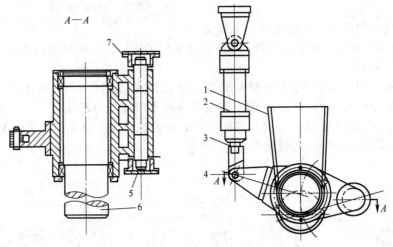

图 12-14　中型 V 带鼓式硫化机加压装置
1—钢压力带；2—油缸；3—活塞杆；4—转臂；5—轴；6—加压轴；7—球面轴承

③ 电热罩　它由薄钢板焊成，用一个油缸带动其升降。硫化时将电热罩下降到硫化鼓表面，硫化完升起，以便装卸带。电热罩与硫化鼓的包角约为 $130°$，按硫化鼓的轴向排列四组电热器，中间二组，两端各一组。由于两端散热快，为了使温度均匀，边缘两组的功率为 2kW，中间两组功率为 1kW，共为 3kW。

④ 拉伸装置　图 12-15 是拉伸装置的结构。它的工作部件是装在悬臂架 2 上的拉伸辊 1，它表面有与 V 带断面形状相同的沟槽。硫化不同 V 带时可以更换拉伸辊。由型钢焊接而成的悬臂架 2 上、下各装有一个拉伸辊 1，长带用下辊，短带用上辊。两辊套在悬臂架 2 的拉伸轴 3 上，可以绕拉伸轴 3 旋转，两根拉伸轴 3 之间设有一支架 4，通过支板 5 与拉伸轴 3 相连以增加轴的刚度，减少同组 V 带的周长误差。

支板 5 上开有一个可以套进拉伸轴 3 轴颈的半圆槽，将轴 3 套进支板 5 圆槽内，转动旋钮 6，将小轴 7 上的凸台卡入半圆槽，插销 8 插在支架 4 的孔内，这样，硫化时拉伸轴 3 不会与支板 5 脱开而损坏。硫化完毕，拔出插销 8，反向转动旋钮 6，支板 5 倒转与拉伸轴 3 分离，即可装卸 V 带。

悬臂架上左、右各装有一碰块 9 和 10。右碰块 9 触上部行程开关（图上未画出），避免悬臂架 2 与硫化鼓相撞，左碰块 10 触下行程开关 11，以控制 V 带长度。当硫化不同规格的 V 带时，可以移动行程开关的位置。

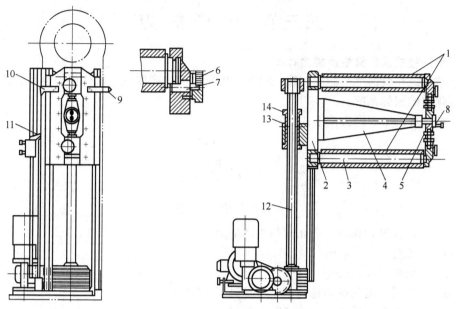

图 12-15　中型 V 带鼓式硫化机拉伸装置

1—拉伸辊；2—悬臂架；3—拉伸轴；4—支架；5—支板；6—旋钮；7—小轴；8—插销；
9—右碰块；10—左碰块；11—下行程开关；12—丝杆；13—导向套；14—螺母

拉伸辊通过转动的丝杆 12 与套在其上的螺母 14 和导向套 13 传递拉力。当螺母 14 的上、下凸台与导向套 13 的上、下端面分离时，拉伸辊 1 架的自重全压在硫化的 V 带上，其拉力为 0.85kN，当螺母 14 的上凸台与导向套的一端面接触时，施于 V 带上的拉力为拉伸架的重力和电机拉力之和，最大拉力可达 25kN；当螺母 14 的下凸台与导向套 13 下端面接触时，V 带不受拉力。

拉伸装置传动也有快、慢两种速度。快速供装卸带时，快速移动拉伸辊以缩短装卸时间；慢速供硫化 V 带时均匀拉伸使用，速度为 0.315～3.15mm/min。

⑤ 旁压力辊加压装置　这是大型 V 带鼓式硫化机所不具备的部件。它的结构如图12-16所示，当 V 带开始硫化时，旁压力辊 5 靠在压力带边缘，但对 V 带没有压力。油缸 6 进油加压，活塞杆 1 带动转轴 3、转臂 4 转动，使旁压力辊 5 对压力带加压，从而使 V 带受到压力。当硫化完毕，油缸 6 上端排油，活塞杆 1 退回，旁压力辊 5 离开硫化鼓，可装卸带。

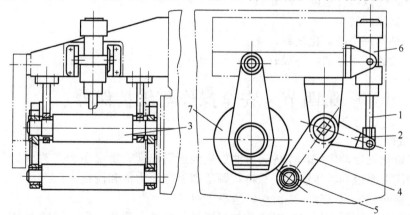

图 12-16　旁压力辊加压装置

1—活塞杆；2—连杆；3—转轴；4—转臂；5—旁压力辊；6—油缸；7—硫化鼓

第三节　生产能力

一、平带鼓式硫化机生产能力计算

平带鼓式硫化机的生产能力在硫化时间已确定时，主要取决于硫化鼓的直径、压力带的包角和硫化鼓的回转速度。

以长度计算的生产能力按下式计算：

$$Q_1 = 60\pi Dn\alpha \tag{12-1}$$

式中

$$n = \frac{\varphi}{t \times 360°}$$

即

$$Q_1 = 60\pi Dn\alpha \frac{\varphi}{t \times 360°} \tag{12-2}$$

式中　Q_1——以长度计算连续硫化时的生产能力，m/h；

　　　D——硫化鼓直径，m；

　　　t——硫化时间，min；

　　　φ——钢带对硫化鼓的包角，(°，通常 $\varphi = 280°$)；

　　　α——设备利用系数（$\alpha = 0.85 \sim 0.95$）。

以面积计算的生产能力按下式计算：

$$Q_2 = Q_1 l \tag{12-3}$$

式中　Q_2——以面积计算连续硫化下的生产能力，m^2/h；

　　　l——制品宽度，m。

二、V带鼓式硫化机生产能力计算

V带鼓式硫化机的生产能力，在硫化时间已确定时，主要取决于硫化鼓的直径、压力带的包角和硫化鼓的工作部分长度。

以每小时生产 V 带长度计算生产能力时按下式计算：

$$Q = \pi DZ\alpha \left(60n - \frac{\beta m}{360} \right) \tag{12-4}$$

式中　Q——按长度计算的 V 带生产能力，m/h；

　　　D——硫化鼓直径（按梯形模底直径计算），m；

　　　Z——硫化模槽数，条；

　　　n——硫化鼓回转速度，r/min；

　　　β——重硫回转角，(°)；

　　　m——平均每小时硫化次数；

　　　α——设备利用系数，一般 $\alpha = 0.80 \sim 0.90$。

第四节　安全操作与维护保养

一、安全操作

① 鼓式硫化机启动之前，先将润滑油加热到所需温度，通常在 35℃ 左右。

② 启动润滑系统和液压装置，并将其调整到设定压力值和流量。

③ 开车前必须发出信号，要前后呼应后才可开车。

④ 启动主机，在低速运转时对硫化鼓缓慢进行加热。调速必须在运转中进行。

⑤ 以 1/2 的工作压力启动伸张辊油缸，张紧压力带后，检查两油缸的压力表值是否相

等（该压力值必须相等，否则易造成压力带破裂等重大事故），然后缓缓提高到工作压力。

⑥ 塞带（布）头时，应先发出信号，前后操作人员要密切配合，塞带（布）头时不准戴手套，低挡车速。

⑦ 生产结束停车或发生故障停车时，应先缓慢停止加热，待机器空运转 10min 左右后才能停止机器运转。

二、维护保养

1. 设备的日常维护保养要点

① 设备在启动前必须严格检查润滑点润滑情况。手工加油点一定要用根据润滑要求规定的干净润滑剂。循环润滑系统一定要仔细查看过滤器和油箱油位。

② 检查和清洁硫化鼓和压力带工作面。硫化鼓和压力带粘有任何杂物（特别是比硫化制品硬的杂物）是非常危险的，也要注意待硫化的半成品不得粘有杂物。硫化鼓和压力带必须始终保持清洁干净。

③ 生产中要经常检查循环润滑油压力表和回油温度计，必须符合正常工作值（压力表指示值为 0.2～0.3MPa，温度计指示在 90℃ 以下）。

④ 除检修外，伸张油缸的两截止阀必须处于开启位置，绝对不允许处在一只开、一只关的状态。要时时注意两只平衡阀压力表，其值必须始终保持一致（其中一只为电接点压力表）。平衡阀压力大于油泵溢流阀压力值约 0.1～0.2MPa。油泵溢流阀调整好后应锁死。

⑤ 垫带须与成品带厚度相一致，挡边带厚度必须小于成品带厚度 1～1.5mm。

⑥ 必须及时放空硫化鼓蒸汽加热装置的比例调节器，压缩空气汽水分离器中的积水。温度记录仪的墨水和纸须注意加满，记录笔完好。

⑦ 热动力管道和液压管道等的接头、阀门不得有泄漏，发现问题及时处理。喷淋润滑的减速器润滑油流动指示器必须见油流动。

⑧ 电气柜、控制台应保持清洁。

⑨ 停机时一定要缓慢关掉加热器，切断加热器后，主机还需运转 10min 左右才能停机。停机后做好清扫工作。

2. 润滑规则

平带鼓式硫化机的润滑规则见表 12-3。

表 12-3 平带鼓式硫化机的润滑规则

润滑部位	润滑剂	回温温度/℃	润滑油压力/MPa	加、换油周期
硫化鼓、上辊、下辊、伸张辊、后压力辊轴承	机械油 N46	90	0.2～0.3	每 2000h 清理油箱、过滤器和液压管道
主减速器、齿链式无级变速器	机械油 N46	60	0.25～0.3	每半年换油 1 次,清理齿轮箱和滤网
液压系统	液压油 N46 或汽轮机油 N46	30～45		根据油质换油,清理过滤器
齿轮联轴器	机械油 N46			每 3000h 换油 1 次
上辊升降减速器	机械油 N46			每 3000h 换油 1 次
升降装置螺杆、导轨	钙基脂 ZC-2			每班 1 次
压力钢带非工作面、上辊、下辊和伸张辊表面	涂机械油 N46			每周至少涂擦 1 次
硫化机旋转接头	MoS2 润滑脂			每周压注 1 次
辅助装置中的预伸张装置、各辊筒轴承	钙基脂 ZC-2			每日压注 1 次
导开、卷取装置减速器	机械油 N46			一般每 3000h 换油 1 次

三、鼓式硫化机现场实训教学方案

鼓式硫化机现场实训教学方案见表 12-4。

表 12-4　鼓式硫化机现场实训教学方案

实训教学项目	具 体 内 容	目 的 要 求
鼓式硫化机的维护保养	① 运转零部件的润滑 ② 开车前的准备 ③ 机器运转过程中的观察 ④ 现场卫生 ⑤ 使用记录	① 使学生具有对机台进行润滑操作的能力 ② 具有正确开机和关机的能力 ③ 养成经常观察设备、电机运行状况的习惯 ④ 随时保持设备和现场的清洁卫生 ⑤ 及时填写设备使用记录,确保设备处于良好运行状态
鼓式硫化机操作	① 硫化鼓的更换、安装 ② 拉伸装置的调节 ③ 硫化鼓转速的调节 ④ 硫化区域(包角)调节 ⑤ 硫化操作安全	① 具有正确使用操作工具的能力 ② 掌握操作鼓式硫化机(平带或 V 带)操作的基本技能 ③ 具有鼓式硫化机操作的安全知识

思考题

1. 鼓式硫化机有哪些主要用途？是怎样分类的？并指出其突出性能特点。
2. 举例说明鼓式硫化机规格的表示方法。
3. 平带鼓式硫化机主要由哪些部件构成的？各部件的作用是什么？
4. 试简述平带鼓式硫化机操作过程。
5. 试说明平带鼓式硫化机硫化鼓、压力钢带的结构特点。
6. 介绍大型 V 带鼓式硫化机的结构组成、特点和基本操作过程。
7. 简单介绍中、小型 V 带鼓式硫化机的结构特点。
8. 大、中、小型 V 带鼓式硫化机的硫化鼓分别采取何种加热方式。
9. V 带鼓式硫化机的纵向和横向拉伸装置分别具有什么作用？
10. 为什么规定 V 带鼓式硫化机的两个硫化装置同时硫化的 V 带必须为相同规格、相同型号？
11. 如何计算鼓式硫化机的生产能力？
12. 如何合理选用鼓式硫化机？
13. 如何维护保养鼓式硫化机？

第十三章 橡胶注射成型机

【学习目标】 本章概括介绍了注射成型机的用途、分类、规格表示、主要技术特征及注射成型机的使用与维护保养；重点介绍了注射成型机的整体结构、主要零部件及其工作原理。要求掌握注射成型机的整体结构、传动系统及工作原理、主要零部件的作用、结构及原理；能正确分析各种因素对注射成型机注射工作的影响和合理选用注射成型机；学会注射成型机安全操作与维护保养的一般知识，具有进行正常操作与维护的初步能力。

第一节 概 述

一、用途与分类

1. 用途

橡胶注射成型机简称注射机，是橡胶模型制品生产的一项新技术。主要用于模压制品的生产，诸如电力电器绝缘零件、汽车摩托车防振垫、密封件、家电橡胶件、体育器材橡胶件、鞋底、轮胎胶囊以及工矿减振降噪制品、雨鞋等。近来，它在国内已得到日益广泛的应用。本章技术资料采用广东伊之密精密橡胶机械有限公司生产的注射机。

2. 注射机的主要特点

① 简化工序，能实现橡胶制品的高温快速硫化，缩短生产周期；

② 制品尺寸准确，物理机械性能均匀，质量较高，对厚壁制品的成型硫化尤为适宜；

③ 正品率高，制品毛边少；

④ 操作简便、劳动强度减轻，机械化和自动化程度高。

然而，由于注射机及其模具结构较为复杂、投资大、维修保养水平要求较高，用于大批量的模压制品生产。

3. 分类

近年来注射机发展很快，类型日益增多，按胶料塑化方式分，有柱塞式和螺杆式，按机器的传动类型分，有液压式和机械式，按合模装置的类型分，有直压式、液压机械式和二次动作式；按机台部件的配置分，则有卧式、立式、角式和多模注射机数种，其结构如图13-1和图 13-2 所示。

(1) 卧式注射机 它的注射装置和合模装置的轴线呈一字线水平排列 [图 13-1 (a)]。其机身较矮，操纵和维修方便，有可能实现制品的自动取出。缺点是模具的安装和嵌件的安放不如立式方便，占地面积也较大。

(2) 立式注射机 它的注射装置和合模装置的轴线呈一字线垂直排列 [图 13-1 (b)]。占地面积较小，模具装卸方便，成型制品的嵌件易于安放。但制品的取出不易实现全自动操作，又因机身较高，故加料不便，机台的稳定性差，厂房相应也要高些，它仅适用于小型机台。

(3) 角式注射机 它的注射装置和合模装置的轴线互相呈垂直排列 [图 13-1 (c)]。其优缺点介于上述两种类型之间。因该类机台的注射浇口处于两片模型的分型面上，故特别适用于硫化在中心处不允许留有浇口痕迹的制品。

　　（4）多模注射机　多模注射机又称多工位注射机，它的主要特点是充分发挥了注射装置的塑化能力，有利于提高机台的生产率。合模装置的工位数，主要由制品的硫化时间决定，一般为4～12个工位。最近由于硫化时间进一步缩短，对于薄壁及小型制品的成型硫化有采用少工位数的倾向。多模注射机的缺点是：结构较为复杂，安装与维修不甚方便。常见的形式有合模装置回转式、注射装置回转式和注射装置沿导轨移动式三种（图13-2）。

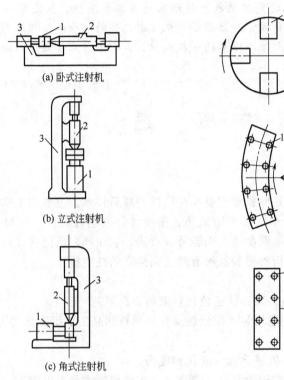

图 13-1　注射机的类型
1—合模装置；2—注射装置；3—机身

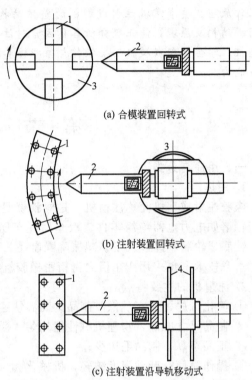

图 13-2　多模注射
1—合模装置；2—注射装置；3—转盘装置；4—导轨

二、规格型号表示与主要技术特征

国家标准规定注射机型号表示如下：

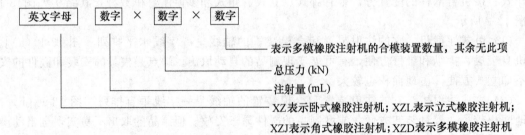

　　例如，XZL2000×2200 表示锁模力为 2200kN，注射量为 2000mL 的立式橡胶注射机（型号表示为 YL-V220L）。

　　有的企业（多为外资或港澳台企业）型号命名与国标不同，如：

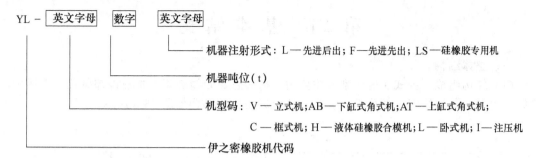

例如，YL-V330L 表示立式橡胶机，330t，先进后出型。

注射机的规格表示有两种方法：

① 以机器的最大注射容积来表示，单位为 cm^3，我国习惯于用此法表示；

② 以机器所能产生的最大锁模力来表示，单位为 t，国外不少厂家采用。

卧式、立式橡胶注射成型机主要技术特征见表 13-1、表 13-2。

表 13-1 卧式注射成型机主要技术特征

	参 数	901	60SLR	25TEA	KL-100B	W-150	RJ-75	DF-500
注射部分	理论注射容积/cm³	760	163			225	200	500
	最大注射量/g		195	153		280	250	
	注射压力/(kg/cm²)	1000	1400	1338	1610	1100	1250	1300
	注射速率/(cm/s)			127			75.5	100
	螺杆转速/(r/min)	45～	55～80	20～140	0～150	36～72	0～45	20～55
	螺杆直径/mm	180	50	50.8	50	50	10	60
	螺杆驱动功率/kW	65	4.5	7.35			3.7	7.5
	注射行程/mm	11		63.5		120	200	200
合模部分	模内压力/(kg/cm²)			402		260	250	500
	制品最大投影面积/cm²			381		580	320	200
	最大锁模力/t		60	150	100	150	80	100
	最小模具厚度/mm				275	80	210	
	模板最大间隔/mm		300		630	580	500	
	模板尺寸/mm					570×520	480×255	390×390(六模)

表 13-2 立式注射成型机主要技术特征

序号	主要参数	YL-V220L	YL-V330L	YL-AB500L	YL-AT550L	YL-AT1800L
1	锁模力/kN	2200	3300	5000	5500	18000
2	开模行程/mm	480	570	700	700	1300
3	最小模厚/mm	80	80	240	240	400
4	热板间距/mm	560	650	940	940	1700
5	注射容积/cm³	2000/1000/600	3000/4000/5000	10000/13000/15000	10000/13000/15000	50000/80000
6	注射压力/MPa	175/230/230	175	126	126	126
7	螺杆直径/mm	40	50	65	65	90
8	热板尺寸/mm	550×550	600×650	630×1500	630×1500	1000×2600
9	电机功率/kW	11	15	30	30	30×2
10	热板功率/kW	14	16	36	36	120
11	总功率/kW	29	35	74	74	220
12	系统压力/MPa	22	22	22.5	22.5	22.5

第二节　基本结构

一、整体结构

（1）结构组成　卧式注射成型机主要由注射装置、合模装置、加热冷却装置、液压传动系统和电气控制系统五个部分组成。卧式注射成型机的结构如图 13-3 所示。

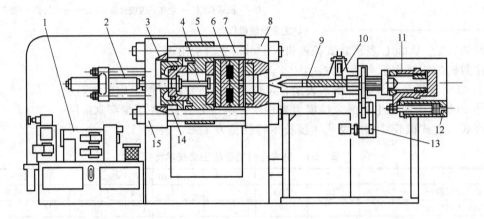

图 13-3　卧式橡胶注射成型机

1—液压传动系统；2—快速移模油缸；3—锁模油缸；4—顶出装置；5—活动模板；6—注射模；
7—拉杆；8—前固定模板；9—塑化装置；10—加料装置；11—注射油缸；12—整体移动油缸；
13—螺杆驱动装置；14—抱闸装置；15—后固定模板

立式橡胶注射成型机主要由塑化装置、注射装置、合模装置、加热冷却装置、温度控制装置、液压传动系统和电气、数控系统等部分组成。立式橡胶注射成型机的结构如图 13-4 所示。

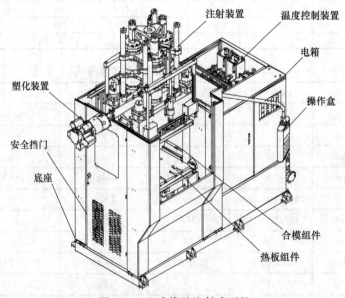

图 13-4　立式橡胶注射成型机

角式橡胶注射成型机结构主要有塑化装置、注射装置、合模装置、加热冷却装置、温度控制装置和电气、液压、数控系统等部分组成。角式橡胶注射成型机的结构如图 13-5 所示。

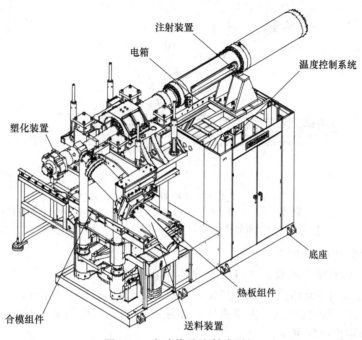

图 13-5 角式橡胶注射成型机

（2）结构特点　卧式注射机塑化与注射由同一组装置完成，常合称为注射装置；立式注射机塑化装置与注射装置分开。

塑化装置的作用是将胶料热炼和塑化，使其达到注射所要求的流动状态。

注射装置的作用是以足够的压力和速度将胶料注入模腔。因此，卧式注射装置一般由塑化装置、加料装置、螺杆驱动装置、注射油缸和整体移动油缸等组成。

合模装置的作用是保证注射模可靠地闭合和实现模具的开闭动作以及取出制品。由于注射过程中进入模腔里的胶料还具有一定的压力，并且在整个硫化过程中，胶料还会产生相当大的膨胀力，这就要求合模装置要具有足够大的锁模力，避免模具被胶料顶开，以保证制品精度。卧式合模装置主要由前固定模板、后固定模板、活动模板、拉杆、快速移模油缸、锁模油缸、制品顶出装置等组成。立式合模装置主要由固定模板、活动模板、推模油缸、制品顶出装置等组成。

液压传动系统和电气系统的作用是保证注射机按预定的工艺过程和动作程序进行工作。液压传动部分主要由泵、阀、阀板、油箱、冷却器、管道等组成。电气系统则由电机、电器元件、电控仪表等组成。

加热冷却装置的作用是保证塑化室和模腔中的胶料达到注射和硫化工艺所需的温度条件。为防止胶料在机筒中产生焦烧，一般胶料在塑化室中的温度应较低。通用的加热介质为水和油，加热介质常用电阻丝加热，然后用泵和控制阀进行强制循环。注射模常用电、油或蒸汽加热。

二、主要零部件

（一）塑化装置

立式和角式橡胶注射机螺杆塑化装置见图 13-6。螺杆的结构特征是长径比大，压缩比小，且要求不严格。胶料被螺杆塑化并挤入注射室以备注射。

（二）注射装置

1. 卧式注射装置

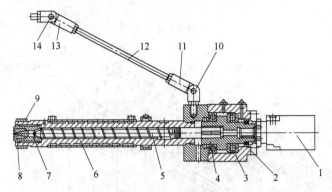

图 13-6　立式和角式橡胶注射机塑化装置

1—液压马达；2—压盖；3—轴承座；4—轴承；5—螺杆；6—机筒；7—连接套；8—止逆接口；9—连接螺母；
10—铰座；11—右旋接头；12—拉杆；13—左旋接头；14—销轴

（1）卧式注射装置的作用

① 均匀地加热和塑化胶料，并进行准确的计量加料；

② 在一定的压力和速度下，把已塑化好的胶料通过喷嘴注入模腔内；

③ 为保证制品的表面平整，内部密实，在注射完毕后，仍需对模腔内的胶料保持一段时间的压力，以防止胶料倒流。

（2）对注射装置的要求

① 经塑化后的胶料在注射前应有均匀的温度和组分；

② 在许可的范围内，尽量提高塑化能力与注射速度。

（3）注射装置结构类型　卧式注射装置通常可分为柱塞式与螺杆式两类。

① 柱塞式注射装置。柱塞式注射装置的主要工作部件是机筒和柱塞。按机筒各部位的作用，可将其划分为加料室和加热室两段。

加料室是指机筒内柱塞往复运动，实现推料和注射所需的空间。由图 13-7 可知，当柱塞推进一次即实现一次注射时，先后经历了推料和注射两个过程。

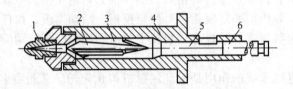

图 13-7　柱塞式注射装置

1—喷嘴；2—分流梭；3—加热室；4—加热料筒；5—加料室；6—注射柱塞

加热室位于机筒的前半部，它是加热胶料并实现物态变化的重要区域。加热室应有足够的容积，以保证胶料在加热室内有充分的停留时间。

加热室中普遍采用了各种形式的分流梭结构，它能增加加热面积，减少料层厚度，提高塑化能力和混合胶料的均匀度。

图 13-8 为柱塞式注射机的分流梭结构，其形状似鱼雷，故又称鱼雷体。它的周围和加热料筒的内壁形成匀称分布的浅流道，料筒的热量可以靠分流梭上的数根筋传入，从而使分流梭也得到加热。

柱塞的结构如图 13-9 所示，它是一个光洁度和硬度都比较高的圆柱体。其头部做成圆锥形的内凹面，以免胶料被挤入柱塞和料筒间的配合间隙。柱塞和料筒间的配合应以柱塞能

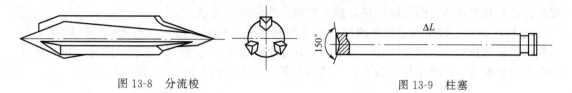

图 13-8　分流梭　　　　　　　　　　　图 13-9　柱塞

自由地往复运动、又不致漏入胶料为原则。柱塞行程终了时，柱塞端部与分流梭之间应保持合适距离。如果靠得太近，会增加分流梭的磨损，甚至有可能顶坏分流梭，而且对拆洗分流梭也不太方便，其间距应大于柱塞直径的一半。

　　② 螺杆式注射装置。螺杆式注射装置结构如图 13-10 所示，它的主要工作部件是螺杆6、机筒 5 和喷嘴 8。

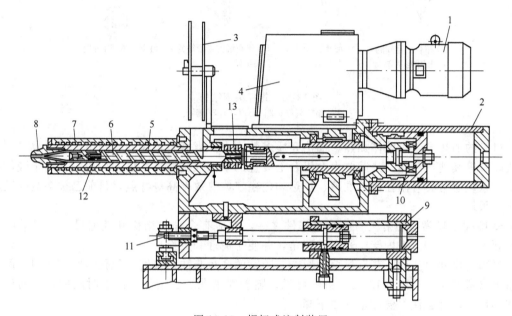

图 13-10　螺杆式注射装置

1—电机；2—注射油缸；3—胶片盘；4—传动装置；5—机筒；6—螺杆；7—加热套；8—喷嘴；9—注射座移动油缸；
10—止推轴承；11—限位螺栓；12—螺杆冷却水管；13—螺杆冷却水接头

　　a. 注射机螺杆的特征与结构　注射机的螺杆与挤出机的螺杆相比，具有下列特点：

　　（a）长径比大，一般为 8～12，而压缩比较小，且要求并不严格，其值常小于 1.3，有时甚至可取为 1；

　　（b）挤出段螺槽略深于挤出机螺杆的螺槽；

　　（c）加料段较长，而挤出段则又较短；

　　（d）螺杆的头部为尖头，并带有特殊结构。

　　注射机的螺杆常用单头或多头等距变深螺纹，在实际使用中，注射机螺杆参数的选择，并没有像挤出机那样严格，因为它可以通过调整注射工艺参数来适应不同的加工条件。图13-11 为典型的几种螺杆结构。图 13-12 为四种螺杆头部的形式。螺杆的头部做成锥形较为

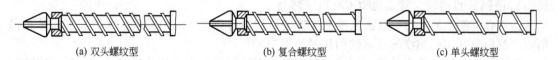

(a) 双头螺纹型　　　　　　　　(b) 复合螺纹型　　　　　　　　(c) 单头螺纹型

图 13-11　螺杆结构

理想，这有利于在注射时排净胶料，避免胶料产生滞料和焦烧。

b. 机筒结构　机筒既是胶料的预热室又是胶料的塑化室。通常的机筒分为两段或三段加热，而在加料口附近则应冷却。图 13-13 为由锻钢或厚壁无缝钢管制造的机筒，其上常开设有螺旋状流道。这种结构制造方便，传热面积大，为目前大多工厂所采用。

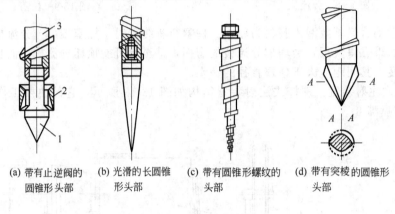

(a) 带有止逆阀的　　(b) 光滑的长圆锥　　(c) 带有圆锥形螺纹的　　(d) 带有突棱的圆锥形
　　圆锥形头部　　　　　形头部　　　　　　　头部　　　　　　　　头部

图 13-12　螺杆头部结构
1—螺杆头部；2—止逆环；3—螺杆

机筒的加热多采用液体加热，加热介质多数为水，当需要较高的预塑温度时，也可采用油或联苯等其他热载体。热载体由在机台上设置的单独强制循环系统进行控制。由于液体加热冷却系统通常具有温控简单准确、加热均匀稳定，热效率高等特点，目前已被多数橡胶注射机所采用。

c. 喷嘴　喷嘴是注射机的重要零部件之一，它应有合理的结构和几何尺寸、足够的强度和硬度。喷嘴的流道内壁应光滑无死角，并便于清理和更换。

喷嘴的尺寸对注射工艺有显著的影响，喷嘴的孔径与注射温度、硫化时间、注射时间的关系可参考图 13-14 和图 13-15。由图可见，随着喷嘴孔径的增加，注射时间缩短，而硫化时间却增加，并且注射温度也随之下降。

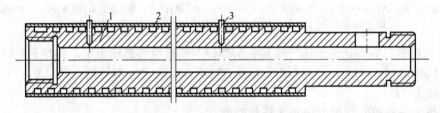

图 13-13　带螺旋流道的锻造机筒
1—机筒；2—外壳；3—测温管

喷嘴流道出口处孔径为 2~10mm，据多数经验认为 2~6mm 较好，流道出口处的长为 3~12mm。

喷嘴的流道形状有圆筒形、正锥形、倒锥形以及组合形等。喷嘴的材质多为38CrMoAlA。目前较为常见的喷嘴有以下两类。

(a) 自由流动的喷嘴　自由流动的喷嘴的结构类型如图 13-16 所示。这类喷嘴的结构简单，广泛用于加工高黏度的混炼胶的注射装置中。

为了防止从模具传来的热量而使胶料焦烧，对注射容积大或加长机筒的注射机，喷嘴往往采用单独的温控系统（图 13-17）。它对模具温度较高的场合有显著效果。

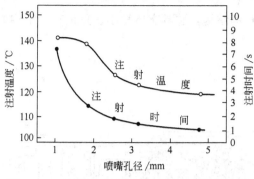

图 13-14 喷嘴孔径和注射时间、注射温度的关系

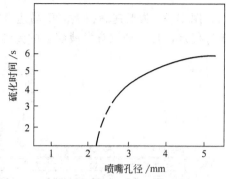

图 13-15 喷嘴孔径与硫化时间的关系

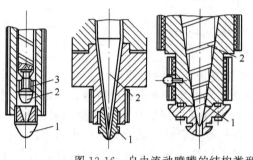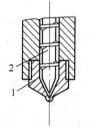

图 13-16 自由流动喷嘴的结构类型
1—喷嘴；2—螺杆头；3—止逆环

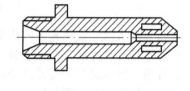

图 13-17 带有单独温控
系统的喷嘴

（b）带有强制开闭阀的喷嘴　带有强制开闭阀的喷嘴结构如图 13-18 所示，它多用于多工位注射机和低黏度胶料的注射。它的主要特点是能防止注射完毕后胶料自喷嘴流出。

d. 螺杆的传动装置　注射机的螺杆传动装置与挤出机的螺杆传动装置相比有如下特点：

（a）螺杆的预塑化工作是间歇进行的，因此螺杆、驱动装置启动频繁并且带有负载；

（b）胶料的预塑状态可以通过各种途径进行调节，因而对螺杆转速的调整并不要求十分严格；

（c）由于注射装置经常做往复运动，故传动装置应力求简单紧凑。

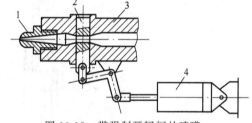

图 13-18 带强制开闭阀的喷嘴
1—喷嘴；2—开闭阀；3—机筒体；
4—开闭油缸

螺杆变速方式可分为无级调速和有级调速两大类。无级调速主要有液压马达、调速电机以及机械无级变速三种；有级调速主要是异步电机经变速箱传动螺杆的形式。

从实际使用情况来看，液压马达和异步电机-变速齿轮箱两类调速方式使用较普遍。根据注射机螺杆的特点，由表 13-3 的分析对比来看，使用液压马达传动是比较理想的。

表 13-3　液压马达和异步电机-变速机构比较

特点	液压马达	异步电机-变速机构
特性	恒扭矩传动	恒功率传动
调速范围	范围大，随供油量变化作无级调速，且可在运转中进行	范围小，需要变速机构(变速齿轮、皮带轮)做有级调速，且需在停车后才能进行变速
启动与停止	启动扭矩小(约为额定扭矩的70%～90%)、时间长、惯性小、启动平稳，适于频繁启动	启动扭矩大(约为额定扭矩的200%以上)，时间短、启动不够平稳，停车时惯性较大
效率	较低(约为60%～70%)，低速时更低	较高(可达90%～95%)
结构	紧凑，不必另设过载保护装置	复杂，需另设电机过载保护装置
保养与维修	麻烦	简便、可靠、耐久

图 13-19 为低速高扭矩液压马达直接驱动螺杆的结构，它具有体积小、重量轻、结构简单等优点，是一种较有发展前途的传动装置。

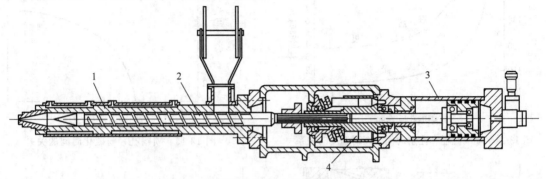

图 13-19　液压马达直接驱动螺杆的注射装置
1—机筒；2—螺杆；3—注射油缸；4—液压马达

目前国内外使用较多的还是异步电机-变速齿轮箱有级变速的传动形式。这是因为注射机的螺杆对转速要求并不十分严格，加之这类传动具有易维修、寿命长的特点，所以使用仍较普遍。但该类传动装置的传动特性较硬，一般应设置有螺杆保护环节，如液压离合器等。离合器既可以起到螺杆的过载保护作用，又可避免电机频繁启动。此形式另一个值得注意的问题是注射时，由于胶料对螺杆的反作用会使螺杆发生反转，导致实际注射量降低，并使注射压力损失增加，因此在这类装置中，常设置有螺杆反转制动装置。通常用棘轮机构和电磁离合器来防止螺杆产生反转。

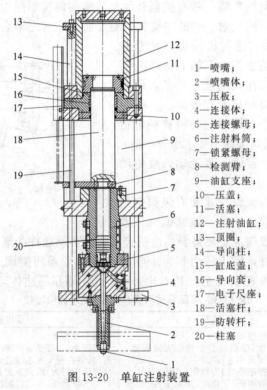

图 13-20　单缸注射装置

1—喷嘴；
2—喷嘴体；
3—压板；
4—连接体；
5—连接螺母；
6—注射料筒；
7—锁紧螺母；
8—检测臂；
9—油缸支座；
10—压盖；
11—活塞；
12—注射油缸；
13—顶圈；
14—导向柱；
15—缸底盖；
16—导向套；
17—电子尺座；
18—活塞杆；
19—防转杆；
20—柱塞

2. 立式注射装置

立式注射机常用单缸注射装置，结构见图 13-20，注射柱塞与注射料筒的配合精度要求高。广东伊之密精密橡胶机械有限公司的发明专利——三缸平衡注射装置，结构见图13-21，为自由悬挂结构，实现柱塞自动找正与料筒的精确对中，柱塞与注射料筒磨损减少。注射料筒内的胶料在注射柱塞的作用下经喷嘴快速注入模腔内。其喷嘴结构、材料等与卧式注射机相同。

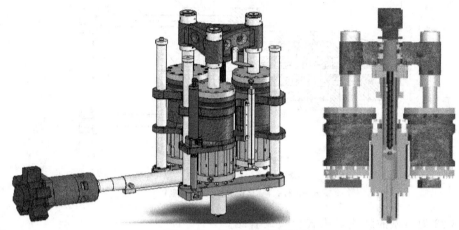

图 13-21　三缸平衡注射装置

（三）合模装置

1. 作用及要求

合模装置是注射机最主要的部件之一，它对保证制品质量起着重要的作用。一个比较完善的合模装置应能满足下列三项基本要求。

（1）足够而稳定的锁模力　在注射过程中，为了使胶料充满整个模腔，必须有较高的注射压力；在硫化过程中，胶料又会产生很大的膨胀力。在这两个力的先后作用下，都有可能使模型张开。因此，为了保证制品质量和几何尺寸的准确，并尽可能减少废边，必须在模具分型面的垂直方向上给以足够大的、稳定的锁模力，以防止模具被胶料顶开。

（2）一定的开模行程和模板移动速度　制品硫化后为了便于取出，必须有一定的开模行程。同样为了提高机台的生产效率，应使活动模板具有较快的移动速度。但该速度在整个开闭模的过程中应是连续变换的，为了防止模具和制品由于活动模板的冲击而损坏，一般在开闭模的初期和终期都希望速度慢些。

（3）一定的模板面积和模板间距　为了适应不同形状制品的要求，模板面积和模板间距必须合适。此外，合模装置还应具有必要的附属装置，如制品顶出装置、抽芯装置、模具起吊设备、润滑装置、安全保护装置等。这些装置对实现自动化生产、减轻工人劳动强度、保护机台和人身安全都有一定作用。

2. 结构类型

合模装置的种类很多，下面取三种具有代表性的结构进行分析。

（1）直压式合模装置　立式注射机一般采取类似液压平板硫化机的直压式合模装置，见图 13-22。

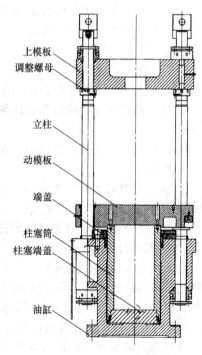

上模板
调整螺母
立柱
动模板
端盖
柱塞筒
柱塞端盖
油缸

图 13-22　立式注射机直压式合模装置

卧式直压式合模装置的液压油缸活塞杆端部直接与动模板连接，依靠油缸内液体的压力实现对模具的锁紧。其特点是当液体压力撤除后，合模力也随之消失。

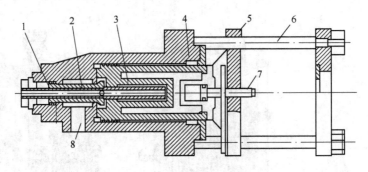

图 13-23　直压式合模装置

1—中心管；2—自吸阀；3—增速油缸（主油缸的活塞）；4—主油缸；5—活动模板；
6—拉杆；7—顶出装置；8—自吸口

图 13-23 为典型的卧式直压式合模装置结构，当压力油自进油口进入中心管 1 时，推动增速油缸 3 快速前移，此时主油缸 4 内腔出现负压，辅助油箱中的油经自吸阀 2 进入主油缸，当模具闭合时，中心管 1 停止供油，此时自吸阀 2 后退，切断主油缸与辅助油箱的通路。同时向主油缸注入高压油，实现高压和大吨位的锁模。当制品硫化结束后，主油缸高压油进油口被自动切换，自吸阀前移，主油缸回油口进压力油实现活动模板快速退回。当活动模板接近终止位置时又转换成慢速，与此同时顶出装置 7 顶出制品。

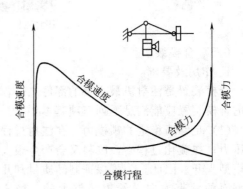

图 13-24　合模速度、合模力和合模行程的关系

直压式合模装置具有下述优点：

① 结构简单，主要零件仅由油缸、活塞、模板、拉杆等组成，制造较为简便；

② 固定模板和活动模板间的间隔较大，扩大了模具厚度的变化范围，可以制取较深的制件；

③ 活动模板可在行程范围内任意停止，便于调整模具。

它的缺点是：

① 由于它没有力的扩大机构，因此在需要锁模力较大的情况下，要求有较大的缸体直径和较高的工作油压力，前者使结构庞大，后者对油路系统精度的要求提高；

② 大油缸的密封装置难以精确制造，容易发生泄漏；

③ 开闭模的速度较慢。

(2) 液压机械式合模装置　液压机械式合模装置的原理是：将合模油缸产生的力，经过曲柄连杆机构的扩大作用后，使合模系统承受很大的预紧力，在该预紧力的作用下，两片模型被紧密地贴合。在该机构中，随着曲柄连杆位置的变化，力的扩大率和合模速度也随之变化。由图 13-24 可见，在合模的初始阶段模板移动速度快、力的扩大率小，当模板即将闭合时，速度急骤减小而力的扩大率增加很快。

液压机械式合模装置的结构如图 13-25 所示。它主要由动模板 6，拉杆 7，连杆机构 2，合模油缸 9，顶出装置 1、3，调模装置 5，前、后固定模板 8、10 等组成。当压力油进入合模油缸的上部时，活塞下移，与活塞相连的连杆机构 2 即推着动模板 6 前移，当模具的分型面刚贴合时，连杆机构 2 尚未伸成一线排列，如合模油缸继续升压，强使连杆机构成为一线排列，此时合模系统因发生弹性变形而产生预紧力，使模具闭紧。

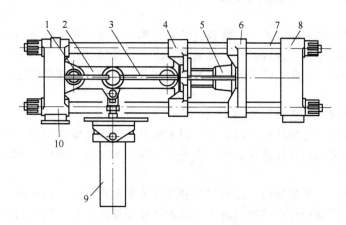

图 13-25　液压机械式合模装置

1—顶杆距离调节螺杆；2—连杆机构；3—顶出杆；4—支撑板；5—调模装置；
6—动模板；7—拉杆；8—前固定模板；9—合模油缸；10—后固定模板

该合模装置的特点是结构简单、外形尺寸小、制造容易，但增力倍数较小（一般为十多倍）、多应用在合模力为 100t 以下的小型机器上。

（3）二次动作式合模装置　对注射容量为 1000cm³ 以上的大型注射机，它的合模装置由于所需合模力和模板的行程都较大，因此如何减轻机台的重量、缩小机器的外形尺寸的矛盾就显得突出。在液压机械式和直压式的基础上，人们又研制出多种形式的二次动作式合模装置。

二次动作式合模装置的共同特点是：利用一个较小的油缸或曲柄机构实现快速闭模。然后运用一套专用机构（如抱闸装置）将活动模板固定，最终获得大的锁模力靠行程短、直径大、油压高的锁模油缸来提供。

二次动作式合模装置具有开闭模速度快、合模力大、锁模可靠等优点，因此在大型注射机中得到了较多的应用。然而该类装置结构复杂、造价较高，在一般中、小型注射机中应用较少。

各类合模装置的特点如表 13-4 所示。

表 13-4　直压式、液压机械式和二次动作式合模装置比较

项目	直压式	液压机械式	二次动作式
模板行程	行程大，可按模厚要求而变	行程小，与模厚无关，是个定值	行程较大，可按模厚要求而变，其值受稳压缸行程限制
模板速度	一般较慢	较快	较快
模具安装	容易	麻烦	容易
锁模力调节	容易，能直接反映数值大小	麻烦，不能直接读数，并易超载	容易，能直接读数
模具调节	容易	麻烦，需要模厚调整装置	较容易
模板速度控制	麻烦，调整点多	能自动实现，调整点少	界于直压、液压机械两者之间
耐久性	摩擦部件少，无需润滑	摩擦部件多，需润滑装置	同直压式
经济性	消耗动力多	消耗动力少	消耗动力少

第三节　工作原理与参数

一、工作原理

1. 工作原理

橡胶注射成型机的工作原理是：将胶料装入机筒内，通过塑化装置的作用，对胶料进行预热和塑化，然后在注射柱塞或螺杆的推动下，以一定的速度和压力注入紧闭着的模腔，在给定的温度下进行成型硫化，最后开启模具取出制品，完成注射成型硫化全过程。

2. 工艺过程

单模橡胶注射机的工艺过程如图 13-26 所示。

（1）锁模和注射　合模装置动作闭合、锁紧模具，注射座整体前移。当喷嘴和模具贴紧后，注射缸通入压力油使螺杆迅速前移，在设定的压力和速度下将机筒前端已塑化的胶料注入模腔。

（2）保压、硫化，预塑加料　在一定的模腔压力和温度下，胶料保压成型硫化。与此同时螺杆回转，胶料经加料斗或供料盘进入机筒内。由于螺杆旋转胶料受到强烈的剪切，被进一步塑化和搅拌，呈现出一定的黏弹状态，在螺杆的挤压作用下胶料被输送至螺杆的端部，而螺杆在胶料的反作用下渐渐后退，直至预塑加料结束，为下一注射周期做好准备。

（3）开启模具、取出制品　硫化结束后注射座整体退回，模具打开。在开模过程中顶出机构将制品顶出，完成整个注射周期的全过程。

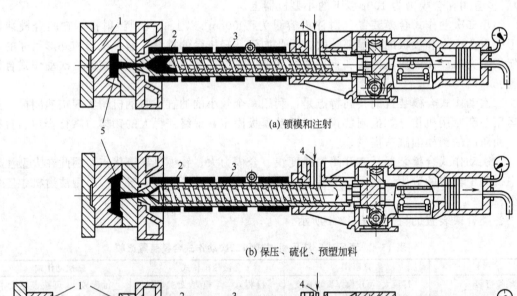

(a) 锁模和注射

(b) 保压、硫化、预塑加料

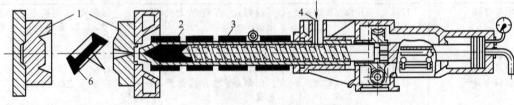

(c) 开启模具、取出制品

图 13-26　单模橡胶注射机的工艺过程

1—模具；2—机筒；3—螺杆；4—料斗；5—胶料；6—制品

二、注射部分参数

（一）最大注射容积与注射时间

1. 最大注射容积

它是指注射螺杆或柱塞进行一次最大行程后，所能射出胶料的最大容积。该值反映了机器的加工能力，是机台的主要特征参数之一。

螺杆式注射机的最大注射容积 V 和理论最大注射容积 V_1、实际注射量 W 间有如下关系：

$$V_1 = \frac{\pi}{4} D^2 S \tag{13-1}$$

$$V = \alpha V_1, \tag{13-2}$$

$$W = V\gamma \tag{13-3}$$

式中　D——螺杆直径，m；

　　　S——最大注射行程，m；

　　　γ——注射时胶料的密度，为 $1200 \sim 1300 \text{kg/m}^3$；

　　　α——注射系数，表明实际注射容积与理论注射容积之比。

α 值的选取应考虑到被加工胶料的黏度、实际注射压力、注射速度、螺杆的结构与参数、螺杆头部的形式以及螺杆与机筒间的间隙等因素。新机器的 α 值偏高，旧机器的 α 值偏低，其值一般在 $0.7 \sim 0.9$ 的范围内。

对于柱塞式注射机来说，在注射柱塞的全部行程中，有部分行程用于胶料的压缩而不进行注射，因此式（13-1）和式（13-2）并不适用。

2. 注射时间

注射时间是指螺杆或注射柱塞往模腔内注射最大容量的胶料时所需要的最短时间，该值对制品质量和机器结构大小有较大的影响，它是注射机的一个重要特征参数，实际注射时间往往要大于该额定注射时间。注射时间短即胶料的注射速度快，能提高胶料的注射温度和缩短硫化时间（图 13-27）。但过短的注射时间会因摩擦生热太大而导致胶料焦烧，并容易使制品产生内应力和混入气泡。同时还会使注射柱塞或螺杆所需的压力增高、油泵容量增加，导致机器结构庞大和维修困难。

注射速度太慢又会使胶料在流动过程中产生早期硫化或在制品表面出现皱纹和缺胶。

对于带金属嵌件、波纹管那样的小型制件，注射时间一般为 $2 \sim 5\text{s}$。对于大型制件或特种胶料注射时间也有超过 20s 的。

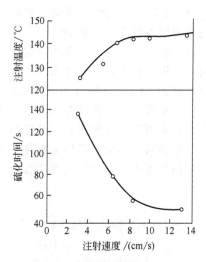

图 13-27　注射速度对硫化时间和注射温度的影响

在有的机台上，用注射速度或注射速率表示注射时间，它们之间可通过下列关系来换算：

$$v = \frac{60S}{t} \tag{13-4}$$

$$w = \frac{V_1 \alpha}{t} \tag{13-5}$$

式中　v——注射速度，m/s；

　　　　t——注射时间，s；

　　　　w——注射速率，一般 $w=(0.6\sim2)\times10^{-4}\,\mathrm{m}^3/\mathrm{s}$，小机器取低值；

　　V_1——理论注射容积，m^3；

　　　S——螺杆行程，m。

（二）注射压力

1. 注射压力

注射压力是指注射螺杆或柱塞的端部作用在胶料单位面积上的最大压力。它用来克服胶料流经喷嘴、浇道和型腔时的阻力，并使模腔中的胶料在保压过程中有足够的剩余压力，以保证制品具有一定的密度和机械物理性能。

实际使用的注射压力应根据操作工艺、胶料配方、制品形状等情况做适当调整，一般建议实际使用的注射压力为机器最大注射压力的 $80\%\sim90\%$，以保证机器的安全。

2. 计算方法

注射压力 $p_{注}$ 可由下式求得：

$$p_{注}=\left(\frac{D_0}{D}\right)^2 p_0 \tag{13-6}$$

式中　D_0——注射油缸的内径，m；

　　　D——机筒内径，m；

　　　p_0——注射油缸中的油压，MPa。

3. 影响因素

注射压力受下列因素的影响。

（1）胶料的流动性　流动性差的胶料需要较高的注射压力，如流动性好的聚异戊二烯所需的注射压力仅为天然胶的一半。

（2）塑化方式　对柱塞式注射机而言，胶料在机筒中经柱塞的压缩和分流梭的分流，其注射压力损失较大，所以柱塞式注射机所需的注射压力比螺杆式要高。螺杆式注射机的注射压力一般为 $100\sim150\mathrm{MPa}$，而柱塞式注射机则多用 $140\sim230\mathrm{MPa}$，个别也可达到 $280\mathrm{MPa}$。

（3）喷嘴的孔径和模腔的形状　喷嘴孔径大，模腔形状简单，制品壁厚，胶料流程短，模温高，则所需的注射压力也就低些。

一般说来，实际注射压力愈高，注射时间愈短，胶料的温升也愈快，制品也就较密实。

实际注射压力和胶料通过喷嘴前后的温升关系可用下式表示：

$$\Delta T=\frac{p_{注}}{10\rho CJ} \tag{13-7}$$

式中　ΔT——胶料通过喷嘴前、后的温升，℃；

　　　$p_{注}$——注射压力，MPa；

　　　ρ——胶料密度，$\mathrm{kg/m}^3$；

　　　C——胶料比热容，约 $0.5\mathrm{J/(kg\cdot℃)}$；

　　　J——计算系数，$J=4.18$。

由以上理论计算式得注射压力每增加 $7\mathrm{MPa}$，胶料温升为 $1.5\sim3℃$。

注射压力不宜过大，太大将导致制品出毛边，并使模腔中气体不易排出。另外还将使机器结构庞大，制品脱模困难。

注射压力过低，会使注射时间增加，注射温度降低，并使胶料不能充满模腔或制品不够密实。

为了满足不同黏度胶料对注射压力的不同要求，同时又能充分发挥机器的生产能力，在有的注射机上，还配有 $1\sim3$ 根不同直径的螺杆，小直径的螺杆可以提高注射压力，而大直径的螺杆则可增加注射容积。

根据不同胶料要求的注射压力不同，与之相应的螺杆直径可由下式换算：

$$D_n = D_1 \sqrt{\frac{p_1}{p_n}} \tag{13-8}$$

式中　D_1——第一根螺杆直径，m；

　　　　D_n——第二根螺杆直径，m；

　　　　p_1——第一根螺杆的注射压力，MPa；

　　　　p_n——第二根螺杆的注射压力，MPa。

此外，保压压力（又称二次注射压力或追加压力）一般为实际使用注射压力的 60%～80%，而螺杆预塑时，作用在胶料上的背压约为注射压力的 1/15～1/10。为了传递压力和保护螺杆头部不受损伤，建议螺杆端部与喷嘴流道内壁间的距离，在注射终止后仍应留有 5mm 的储料间隙。

三、合模部分参数

1. 最大锁模力

（1）最大锁模力　锁模力是用于锁紧模具的力，在该力的作用下，模具在注射和硫化过程中不致被模腔中的胶料顶开。最大锁模力系指机器所能产生的最大夹紧模具的力，它是机器的主要特征参数之一。

（2）影响因素　最大锁模力与最大注射量应相适应，它们间的关系可参见图 13-28，图中阴影部分表示对应于某一最大注射量值所需的最大锁模力的范围。

在实际操作时，锁模力应根据制品的要求不同而能调节，锁模力大小会直接影响橡胶制品的尺寸精度和质量。锁模力过大，会增加不必要的能量消耗，反之锁模力过小，由于锁模不紧，会使制品产生毛边，影响制品尺寸精度和致密性。

2. 模内压力

应该指出：模腔内胶料的压力分布状况是比较复杂的，在模腔内各不同位置点的压力值与注射压力、胶料黏度、喷嘴形状、模腔结构等有关。图 13-29 表示了模内压力分布的状况。

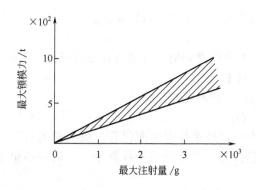
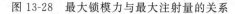

图 13-28　最大锁模力与最大注射量的关系

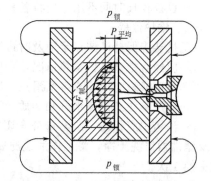

图 13-29　模内压力分布状况

在整个注射和硫化过程中，模腔中胶料的压力也是不断变化的，其变化状况如图 13-30 所示。

注射开始时，机筒内部已经加热和塑化了的胶料在注射柱塞或螺杆的压力作用下，自喷嘴流经模具的浇道和浇口进入模腔，由于胶料沿着流程有压力损失，因此这时模腔内的胶料压力要比注射压力低得多。当胶料注满模腔时，胶料的流动过程随之结束，模内压力急剧增加，当注射和保压过程结束以后，喷嘴开始后退，模腔内的少部分胶料自浇口溢出，模内压力出现递减现象。浇口处胶料由于加热而被首先硫化，因而封住浇口，随着模腔内胶料被进一步加热，开始出现热膨胀现象，模腔内胶料压力再度开始升高，直至模具打开为止。

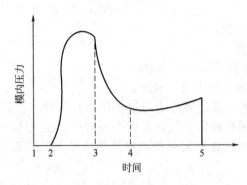

图 13-30　注射和硫化过程中模内压力的变化
1—注射开始；2—充满模腔；3—喷嘴后退；4—封住浇口；5—打开模具

第四节　安全操作与维护保养

一、安全操作

① 检查机器各润滑点的润滑情况，保证良好的润滑状态。

② 检查温控系统的情况是否正常，观察加热温度是否符合要求。

③ 开启油泵，检查液压系统的运行状况，检查安全门是否关闭及其动作可靠性。

④ 更换不同厚度的模具，注意调模机构的调节过程，避免压力过大或太小，造成机器的损伤或锁模太松。

⑤ 注意不要发生烫伤事故，工作服、手套穿戴要整齐，操作工具放置要规范。

⑥ 及时按要求填写生产记录和设备运行情况记录，严格交接班制度。

⑦ 保持设备清洁卫生，随时清理杂物。

⑧ 设备较长时间不用，应将各重要零件和轨道涂上黄油，以防生锈。

二、维护保养

① 机器应保持清洁，定期及时进行维修，对已经磨损的零件进行修复或更换。

② 应经常检查电机发热情况，一般不应超过 65℃。

③ 每班换班时应检查各润滑点、冷却水的循环情况是否正常。

④ 应严格注意避免水分和杂质等混入油液中。

⑤ 油箱中应保持一定容量符合要求的工作油，经常检查油面位置，机器初用时应将油箱及滤油器清洗干净，将工作油过滤后注入油箱，3 个月后清理更换新油，以后每隔半年清理更换 1 次。

⑥ 机器试车时，启动油泵后应在空载情况下运转 5min 以上，然后才能进行动作，如工作液表面稍有气泡，应及时检查及拧紧油泵进油管道，防止空气渗入而损坏油泵。

⑦ 每月清理各电器触点，若触点发毛视情况修复或更换，以保证动作灵敏。保持控制箱内干燥、清洁。

⑧ 经常检查限位开关、阀、润滑系统、电机、油泵、液压马达、滤油器、油路接头、冷却水管、紧固螺钉等是否有异常情况，以保证正常生产，提高生产效率，延长设备使用寿命。

⑨ 在油泵电机工作情况下，移动模板与固定模板之间不能放置杂物，以免误动作损坏机器及模具。

⑩ 注射喷嘴阻塞时应取下进行清理，严禁用增加注射压力的方法清除阻塞物。

⑪ 胶料内切勿夹着金属或其他硬物进入机筒。

⑫ 预温期间或较长时间不进行注射动作时，应将预塑胶筒和注射胶筒内胶料清理干净，并将注射座退至终止位置。

三、基本操作要求

① 严格遵守设备安全操作规程和维护保养的有关规定。

② 弄清生产工艺条件，按规定进行调节、设定设备运行参数。

③ 注射装置运转前，必须预热，达到设定温度后才能使预塑螺杆转动。

④ 检查所用胶料是否符合要求，严格进行计量加料。

⑤ 合模装置合模前，应先关闭安全门，防止出现伤害事故的发生。

⑥ 开模顶出制品后，应清理余料。

四、注射成型机现场实训教学方案

注射成型机现场实训教学方案见表 13-5。

表 13-5　注射成型机现场实训教学方案

实训教学项目	具体内容	目的要求
注射成型机的维护保养	①运转零部件的润滑 ②液压油的更换、油位检查 ③系统压力、加热温度的调节 ④开机前的准备 ⑤机器运转过程中的观察 ⑥设备的安全 ⑦停机后的处理 ⑧现场卫生 ⑨使用记录	①使学生具有对机台进行润滑操作的能力 ②液压系统的维护能力 ③能够进行拉杆螺母的紧固 ④具有正确开机和关机的能力 ⑤养成经常观察设备、电机运行状况的习惯 ⑥随时保持设备和现场的清洁卫生 ⑦能够对加热系统进行检测 ⑧及时填写设备使用记录，确保设备处于良好运行状态
密封圈更换	①液压缸密封圈更换 ②液压阀密封圈的更换	①掌握更换液压缸密封圈的基本技能 ②能够进行阀件密封圈更换操作
确定模具大小	①模具最大与最小厚度 ②模具最大长度（或宽度）	①模具最大厚度＋制品厚度应小于柱塞行程 ②模具长度（或宽度）应小于拉杆间距
注射成型机操作	①正确放置模具，防止发生偏载 ②预热（机筒、热板和模具） ③启动机器 ④加料、塑化、注射 ⑤合模、锁模、开模和顶出制品 ⑥安全操作	①具有正确使用操作工具的能力 ②掌握正确安装模具的方法 ③能够换算系统压力和注射压力及锁模力 ④弄清开动机器前后应该做的工作 ⑤掌握注射成型机的基本操作技能 ⑥能够确保注射成型操作安全

思考题

1. 橡胶注射成型机有哪些突出性能特点？

2. 橡胶注射成型机主要用途有哪些？指出橡胶注射成型机的分类方法及各种类型的优缺点。

3. 举例说明橡胶注射成型机规格型号表示方法。

4. 橡胶注射成型机主要由哪些部件构成的？各部件的作用是什么？

5. 简要说出注射装置的作用和对其性能要求。

6. 指出注射装置的结构类型及其性能特点。

7. 简述注塞式注射装置的机构和动作过程。

8. 简述螺杆式注射装置的机构和动作过程。

9. 试比较注射机螺杆与挤出机螺杆结构上的主要差别。

10. 说出注射机机筒的作用和结构。

11. 注射喷嘴有哪些作用？注射喷嘴有哪几种结构形式？

12. 比较不同结构形式的注射装置的优缺点。

13. 合模装置的作用、分类、结构及性能对比。

14. 分析说明最大注射量对注射机性能的影响。

15. 试说明注射时间、注射速度对注射工艺过程的影响，如何确定注射速度？

16. 什么叫注射压力？各种因素是如何影响注射压力的？如何计算注射压力？注射压力的大小对产品的质量、功率消耗和制品脱模有什么影响？

17. 什么叫最大锁模力？影响因素有哪些？如何确定？

18. 简述注射过程中模内压力的变化规律。

19. 如何合理选择橡胶注射成型机？

20. 如何维护保养橡胶注射成型机？

第十四章 橡胶模具设计

【**学习目标**】 本章概括介绍了橡胶模具的结构组成与分类、模具的设计要求和模具的使用与维护保养；重点介绍了胶料收缩率、模具型腔尺寸确定、压模和注射模的设计。要求掌握橡胶压模、注射模设计的基本过程和一般方法；能正确分析制品结构、性能对模具分型面、定位导向、加工精度等方面的要求；学会模具使用与维护保养的一般知识，具有进行正常使用与维护的初步能力。

第一节 概　述

一、模具组成与分类

橡胶模具是将胶料模制成制品的装置。具有一定可塑性的胶料，经预制成简单形状后填入或直接注入型腔，经加压加热硫化后，即可获得所需形状的制品。

（一）模具组成

橡胶模具可分为成型件和结构件。

成型件是与胶料直接接触成型的零件。如上模、下模、中模、型芯、镶块等。决定制品的形状、尺寸、粗糙度等。是模具的主要组成部分。为了保证制品质量和操作方便，在成型件上还需开设余料槽（流胶槽）、排气孔、启模口等。结构件是指成型件以外用于组合模具，实现相互配合或自动开启、闭合所需的各种零件，如定位销、导向柱、顶出装置等（图14-1）。

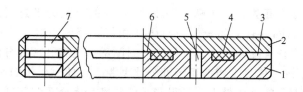

图 14-1　橡胶矩形圈模

1—下模板；2—上模板；3—启模口；4—制品；5—排气孔；6—余料槽；7—定位销

（二）分类

橡胶模具按模制方式可分为压模、压铸模和注射模三种。

1. 压模

压模是将一定形状的胶料，加入敞开的型腔内，用压机闭模加压，在平板硫化机或立式硫化罐中硫化成型的一种模具，它结构简单、造价低廉、应用广泛。根据成型型腔的闭合形式有开放式、封闭式和半封闭式之分。

（1）开放式压模　图 14-2（a）为开放式压模。这种压模只在完全闭合时，上、下模的端面才接触闭合。在整个闭模行程中型腔一直是敞开的，因此易排出型腔内的气体，但胶料流失率较大，一般在 10%~15%，制品越小，胶料流失率越大，因而造成缺胶而出废品的可能性也大。此外其最大缺点是压制时胶料所受的压力不大、致密性差，从而影响制品的物理机械性能。但因其结构简单、造价低，目前仍被大多数工厂广泛采用。不过对高质量、严要求的制品不宜采用，如快速运动的动密封圈、离心机轴垫、刹车器衬垫等。

（2）封闭式压模　图 14-2（b）所示为封闭式压模，上模有一凸起部分伸入型腔的延续部分，当图中上模凸起部分的 A 点与延续部分上端的 B 点接触后，型腔就处于封闭状态，故叫封闭式。其最大特点是压机的压力几乎全部作用在胶料上，因此制品质量好，用以模制形状复杂的制品可避免局部欠压、充模不满的现象，用以模制夹布制品。由于胶料流失率小，这样纤维不会随胶料流失而带出，避免织物露边或损坏。但封闭式压模要严格控制加料量，否则会影响制品尺寸。封闭式压模设计和加工都较困难，特别是一模多腔的模具，加工更难，且开模困难、配合部分易磨损、模内胀力大，在硫化反应剧烈时，胶料对型腔产生很大胀力，易使模具胀坏变形。因此这类模具仅适用于制品质量要求高和尺寸精度要求严的情况。

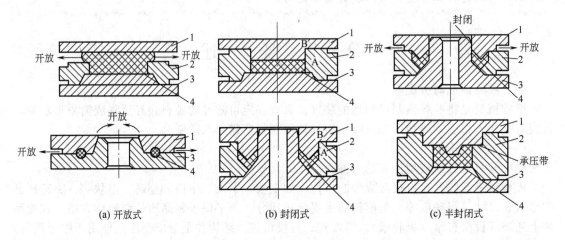

图 14-2　三种型式的压模

1—上模板；2—中模板；3—下模板；4—制品

（3）半封闭式（或半开放式）压模　图 14-2（c）的上图为半封闭式 V 形密封圈压模，由图可见 V 形圈模的内圈处首先闭合，与封闭式相似，而另一边（外圈）却是敞开的，是开放式的，直到压模完全合拢才闭合。这种既有封闭部分又有开放部分的结构，叫做半封闭式。图 14-2（c）的下图，模具型腔的延续部分比型腔大，此时压机的压力除压在胶料上外，有一部分作用在扩大部分的承压带上，所得制品的致密程度介于封闭式和开放式压模的制品之间，因此这种结构也属半封闭式。当制品复杂时，采用这种半封闭式压模（与封闭式压模相比）加工容易，填料和取制品也较方便，加料量也不必像封闭式压模那样精确，但在承压带处有胶边存在，若胶料流动性较差，胶边就较厚，影响外观和尺寸精度。表 14-1 列出各种压模的胶料流失率的一般范围。

表 14-1　各种压模的胶料流失率

压模类型	开放式压模	半封闭式压模	封闭式压模
流失胶量/%	10～15	5～10	<2

2．压铸模

压铸模又叫传递模。这种模具有一个专门的加料室和通往型腔的浇注道，加料室中的胶料在柱塞的压力作用下经浇注道压入型腔，如图 14-3 所示。小型的压铸模是在普通平板硫化机上压铸硫化的，而大型的制品则有专门的压铸设备，加料室设在压铸机上，注满胶料后的模具移入立式硫化罐中硫化。因此又称为移模法。

压铸的特点是型腔先闭合再注入胶料，因此胶边少，而且胶料是在较高的压力下经浇注道注入，这样气体随胶料的推进而依次排出，胶料通过浇注道后变得比较均匀，因此制品质量高，特别是形状复杂的大型橡胶金属制品，采用压铸模比较适宜，但压铸模造价较高，操作劳动强度也较大。

3. 注射模

注射模是装在注射机上的专用模具，其结构如图 14-4 所示。它与压铸模一样，都是先闭模再注胶的，也具有胶边少、质量好的优点，且生产率和自动化程度高，但结构较复杂、造价高，仅适用于大批生产的制品。其结构主要由定模和动模组成，胶料从注射机的喷嘴经定模的浇注系统进入型腔，动模随动模板完成开闭动作，并且大多都有自动顶出装置。

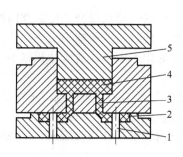

图 14-3　压铸模

1—型芯；2—型腔；3—浇注道；
4—加料室；5—压柱

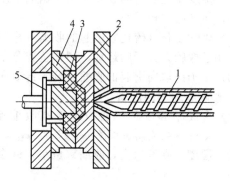

图 14-4　注射模

1—注射机头；2—定模板；3—型腔；
4—动模板；5—顶出机构

二、橡胶模具设计的基本要求

1. 提高制品质量，满足制品的使用要求

模具应能提高制品的性能，满足外观和尺寸精度等方面的要求。

2. 操作方便

模具的装拆、填料及制品的取出都应尽量方便，不要损坏制品。操作是否方便还直接关系到生产效率和劳动强度的轻重，因此在保证强度的前提下，力求减轻模重，并开置启模口。必要时装手柄，尽可能采用机械化和自动化的操作方式。

3. 制造容易、成本低廉

模具制造是一件十分精细的工作，加工一副较复杂的模具，往往需要付出相当多的劳动工时，增加了模具制造的成本。因此设计模具时应力求结构简单，要简化制造工序，难以加工的型腔可分成数块制造，然后再组装。并尽量采用先进的加工设备和加工工艺，以提高加工精度和生产效率。

第二节　收缩率、型腔尺寸的确定、尺寸标注

胶料收缩率是模具型腔尺寸设计的基础。硫化后出模的制品，当冷却到室温后制品尺寸要小于型腔尺寸，即胶料产生了收缩，其收缩量的相对值一般在 1%～2%，有的达 3% 以上。可见要获得尺寸精确的制品，必须根据胶料收缩率来确定型腔尺寸。

一、胶料收缩率

1. 收缩率的基本概念

胶料收缩率是指制品硫化后从型腔内取出冷却到室温的尺寸与制品对应型腔尺寸之差同

制品实际尺寸的百分比，即

$$K = \frac{D_q - D_z}{D_z} \times 100\% \tag{14-1}$$

式中　K——胶料的收缩率，%；

　　D_q——室温下模具的型腔尺寸，mm；

　　D_z——室温下制品的实际尺寸，mm。

这里应指出，实际上胶料的收缩率应考虑金属的热膨胀。但用式（14-1）计算值与实际差异不大，故工程上可按式（14-1）计算。

2. 产生原因

（1）温度变化引起的收缩　由于制品温度降低，橡胶大分子热运动减轻，造成分子间距离变小，使制品体积减小。

（2）化学变化（硫化）引起的收缩　橡胶分子链发生交联，使线型分子变为空间网状结构，限制了橡胶大分子的运动，同样造成分子间距离变小，使制品体积减小。

（3）分子链取向引起的收缩　分子链取向会使分子间的距离变小，造成体积减小。

3. 影响收缩率的因素

（1）含胶率和胶种　含胶率越高收缩率越大。就胶种而言，它们的收缩率顺序是：$K_{天然胶} < K_{丁苯胶} < K_{顺丁胶} < K_{丁腈胶} < K_{丁基胶} < K_{硅橡胶} < K_{氟橡胶}$。

（2）硬度　硬度愈大，收缩率愈小，许多工厂都习惯用硬度来计算收缩率，采用的经验公式为：

$$K = 2.8 - (0.015 \sim 0.02)A \tag{14-2}$$

式中　K——直径方向的收缩率，%；

　　A——硫化胶的平均邵尔硬度。

（3）胶料加工工艺　胶料的可塑度越大，停放时间越长，坯料形状越接近制品，收缩率越小。

（4）制品形状大小　收缩率随制品尺寸的增大而减小。环状制品的内径收缩率大于外径收缩率。

（5）制品断面结构　金属件、夹织物构成了制品的骨架，由于骨架限制了胶料的自由收缩，因此有无骨架，其收缩率是不同的，如图 14-5 所示。对含金属骨架的制品，其收缩率往往受骨架的限制，因此制品尺寸因收缩而增大或减小，要视具体结构而定。对夹织物制品其收缩率很小，一般在 0.4% 左右。

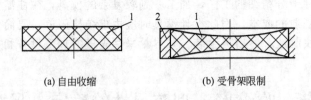

(a) 自由收缩　　　　　　　　(b) 受骨架限制

图 14-5　骨架对橡胶制品收缩的影响

1—胶料；2—骨架

下面是部分工厂在设计橡胶模具时所取的橡胶收缩率，供设计时参考：

天然胶	1.6%～1.7%	氟橡胶	2.5%～3%
丁腈耐油胶	1.8%～2.0%	夹织物胶	
硅橡胶	2.5%～3%	夹一层	1.0%～1.2%
海绵胶	2%	夹二、三层	0.5%～0.6%

| 海绵乳胶 | 10%～11% | 夹多层 | 0～0.3% |
| 硬质胶 | 1.5%～2.5% | 石棉橡胶 | 0.8% |

4. 收缩率的确定方法

（1）经验法　采取查表（所以又称查表法）或由经验而确定胶料收缩率的方法。

（2）比较法　对于尺寸精度要求较高而生产批量较大的制品，采用结构和尺寸相近制品的模具，加工出所要生产制品，测得制品和模具对应部位尺寸后，经计算确定胶料收缩率的方法。

（3）试验法　对于尺寸精度要求非常高、且生产批量较大的制品，采取经验法确定收缩率设计、加工出模具，由此模具加工出制品再经计算而确定出收缩率的方法。

二、型腔尺寸的确定、尺寸标注

（一）型腔尺寸的确定

模具的型腔尺寸及公差是根据制品的平均尺寸、公差和胶料收缩率来计算的。不论制品外尺寸的公差怎样给定，总可求得各对应外尺寸的最大值 D_{max} 和最小值 D_{min}，其对应的中间尺寸则为：

$$D_p = \frac{1}{2}(D_{max} + D_{min}) \qquad (14-3)$$

由此模具的型腔尺寸及公差可按下式计算：

$$D_q = \left[D_p(1+K) - \frac{\delta}{2} \right]_0^{+\delta} \qquad (14-4)$$

式中　D_q——型腔尺寸，mm；

　　　　D_p——制品外尺寸的中间值，mm；

　　　　K——胶料收缩率的中间值，%；

　　　　δ——具型腔的制造公差，mm。

$$通常取 \delta = \left(\frac{1}{3} \sim \frac{1}{5}\right)\Delta$$

其中　Δ——制品外尺寸的公差值，mm。

同样对制品内尺寸，可求得其对应内尺寸的最大值 d_{max} 和最小值 d_{min}，由此得出对应内尺寸的中间值为：

$$d_p = \frac{1}{2}(d_{max} + d_{min}) \qquad (14-5)$$

则模具型芯尺寸及公差可按下式计算：

$$d_x = \left[d_p(1+K) - \frac{\delta}{2} \right]_{-\delta}^0 \qquad (14-6)$$

式中　d_x——型芯尺寸，mm；

　　　　K——胶料收缩率的中间值，%；

　　　　δ——型芯的制造公差，mm。

$$通常取 \delta = \left(\frac{1}{3} \sim \frac{1}{5}\right)\Delta$$

其中　Δ——制品内尺寸的公差值，mm。

沿压制方向的模具型腔尺寸和型芯相对位置尺寸的计算：

$$C = C_p(1+K) \pm \frac{\delta}{2} \qquad (14-7)$$

式中　C——沿压制方向模具型腔尺寸和型芯相对位置尺寸，mm；

　　　　C_p——沿压制方向制品尺寸的中间值和孔距的中间值，mm；

K——胶料收缩率的中间值，%；

δ——模具的制造公差，mm。

$$通常取\delta=\left(\frac{1}{3}\sim\frac{1}{5}\right)\Delta$$

其中　Δ——制品尺寸的公差值，mm。

对压模来说，因分型面有胶边存在，所以算出来的过分型面的型腔尺寸应减去胶边厚度，通常胶边厚度在 0.1mm 左右。

（二）尺寸标注

1. 零件尺寸标注

零件尺寸标注包括：型腔基本尺寸和偏差的标注；定位、导向元件尺寸及偏差的标注；自由尺寸的标注；型腔、分型面、配合面粗糙度一般情况选择 Ra 值 $1.6\mu m$ 及其标注；其他表面粗糙度一般为 Ra 值 $50\sim3.2\mu m$；形位公差的标注。

2. 整体尺寸标注

整体尺寸的标注包括：配合尺寸及等级标注；外形特征尺寸标注；技术要求。

第三节　模具结构设计

一、压模结构设计及设计原则

压模、压铸模和注射模三类模具中，压模在目前应用最广泛，其结构设计的原则与压铸模和注射模基本一致，因此主要介绍压模设计的主要原则。

（一）结构类型及分型面的选择

模具结构设计是模具设计的关键，直接关系到制品的质量、生产效率、模具本身加工的难易和使用寿命等。在设计结构时，首先考虑如何分型，其他还有余料槽的开置、镶块设计、外形尺寸的确定、启模口以及手柄等方面的问题。

1. 分型面的概念

将模具型腔分割成两个及两个以上可分离部分的分割面称为分型面。模具分型面与型腔的交线称为分割线。分型面的类型有平面 [图 14-6 （a）]、曲面 [图 14-6 （b）] 和折面三种形式。

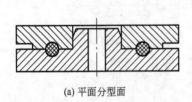
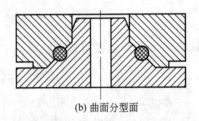

(a) 平面分型面　　　　　　　　　　　　　　　(b) 曲面分型面

图 14-6　O 形密封圈模的两种分型面

分型面选择是否合理是模具设计好坏的关键。同一制品，因为分型面位置选择不同，可以设计出各种不同结构的压模，从而直接影响胶料的填充、制品质量、生产工艺和操作工序等。为了得到操作方便、制品质量好、加工容易的模具，分型面应合理选择。

2. 分型面的选择原则

（1）保证制品易取出　如果分型面位置设计不对，制品可能取出困难或完全取不出，特别是含有刚性金属骨架时，应特别注意。如图 14-7 （a）中因型腔过深脱模困难，改成图 14-7 （b）后，下模分成两块，便于取出制品，且排气好、下模不太重、便于操作。

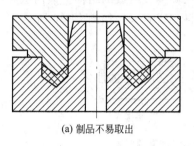 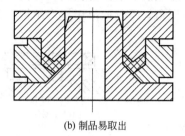

(a) 制品不易取出　　　　　　　　　　　　　(b) 制品易取出

图 14-7　V 形密封圈压模

橡胶是高弹性物质，容易变形，当制品某些部位与模具卡住时，仍然可以取出，不像金属铸件及塑料制品那样，分型面必须开设在投影面最大部位。如图 14-8（a）的制品可以取出，而图 14-8（b）的制品由于是实芯件，没有留出形变的空间，橡胶又是一种几乎不可压缩的物质，因此无法取出。这时就必须将分型面开置在投影面最大处，或开置垂直分型面，将模板改成两半拼合，再从外加套箍住。

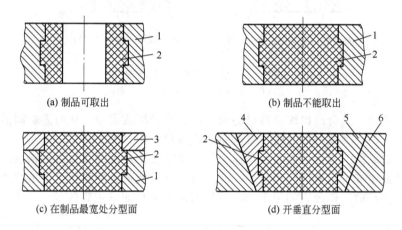

(a) 制品可取出　　　　　　　　　　　　　　(b) 制品不能取出

(c) 在制品最宽处分型面　　　　　　　　　　(d) 开垂直分型面

图 14-8　制品取出难易的几种情况

1,3—模板；2—制品；4—左半模；5—右半模；6—模套

（2）排气方便　模具分型面的位置，应考虑排气方便。在压制过程中，如果空气被挤到型腔的某些死角排不出去，制品就会产生缺胶、表面不平等缺陷，排气良好是保证制品质量的一个重要方面，而分型面处的缝隙是理想的排气通道，因此分型面尽可能开在空气最易堵住的边角。

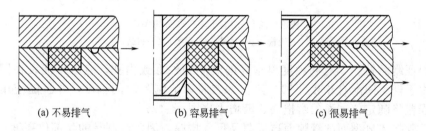

(a) 不易排气　　　　　　　(b) 容易排气　　　　　　　(c) 很易排气

图 14-9　不同结构模具排气情况

图 14-9（a）的结构模具加工方便，但不易排气，只在制品要求低且型腔较浅时才采用（根据制品宽度，一般深度不超过 3～6mm）。工厂经常采用图 14-9（b）和图 14-9（c）的结

构，尤其密封性能要求高的橡胶垫片模，都采用三块模板组成的结构。然而型腔中是不是有堵住气体的死角，不仅取决于模具结构，还与加料方式有关，如图 14-10 所示。

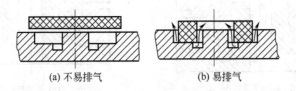

图 14-10　坯料形状对排气难易的影响

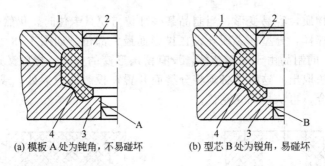

(a) 模板 A 处为钝角，不易碰坏　　(b) 型芯 B 处为锐角，易碰坏

图 14-11　模具带有锐角的情况

1—上模板；2—型芯；3—下模板；4—制品

（3）避免锐角　凡有凸出锐角锋口的模具，很易碰坏或磨损，从而影响制品质量，有时还会碰伤操作人员，因此分型时应尽量避免形成锐角锋口（图 14-11）。

（4）避开制品的工作面　制品的工作面往往要求表面光滑并有较高的精度，而分型面处存在缝隙，总或多或少留有胶边和痕迹，制品虽经修边整理也很难达到要求的光洁度，因此分型时应避开制品的工作面，如图 14-12（a）所示的分型面是正确的。

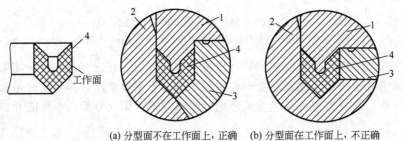

(a) 分型面不在工作面上，正确　　(b) 分型面在工作面上，不正确

图 14-12　分型面与工作面的关系

1—上模；2—下模；3—中模；4—制品

（5）保证制品精度　对同轴度要求高的制品的外形或内孔，应尽可能设在同一块模板上，否则由于模板间配合精度不够，定位偏差将影响制品的同轴度，并且随使用时间的增加，这种误差将随定位表面的磨损而逐渐增大（图 14-13）。

此外，胶挤入分型面的缝隙而造成制品尺寸增厚，因此当制品的某部位高度尺寸的精度要求高时，应尽量设在同一块模板内。

（6）分型面应便于装填胶料，模具易于装拆　图 14-14（a）的型芯很容易与上、下模卡住，改成图 14-14（b）的结构，采取锥面相接，启闭很方便。

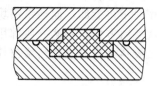 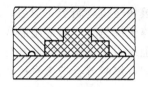

(a) 制品不在同一块模板上,同轴度差　　(b) 制品在同一块模板上,同轴度好

图 14-13　模具结构对制品同轴度的影响

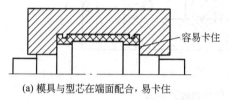 

(a) 模具与型芯在端面配合,易卡住　　　(b) 模具与型芯为锥面配合,不会卡住

图 14-14　模具与型芯配合情况

如前所述,封闭式模具拆装比较困难,因此为了模具拆装方便、胶料易于装填,对于普遍使用条件的制品,在保证制品质量的前提下,可不采用封闭式,而采用半封闭式或开放式的结构。

(7) 型腔嵌进　夹布、夹纤维的橡胶制品其模具的成型,应使型腔嵌进即采用封闭式结构,以防止纤维外露,如图 14-15 所示。

(8) 保证制品的外观以及容易除去胶边。

(二) 镶块及型芯的镶接

(1) 镶块的镶接　一些稍微复杂的模具,如果没有特殊的加工设备,都要采用镶块拼合,这样既便于型腔的机械加工、节约材料,又利于排气和型芯的安装。在镶块热处理时模框不淬火,以减少模框的变形。型腔磨损时可以单换镶块,因而修理方便、节约材料。由于采用镶块优点很多,因此镶块组合是目前压模设计中常用的一种结构。图 14-16 是带镶块的三卡风窗玻璃密封条压模。

(2) 型芯的镶接　许多空心制品的成型,特别是多个制品在一个模中成型时,差不多都采用镶接的型芯结构 (图 14-17)。但采用镶块增加了模具的件数、胶会挤入镶接的缝隙而形成胶边,且随着使用时间的增加,缝隙将日益增大。钻进缝隙的胶边与制品连在一起就会造成出模时扯坏制品。

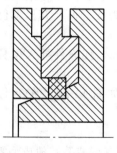 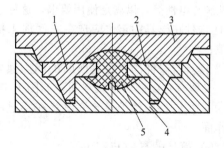

图 14-15　封闭式模具　　　　　图 14-16　带镶块的压模

1,2—镶块;3—上模;4—下模;5—制品

　　镶块结构有活络镶块和固定镶块两种。图 14-16 是活络镶块，而图 14-17 是采用固定型芯镶接结构。固定镶块在模具制造完毕后，使用时不再拆卸，而活络镶块在压制制品时可以随时装拆。通常活络镶块是为了保证制品取出或填料方便，不然一般都用固定镶块，因为活络镶块的安放一方面增添了操作动作，并且填放胶料后容易发生活络镶块位移或凸起，若操作疏忽、定位不准，合模时就会把模具压坏。

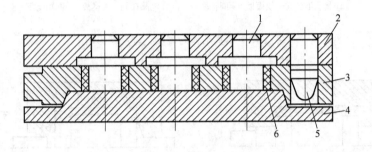

图 14-17　有型芯的矩形胶圈模具
1—型芯；2—上模；3—中模；4—下模；5—定位销；6—制品

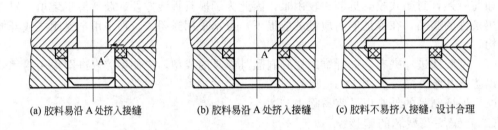

(a) 胶料易沿 A 处挤入接缝　　　　(b) 胶料易沿 A 处挤入接缝　　　　(c) 胶料不易挤入接缝，设计合理

图 14-18　胶料挤入接缝与型芯结构的关系

　　镶块结构需注意防止胶料挤入接缝，尽量避免胶料与接缝接触，图 14-18（a）和（b）中胶料均易沿 A 处挤入接缝，而图 14-18（c）避开了接缝与胶料直接接触，设计合理。在不少情况下，不可能直接避开，此时要求镶接严密，缝隙最大不超过 0.03mm，否则在使用中胶料反复挤入，接缝很快增大。当采用螺钉或铆钉来固定镶块时，螺钉或铆钉的位置应尽量靠近镶块的边缘，并具有足够的紧固力。

　　（三）嵌件（金属骨架）的定位

　　在橡胶制品中加入其他材料的零件是为了利用各种材料的特性，如硬度、强度、耐磨性、导磁性和导电性等，以满足使用要求，这种放进压模与胶料一起成型的零件就称为嵌件。

　　① 嵌件在模具中定位应选在嵌件加工精度较高的部位作为接合面，其他部位应留较大的间隙；

　　② 模具与嵌件的接合表面间的间隙通常取 0.05～0.15mm，使嵌件插入模具中不至于过松，又留有必要的热膨胀空间，如图 14-19 所示；

　　③ 定位嵌件的销子只允许设置在穿过制品的非工作面，如图 14-20 中的定件销都穿过非工作面。

　　（四）模具的导向与定位

　　一副模具一般总是由两块或两块以上的模板组成，有时还有型芯等其他成型零件，它们必须互相配合，相对固定在一定的位置上，不然就会造成制品变形、尺寸不精确。

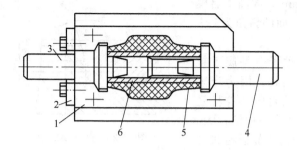
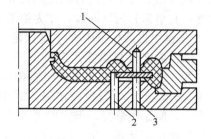

图 14-19 橡胶轴套模
1—下模；2—导向板；3—左芯；
4—右芯；5—制品；6—嵌件

图 14-20 钻杆扩料板模
1—定件销；2—内定件销；3—下定件销

1. 导向与定位的概念

（1）导向 所谓导向就是使模具闭合时模板能沿一定方向进入固定的位置。导向可靠，可以确保模具的安全使用。实践表明，压制时损坏的模具中，除一部分因刚度不够受力变形外，有相当大一部分就是因导向不好，模板错位而压坏的。

（2）定位 定位可使模板间相互配合处于正确的位置。定位的合理、准确，可以保证制品的精度要求。导向件与定位件在结构中往往是同一个零件，例如定位销既起定位作用也起导向作用。

在最简单的压模中，模板间可以不用定位和导向，直接放上，它虽然加工简便，但仅在少数情况下适用，而且上模板易滑落，砸伤操作人员，造成安全事故，多数情况下均采用一定的定位方式。

2. 定位与导向方法、特点与设计

目前一般采用的有：锥面定位、斜面定位、圆柱定位、定位销定位四种。一般根据制品的形状、模具的结构和制品的要求而定。

（1）锥面定位 锥面定位是通过两块模板相互吻合的锥面配合的（图 14-21），较适用于外周为圆形的模具。锥面的斜角为 5°～15°，配合高度 6～10mm。

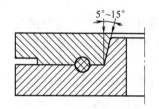
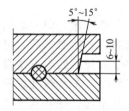
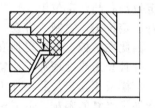

图 14-21 锥面定位

图 14-22 锥面定位引起的横向偏移

锥面定位是一种经常采用的定位方式，它能自动定心、结构简单、制造容易、操作方便。但这种结构有可能发生因有锥角而产生横向偏移，如图 14-22 所示，偏移值 b 决定于胶边厚度 a 和斜角 α，$b = a\tan\alpha$，当式中 $a = 0.2\text{mm}$ 和 $\alpha = 15°$ 时，$b = 0.2 \times \tan15° = 0.054\text{mm}$，可见这种横向偏移通常不大，对制品质量影响并不显著，只有对要求特严的制品的模具设计，才加以注意。

锥面定位属于开放式结构，压制时胶料受压不大。不适用于制品周壁有复杂凹凸面的情况。

（2）圆柱面定位 圆柱面定位同样也适用于圆形模具，一般是在模具中央设置圆柱配合面定位（图 14-23），配合高度约为 3～5mm，太高了启模困难，其余部分为导向段，作为锥形，锥面的斜角为3°～10°，根据中央圆柱-圆锥的高度而定。

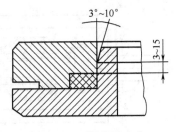

图 14-23　圆柱面定位

圆柱面定位与圆锥面定位不同，这种配合是属于封闭式的，所以用于封闭式或半封闭式的结构。因为当模具闭合时，当定位圆柱面接触，即使型腔封闭，胶料受压力大，制品质量好，但它的加工难度比前一种结构大，而且启模也不像前一种那么容易，常用于夹布制品和其他质量要求较高的制品生产。

（3）斜边定位　斜边定位可以看作是锥面定位的一种特殊形式，一般用于条状制品的模具。斜边的斜角取5°～10°，高度一般为 6～10mm（参见图 14-24）。

（4）销钉定位　销钉定位有许多优点，这种定位精度高，大大减小了横向偏移和角度偏转，因而能更精确地保证制品的形状和尺寸。它不但适用于各种形状的模具，而且损坏时又便于更换和修复，因此被广泛采用。对非轴心对称的制品模具和一模多腔的模具，一般都用销钉定位，用于定位的销钉叫定位销（图 14-25）。

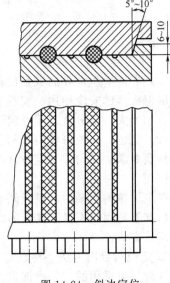

图 14-24　斜边定位

定位销顶端做成圆头锥形或半球形，使定位销容易插入销孔，作为导向段。销钉长应小于模具的总厚度，定位销的一段与模板静配合，另一端伸出与另一模板动配合，一般伸出模板部分大于配合部分，以利导向，伸出部分最长不超过 65mm，在定位销伸出部分上的定位高度不宜过长，一般为 3～5mm，过高难以启模，R 为 0.5mm 的半圆槽是为了防止硫化时余胶流入定位销静配合的间隙，此槽可将余胶容入，减少向缝隙挤入的压力。

① 定位销的种类。定位销的形式是多种多样的，常用的主要有三种（图 14-25）：普通定位销、可换套筒定位销和凸台定位销。

采用最多的是普通定位销，它制造容易，简单可靠，但考虑到模具开启频繁，定位销与模板间的磨损厉害，因此在模板上镶入可换套筒，套筒磨损后，可以随时更换，这样可以保证模板间配合良好。并且套筒热处理加工比整个模板热处理方便得多。许多模具都是先键定位孔，装上定位销，使模板相互定位后再加工型腔，未经热处理的模板较易磨损；这样模具的基准也损坏了，增加了修复的困难，造成模具报废，采用可换套筒就可以克服这一缺点。当模较大，型腔形状比较复杂，不易开启时，定位销与模板配合部分容易撬松，此时采用凸台定位销，凸台与模板接合可以进一步防止撬松。凸台的大小可取 $h=4$mm，$d_2=d_1+4$mm，通常 $d_1>20$mm。

② 定位销的数量及分布。定位销的数量，视模板接合面的多少而定，如果定位销多了，不但没有好处，反而定位不好，启模困难。

如图 14-26 所示，一般在模具的对角上，对称地布置两个或四个定位销，在两块模板的圆形模中则常用三个定位销。有人建议在矩形模具内不采用三个定位销，因为在启开和闭模时，可能由于受力不均而损坏模具。但在三块模板接合时，也常采用五个定位销，其中的上模板和中模板用三个定位销定位，而下模板和中模板用两个定位销，这种布局也有它的优点，可以防止模板转向错位。当用两个或四个对称分布的定位销时，通常除采用两种直径不

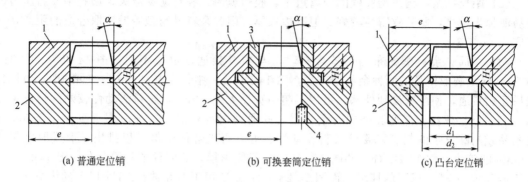

图 14-25　定位销的形式

$e=15\sim20\text{mm}$，$H=4\sim6\text{mm}$，$\alpha=5°$，$h=4\text{mm}$，$d_2=d_1+4\text{mm}$

1—上模板；2—下模板；3—可换套筒；4—固定螺钉

同的规格外，还在模具上刨去一角作为标记，使模板不会反向错位。

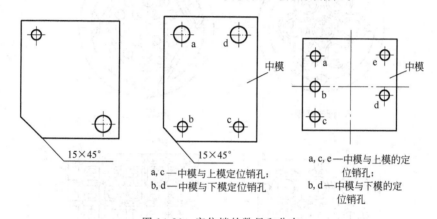

a, c—中模与上模定位销孔；
b, d—中模与下模定位销孔

a, c, e—中模与上模的定
　　　位销孔；
b, d—中模与下模的定
　　　位销孔

图 14-26　定位销的数量和分布

（五）余料槽、排气孔、启模口及手柄的设计

1. 余料槽（或称流胶槽）

为保证填入型腔的胶料充满压实，胶料必须稍微过量，因此必须在型腔周围开置沟槽储存余胶，这种用来排除余料的沟槽称为余料槽，又称流胶槽。

（1）余料槽的大小和形状　　余料槽的容积以等于型腔容积的 15%～20% 为宜，这与坯料的余胶量有关。设计时通常采用 1mm 深、2mm 宽的半圆沟槽，也可采用三角形或矩形沟槽，根据习惯选用。具体尺寸参见图 14-27。

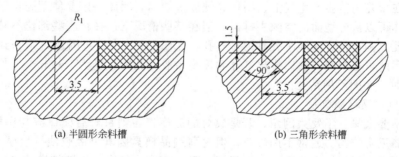

(a) 半圆形余料槽　　　　　　　　　　　(b) 三角形余料槽

图 14-27　余料槽

（2）距离　余料槽与型腔壁的距离愈小、胶边愈薄、胶料愈易流失、型腔中胶料压力也愈易泄掉，反之，制品致密性较好、但胶边较厚。因此余料槽与型腔壁应取合适的距离，一般取 3mm 左右。

（3）布局　余料槽的布局形式多样，可与模外接通，也可不通。图 14-28（a）和图 14-28（b）是圆形模具的两种余料槽布局，图 14-28（a）中每个制品均有一个单独的余料槽，然后互相贯通，使余料流到外部，适用于制品直径大于 30mm，胶料流动性较差的情况，而图 14-28（b）仅在全部型腔外围开余料槽，并通到模具外部，这种适用于直径小于 30mm 的制品或轮廓复杂的制品，要求胶料流动性较好，否则会使余料难以排出，形成厚度超过 0.5mm 的胶边。图 14-28（c）和图 14-28（d）是矩形模具的两种余料槽分布，图 14-28（c）用于型腔数在 16 个以下的情况，而图 14-28（d）则适用于型腔数在 16 个以上的模具中。

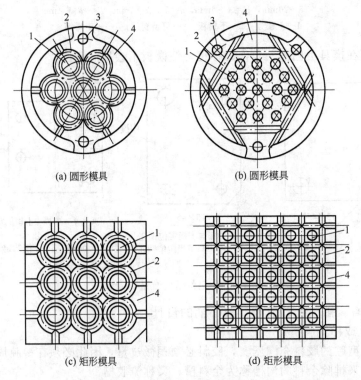

(a) 圆形模具　　　　　　　(b) 圆形模具

(c) 矩形模具　　　　　　　(d) 矩形模具

图 14-28　余料槽的布局
1—型腔；2—余料槽；3—定位销；4—下模板

2. 排气孔

气体封在型腔内就会产生气泡、明疤、缺胶等缺陷，因此一定要使型腔排气流畅。一般情况下，气体可以从分型面的空隙中排出，但在某些情况下，往往有些部位不易排气，这就必须开置小孔以利排气。这些小孔称为排气孔，在图 14-29 中，包围在 O 形密封圈中的气体不易排出，因此可在中间开孔以排出气体和流出余胶，孔的直径为 1～3mm，当 O 形圈内径小于 15mm 时，中间不用钻孔。

3. 启模口（又称撬口）

启模口不要太深、不要大倒角，若是成对的启模口，则每对启模口应与模板中心对称，并且应尽量靠近定位销。通常不用斜口，但对薄制品模具因其型腔较浅，启模不用很大力，多用斜口，用扁形撬凿插入斜撬口，模板即分开，如热水袋模、拖鞋带模的启模口都可用斜口。图 14-30 所示为各种不正确的启模口。

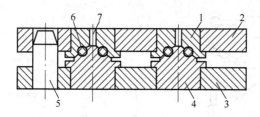

图 14-29 O 形密封圈模

1—上芯；2—上模；3—下模；4—下芯；5—定位销；6—O 形密封圈；7—排气孔

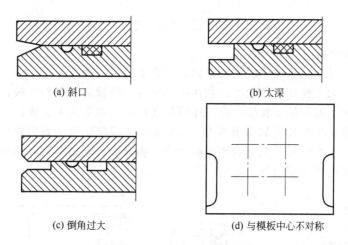

(a) 斜口

(b) 太深

(c) 倒角过大

(d) 与模板中心不对称

图 14-30 不正确的启模口

启模口深约 4～5mm、宽 12～15mm，对矩形模具，有的厂将模板的两个对角按 45°角刨 4mm 深，斜边长 30～40mm 即成。模具重量较大时可适当加深到 5～6mm，加宽到 20～25mm，如图 14-31 所示。

4. 手柄

橡胶压模，有固定式和移动式两种（图 14-32），固定式操作时不必将模具移出平板硫化机，一般采用机械操作。移动式普通压模多采用手工操作，硫化完毕后将模具搬出平板硫化机，因此当模具较大时，劳动强度很大，为了搬动方便，较重的模具（一般在 6kg 以上）需要安装手柄，这样既方便又安全，但占用平板面积增加，所以较小模具不装手柄。必要时则在上模和下模上同时安装两副相互错开 90°的手柄，此时占用平板面积更大些。

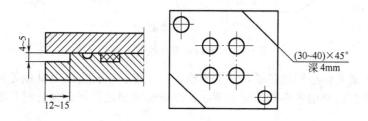

4～5

12～15

(30～40)×45°
深 4mm

图 14-31 启模口的尺寸

手柄的形式根据模具的形状、大小而定。手柄的尺寸首先要保证手能放入，抓握方便，长≥50mm，宽≥100mm，手柄与模具的连接方法如图 14-33 所示。螺钉连接最为方便，但不如螺纹连接和焊接的牢固可靠，直接焊接虽然牢固，但拆修不便，必须凿断重新焊接。

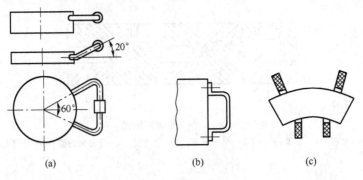

图 14-32　手柄的形式

（六）型腔数的确定

（1）单腔模　对于制品尺寸较大或模具加工难度高的采用单腔模。

（2）多腔模　为了提高生产效率，往往一副模具中设置多个型腔，最常见的一种结构是一个平面中开置数个型腔的多腔模，有时还可见到在同一垂直面中分成许多层的多层模。

目前小型制品的生产几乎都采用多腔模。可避免平板硫化机不致因模具太小、局部受压过大而早期损坏。多腔模可以充分利用平板面积，提高设备利用率，降低制品成本，从这一观点出发，应尽可能增加型腔数。

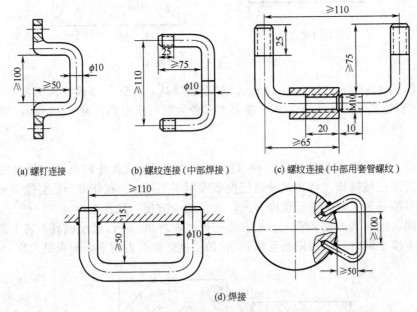

(a) 螺钉连接　　(b) 螺纹连接（中部焊接）　　(c) 螺纹连接（中部用套管螺纹）

(d) 焊接

图 14-33　手柄与模具的连接形式

从模具加工来看，型腔数多了，加工困难，同轴度、平行度以及其他各种尺寸精度要求都必须相应地提高，否则各零部件组合不好，严重影响制品质量，并且模具本身使用过程中也很容易损坏。

型腔数太多，操作比较麻烦，装料时间有先后，而模具本身又是热的，因而胶料受热时间不同，从而导致硫化程度不一，因此对形状比较复杂的制品，特别是带金属嵌件的制品，型腔数应尽可能减少。

因此一般制品，根据其尺寸的大小，建议每副模具的型腔数以 5～20 左右为宜，但形状特别简单的小制品，如瓶塞、眼药水瓶盖之类，不在此限，多的可达 50 个甚至 100 个以上。

型腔的排布应尽可能地紧凑，以减少模具的总重量和占用设备面积，同时也要考虑到操作方便，图 14-34 列举了几种多腔模具的型腔布局。

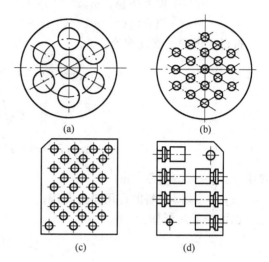

（3）多层模　外径较大、但高度较小结构又较简单的制品，可以采用多层模具，以提高设备利用率，但多层模具最大的缺点是各层受热不一致，因此应用不很广，层数也不宜太多，此外随层数增加，模具重量也大大增加。如果某些模具是在硫化罐中硫化，受热不匀问题不大，可适当增加层数，如风扇带硫化模等。

图 14-34　型腔的排布

（七）强度及刚度

1. 材料选择

橡胶模具在硫化制品时受到硫化机的压力和胶料的胀力，在启模取制品时受到敲击，另外硫化时逸出腐蚀性气体，因此对模具材料提出以下几点要求：

① 较高的机械强度和一定的表面硬度；

② 良好的加工工艺性；

③ 良好的导热性；

④ 较好的抗腐蚀性；

⑤ 价格较低。

常用的材料有如下几类：

① 碳素结构钢一般用 Q275、45 钢或 50 钢；

② ZG270-500 或 ZG310-570 铸钢；

③ 铸铝；

④ 铬镍钢；

⑤ CrWMn、9Mn2V、9SiCr 等合金工具钢。

2. 强度的计算

橡胶模具在使用时受两种力的作用：一是硫化平板的压力，另一种是胶料硫化时的胀力。其中胶料硫化时因体积增大而产生的胀力是模具发生变形或破坏的主要原因。

通常，在设计模具时不作计算，凭经验确定模具壁厚。但在制品相当大或制品很厚时，胶料对模具的胀力很大，需对模具进行强度计算。

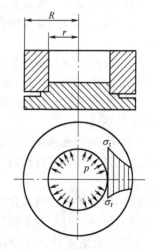

根据厚壁筒强度理论，承受内压作用时，危险点在筒的内壁上，如图 14-35 所示。内壁上任一点的三个主应力为：

切向应力　　　　　$\sigma_t = p\dfrac{R^2 + r^2}{R^2 - r^2}$

径向应力　　　　　$\sigma_r = -p$

可认为轴向应力 $< p$

式中　p——胶料作用在内壁上的单位压力，Pa，通常

图 14-35　圆形模具应力

$$p = 200 \times 10^6 \sim 300 \times 10^6 \text{ Pa};$$

R——模套外径，m，

r——模套内径，m。

按最大剪应力强度理论：

$$\sigma_{max} = \sigma_t - \sigma_r = \frac{2pR^2}{R^2 - r^2} \leqslant [\sigma]$$

$$R = r\sqrt{\frac{[\sigma]}{[\sigma] - 2p}}$$

$$\delta = (R - r) = r\left(\sqrt{\frac{[\sigma]}{[\sigma] - 2p}} - 1\right) \tag{14-8}$$

式中　δ——模套壁厚，m；

$[\sigma]$——模具材料的许用应力，Pa。

也可按下式概算：

$$\delta = \frac{dp}{2[\sigma]} = \frac{rp}{[\sigma]} \tag{14-9}$$

3. 弹性变形量的计算

模套内壁受到胶料胀力后，产生弹性变形按径向胀大的半径变形值 f 计算如下：

$$f = \frac{rp}{E}\left(\frac{R^2 + r^2}{R^2 - r^2} + \mu\right) \tag{14-10}$$

式中　f——径向弹性变形量，m；

μ——波桑比（钢材 $\mu = 0.3$）；

E——材料的拉压弹性系数，Pa。

二、注射模设计

（一）基本结构

注射模是橡胶注射工艺中的成型装置。注射模设计和制造的好坏直接影响制品的质量、产量和成本。要求设计的注射模能成型合格的制品，结构简单、制造工艺性好、使用方便可靠。

图 14-36 所示为橡胶注射模的一种结构，根据模具上各零部件所起的作用，可以归纳为七个部分。

（1）成型部分　即成型制品形状的各零件，如图 14-36 中的定模板 1、动模板 4 等。

（2）抽芯部分　具有侧孔或侧凹的制品，在其脱模前应先将型芯抽出，需有完成抽芯的机构。

（3）顶出部分　制品硫化定型后，将制品从模中顶出的机构，如图 14-36 中的推板 3、顶出杆 8、顶出固定板 9、螺钉 10、顶出板 11 所组成。

（4）浇注系统　胶料由喷嘴到型腔所经过的部分，如图 14-36 中的主浇道（件 1 中的）、分浇道、浇口。

（5）冷却加热部分　在型腔周围零件设有蒸汽通道或电热棒，保持模具一定温度，使胶料硫化定型，在带有自动封口模具的封口主浇道设有恒温水冷却系统，以免胶料硫化堵塞封口。

（6）排气槽　在模具分型面处刻有很浅的槽，在胶料充满型腔的过程中排出气体。

（7）导向部分　为了使动模与定模正确闭合，装有导向柱等。如图 14-36 中的导向柱 2。

（二）成型零件、分型面的选择

主要根据使用要求、制品的几何形状、浇注系统的合理配置、胶料流动方向、注意避开工作面、有利于排气等方面来确定。

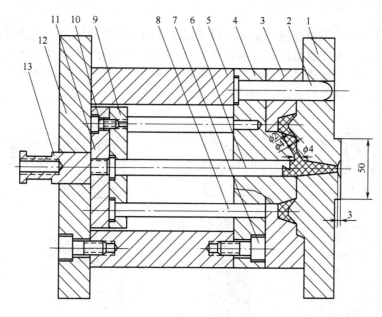

图 14-36　口形密封圈注射模

1—定模板；2—导向柱；3—推板；4—动模板；5—支承板；6—勾料杆；7,10—螺钉；
8—顶出杆；9—顶出固定板；11—顶出板；12—底板；13—尾腔

在设计多腔模具时，型腔的配置应使浇道尽可能短，各腔的成型时间尽可能相同。

由于注射压力较高，成型零件应有足够的强度和刚度。批量大的制品，其模具型腔应镀铬抛光。

（三）顶出机构

使制品从模具中自行脱出的机构称为顶出机构或脱模机构。

1. 设计原则

① 模具在结构上须保证使制品在开模过程中留在注射机具有顶出装置的那一部分上，对卧式注射机来说，制品要留在动模上。

② 顶出杆的位置应使顶出力能得到均匀合理的分布，使制品平稳地从模具中脱出而不致拉裂撕坏，顶出力的大小取决于制品的大小、结构、胶料收缩率、型芯深度、表面粗糙度。

2. 制品顶出机构

（1）顶出杆顶出　用顶出杆顶出制品是顶出机构中最常见的一种，制造简单，更换方便，要求顶出杆直径不能太细，应有一定的强度和刚度承受顶出力，顶杆位置应尽量避免与活动芯型发生干扰，顶出杆与模板的配合部分要灵活，一般为 H8/f8 或 H8/f9 级精度配合，配合长度等于或大于两倍顶出杆直径。

顶出杆与顶出固定板的连接形式很多，图 14-37 是几种最常用的顶出杆固定方法。图 14-37（a）是用顶杆尾端凸台的固定方法，为最常见的结构。图 14-37（b）是用垫板或垫圈代替固定板上的凹坑。图 14-37（c）的结构其顶出杆的长度可以调节，用螺母锁紧。图 14-37（d）是采用固定螺丝固定的顶出杆，主要用于固定板较厚的情况。图 14-37（e）是铆接结构，适用于顶出杆直径较细和顶出杆间距较近的场合。图 14-37（f）是用螺钉紧固直径大的顶出杆的形式。

图 14-38 是一种 U 形橡胶密封圈注射模，是采用顶出杆顶出的一种例子，内芯板 4、支架 7、撑脚销钉 8、撑脚 9、撑脚弹簧 10、勾料杆 15 为内芯板随同顶出装置，与顶出杆同时将 U 形圈顶出。

（2）顶出管顶出　顶出管顶出是顶出圆筒形制品的一种特殊形式，其脱模的运动方式与顶杆顶出基本相同，由于制品的几何形状是圆筒形的，在其成型模具上必有一个固定型芯，所以要求顶出管的固定形式必须与型芯的固定相适应，如图 14-39 所示为型芯固定在模具底板上的情况，增加了型芯的长度，但结构可靠、应用较多。

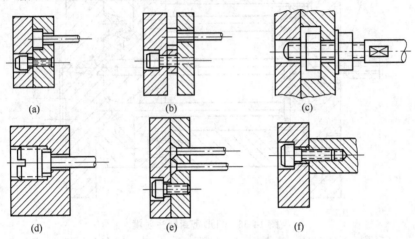

图 14-37　顶出杆与顶出固定板的连接

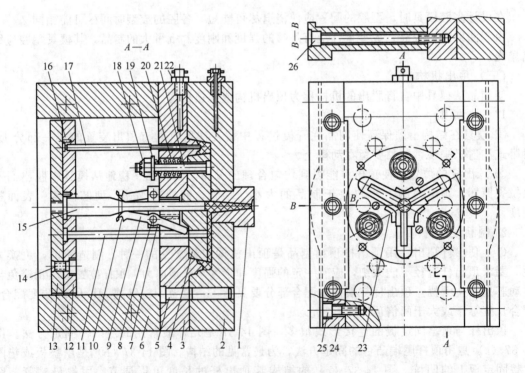

图 14-38　U 形密封圈注射模

1—浇注套；2—定模板；3—动模板；4—内芯板；5—导向柱；6—短支承板；7—支架；8—撑脚销钉；9—撑脚；10—撑脚弹簧；11—回程杆；12—顶出固定板；13—顶出板；14,25,26—螺钉；15—勾料杆；16—骑缝销；17—顶出杆；18—开口螺母；19—垫圈；20—拉杆弹簧；21—拉杆；22—温度计支架；23—开口销；24—长支承板

（3）顶板顶出　用顶板顶出制品时平稳。且顶出力均匀，顶出面积大。图 14-40 所示为顶板顶出的一种结构，顶板通过顶出杆与顶出板连接，并在导向柱上滑动。

　3. 顶出机构的复位

　顶出机构的顶出杆、顶出管、顶板除用来顶出制品外，同时构成型腔的一部分，这就要求在动模与定模闭合时，顶出杆、顶出管和顶板能同时复位。因此，在顶出机构中设置有回程杆复位和弹簧复位两种复位结构，回程杆复位时利用动模与定模平面齐平，即推动回程杆使顶出机构复位，如图 14-38 的 U 形密封圈注射模中的顶出机构即用回程杆实现复位。还有一种弹簧复位，在顶出力撤销后，顶出机构即在弹簧力作用下复位。如图 14-40 所示。

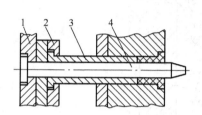

图 14-39　机出管顶出

1—底板；2—顶出固定板；3—顶出管；4—型芯

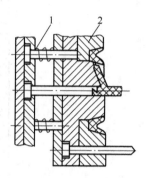

图 14-40　顶板顶出

1—复位弹簧；2—顶板

（四）抽芯机构

1. 作用及分类

（1）作用　当制品上存在与顶出脱模方向成一定角度的侧孔或侧凹时，在制品顶出脱模之前应将成型侧孔或侧凹的零件先抽出，热后再自模中顶出制品，完成活动型芯抽出和复位的机构叫作抽芯机构。

（2）分类　一般可分为三类，即手动抽芯、机械抽芯和复合抽芯。

① 手动抽芯。制品脱模前用人工或辅助工具抽出活动型芯。具有手动抽芯的模具结构较简单，但生产效率低、劳动强度大、抽拨力受人力限制。用于批量小的生产和试生产中。

② 机械抽芯。开模时依靠注射机的开模力，通过机械传动将型芯抽出，具有生产操作方便、劳动生产率高、劳动强度小等优点，在生产实践中广泛采用。如图 14-41 所示。

2. 抽芯机构的结构

斜导柱抽芯机构为一种最常用的机械抽芯结构，图 14-41 所示的橡胶防尘罩注射模中即采用斜导柱抽芯。其结构和动作原理如图 14-42 所示。斜导柱抽芯主要是用与模具开模方向成一定角度的斜导柱 3 和滑块 9 所组成，型芯 5 用销 4 固定在滑块上。开模时，开模力 P 通过斜导柱作用于滑块，其水平分力 Q 迫使滑块 9 在动模板 10 的导滑槽内向左移动，实现抽芯。当斜导柱全部退出滑块时，型芯 5 从制品中抽出，即可从型芯中顶出制品，如图 14-42（b）所示。限距挡块 8、螺钉 6、弹簧 7 是使滑块保持抽芯后最终位置的定位装置，保证在闭模时斜导柱能准确地进入滑块的斜孔，使滑块向右移，使橡胶防尘罩注射动模恢复原位。压紧块 1 的作用是防止在注射成型时由于成型杆受力而使滑块产生位移，制品靠顶出管 11 顶出型腔。

斜导柱倾角 α 推荐取 22°30′，工厂采用的 α 角为 15°～20°。

（五）浇注系统

1. 浇注系统的作用、组成及设计原则

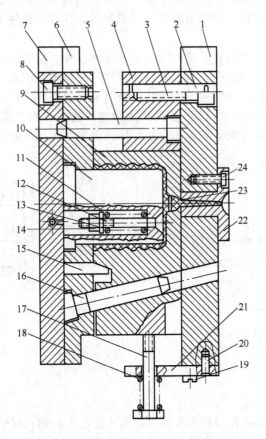

图 14-41　橡胶防尘罩注射模

1—定模板；2—圆柱销；3,8,12,17,19,24—螺钉；4—模套；5—导向柱；6—凸模座；7—垫板；

9—凹模；10—凸模；11,18—弹簧；13—垫圈；14—螺母；15—压紧块；

16—斜导柱；20—圆柱；21—挡块；22—浇注套；23—圆柱销

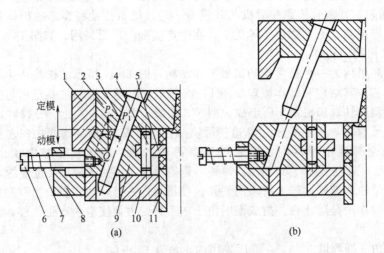

图 14-42　斜导柱抽芯机构

1—压紧块；2—固定板；3—斜导柱；4—销；5—型芯；6—螺钉；7—弹簧；8—挡块；

9—滑块；10—动模板；11—顶出管

（1）浇注系统的作用 是将塑化的胶料平稳而有顺序地注入型腔，并在填充和硫化过程中能将压力充分地传到制品的各部位，此孔道即为浇注系统。浇注系统的位置、形状和尺寸直接影响到制品的质量。制品缺胶、产生气孔等缺陷与浇注系统设计有很大关系。

（2）浇注系统的组成 浇注系统包括主浇道、分浇道、浇口、料井（滞流穴）等。

① 主浇道。由注射机喷嘴与模具接触的部位起，到分浇道止的这一段。

② 分浇道。主浇道至浇口的过渡段。

③ 浇口。分浇道与型腔间的狭窄部分。

④ 料井（滞流穴）。两次注射间隔中在喷嘴部位已起变化的胶料首先进入料井而被滞流，以免带入型腔而造成缺陷（图14-43）。

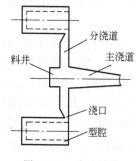

图 14-43 浇注系统

（3）浇注系统的设计原则 能使塑化的胶料顺利充满型腔，不产生旋涡、紊流，并使型腔内的气体顺利排出。尽量避免胶料过早正面冲击型壁、型芯，以免损耗注射速度。

浇注系统应尽量减少弯折，在制品硫化前能传递最终压力，利用浇注系统与胶料摩擦生热以利快速均匀硫化，提高制品质量。

在保证成型良好的前提下，流程最短，以缩短填充时间和减少浇注系统中的胶料。

浇口的位置和形状，应便于制品的修整。

在满足上述的条件下，浇注系统断面积应最小，以减少胶料消耗。

2. 浇注系统的设计

（1）主浇道设计 一般将主浇道设在浇注套上，浇注套装在定模板上。浇注套的结构如图14-44所示。主浇道的大小应适当。

① 主浇道进口直径 d 比喷嘴直径 d' 大 $0.8\sim1$mm，否则在注射时将造成死角积存胶料，且注射压力有损失。见图14-45。

② 主浇道接触球面半径稍大于喷嘴球面半径，一般取 $R=R'+(0.3\sim0.4)$mm，才能很好吻合，以免漏料发生事故。见图14-45。

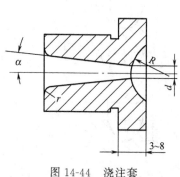

图 14-44 浇注套

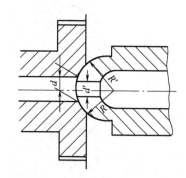

图 14-45 主浇道与喷嘴的关系

③ 主浇道的圆锥角 $\alpha=2°\sim4°$，便于取出制品和主浇道内的硫化胶（图14-44）。

④ 主浇道出口处的圆角 $r=0.5\sim3$mm，以使料流平稳。

⑤ 主浇道的表面粗糙度为 $Ra1.6$ 以下。

⑥ 在实现制品成型条件下，主浇道尽量短小，以减少胶料损耗。

⑦ 浇注道不能两段组合，以免胶料从接缝处挤出，影响取出制品。

⑧ 浇注道应低于定模配合长度,使动模与定模能很好闭合。

(2) 分浇道设计

① 分浇道的长度和断面应适当,满足传递压力和合理充填时间。截面太小,充填时间长;截面过大,会使型腔空气增加,易产生气泡,增加了余料。分浇道的长度一般不小于8~10mm。

② 分浇道较长时,其末端应有料井。

③ 分浇道长度和断面应保证同时充满各型腔。

④ 分浇道表面粗糙度为 $Ra1.6$ 以下,转角处圆滑过渡。

(3) 分浇道的分布形式　分布形式与制品的形状、大小、胶料流动性和设备能力有关。常见的有径向分布的 [图 14-46 (a)] 和直线分布的 [图14-46 (b)]。径向分布能保证胶料同时充满型腔,当增加型腔数时,分浇道的长度增加。直线分布的用于型腔数量较多的情况下,制造简单,但由于胶料进入型腔的道长不一样,采用与道长相适应的不同断面的浇口来使胶料充满型腔的时间接近相同。

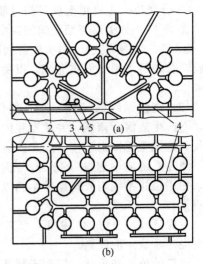

图 14-46　浇注系统和排气系统
1—主浇道;2—分浇道;3—浇口;
4—排气槽;5—蓄气室

分浇道的断面形状如图 14-47 所示。图 14-47 (a)所示为圆形和半圆形断面,胶料流动时摩擦阻力小,易充满型腔。图 14-47 (b) 所示的梯形和六角形断面,易加工,应用广。图 14-47 (c) 所示的椭圆形断面,用于一模多腔,要求分浇道占模具面积小的情况。分浇道的开设,有的仅开在动模,有的仅开在定模,有的动定模都开设分浇道,组成圆形、六角形、椭圆形等。动定模都开分浇道时,料的流动要比单开要好,但要求分浇道要对准。

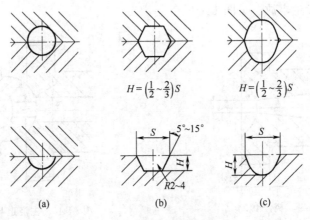

图 14-47　分浇道的断面形状

(4) 分浇道的尺寸　分浇道的尺寸决定于胶料的性质、制品的大小、注射压力和胶料的塑化程度。因影响因素很多,通常经实验确定,为了达到理想的流动条件,分浇道的断面积取主浇道断面积的一半,圆形断面分浇道的直径一般取 $\phi3\sim7$mm。对于梯形和半椭圆形分浇道的断面尺寸关系为 $H=\left(\dfrac{1}{2}\sim\dfrac{2}{3}\right)S$,其角度为 5°~16°,过渡圆角 $R2\sim4$,对于六角形

的断面 $H=S$，见图 14-47（b）、（c）。

（5）浇口　浇口是从分浇道进入型腔的门，它的大小、形状和位置对制品质量有很大影响，浇口的位置应尽可能避开制品的工作面，以保证制品质量。为提高流速，浇口宜薄。为减少流动阻力，浇口的粗糙度一般取 $Ra0.2$。几种类型的浇口和配置如图 14-48 所示。

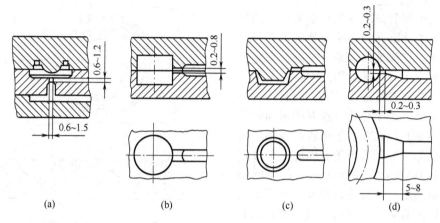

| (a) | (b) | (c) | (d) |

图 14-48　浇口的类型和配置

① 点浇口。如图 14-48 所示，其进口尺寸较小，截面一般为圆形，直径一般取 $\phi0.6\sim$ 1.5mm，大制品应适当增加直径。其优点是，进口尺寸小，制品上残留的痕迹很小，外观质量好。如图 14-48（a）所示。

② 扁浇口。浇口从侧面进入型腔，浇口厚度为 0.2～0.8mm，又可分为两种，一种是开置在两块模板上，另一种是开置在一块模板上，依制品形状而定。其优点是利于排气。其形状、尺寸和配置如图 14-48（b）、（c）所示。

③ 扇形浇口。如图 14-48（d）所示，适于较大的环形制品和筒形制品模具，可从外侧接型腔，当内孔有足够的位置，也可从内侧接型腔。浇口厚度为 0.2～0.3mm。其优点是利于排气去浇口方便。

（6）止溢阀（单向阀）　在有些大型制品的模具中，为提高注射机的生产效率，注满胶料后，喷嘴即离开模口，刚注进型腔中的胶料还未来得及硫化，有可能在内压作用下倒溢出来，影响制品质量，为防止胶料倒溢，保持内压，在模具浇注系统部位设计了一种止溢阀的装置。其结构如图 14-49 所示。止溢阀的工作原理是：利用阀芯 4 在内套 7 的孔内游动而实现注胶和自动封口。注射时，阀芯在胶料压力作用下向右移至内套 60°的锥面，胶料经注胶孔、阀芯的螺旋槽、主浇道等浇注系统进入型腔。由于阀芯的螺旋槽有 5°的螺旋角，在胶料流动的作用下能转动，使胶料依次平稳地注入主浇道，可避免产生死角和旋涡。当胶逐渐注满时，阀芯在很高的内压作用下向左移至注胶口，阀芯的塞锥最终将注

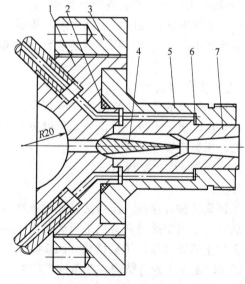

图 14-49　止溢阀
1—螺纹盖；2—密封圈；3—螺母；4—阀芯；
5—外套；6—密封垫；7—内套

胶口堵住而实现封口保压，同时停止注射。

为保证止溢阀不致因胶料硫化堵死，恒温水从水管进入内套和外套间的水室而从另一水管流出，水温通常保持在 80℃ 左右，这样止溢阀内的胶料不会硫化，而能使注射成型周而复始地进行下去。

（六）排气系统

从型腔中顺利排除空气对于减小或消除制品对接处的缺陷并提高接合处的强度是必需的。否则，气体难以排除，在胶料充填型腔时，型腔中的气体被封闭压缩，可视为绝热过程，将引起温度显著升高，胶料接触高温气体的表面可能被硫化（这对圆截面的密封圈特别明显），所以造成制品在该部位的强度比其他部位降低若干倍。因此为保证制品质量，胶料必须在开始硫化之前充满型腔，除合适的温度、浇注道尺寸、必要的充填速度外，还必须有良好的排气。常见的几种排气方式如下。

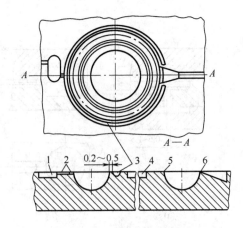

图 14-50　模具的结构要素
1—缓冲腔（用于真空模）；2—排气槽；3—余料槽；
4—深室；5—切割棱边；6—浇口断开处

利用分型面排气，在温度和压力较高的条件下，胶料能挤入 0.02～0.05mm 的缝隙，锁模时分型面的紧密性应保证胶料不渗到里面而能沿分型面排出气体，因此锁模时分型面的缝隙应小于 0.02mm 的数值，才可能在薄胶边或无胶边的条件下，排出型腔内的气体。

开置排气槽，在模具型腔的最远处或可能积聚空气的部位开排气槽，排气槽的深度为 0.1～0.3mm，并与大气或蓄气室相通，如图 14-46 所示。但有时沿分型面开置排气槽不能解决排气问题，例如在型腔深处或制品在模具的分开处带有加厚部分并发生沿分型线的充填而塞住空气的通道，如制品的结构和以后的加工许可的话，在型腔近处可开缓冲腔（或深室），并用不大的槽同它们连接。见图 14-50。

抽真空的方法，在胶料充填之前，使模具的排气槽系统与机器的抽真空系统相连接，锁模后抽除测腔内的空气，而后混炼胶注入型腔。在这种情况下，胶料有可能偶然落入真空系统。

（七）导向与定位

（1）注射模的导向　导向主要有直导柱、斜导柱、导板、导套和导槽等基本形式。

（2）注射模的定位　定位方式可以参看压模部分的定位部分。

三、压铸模设计简介

（一）结构及性能特点

1. 结构

压铸模又称传递模。压铸法是通过压柱将加料室中的胶料压入模具的型腔，经硫化而得到制品的。小型制品可在普通平板硫化机上用压铸模进行压铸。图 14-51 所示为普通平板硫化机上所用的减振器压铸模结构。图 14-52 所示为压铸机上的压铸模。

图 14-53 为压铸机结构。在压铸机的加料室中填放胶料，可供一次或数次使用，在模具上不必再设加料室，仅开浇注道即可。模具放在工作台 13 上后，工作台在柱塞 2 的带动下向上升起，压铸模与加料室底部接触即带动梁 7 上升，胶料在压柱 8 的作用下经压铸口和浇注道注入型腔，然后移至带有加压装置的硫化缸中硫化。

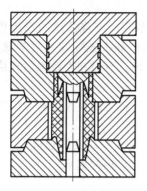

图 14-51　减振器压铸模

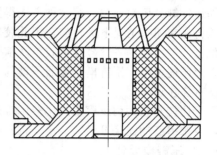

图 14-52　压铸机上的压铸模

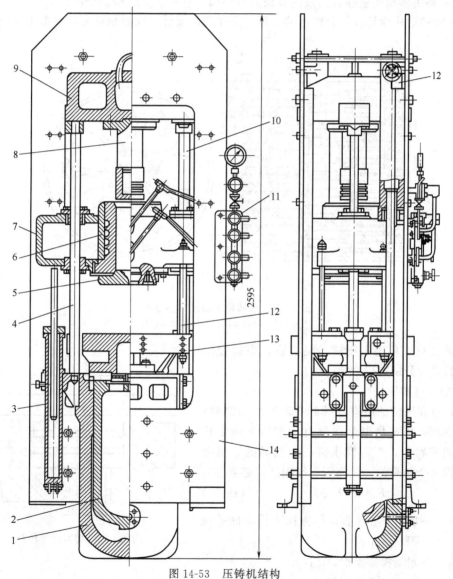

图 14-53　压铸机结构

1—主液压缸；2—柱塞；3—支持缸；4—导向柱；5—压铸口；6—加料室；7—动梁；8—压柱；
9—不动梁；10—回程缸；11—集汽包；12—限位块；13—工作台；14—框板

2. 性能特点

胶料在加料室预热后，在 $50\sim80$MPa 的单位压力下注入型腔，因浇注道的摩擦生热使硫化加速，制品质地均匀。用这种方法得到的制品具有较高的物理机械性能和化学稳定性。并且压铸是在闭模情况下进行的，因此胶边少，但要求加料精确，有时在型腔最后充满胶料的部位上开一小孔——信号孔，胶料从信号孔流出即表示充满。

以上所述可知，压铸模与普通压模的主要区别在于：①在设备上或模具上有专门的加料室；②有浇注道。

用于比较复杂的用压模生产比较困难的制品和要求物理机械性能较高的橡胶金属制品，如唇口要求耐磨的泥浆泵活塞、承受机器振动的减振弹簧和螺旋桨轴的轴承。

（二）压铸模设计

压铸模大致可以分为：①带加料室压铸模；②无加料室压铸模；③多层式压铸模。图 14-54 所示是由多层模板叠合而成的多层式压铸模，它一次能压铸多个制品。

压铸模的结构设计，如分型面的选择、启模口的设计、模板精度等均可参考压模设计。

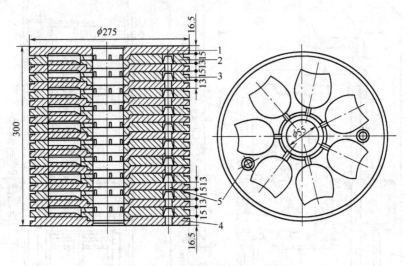

图 14-54　压铸模后跟用的多层模
1—上模；2,3—中模；4—下模；5—定位销

这里仅对加料室、压柱、浇注道、型腔数及压铸盘的设计分别加以介绍。

1. 加料室和压柱

加料室和压柱的结构如图 14-55 所示。加料室的底面面积，应根据制品在垂直于加压方向上投影面的面积确定，有一模压铸一个制品的，也有一模压铸多个制品的。要能压铸出制品，必须使：

$$F \geqslant nF_1 + F_2 \qquad (14-11)$$

式中　F——加料室在垂直加压方向上投影面的面积，m^2；

　　F_1——制品投影面积，m；

　　F_2——浇注道投影面积，m^2；

　　n——制品数（指一层上的型腔数）。

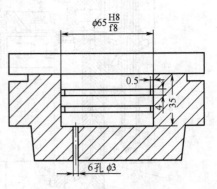

图 14-55　加料室和压柱

加料室的容积为型腔容积的 2.5 倍，由于压实的胶料约占加料室容积的 2/5，装入加料室未经压实的胶料存在间隙应占加料室容积的 3/5，还留有加料室上部 2/5 的容积作为压柱进入加料室导向用的。模具上加料室的直径与高度之比约为 2：1。

压柱的结构，其高度稍大于加料室的高，保证压柱能压到底，以免加料室内残留余胶。为使压柱易拔出，其外圆中部有时车有几道环形槽，以减少压柱与加料室壁的摩擦，压柱与加料室的配合采用 H9/f9，上段间隙可稍大些，以免压柱卡紧在加料室。

2. 浇注道和信号孔

（1）浇注道的设计　橡胶压铸模，不论是带加料室的，或是不带加料室的压铸模，其浇注道的数量、分布、形状和尺寸对制品质量有重要影响。浇注道的设计原则：

① 应避免胶料在流动过程中可能产生的旋涡，使料流平稳；

② 利用胶料通过浇注道产生的热量，使胶料能快速而均匀硫化，提高制品质量；

③ 迅速同时充满型腔，以免因充满时间的不同而造成硫化程度不一致。

（2）浇注道的数量、分布、孔径和形状　浇注道有单浇道和多浇道两种，对于胶料比较集中的轴状制品常在中心开一单浇道，对于叶片状制品、环状制品和盘状制品的压铸模，浇注道的数量为 2～6 孔，甚至更多，呈圆周均布，浇注道的孔与加料室壁的距离约 10mm 左右。孔径在 φ3～6 的范围内选取。浇注道与型腔的连接为圆弧，其圆弧半径等于孔径，以使料流平稳，并避开制品的工作面。浇注道锥角 4°～6°，粗糙度为 Ra1.6（图 14-56）。

压铸模也有一模压铸多个制品的，其浇注道等于型腔数或设计成主浇道、分浇道、浇口的浇注系统。

（3）信号孔　对于无加料室的压铸模，胶料装在压铸机的加料室内，一次装进的胶料可压铸数模，为了表明胶料充满压铸模的型腔，在离浇注道较远的底部开信号孔和信号槽，通到模具外表面，当信号槽有胶连续涌出，表示胶料已充满型腔，即可置入硫化缸进行硫化。信号孔的直径为 φ2。

3. 压铸盘（过渡板）

为使胶料能从压铸机的加料室注进模具的型腔，在加料室和模具间还设置了过渡用的压铸盘，其结构如图 14-57 所示。

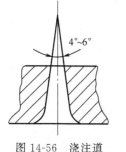

图 14-56　浇注道

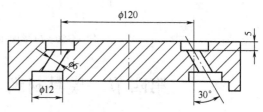

图 14-57　压铸盘

（三）例图

图 14-58 为水泵叶轮压铸模，带加料室。因制品有六个叶片，开了六个浇注道从叶片近处的非工作面来注胶，以减少转折，能迅速充满型腔，并在下模钻穿六个 φ2 的排气孔，便于排气。

图 14-59 为浆泵活塞压铸模。不带加料室，用在压铸机上，有六个均布的浇注道，以使胶料能迅速充满型腔，并在下模底部开有信号孔和信号槽。

图 14-60 为 O 形圈压铸模。利用较小的模板面积成型较多的制品，其加料室即为主浇道，压柱需用另外的液压缸加压。

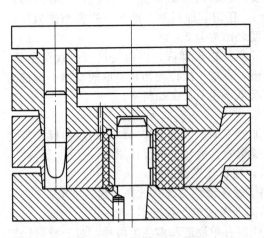

图 14-58　水泵叶轮压铸模

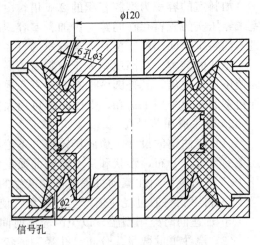

图 14-59　浆泵活塞压铸模

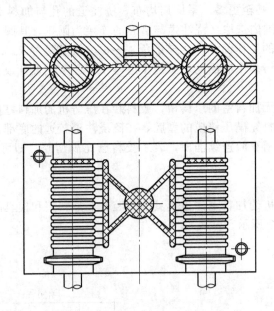

图 14-60　O 形圈压铸模

第四节　模具材料与加工方法

一、模具材料

(1) 材料选择原则　选择模具材料应遵循如下原则:

① 具有足够的强度和刚度,保证模具在高压下工作不会发生损坏;

② 具有一定的表面硬度、较高的耐磨性和抗腐蚀性,保证模具具有足够长的使用寿命;

③ 良好的加工工艺性,使加工、制造比较容易;

④ 良好的导热性,使硫化温度均匀以保证制品质量和性能,并能提高生产效率;

⑤ 高温工作不变形,保证制品的精度和模具的正常使用;

⑥ 价格较低,可以降低模具的制造成本。

(2) 常用的材料及性能特点　常用的材料有如下几类:

① 碳素结构钢　一般用 Q275、45 钢或 50 钢，这类钢材的切削加工性良好，45 钢和 50 钢能进行调质处理，强度和耐磨性能都较高；

② 铸钢　适用于特大的模具，如外胎硫化模采用 ZG270-500 或 ZG310-570 铸钢；

③ 铸铝　铝的导热性能很好，但强度和硬度都低，磨损快，全部用铝铸的模具很少，常用作外胎硫化模中铸铝拼花块；

④ 铬镍钢　氯丁胶的硫化压模采用此类钢材，有较好的抗腐蚀性能；

⑤ 合金工具钢　用来制造小的或细长的型芯和镶块。常用热处理变形较小的 CrWMn、9Mn2V，另外还可以选用 9SiCr。

二、加工方法

(1) 常用机械加工方法　一般有车削、刨削、铣削、钻孔、镗削、磨削及拉、插滚压等。

(2) 其他加工方法　主要有压力加工、线切割、电脉冲、电火化和激光加工等。

另外，一些现代化企业多采用数控机床和加工中心加工模具，既提高了加工精度又提高了生产效率。

第五节　轮胎活络模具与加工设备

一、模具组成、分类及参数

轮胎模具是用于硫化各类轮胎的装置，配合定型硫化机或轮胎硫化罐使用，成型后的胎坯置入轮胎模具内进行硫化。本节主要技术资料和图例采用青岛元通机械有限公司生产的轮胎模具及模具加工设备。

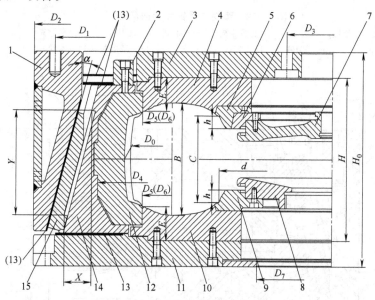

图 14-61　热板式圆锥面导向活络模具

1—中模套；2—定位块；3—上盖；4—上胎侧板；5—上钢圈；6—上压盘；7—胶囊上夹盘；8—胶囊下夹盘；9—下钢圈；10—下胎侧板；11—底板；12—花纹块；13—减磨板；14—滑块；15—导向条

B—轮胎断面宽度；C—轮辋间宽度；D_0—轮胎外直径；D_1—装机孔中心直径；D_2—模具外直径；D_3—驱动机构法兰连接孔中心直径；D_4—花纹块直径；D_5—胎侧板分型直径；D_6—花纹块分型直径；D_7—定位环直径；d—钢圈子口直径；E—上下胎侧板分模点处的厚度；H—向心机构型腔高度；H_0—模具高度；h—钢圈子口宽度；X—模具径向开模行程；Y—模具轴向开模行程；α—导向角

（一）模具组成

模具由向心机构和型腔两部分组成。

向心机构由上盖、底板、中模套、吊环、定位块、导向条、减磨板等组成。型腔由花纹块、上下胎侧板、钢圈、胶囊夹盘等组成。

（二）分类

（1）按结构形式不同分为圆锥面导向活络模具和斜平面导向活络模具。

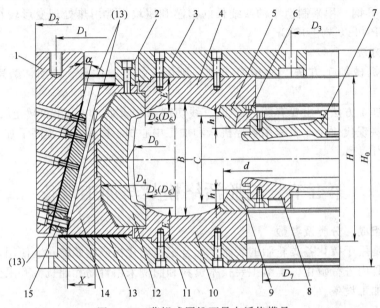

图 14-62　蒸锅式圆锥面导向活络模具

1—中模套；2—定位块；3—上盖；4—上胎侧板；5—上钢圈；6—上压盘；7—胶囊上夹盘；8—胶囊下夹盘；
9—下钢圈；10—下胎侧板；11—底板；12—花纹块；13—减磨板；14—滑块；15—导向条

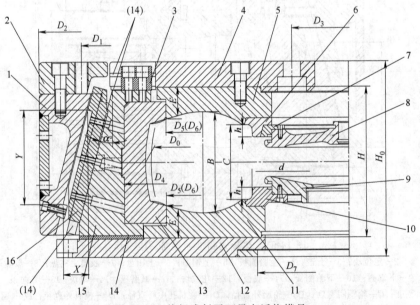

图 14-63　热板式斜平面导向活络模具

1—中模套；2—吊环；3—定位块；4—上盖；5—上胎侧板；6—上钢圈；7—上压盘；8—胶囊上夹盘；9—胶囊下夹盘；
10—下钢圈；11—下胎侧板；12—底板；13—花纹块；14—减磨板；15—滑块；16—导向条

① 圆锥面导向活络模具的结构参见图 14-61、图 14-62。

② 斜平面导向活络模具的结构参见图 14-63、图 14-64。

（2）按模具加热方式不同分为热板式活络模具和蒸锅式活络模具。

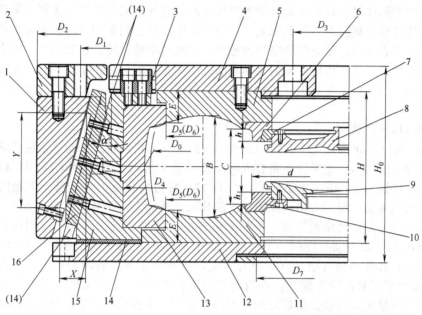

图 14-64　蒸锅式斜平面导向活络模具

1—中模套；2—吊环；3—定位块；4—上盖；5—上胎侧板；6—上钢圈；7—上压盘；8—胶囊上夹盘；9—胶囊下夹盘；
10—下钢圈；11—下胎侧板；12—底板；13—花纹块；14—减磨板；15—滑块；16—导向条

（三）基本参数

表 14-2 列出了轮胎活络模具各部位主要尺寸的极限偏差。

表 14-2　轮胎活络模具各部位主要尺寸的极限偏差

项目名称	轮 胎 类 型			
	轿车、轻型载重汽车轮胎	载重汽车轮胎	工程机械轮胎	
			外径$<\phi2000$	外径$\geqslant\phi2000$
模具外直径 D_2 偏差/mm	±0.5	±0.5	±1.0	±2.0
模具高度 H_0 偏差	±0.5	±0.5	±1.0	±2.0
上模装机孔位置度	$\leqslant\phi0.5$	$\leqslant\phi0.5$	$\leqslant\phi1.0$	$\leqslant\phi2.0$
驱动机构连接孔位置度	$\leqslant\phi0.5$	$\leqslant\phi0.5$	$\leqslant\phi1.0$	$\leqslant\phi2.0$
轮胎外直径 D_0 偏差	±0.2	±0.3	±0.5	±0.8
断面宽 B 偏差	±0.2	±0.3	±0.4	±0.5
轮辋间宽度 C 偏差	±0.2	±0.3	±0.4	±0.5
钢圈子口宽度 h 偏差	±0.05	±0.1	±0.2	±0.3
钢圈子口直径 d 偏差	±0.05	±0.1	±0.15	±0.15
对接花纹合模错位量	≤0.1	≤0.1	≤0.2	≤0.3
非对接花纹合模错位量	≤0.3	≤0.5	≤1.0	≤2.0
花纹节距偏差	±0.2	±0.3	±0.5	±1.0
各断面曲线样板间隙	≤0.1	≤0.1	≤0.2	≤0.3
模具上下平面的平面度	≤0.15	≤0.2	≤0.25	≤0.5
模具上下平面的平行度	≤0.3	≤0.4	≤0.5	≤1.0
胎冠圆跳动	≤0.2	≤0.3	≤0.5	≤0.8
胎肩圆跳动	≤0.2	≤0.3	≤0.5	≤0.8
轮胎外直径 D_0 与钢圈子口直径 d 的同轴度	$\leqslant\phi0.1$	$\leqslant\phi0.2$	$\leqslant\phi0.3$	$\leqslant\phi0.5$
钢圈子口直径 d 与定位环的同轴度	$\leqslant\phi0.1$	$\leqslant\phi0.2$	$\leqslant\phi0.3$	$\leqslant\phi0.5$

二、活络模具技术优势

采用活络模具的原因主要是由于子午线轮胎外胎胎胚的外直径大于硫化模型花纹的根部直径，用两半模型硫化时，容易产生胎冠厚薄不均匀和帘线排列不正的缺点，特别对钢丝胎体更重要，因为胎体硬，硫化外胎从两半模拉出时，容易造成花纹裂口或损坏模具等。所以为适应子午线轮胎或钢丝胎体轮胎的生产，把两半模型改为胎冠部分可径向分合的几个小块的活络模具。在合模时，活络模块能自动地向已定型的生胎合拢。在卸胎时，活络模块能自动地脱开硫化外胎，这样可使外胎的胎体和胎冠得到很好的保护而不受损坏，保证外胎质量和装卸胎便利，但是由于活络模具的结构复杂，制造困难，模型造价较高，因此目前尚未全面采用。

三、活络模具的结构

图14-65为B型定型硫化机使用的钢丝子午线轮胎活络模具的结构。活络模具主要由上胎侧模12、下胎侧模4、扇形块3拼合成的环及导套7组成。上胎侧模12用螺栓固定在活络模汽缸的连接法兰上，其上面有两根限位杆13，穿过硫化机的上托盘。下胎侧模4用螺栓固定在下蒸汽室上，导套7用螺栓固定在硫化机上托盘上，导套的内圈有数个（与扇形块同数的）具有一定角度的滑动平面，平面上镶有板14，板的外面有耐热、耐压、耐磨的聚四氟乙烯薄板15。在滑动平面的中部，沿上、下方向有T形导槽，扇形块拼合环夹在上、下胎侧模之间，其外围也有数个（与导套对应）具有一定角度的滑动平面，平面上镶有板1，板外面也有聚四氟乙烯薄板15。在滑动平面的中间，沿上、下方向有凸出的一条T形导条与导套上的导槽配合滑动。扇形块的内圈镶有或刻有轮胎花纹，扇形块的上部还用螺钉固定着T形块11，T形块的上沿压在上胎侧模上，以确保扇形块与上胎侧模的适当位置。

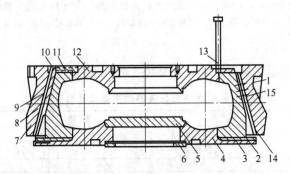

图14-65　钢丝子午线轮胎活络模具的结构

1,9,10,14—板；2—垫板；3—扇形块；4—下胎侧模；5—下胎圈环；6—定位环；
7—导套；8—导条；11—T形块；12—上胎侧模；13—限位杆；15—聚四氟乙烯薄板

四、活络模具的工作顺序

图14-65中，硫化结束，内、外压力排完之后，活络模汽缸动作，活塞下推压住上胎侧模12，这时硫化机开启，导套7随上蒸汽室上升，扇形块3在导套7的作用下，利用T形导条和T形导槽的配合关系，在上、下胎侧模之间沿径向向外滑动，以便使外胎在冠部花纹处与扇形块分开，当外胎冠部花纹与扇形块全部脱离，导套升高到一定的高度时，由于限位杆13的作用，上胎侧模12、扇形块3一起随上半蒸汽室上升，当蒸汽室升到一定的高度时，活络模汽缸作用，活塞回缩，上胎侧模带动扇形块收拢在导套内，以免卸胎时外胎与扇形块碰撞，上半蒸汽室继续上升直至全开。

在合模时，把胎胚放到下胎侧模4上，上胎侧模12、导套7、扇形块3在上半蒸汽室的带动下，一起往下移动，上半蒸汽室降到一定的高度时，活络模汽缸的活塞下推，使上胎侧模12和扇形块3下移，直到扇形块的下部碰到下胎侧模时，上胎侧模12停止下降，扇形块

3又夹到上、下胎侧模之间，导套7继续下降，迫使扇形块3沿径向往里滑动，直到扇形块合拢成环状，活络模构成一个完整的胎模时，硫化机到达闭合极限，停止运动。

五、活络模具加工工艺流程与设备

（一）模具加工工艺流程

图14-66所示为模具加工工艺流程及主要加工设备。

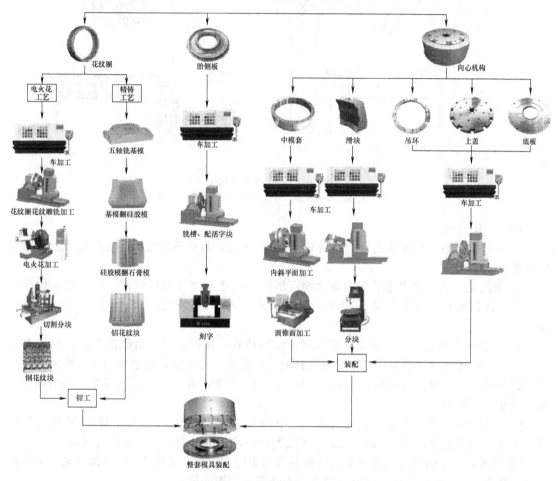

图14-66　模具加工工艺流程

模具加工工艺流程具体如下：设计→备料→粗加工（检验）→热处理→半精加工（检验）→钳工工序（检验）→精加工（检验）→组装（检验）→调试（检验）→入库。

（二）设备简介

1. 立式车床

图14-67所示为立式车床结构。

（1）用途及性能　CK52系列数控车床专用于轮胎模具、回转支撑、汽轮机叶轮、法兰盘等盘状类零件的加工的双柱定梁立式车床。加工直线的同时在不停车调整刀架的情况下可连续加工锥度，还可以加工圆弧等复杂的曲线。采用半闭环伺服控制，主轴采用变频无级调速，主轴加编码器，可以车螺纹，并实现恒线速度切削。由于采用定梁结构，整个立面形成一个稳固的龙门框架，保证了机床的整体刚度，比普通的动梁立车具有更好的切削稳定性和精度。

（2）主要结构　该车床主要由底座、立柱、横梁、花盘、刀架、传动系统、液压系统和数控系统组成。

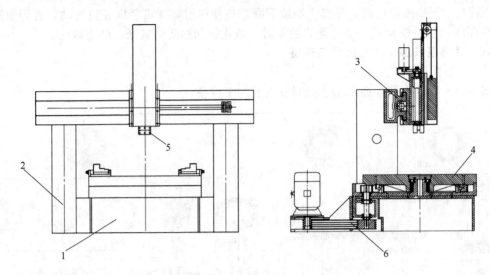

图 14-67　立式车床结构
1—底座；2—立柱；3—横梁；4—花盘；5—刀架；6—传动系统

（3）工作特点

① 底座、立柱、横梁均选用优质铸铁 HT200 制造，具有热变形小、抗震性强、静刚度好等优点。

② 采用龙门式横梁固定结构，横梁固定增强了机床的刚度和稳定性，最大程度地提高了加工工件的精度。在固定式横梁上，装有可移动刀架，通过数控系统实现刀架的精确移动。

③ 刀架部分的导轨采用新型抗磨软带，粘贴技术，减振性好，耐磨性高。由伺服电机通过同步带轮转动带动滚珠丝杠以实现刀杆的纵向进给；刀架横向进给由安装在横梁内的滚珠丝杠来完成。刀架背面装有平衡配重铁块，通过罩内的滑轮，用钢丝绳相连，从而抵消重量，减小动力摩擦。

④ 工作台的圆形设计对于直径较大的盘状零件的加工，体现出该系列机床独特的优越性。工作台选用优质铸铁 HT250 制造，热变形小，刚度好，增大单位面积的承重量。

⑤ 机床主电路由两台三相异步电机和两台伺服电机组成，采用 380V 电源供电。工作台主电机功率在 5.5～110kW，电机的功率适当降低了能源的消耗。

⑥ 传动系统采用齿轮传动，齿轮全部由优质钢材精制而成，并经调质处理，齿轮表面经过高频淬火处理。

⑦ 无级变频调速，提高了调速的快捷性与方便性，操作人员可根据加工工件的需要利用无级变频调速功能调整花盘的转速。主轴加编码器，可以车螺纹，并实现恒线速度切削。

⑧ 数控系统采用华兴 M31 数据控制系统，具有 Automatic（自动）、MDA（手动）数据输入两种工作方式，具备 RS232 通信接口，便于数据和程序传送，通过控制面板实现系统的操作。

⑨ 机床能进行粗加工，还能进行精加工，加工效率高、精度高、表面质量高。用于矿山、冶金机械、工程机械、汽车、机床制造等，尤其适于轮胎模具加工，是加工盘状、球状等复杂零件的理想设备。

（4）技术参数　表 14-3 列出了 CK52 系列数控立式车床技术参数。

2. 多功能铣床

（1）用途及性能　TXK16/4-1 多功能铣床为轮胎活络模具专用单立柱铣床。本机可以进行花纹圈雕铣，侧板活字块槽，中模套内斜平面、外圆打孔及上下盖板，滑块外圆钻孔、外斜平面 T 形槽、端面的加工等，将铣、镗、钻集于一体，尤其适用于大型盘状和环状零件的复杂加工。本机采用了摆动式工作台，四轴数字控制系统，卧式铣头与直角铣头的配合安装，减少工件的重复装夹次数，提高了工作效率及加工精度。数字控制系统由界面和键盘输入组成，操作简单、方便。特别适合于规模相对小的小型企业，能充分发挥其一机多用的效果。

表 14-3　CK52 系列数控立式车床技术参数

序号	规格型号	工作台直径/mm	最大工件			工作精度			主轴转速/(r/min)	主电机功率/kW	工作台最大扭矩/kN·m	外形尺寸（长×宽×高）/mm	总重/t
			直径/mm	长度/mm	质量/t	圆度	圆柱度	平面度					
1	CK526	500	630	300	0.65	0.005	300：0.02	0.02	5～100	7.5	0.65	1320×1352×2040	1.8
2	CK5212	1000	1250	400	2	0.005	300：0.02	0.02	3～64	11	1	2150×1775×2425	6.2
3	CK5216	1400	1600	500	3.1	0.01	300：0.02	0.03	2.5～55	18.5	3	2800×2225×2760	8.6
4	CK5220	1600	2000	550	6.7	0.01	300：0.02	0.03	2～42	30	6	3300×2475×3000	9.5
5	CK5225	2000	2500	750	16	0.01	300：0.02	0.03	1.6～32	45	12	3950×2960×3640	24
6	CK5225	2250	2100	1250	26	0.01	300：0.02	0.03	1.4～28	55	16.5	6240×4405×3700	35
7	CK5231	2800	2500	1400	28	0.01	300：0.02	0.03	1.3～26	75	18	5650×4000×5760	39.5
8	CK5235	3000	4000	1500	30	0.01	300：0.02	0.03	1.25～25	90	26	6240×4415×6130	46
9	CK5250	4000	5000	1250	42	0.015	300：0.02	0.04	1～20	110	47	7200×5400×6090	62.5
10	CK5263	5000	6300	2200	80	0.015	300：0.02	0.04	0.9～18	110	52.5	9600×6850×7050	125

(2) 主要结构　铣床由底座部分、回转部分、主轴部分、配重部分、控制面板、润滑系统、数控系统等组成。图 14-68 所示为多功能铣床结构。

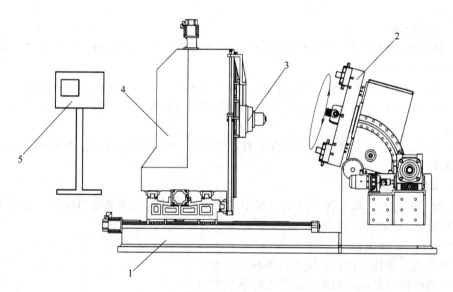

图 14-68　多功能铣床结构
1—底座部分；2—回转部分；3—主轴部分；4—配重部分；5—控制面板

(3) 工作特点

① 底座、花盘、箱体、主轴箱、立柱、托板等由优质材料（HT200）铸铁制成，热变形小，抗震性强，静刚度好。

② 进给机构导轨采用台湾 PMI 重预压线性导轨，刚度高，精度性能好，耐磨性高。

③ 由伺服电机通过联轴器直接带动滚珠丝杠以实现 X、Y、Z 轴的直线进给；C 轴回转

运动伺服电机通过同步带轮带动安装在主轴箱内的自动消隙涡轮蜗杆系统来完成，从而大大提高了该机的加工精度。

④ 底座采用四根导轨，增强了机床的刚度和稳定性。

⑤ 摆动工作台的设计可以对于工件进行多角度加工，箱体摆动采用齿轮轴和齿弧的传动实现，到位后两侧通过液压缸锁紧，体现出该机床独特的优越性。齿轮轴和齿弧由 45 号钢滚制而成，并经调制处理，齿表面经过高频淬火处理。

⑥ 操作者可根据加工不同工件的需要利用主轴无级调速功能调整主轴的转速。

（4）技术参数　表 14-4 列出了 TXK16/4-1 多功能铣床的技术参数。

表 14-4　TXK16/4-1 多功能铣床技术参数

花盘直径/mm	φ1600	Y 轴电机/kW	5.2
最大加工工件直径/mm	φ1600	Z 轴电机/kW	2.6
主轴功率/kW	11	C 轴电机/kW	2.6
主轴转速/(r/min)	200～4000	摆动轴电机/kW	3
X 轴行程/mm	500	X,Y,Z 轴定位精度	0.025
Y 轴行程/mm	1300	重复定位精度	0.02
Z 轴行程/mm	1000	直角铣头的最高转速/(r/min)	2000
C 轴回转轴角度/(°)	360	花盘最大负载/t	1.5
机箱摆动角度/(°)	90	机床外形尺寸/mm	4000×3000×1850
X 轴电机/kW	4.3	整机质量/t	15

第六节　模具修理与保养

一、模具修理

（1）模具修理的作用　模具修理是为了：①保证生产的正常运行；②延长模具的使用寿命；③降低生产成本。

（2）模具损伤形式及原因　模具损伤形式及原因有：①型芯碰伤变形；②型芯、型腔使用过程中出现划伤；③模板局部受压变形；④定位零件磨损，精度降低；⑤模板开裂；⑥手柄断裂。

（3）常用修理方法　常用的修理方法有：①焊接；②焊接刮研；③磨削；④研磨；⑤铰孔；⑥镶接。

二、模具的保养

（1）保养的意义　模具保养的意义在于长期保证模具的精度和使用性能，有效地延长模具的使用寿命，能够即时满足生产的需要，减少经费开支。

（2）保养的基本方法

① 严格执行操作规程，避免模具出现意外损坏；

② 模具使用后较长时间不用，应及时涂防锈剂；

③ 长期停放的模具应定期进行检查、维护保养；

④ 搬运、摆放模具应避免发生碰伤、划伤事故；

⑤ 模具内腔出现氧化或有析出物，应使用研磨剂、研磨砂或其他方法进行清理；

⑥ 使用、维护保养模具应有记录；

⑦ 建立专人责任管理制度。

三、橡胶模具设计实训教学方案

橡胶模具设计实训教学方案见表 14-5。

表14-5 橡胶模具设计实训教学方案

实训项目	具体内容	目的要求
橡胶模具的维护保养	①模具的防锈 ②模具的分类存放 ③模具的搬运 ④模具合模、开模 ⑤制品取出、模具清理 ⑥模具型腔的修复 ⑦使用记录	①使学生具有模具存放的管理能力 ②具有正确使用模具的能力 ③养成经常观察、检查和保养模具的习惯 ④掌握修复模具的基本技能 ⑤随时保持模具的清洁卫生 ⑥及时填写设备使用记录,确保模具处于良好状态
橡胶模具设计	①模具结构类型的确定 ②模具型腔尺寸的确定 ③模具结构设计 ④模具整体尺寸的确定 ⑤模具材料的选择 ⑥模具强度、刚度计算 ⑦模具尺寸的标注	①具有分析制品使用性能要求的能力 ②能够合理确定胶料收缩率并准确的计算出模具型腔尺寸 ③正确的选择分型面,合理地确定模具基本结构 ④具有经济意识,合理地选择模具材料 ⑤确保模具的强度和刚度符合实际使用要求 ⑥具有模具尺寸、公差标注的基本技能 ⑦能够绘制出规范的模具图 ⑧具有编制模具设计和使用说明书的能力

思考题

1. 举例说明橡胶模具一般由哪些部分组成？并指出各部分的基本作用。

2. 橡胶模具是怎样分类的？各类模具的特点是什么？

3. 橡胶模具应满足哪些基本要求？

4. 什么叫胶料收缩率？收缩率是怎样产生的？

5. 影响胶料收缩率因素有哪些？如何确定？

6. 举例确定模具的型腔和型芯尺寸。

7. 什么叫模具的分型面？分型面有几种形式？如何选择分型面？

8. 举例说明镶块、型芯的镶接方法。

9. 如何对制品的金属骨架进行定位？

10. 具的导向和定位方法有哪些？各应用于何种场合并举例说明？

11. 一耐油O形密封圈的内径为 $\phi(30\pm0.2)$mm，断面直径为 $\phi(4\pm0.1)$mm，胶料收缩率为 1.8%，试设计其模具（压模）。

12. 橡胶注射模一般由哪些部分组成，各起什么作用？

13. 对注射模成型零件的基本要求有哪些？

14. 顶出机构有几种结构类型？各用于何种场合？

15. 抽芯机构有什么重要作用？有哪几种类型？

16. 浇注系统的设计原则有哪些？浇口的结构类型与应用如何？

17. 简述压铸模的结构组成、浇注道及信号孔的设计方法。

18. 如何进行模具尺寸的标注并举例说明。

19. 活络模具与普通轮胎模具有什么不同？

20. 活络模具技术优势表现在哪些方面？

附　　录

附录一　由制品外径（或内径、中径）、高度查模具尺寸参考图表

（一）油封模

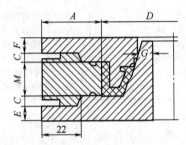

D	A	E	C	G		H	F
≤50	35	10	6	10			
50<D≤140	35	10	6	10		7～8	15
140<D≤200	37.5	12	6	12		9～11	17
200<D≤300	40	12	7	13		12～16	18
300<D≤400	42.5	13	7	13		17～18	20
400<D≤500	45	16	8	15		19～22	20
500<D≤600	50	16	8	15		23～26	20
>600	55	16	8	15			

（二）胶质密封环模

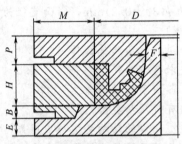

D	M	B	E	F		H	P
≤50	35	7	10	10			
50<D≤140	37.5	7	10	10		12	24
140<D≤200	40	8	12	12		16	24
200<D≤300	40	9	12	13		18	26
300<D≤400	42.5	9	16	15		20	28
400<D≤500	45	10	16	15		25	30
500<D≤600	50	10	17	15			
>600	55	10	17	15			

（三）双口油封模

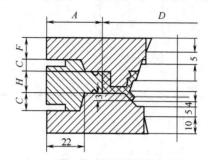

D	A	C		H	F
≤50	35	6			
50<D≤140	35	6		7～8	15
140<D≤200	37.5	6		9～11	17
200<D≤300	40	7		12～16	18
300<D≤400	42.5	7		17～18	20
400<D≤500	45	8		19～22	20
500<D≤600	50	8		23～26	20
>600	55	8			

（四）矩形橡胶垫圈模（单孔）

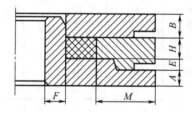

D	A	E	F	M		H	B
≤100	11	5	11	35		≤5	12
100<D≤150	12	6	12	35		5<H≤8	13
150<D≤200	12	6	12	35		8<H≤11	15
200<D≤250	13	7	13	37.5		11<H≤14	18
250<D≤280	14	7	13	37.5		14<H≤17	20
						17<H≤20	22

（五）矩形橡胶垫圈模（单孔）

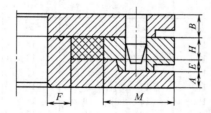

D	A	E	F	M		H	B
280<D≤350	15	7	15	40		≤5	14
350<D≤400	16	8	15	40		5<H≤8	15
400<D≤450	17	8	17.5	45		8<H≤11	16
450<D≤500	17	9	17.5	45		11<H≤14	17
500<D≤550	18	9	20	50		14<H≤17	18
550<D≤600	18	10	20	50		17<H≤20	18

（六）矩形橡胶垫圈模（单孔）

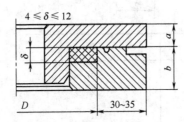

δ	4～6		7～8		9～10		11～12	
D	a	b	a	b	a	b	a	b
≤70	10	15	11	19	12	23	10	25
70<D≤100	10	15	11	19	12	23	10	25
100<D≤130	12	18	11	19	12	23	13	27
130<D≤160	12	18	11	19	12	23	13	27
160<D≤190	12	18	13	22	12	23	13	27
190<D≤220	12	18	13	22	13	27	13	27
220<D≤250	13	22	13	22	13	27	13	27
250<D≤280	13	22	13	22	13	27	13	27
280<D≤310	13	22	13	22	13	27	13	27
310<D≤340	15	20	15	20	15	25	15	25

（七）矩形橡胶垫圈模（多孔）

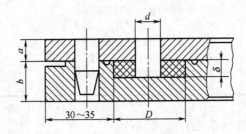

δ	3～5		6～8		9～10		11～12	
d	a	b	a	b	a	b	a	b
≤10	10	15	12	18	13	22	13	22
10<d≤15	10	15	12	18	13	22	13	22
15<d≤20	14	16	15	20	15	20	16	24
20<d≤25	14	16	15	20	15	20	16	24
25<d≤30	15	15	16	19	17	23	16	24
30<d≤35	17	18	16	19	17	23	16	24
35<d≤40	17	18	16	19	17	23	16	24

（八）矩形橡胶垫圈模（多孔）

$a=\delta$（$8\leqslant\delta\leqslant45$）

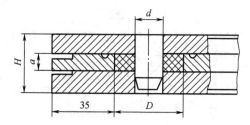

H a d	8～10	11～13	14～16	17～19	20～22	23～25	26～28	29～31	32～34	35～37	38～40	40～42	43～45
≤10	30	35	40	45	45	50	55	60	60	65	70	75	75
10<d≤15	35	35	40	45	45	50	55	60	60	65	70	75	75
15<d≤20	35	40	40	45	50	50	60	60	65	70	70	75	80
20<d≤25	40	40	45	50	50	55	60	60	65	70	75	80	80
25<d≤30	40	40	45	50	55	55	60	65	65	70	75	80	85
30<d≤35	40	40	50	50	55	60	65	65	70	75	80	80	85

（九）矩形橡胶垫圈模（多孔）

$\delta\leqslant3$ 的结构

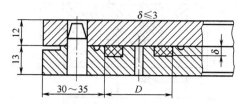

外径 D	10	20	30	40	50	60	70	80

注：模具另一边，边到型腔的距离均为 20～25mm。

（十）矩形夹织物橡胶垫圈模（单孔）

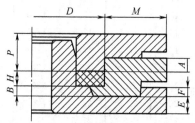

D	M	B	E	F
≤70	30	6	11	5
70<D≤200	35	7	12	6
200<D≤250	35	7	13	6
250<D≤350	40	8	14	7
350<D≤400	45	9	15	8
400<D≤450	45	9	16	8
450<D≤550	50	10	17	9
>550	50	10	18	10

H	A	P
≤8	6	20
8<H≤11	8	22
11<H≤13	9	24
13<H≤16	10	26
16<H≤19	11	26
19<H≤22	12	26
22<H≤24	12	26
24<H≤26	12	26

注：1. 模具总高应为 5cm 或 10cm，可调整 P 和 E 达到；

2. 外径 D>400mm，上、中、下模各装手柄两个。

（十一）矩形橡胶垫圈模（多孔）

$\delta = 3 \sim 12$

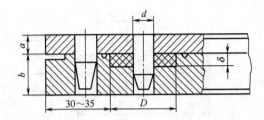

δ	$3 \sim 5$		$6 \sim 8$		$9 \sim 10$		$11 \sim 12$	
d	a	b	a	b	a	b	a	b
$\leqslant 10$	10	15	12	18	13	22	12	23
$10 < d \leqslant 15$	13	17	12	18	13	22	12	23
$15 < d \leqslant 20$	13	17	15	20	16	24	16	24
$20 < d \leqslant 25$	15	15	15	20	16	24	16	24
$25 < d \leqslant 30$	15	15	15	20	16	24	16	24
$30 < d \leqslant 35$	17	18	16	19	17	23	18	27
$35 < d \leqslant 40$	17	18	16	19	17	23	18	27

（十二）O形橡胶密封圈模

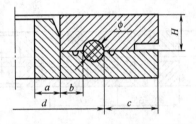

查上模厚 H

d \ ϕ	$\leqslant 3$	$3 < \phi \leqslant 4$	$4 < \phi \leqslant 6$	$6 < \phi \leqslant 8$	$8 < \phi \leqslant 10$	$10 < \phi \leqslant 12$	$12 < \phi \leqslant 14$	$14 < \phi \leqslant 16$	$16 < \phi \leqslant 18$	$18 < \phi \leqslant 20$
$30 < d \leqslant 50$	12.5	12.5	12.5	15	17.5					
$50 < d \leqslant 100$	12.5	12.5	15	15	17.5	17.5	20	20	22.5	22.5
$100 < d \leqslant 200$	12.5	15	15	17.5	17.5	17.5	20	22.5	22.5	25
$200 < d \leqslant 250$	15	15	15	17.5	17.5	20	20	22.5	25	25
$250 < d \leqslant 350$	15	15	17.5	20	20	20	22.5	22.5	25	25
$350 < d \leqslant 550$	17.5	17.5	17.5	20	20	20	22.5	22.5	25	25
$550 < d \leqslant 750$	20	20	20	22.5	22.5	25	25	25	27.5	27.5
$750 < d \leqslant 850$	22.5	22.5	22.5	25	27.5	27.5	30	30	30	32.5
$850 < d \leqslant 1000$	25	25	27.5	27.5	30	30	30	32.5	35	35

查间距 C

d \ ϕ	$\leqslant 3$	$3 < \phi \leqslant 6$	$6 < \phi \leqslant 9$	$9 < \phi \leqslant 12$	$12 < \phi \leqslant 15$	> 15
$30 < d \leqslant 50$	25	27.5	27.5	30		
$50 < d \leqslant 100$	25	27.5	27.5	30	30	30
$100 < d \leqslant 150$	30		30		30	
$150 < d \leqslant 200$	32.5		32.5		32.5	
$200 < d \leqslant 250$	32.5		32.5		32.5	
$250 < d \leqslant 1000$	35		35		35	

查尺寸 a、b

$\overbrace{\quad\quad}^{a=b\ \ \phi}$ d	≤3	3<ϕ≤6	6<ϕ≤9	9<ϕ≤12	12<ϕ≤15	>15
20<d≤200	10	10	10	10	10	10
200<d≤300	12.5	12.5	12.5	12.5	12.5	12.5
300<d≤450	12.5	12.5	12.5	12.5	15	15
450<d≤550	12.5	12.5	12.5	15	15	15
550<d≤1000	12.5	12.5	15	15	15	20

注：对双层模和几孔套用（2、3、4、5孔）的O形密封圈模也适用。

（十三）O形橡胶密封圈模（单孔，45°分型面）

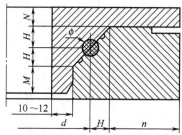

d	M	a
≤125	13~15	28
125<d≤140	15~18	28
140<d≤225	15~18	30
225<d≤450	17~20	30

模具外径 D	N
≤210	10
210<D≤350	12
>350	15

ϕ	H
≤3	8
3<ϕ≤5	9
5<ϕ≤7	10
7<ϕ≤9	11
9<ϕ≤11	12.5
11<ϕ≤13	13.5
13<ϕ≤15	15
15<ϕ≤17.5	16
17.5<ϕ≤20	18

注：1. 模具总高的数值，其个位数应为0或5，45°分型高 $H=H_1$；

2. 模具外径>350mm，上、下模分别装手柄。

（十四）O形橡胶密封圈模（单孔，45°分型面）

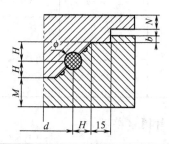

ϕ	H	H_1	d
≤3	8	6.5~7	16~19
3<ϕ≤5	9	7~8	17~22
5<ϕ≤7	10	9	20~22
7<ϕ≤9	11		
9<ϕ≤11	12.5		
11<ϕ≤13	13.5		
13<ϕ≤15	15		

（十五）O形橡胶密封圈模（单孔，双层）

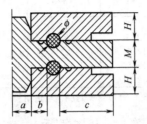

ϕ	H	M	$2H+M$
$\leqslant 3$	12.5	15	40
$3<\phi\leqslant 5$	12.5	15	40
$5<\phi\leqslant 7$	14	17	45
$7<\phi\leqslant 9$	15	20	50
$9<\phi\leqslant 11$	16	23	55
$11<\phi\leqslant 13$	17	26	60
$13<\phi\leqslant 15$	18.5	28	65
$15<\phi\leqslant 17.5$	20	30	70
$17.5<\phi\leqslant 20$	21	33	75

注：1. 表中数据适用于模具外径＜290mm，当外径＞290mm，H 和 M 的尺寸适当增大，$2H+M$ 的值的个位数应为 0 或 5；

2. 尺寸 a、b、c 查表（十二）。

（十六）O形橡胶密封圈模（多孔）

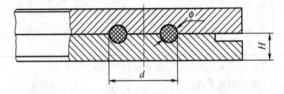

d＼H＼ϕ	$\leqslant 2$	$2<\phi\leqslant 4$	$4<\phi\leqslant 6$	$6<\phi\leqslant 8$	$8<\phi\leqslant 10$
$\leqslant 10$	12.5	12.5	15		
$10<d\leqslant 20$	12.5	12.5	15	15	17.5
$20<d\leqslant 30$	12.5	12.5	15	15	17.5
$30<d\leqslant 40$	12.5	12.5	15	17.5	17.5
$40<d\leqslant 70$	12.5	12.5	15	17.5	20

（十七）V形夹织物橡胶密封圈（单孔）

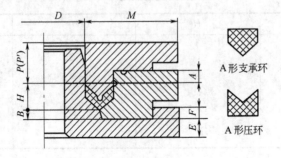

A形支承环

A形压环

D	M	B	E	F	H	A	P
≤70	30	5	11	4	≤8	6	18
70<D≤145	35	5	12	6	8<H≤11	7	18
145<D≤250	40	6	13	6	11<H≤13	7	19
250<D≤350	42.5	6	14	7	13<H≤16	8	20
350<D≤400	45	7	15	8	16<H≤19	8	21
400<D≤450	45	7	16	9	19<H≤22	9	22
450<D≤550	50	8	17	10	22<H≤24	9	23
550<D≤750	50	9	18	10	24<H≤26	10	24
>750	50	10	18	10	>26	10	25

注：1. 模具结构和表中数据对支承环和压环均适用；

2. V形橡胶密封圈的支承环和压环的 $A=0$，$P'=P-5$；

3. 多孔模的 M 值为 25～35mm，两孔间距为 $D+(18\sim22)$；

4. 模具外径>450mm，上、中、下模各装手柄两个。

附录二　模具经济加工精度

（一）加工孔的经济精度

加工的公差等级(IT)和标准公差值/μm

孔的公称直径φ/mm	钻及扩钻孔				扩孔				铰孔						拉孔	
	无钻模		有钻模		粗扩		铸孔或冲孔后一次扩孔	钻扩后精扩	半精铰	精铰	细铰				粗拉铸孔或冲孔	
	13	11	13	11	13	11	11	10	11	10	9	8	7	6	11	10
≤3	—	60	—	60	—	—	—	—	—	—	—	—	—	—	—	—
3<φ≤6	—	75	—	75	—	—	—	—	75	48	30	18	12	8	—	—
6<φ≤10	—	90	—	90	—	—	—	—	90	48	36	22	15	9	—	—
10<φ≤18	270	—	—	110	270	—	110	70	110	70	43	27	18	11	—	—
18<φ≤30	330	—	—	130	330	—	130	84	130	84	52	33	21	—	—	—
30<φ≤50	390	—	390	—	390	390	160	100	160	100	62	39	25	—	160	100
50<φ≤80	—	—	460	—	460	460	190	120	190	120	74	46	30	—	190	120
80<φ≤120	—	—	—	—	540	540	220	140	220	140	87	54	35	—	220	140
120<φ≤180	—	—	—	—	—	—	—	—	250	160	100	63	40	—	250	160
180<φ≤250	—	—	—	—	—	—	—	—	290	185	115	72	46	—	—	—
250<φ≤315	—	—	—	—	—	—	—	—	320	210	130	81	52	—	—	—
315<φ≤400	—	—	—	—	—	—	—	—	—	—	—	—	—	—	—	—
400<φ≤500	—	—	—	—	—	—	—	—	—	—	—	—	—	—	—	—

加工的公差等级(IT)和标准公差值/μm

孔的公称直径φ/mm	拉孔			镗孔							磨孔				研磨	用钢球、挤压杆校正用钢球或滚柱扩孔的挤孔			
	粗拉或钻孔后精拉孔			粗	半精		精			细	粗		精						
	9	8	7	13	11	10	9	8	7	6	9	8	8	7	6	10	9	8	7
≤3	—	—	—	—	—	—	—	—	—	—	—	—	—	—	—	—	—	—	—
3<φ≤6	—	—	—	—	—	—	—	—	—	—	—	—	—	—	—	—	—	—	—
6<φ≤10	—	—	—	—	—	—	—	—	—	—	—	—	—	—	—	—	—	—	—
10<φ≤18	43	27	18	270	110	70	43	27	18	11	43	27	27	18	11	70	43	27	18
18<φ≤30	52	33	21	330	130	84	52	33	21	13	52	33	33	21	13	84	52	33	21
30<φ≤50	62	39	25	390	160	100	62	39	25	16	62	39	39	25	16	100	62	39	25
50<φ≤80	74	46	30	460	190	120	74	46	30	19	74	46	46	30	19	120	74	46	30
80<φ≤120	87	54	35	540	220	140	87	54	35	22	87	54	54	35	22	140	87	54	35
120<φ≤180	100	63	40	630	250	160	100	63	40	—	100	63	63	40	25	160	100	63	40
180<φ≤250	—	—	—	720	290	185	115	72	46	—	115	72	72	46	29	185	115	72	46
250<φ≤315	—	—	—	810	320	210	130	81	52	—	130	81	81	52	32	210	130	81	52
315<φ≤400	—	—	—	890	360	230	140	89	57	—	140	89	89	57	36	230	140	89	57
400<φ≤500	—	—	—	970	400	250	155	97	63	—	155	97	97	63	40	250	155	97	63

（二）端面加工的经济精度

加工方法		直径 φ/mm			
		≤50	50<φ≤120	120<φ≤260	260<φ≤500
车	粗	0.15	0.20	0.25	0.40
	精	0.07	0.10	0.13	0.20
磨	普通	0.03	0.05	0.05	0.07
	精密	0.02	0.03	0.03	0.035

（三）圆锥形孔加工的经济精度

加工方法		经济精度（级）	
		锥孔	深锥孔
镗孔	粗	IT8,IT9	IT8,IT9～IT11
	精	IT7	
扩孔	粗	IT11	—
	精	IT8,IT9	
铰孔	机动	IT7	IT7～IT8,IT9
	手工	高于IT7	
磨孔		高于IT7	IT7
研磨		IT6	IT6～IT7

（四）多边形孔加工经济精度

加工方法	经济精度（级）
钻	IT8,IT9～IT11
插	IT8,IT9～IT11
磨	IT7～IT8,IT9
拉	IT7～IT8,IT9
研磨	IT7

（五）圆柱形外表面加工经济精度

公称直径 φ/mm	车					磨				研磨	用钢珠或滚柱工具滚压			
	粗	半精或一次加工		精		一次加工	粗		精					
	加工的公差等级（IT）和标准公差值/μm													
	14～12	13	11	10	9	7	9	7	6	5	10	9	7	6
≤3	250～100	140	60	40	25	10	25	10	6	4	40	25	10	6
3<φ≤6	300～120	180	75	48	30	12	30	12	8	5	48	30	12	8
6<φ≤10	360～150	220	90	58	36	15	36	15	9	6	58	36	15	9
10<φ≤18	430～180	270	110	70	43	18	43	18	11	8	70	43	18	11
18<φ≤30	520～210	330	130	84	52	21	52	21	13	9	84	52	21	13
30<φ≤50	620～250	390	160	100	62	25	62	25	16	11	100	62	25	16
50<φ≤80	740～300	460	190	120	74	30	74	30	19	13	120	74	30	19
80<φ≤120	870～350	540	220	140	87	35	87	35	22	15	140	87	35	22
120<φ≤180	1000～400	630	250	160	100	40	100	40	25	18	160	100	40	25
180<φ≤250	1150～460	720	290	185	115	46	115	46	29	20	185	115	46	29
250<φ≤315	1300～520	810	320	210	130	52	130	52	32	23	210	130	52	32
315<φ≤400	1400～570	890	360	230	140	57	140	57	36	25	230	140	57	36
400<φ≤500	1550～630	970	400	250	155	63	155	63	40	27	250	155	63	40

（六）用成型铣刀加工的经济精度

表面长度 l/mm	粗　铣		精　铣	
	铣刀宽度 h/mm			
	$\leqslant 120$	$120 < h \leqslant 180$	$\leqslant 120$	$120 < h \leqslant 180$
$\leqslant 100$	0.25	—	0.10	—
$100 < l \leqslant 300$	0.35	0.45	0.15	0.20
$300 < l \leqslant 600$	0.45	0.5	0.20	0.25

（七）同时加工平行表面的经济精度

加　工　性　质	表面长和宽/mm					
	$\leqslant 120$			$120 < l, h \leqslant 300$		
	表面高度 H/mm					
	$\leqslant 50$	$50 < H \leqslant 80$	$80 < H \leqslant 120$	$\leqslant 50$	$50 < H \leqslant 80$	$80 < H \leqslant 120$
用圆片铣刀同时铣切	0.05	0.06	0.08	0.06	0.08	0.10

（八）平面加工的经济精度

公称尺寸（高或厚）H/mm	刨削和圆柱铣刀及端铣刀铣削						拉削				磨削				研磨	用钢珠或辊柱工具辊压		
	粗	半精或一次加工	精		细		粗拉铸面及冲压表面	精拉			一次加工	粗	精	细				
	加工的公差等级(IT)和标准公差值/μm																	
	14	13	11	13	11	10	9	7	6	11	10	9	7	6	9	7	9	7	6	5	10	9	7
$10 < H \leqslant 18$	430	270	110	270	110	70	43	18	11	110	70	43	18	11	43	18	43	18	11	8	70	43	18
$18 < H \leqslant 30$	520	330	130	330	130	84	52	21	13	130	84	52	21	13	52	21	52	21	13	9	84	52	21
$30 < H \leqslant 50$	620	390	160	390	160	100	62	25	16	160	100	62	25	16	62	25	62	25	16	11	100	62	25
$50 < H \leqslant 80$	740	460	190	460	190	120	74	30	19	190	120	74	30	19	74	30	74	30	19	13	120	74	30
$80 < H \leqslant 120$	870	540	220	540	220	140	87	35	22	220	140	87	35	22	87	35	87	35	22	15	140	87	35
$120 < H \leqslant 180$	1000	630	250	630	250	160	100	40	25	250	160	100	40	25	100	40	100	40	25	—	160	100	40
$180 < H \leqslant 250$	1150	720	290	720	290	185	115	46	29	290	185	115	46	29	115	46	115	46	29	20	185	115	46
$250 < H \leqslant 315$	1300	810	320	810	320	210	130	52	32	320	210	130	52	32	130	52	130	52	32	23	210	130	52
$315 < H \leqslant 400$	1400	890	360	890	360	230	140	57	36	360	230	140	57	36	140	57	140	57	36	25	230	140	57
$400 < H \leqslant 500$	1550	970	400	970	400	250	155	63	40	400	250	155	63	40	155	63	155	63	40	27	250	155	63

（九）表面粗糙度与加工费的关系

序号	加工程度	表面粗糙度 R_z	加工表面描述	加工费比较（与粗车削比较）	加工方法举例
1	超精加工	0.4	镜面加工，全无伤残	40	超精加工，精密珩磨加工，精密研磨加工，精密擦光
2	研磨	0.8	无伤痕的平滑加工	35	精密磨削，珩磨加工
3	磨削	1.6	精度高的平滑加工	25	磨削、辊压加工、抛光加工、擦光加工
4	平滑	3.2	精密轴承加工面	18	精镗、外圆精车削、锉加工、中磨削、辊压加工、辊光加工、精密拉削、铰孔加工
5	精加工	6.3	无大划痕的加工面	13	精密铣削、中精度磨削、铰加工、拉削加工、外圆精车削
6	略精加工	12.6	光亮的加工面	9	牛头刨刨削、粗磨削、铣削、外圆中精车削、中精镗削，铰加工

序号	加工程度	表面粗糙度 R_z	加工表面描述	加工费比较（与粗车削比较）	加工方法举例
7	中粗加工	25	机械零件的一般加工面	6	刨削、粗磨、铣削、中精车削、钻孔加工、中镗
8	略粗加工	50	不要尺寸精度的表面	4	刨削、铣削、中镗、外圆粗车削，钻铰孔
9	粗加工	100	定尺寸的精车削	2	圆头车刀车削（进刀量为 1.2～6.4mm 左右）
10	粗车削	200	粗糙车削	1	圆头车刀车削（进刀量为 4.8～9.5mm 左右）

附录三　国产主要橡胶加工设备一览表

序号	设备名称	规格型号	主要技术参数		主要产地或制造厂
1	立式切胶机	XQL-80	公称切胶力 78.4kN	切刀宽度 660mm	常州市武进协昌机械有限公司
2		XQL-90	公称切胶力 90kN	切刀宽度 760mm	大连和鹏橡胶机械有限公司
3	卧式切胶机	XQW-100	公称切胶力 980kN	胶块最大长度 860mm	沈阳、大连
4	开放式炼胶机	XK-160	容量 1～2kg	速比 1：1.2	大连、青岛、天津、常州、益阳、乐山、上海、无锡　常州市武进协昌机械有限公司　大连宝锋机器制造有限公司
5		XK-250	容量 10～15kg	速比 1：1.1	
6		XK-360	容量 15～25kg	速比 1：1.2	
7		XK-400	容量 18～25kg	速比 1：1.27	
8		XK-450	容量 30～50kg	速比 1：1.27	
9		XK-550(560)	容量 50～60kg	速比 1：1.1	
10		XK-650(660)	容量 135～165kg	速比 1：1.08	
11	破胶机	XKP-450	辊筒长度 800mm	速比 1：1.27	大连和鹏橡胶机械有限公司
12		XKP-560	辊筒长度 800mm	速比 1：1.4	
13	粗碎机	XKC-400	辊筒长度 600mm	速比 1：1.38	大连橡胶塑料机械股份有限公司　益阳橡胶塑料机械集团有限公司
14		XKC-450	辊筒长度 800mm	速比 1：1.27	
15		XKP-480	辊筒长度 800mm	速比 1：1.8	
16		XKC-560	辊筒长度 800mm	速比 1：1.4	
17	精炼机	XKJ-480	辊筒长度 800mm	速比 1：1.82	
18		XKJ-450	辊筒长度 800mm	速比 1：1.78	
19	三辊精炼机	XJ3-450	辊筒长度 800mm	速比 2：1：2	大连和鹏橡胶机械有限公司
20	多功能开炼机	FX-450D	辊筒长度 800mm	辊距、速度、速比连续可调	常州市武进协昌机械有限公司
21		FXJ-450D	辊筒长度 800mm		
22	密闭式炼胶机（橡胶加压式捏炼机，实验用密炼机）	X(S)N-1×39	转速 39～30r/min	主电机 5.5kW	广东、大连、山东、江苏
23		X(S)N-1.5×39	转速 39～30r/min	主电机 5.5kW	
24		X(S)N-3×32	转速 32～24.5r/min	主电机 5.5kW	
25		X(S)N-5×32	转速 32～23.5r/min	主电机 11kW	
26	橡胶加压式捏炼机（翻转式）	X(S)N-10×32	转速 32～25r/min	主电机 22kW	大连、山东、江苏、浙江　大连橡胶塑料机械股份有限公司　大连和鹏橡胶机械有限公司　常州市武进协昌机械有限公司
27		X(S)N-20×32	转速 32～27r/min	主电机 37kW	
28		X(S)N-35×30	转速 30～24.5r/min	主电机 55kW	
29		X(S)N-55×30	转速 30～24.5r/min	主电机 75kW	
30		X(S)N-75×30	转速 30～24.5r/min	主电机 110kW	
31		X(S)N-110×30	转速 30～24.5r/min	主电机 185kW	
		X(S)N-150×30	转速 30～24.5r/min	主电机 220kW	
		X(S)N-200×30	转速 30～24.5r/min	主电机 280kW	

续表

序号	设备名称	规格型号	主要技术参数		主要产地或制造厂
32	密闭式炼胶机（剪切型转子）	X(S)M-25×40	速比 1∶1.16	主电机 55kW	广东、大连、山东、江苏、上海、浙江 大连橡胶塑料机械股份有限公司 大连和鹏橡胶机械有限公司 益阳橡胶塑料机械集团有限公司 常州市武进协昌机械有限公司
33		X(S)M-50×40	速比 1∶1.15	主电机 90kW	
34		X(S)M-80×40	速比 1∶1.15	主电机 220kW	
35		X(S)M-110×40	速比 1∶1.15	主电机 250kW	
36		X(S)M-160×(4～40)	速比 1∶1.16	主电机 500kW	
37		X(S)M-250×20	速比 1∶1.16	主电机 250kW	
38		XM-270×(4～40)	速比 1∶1.17	主电机 1250kW	
39		XM-420×(6～60)	速比 1∶1.15	主电机 2×1250kW	
40	密闭式炼胶机（啮合型转子）	GK-5E	转速 20～100r/min	主电机 60kW	大连、益阳 益阳橡胶塑料机械集团有限公司 大连橡胶塑料机械股份有限公司
41		GK-20E	转速 10～60r/min	主电机 110kW	
42		GK-45E	转速 10～60r/min	主电机 280kW	
43		GK-90E	转速 10～60r/min	主电机 520kW	
44		GK-135E	转速 10～60r/min	主电机 720kW	
45		GK-190E	转速 10～60r/min	主电机 110kW	
46		GK-250E	转速 10～60r/min	主电机 1320kW	
47		GK-320E	转速 10～60r/min	主电机 1600kW	
48		GK-420E	转速 10～60r/min	主电机 2×1250kW	
49		GK-580E	转速 10～60r/min	主电机 2×1500kW	
50	橡胶压延机（三辊）	XY-3I(Γ)-630	辊筒直径 230mm	主电机 7.5kW	大连、山东、益阳 益阳橡胶塑料机械集团有限公司 大连橡胶塑料机械股份有限公司
51		XY-3I(Γ)-720	辊筒直径 230mm	主电机 250kW	
52		XY-3I(Γ)-1120	辊筒直径 360mm	主电机 45kW	
53		XY-3I(Γ)-1200	辊筒直径 400mm	主电机 55kW	
54		XY-3I(Γ)-1400	辊筒直径 450mm	主电机 75kW	
55		XY-3I(Γ)-1730	辊筒直径 610mm	主电机 160kW	
56		XY-3I(Γ)-1800	辊筒直径 710mm	主电机 90×2＋110kW	
57		XY-3I(Γ)-2130	辊筒直径 710mm	主电机 185kW	
58		XY-3I(Γ)-2500	辊筒直径 800mm	主电机 132×3kW	
59	橡胶压延机（四辊）	XY-4I(Γ)-630	辊筒直径 230mm	主电机 15kW	大连、山东、益阳 益阳橡胶塑料机械集团有限公司 大连橡胶塑料机械股份有限公司
60		XY-4I(Γ)-1120	辊筒直径 360mm	主电机 55kW	
61		XY-4I(Γ)-1200	辊筒直径 400mm	主电机 75kW	
62		XY-4I(Γ)-1400	辊筒直径 450mm	主电机 110kW	
63		XY-4I(Γ)-1730	辊筒直径 610mm	主电机 185kW	
64		XY-4S-1850	辊筒直径 710mm	主电机 90×2＋110×2kW	
65		XY-4I(Γ)-2130	辊筒直径 710mm	主电机 220kW	
66		XY-4S-2500	辊筒直径 800mm	主电机 132×4kW	
67	螺杆挤出机（热喂料）	XJ-40	最高转速 100r/min	主电机 4kW	广东、大连、山东、江苏、内蒙古、桂林 常州市武进协昌机械有限公司 大连橡胶塑料机械股份有限公司 桂林橡胶机械厂
68		X-50	最高转速 90r/min	主电机 5.5kW	
69		XJ-65	最高转速 81r/min	主电机 10kW	
70		XJ-85	最高转速 81r/min	主电机 22kW	
71		XJ-115	最高转速 81r/min	主电机 45kW	
72		XJ-150	最高转速 81r/min	主电机 55kW	
73		XJ-200	最高转速 60r/min	主电机 75kW	
74		XJ-250	最高转速 60r/min	主电机 110kW	
75		XJ-300	最高转速 45r/min	主电机 130kW	

序号	设备名称	规格型号	主要技术参数		主要产地或制造厂
76	螺杆挤出机 （滤胶挤出机）	XJL-120	最高转速 40r/min	主电机 22kW	广东、大连、山东、江苏、内蒙古、桂林 常州市武进协昌机械有限公司 大连橡胶塑料机械股份有限公司 桂林橡胶机械厂
77		XJL-150	最高转速 49r/min	主电机 37kW	
78		XJL-200	最高转速 49r/min	主电机 75kW	
79		XJL-250	最高转速 40r/min	主电机 110kW	
80		XJL-300	最高转速 31r/min	主电机 160kW	
81	螺杆挤出机 （冷喂料）	XJW-50	最高转速 70r/min	主电机 18.5kW	广东、大连、山东、江苏、内蒙古、桂林 常州市武进协昌机械有限公司 大连橡胶塑料机械股份有限公司 桂林橡胶机械厂
82		XJW-65	最高转速 65r/min	主电机 30kW	
83		XJW-90	最高转速 60r/min	主电机 55kW	
84		XJW-120	最高转速 55r/min	主电机 90kW	
85		XJW-150	最高转速 50r/min	主电机 200kW	
86		XJW-200	最高转速 40r/min	主电机 320kW	
87		XJW-250	最高转速 30r/min	主电机 550kW	
88		XJW-300	最高转速 25r/min	主电机 700kW	
89	螺杆挤出机 （销钉冷喂料）	XJD-50	最高转速 73r/min	主电机 11kW	广东、大连、山东、江苏、内蒙古、桂林 常州市武进协昌机械有限公司 大连橡胶塑料机械股份有限公司 桂林橡胶机械厂
90		XJD-65	最高转速 73r/min	主电机 30kW	
91		XJD-75	最高转速 60r/min	主电机 37kW	
92		XJD-90	最高转速 66r/min	主电机 55/75kW	
93		XJD-120	最高转速 50r/min	主电机 110kW	
94		XJD-150	最高转速 45r/min	主电机 200kW	
95		XJD-200	最高转速 32r/min	主电机 315kW	
96		XJD-250	最高转速 30r/min	主电机 355kW	
97	螺杆挤出机 （传递式混炼机）	XJC-50	最高转速 31r/min	主电机（热/冷）14/22kW	广东、大连、山东、江苏、内蒙古、桂林 常州市武进协昌机械有限公司 大连橡胶塑料机械股份有限公司 桂林橡胶机械厂
98		XJC-82	最高转速 31r/min	主电机（热/冷）45/55kW	
99		XJC-115	最高转速 31r/min	主电机（热/冷）75/110kW	
100		XJC-150	最高转速 31/min	主电机（热/冷）150/190kW	
101		XJC-200	最高转速 21r/min	主电机（热/冷）220/300kW	
102		XJC-250	最高转速 31r/min	主电机（热/冷）370/550kW	
103		XJC-300	最高转速 26r/min	主电机（热/冷）450/590kW	
104		XJC-380	最高转速 25r/min	主电机（热/冷）600/700kW	
105		XJC-530	最高转速 24r/min	主电机（热/冷）1100/1500kW	
106	螺杆挤出机 （挡板式混炼机）	XJH-250	最高转速 32r/min	主电机 200kW	广东、大连、山东、江苏、内蒙古、桂林 常州市武进协昌机械有限公司 大连橡胶塑料机械股份有限公司 桂林橡胶机械厂
107		XJH-300	最高转速 27r/min	主电机 280kW	
108		XJH-400	最高转速 20r/min	主电机 400kW	
109		XJH-500	最高转速 16r/min	主电机 550kW	
110		XJH-600	最高转速 14r/min	主电机 900kW	

序号	设备名称	规格型号	主要技术参数		主要产地或制造厂
111	螺杆挤出机（冷喂料排气）	XJWP-65×20	最高转速 60r/min	主电机 22kW	广东、大连、山东、江苏、内蒙古、桂林
112		XJWP-75×20	最高转速 60r/min	主电机 37kW	常州市武进协昌机械有限公司
113		XJWP-90×20	最高转速 60r/min	主电机 55kW	
114		XJWP-120×20	最高转速 50r/min	主电机 90kW	大连橡胶塑料机械股份有限公司
115		XJWP-130×20	最高转速 50r/min	主电机 132kW	桂林橡胶机械厂
116		XJWP-150×20	最高转速 45r/min	主电机 185kW	
117	斜交轮胎成型机	LCX2024-55	钢圈直径 20～22in	成型鼓直径 ϕ635～690mm	天津赛象科技股份有限公司
118		LCX2024B2	钢圈直径 22～24in	成型鼓直径 ϕ635～790mm	
119		LCX-G4563	钢圈直径 45～63in	成型鼓直径 ϕ45～63in	
120	子午线轮胎二段法成型机	LCY，LCE-1216	钢圈直径 12～16in	胎面宽 280mm	益阳橡胶塑料机械集团有限公司
121		LCY，LCE-1518	钢圈直径 15～18in	胎面宽 280mm	
122	子午线轮胎一次法成型机（半钢）	LCZ-1317	钢圈直径 13～17in	胎面宽 280mm	
123		LCZ-1422C	钢圈直径 14～22in	胎面宽 350mm	天津赛象科技股份有限公司
124		LCZ-2428C	钢圈直径 24～28in		
125	子午线轮胎一次法成型机（全钢三鼓，二鼓 H 适用费尔斯通成型工艺 R 适用倍耐力成型工艺，A 为半自动、机械成型鼓，B 为全自动、机械成型鼓）	LCZ-3HA15-20	钢圈直径 15～20in	贴合鼓直径 ϕ355～485mm	天津赛象科技股份有限公司
126		LCZ-3HA/B19.5-24.5	钢圈直径 19.5/20in 22/22.5in 24/24.5in	贴合鼓直径 ϕ700～1150mm	
127		LCZ-3RA/B19.5-24.5	钢圈直径 19.5/20in 22/22.5in 24/24.5in	贴合鼓直径 ϕ700～1150mm	
128		LCZ-2H8-15 LCZ-2R8-15	钢圈直径 8in、9in、10in、12in、15in	贴合鼓直径 ϕ300～800mm	
129		LCZ-2H15-19.5 LCZ-2R15-19.5	钢圈直径 15in、16in、17.5in、19.5in	贴合鼓直径 ϕ700～1030mm	
130		LCZ-2H19.5-24.5 LCZ-2H19.5-24.5	钢圈直径 19.5in、20in 22/22.5in 24/24.5in	贴合鼓直径 ϕ700～1150mm	
131	90°钢丝帘布裁断机（P 为圆盘刀式，Z 为铡刀式）	XCG-P-90	帘布最大宽度 1000mm	裁断最快速度 10cut/min	天津赛象科技股份有限公司
132		XCG-Z-90	帘布最大宽度 1000mm	裁断最快速度 10cut/min	
133		XCG-G/Z90	帘布最大宽度 1200mm	裁断最快速度 6cut/min	
134	吸引胶管成型机	GCX-330×10	成型胶管规格 ϕ(100～330)mm×10000mm	芯棒转速 6～250r/min	常州市武进协昌机械有限公司
135		GCX-500×20	成型胶管规格 ϕ(200～500)mm×20000mm	芯棒转速 6～200r/min	
136		GCX-1000×30	成型胶管规格 ϕ1000mm×30000mm	芯棒转速 6～200r/min	

序号	设备名称	规格型号	主要技术参数		主要产地或制造厂
137	模型制品平板硫化机（全系列规格，仅列少数）	XLB-350×350	合模力 250kN	热板间距 100mm	江苏、上海、浙江、天津、山东、辽宁、广东
138		XLB-400×400	合模力 500kN	热板间距 125mm	
139		XLB-450×450	合模力 1000kN	热板间距 150mm	
140		XLB-500×500	合模力 630kN	热板间距 125mm	
141		XLB-600×600	合模力 1000kN	热板间距 125～500mm	
142		XLB-750×850	合模力 1600kN	热板间距 125～500mm	
143		XLB-600×1200	合模力 2000kN	热板间距 20mm	
144		XLB-1000×1000	合模力 2000kN	热板间距 200mm	
145		XLB-1000×1000	合模力 2500kN	热板间距 250mm	
146	抽真空平板硫化机（全系列规格，仅列少数）	XLBK-450×450	合模力 1500kN	柱塞行程 450mm	江苏、上海、浙江、天津、山东、辽宁、广东
147		XLBK-550×550	合模力 3800kN	柱塞行程 380mm	
148	平带平板硫化机（全系列规格，仅列少数）	XLB-Q1200×8500	合模力 30.6MN	柱塞行程 360mm	江苏、山东、辽宁、湖南 益阳橡胶塑料机械集团有限公司
149		XLB-Q1400×5700	合模力 25MN	柱塞行程 360mm	
150		XLB-Q1800×5700	合模力 28.7MN	柱塞行程 250mm	
151		XLB-Q1800×10000	合模力 72MN	柱塞行程 360mm	
152		XLB-Q2300×8000	合模力 56MN	柱塞行程 360mm	
153		XLB-Q2400×10000	合模力 85MN	柱塞行程 360mm	
154	轮胎定型硫化机（机械式，全系列规格，仅列少数）	LL-1050/1320	胎直径 12～16in	生胎直径 700mm	辽宁、天津、福建、山东、广西 桂林橡胶机械厂
155		LL-1360/2890	胎直径 15～20in	生胎直径 1180mm	
156		LL-1730/5000	胎直径 20～25in	生胎直径 1400mm	
157		LL-2665/13685	胎圈直径 24～40in	生胎直径 2100mm	
158		LL-5000/35280	胎圈直径 51～63in	生胎直径 4120mm	
159	轮胎定型硫化机（液压式，全系列规格，仅列少数）	LLY-1140/1360	胎圈直径 12～18in	生胎直径 760mm	辽宁、山东、江苏、广东、浙江
160		LLY-1600/4500	胎圈直径 20～24.5in	生胎直径 1100mm	
161		LLY-1620/3920	胎圈直径 20～25in	生胎直径 1200mm	
162		LLY-5000/49000	胎圈直径 51～63in	生胎直径 4120mm	
163	卧式硫化罐（制品）	XL-1500×3000	工作温度 140℃	罐内轨道间距 814mm	辽宁、山东、江苏、广东、浙江
164		XL-1700×4000	工作温度 140℃	罐内轨道间距 790mm	
165	卧式硫化罐（胶管）	GL-800×11000	工作温度 140℃	罐内轨道间距 315mm	
166		GL-800×22000	工作温度 140℃	罐内轨道间距 315mm	
167		GL-1100×10000	工作温度 140～160℃		
168	动态脱硫罐（D 为电加热，Y 为导热油加热）	ZTDD(Y)1100-3-4.0	全容积 3m³	设计压力 3～4MN	江苏、河北、山东、安徽、浙江 淮南市石油化工机械设备有限公司
169		ZTDD(Y)1300-3-4.0	全容积 4.5m³	设计压力 3～4MN	
170		ZTDD(Y)1400-3-4.0	全容积 6m³	设计压力 3～4MN	
171		ZTDD1600-3-4.0	全容积 8m³	设计压力 3～4MN	
172		ZTDD(Y)1600-3-4.0	全容积 10m³	设计压力 3～4MN	
173		ZTDD1700-3-4.0	全容积 12m³	设计压力 3～4MN	
174	鼓式硫化机（平带、板状制品）	XLG-700×1800	制品最大宽度 1500mm	钢带张力 450kN	大连、青岛、天津、桂林、江苏、湖南 益阳橡胶塑料机械集团有限公司 常州市武进协昌机械有限公司
175		XLG-1000×1500	制品最大宽度 1200mm	钢带张力 635kN	
176		XLG-1000×2000	制品最大宽度 1800mm	钢带张力 873kN	

序号	设备名称	规格型号	主要技术参数		主要产地或制造厂
177	鼓式硫化机 （平带、板状制品）	XLG-1525×2350	制品最大宽度 2000mm	钢带张力 936kN	大连和鹏橡胶机械有限公司 大连橡胶塑料机械股份有限公司 桂林橡胶机械厂
178		XLG-1500×2500	制品最大宽度 2300mm	钢带张力 1100kN	
179		XLG-2000×3500	制品最大宽度 3200mm	钢带张力 1530kN	
180	橡胶注射机	XZL-1000×1600	注射压力 190MPa	热板尺寸 450mm×450mm	广东、浙江、江苏 广东伊之密精密橡胶机械有限公司
181		XZL-2000×2200	注射压力 175MPa	热板尺寸 550mm×550mm	
182		XZL-3000×3300	注射压力 175MPa	热板尺寸 600mm×650mm	
183		XZL-4000×4400	注射压力 175MPa	热板尺寸 700mm×750mm	
184		XZL-5000×1600	注射压力 175MPa	热板尺寸 800mm×850mm	
185		XZL-6000×8800	注射压力 175MPa	热板尺寸 800mm×950mm	
186		XZL-10000×12000	注射压力 180MPa	热板尺寸 900mm×1000mm	

注：1in＝0.0254m。

参 考 文 献

[1] 杨顺根，白仲元主编. 橡胶工业手册·第九分册·橡胶机械（上、下册）：修订版. 北京：化学工业出版社，1992.

[2] 唐国俊，李健镁等主编. 橡胶机械设计（上、下册）. 北京：化学工业出版社，1984.

[3] 郑秀芳，赵嘉澍主编. 橡胶工厂设备. 北京：化学工业出版社，2001.

[4] 王文忠主编. 橡胶制品机械. 成都：成都科技大学出版社，1989.

[5] 杨顺根主编. 橡胶机械安装维护保养和检修. 北京：化学工业出版社，1999.

[6] 吕百龄等主编. 实用橡胶手册. 北京：化学工业出版社，2001.

[7] 上海市标准化协会编著. 机械精度设计手册. 北京：中国标准出版社，1992.

[8] 赵志修主编. 机械制造工艺学. 北京：机械工业出版社，1990.

[9] 宗寿莱主编. 金属材料实用手册. 南京：江苏科学技术出版社，1991.

[10] 董林福主编. 胶管成型设备与制造工艺. 北京：化学工业出版社，2010.